U0903587

普通高等教育“十二五”规划教材

近现代物理实验

主　编　韩　忠
副主编　刘安平
参　编　刘高斌　向　红

机　械　工　业　出　版　社

本书涵盖了近现代物理实验中基本的数据处理方法和41个实验项目。全书共六章。第0章着重介绍了物理实验中的误差和不确定度分析以及常用的数据处理方法；第1章主要有原子核衰变规律、原子结构分析、隧道效应应用、相对论关系验证以及放射性测量在环境评价中应用等实验内容；第2章主要为核磁共振、光磁共振和电子顺磁共振等磁共振实验；第3章主要为光速测量、光谱分析、激光调Q倍频、微波的光学特性验证与模拟以及热辐射成像等实验；第4章主要为真空技术、薄膜材料制备及其性能分析和高温超导转变温度测量等实验；第5章主要介绍了目前常用的磁粉、超声、全息、液体渗透、X射线以及计算机断层扫描（工业CT）等六种无损检测实验方法。本书在重点阐述每个实验的基本原理和实验方法的同时，有侧重地介绍了部分实验仪器和装置，还特别介绍了相关实验技术的历史背景、应用现状和发展前景。

本书适宜作为高等学校理工科本科生、研究生的近现代物理类实验教材，也可作为教师的教学参考书，还可供相关实验技术人员参考。

图书在版编目（CIP）数据

近现代物理实验/韩忠主编．—北京：机械工业出版社，2012.4
普通高等教育“十二五”规划教材
ISBN 978-7-111-37255-4

Ⅰ.①近…　Ⅱ.①韩…　Ⅲ.①物理学—实验—高等学校—教材
Ⅳ.①04-33

中国版本图书馆CIP数据核字（2012）第012994号

机械工业出版社（北京市百万庄大街22号　邮政编码100037）
策划编辑：李永联　责任编辑：李永联
版式设计：刘　岚　责任校对：刘志文
封面设计：马精明　责任印制：杨　曦
北京双青印刷厂印刷
2012年7月第1版第1次印刷
184mm×260mm・18印张・441千字
标准书号：ISBN 978-7-111-37255-4
定价：36.00元

凡购本书，如有缺页、倒页、脱页，由本社发行部调换

电话服务	网络服务
社服务中心：(010)88361066	门户网：http：//www.cmpbook.com
销售一部：(010)68326294	教材网：http：//www.cmpedu.com
销售二部：(010)88379649	
读者购书热线：(010)88379203	封面无防伪标均为盗版

前　言

本书是在重庆大学“近代物理实验1”、“近代物理实验2”、“物理专业实验”及“现代无损检测技术”系列课程教学实践的基础上编写的。其内容涉及了原子与原子核物理、磁共振、真空、超导、薄膜材料、激光、光谱、超声、全息、X射线及工业CT等领域，包括了41个实验项目。本书重点阐述了每个实验的基本原理和实验方法，着重说明了主要实验内容与基本要求，有侧重地介绍了实验仪器和装置，对部分重要设备在附录里进行了专门介绍。书中的“引言”除了介绍实验的历史背景外，有的还特别介绍了相关实验技术的现状和发展前景。每个实验还设计了问题与思考题，以激发学生进一步探讨和研究的兴趣。

本书适宜高等学校理工科本科生、研究生作为近现代物理类实验课程教材，也可作为教师的教学参考书，还可供相关实验技术人员参考。

近现代物理实验教学是理工科大学生，特别是物理专业学生，实践教学中的重要环节，它对于培养大学生的实践能力、创新能力和研究能力有着举足轻重的作用。但长期以来，近现代物理实验教学模式单一、内容陈旧、方法死板，缺乏时代特征。而当今世界正处在一个科学技术迅速发展的时代，高新技术层出不穷，测试技术日新月异，赋予了传统实验许多新的手段和方法。在20世纪80年代中期，原重庆大学物理系的老师们就编写了《近代物理实验讲义》。自2000年以来，在国家的支持下，通过世界银行贷款，仪器设备得到了不断更新，实验条件得到改善，新的实验项目不断开设，原有的讲义也逐渐不能适应教学需要。因此，我们从2005年开始，就着手进行新的近现代物理实验教材的编写工作。通过近年来的不断完善、整理和修订，终于完成了现在的《近现代物理实验》教材。

本书将一部分具有时代气息、反映当代科技前沿成就的实验项目纳入其中，如“扫描隧道显微镜的使用”、“原子力显微镜的使用”、“相对论效应的实验研究”、“环境样品中放射性物质的测量与评价”等；减少了一些经典的已被《大学物理实验》教材作为基础实验的内容，如“密立根油滴实验”、“夫朗克-赫兹实验”等；另外，还增加了一些与生产实践或科学研究密切相关的实验，如“工业CT实验”、“X射线无损检测”、“全息无损检测”等。

本书共六章：第0章　实验中测量误差的分析与数据处理，第1章　原子与原子核，第2章　磁共振，第3章　光、激光与光谱，第4章　真空材料与低温，第5章　无损检测。通过这些实验的训练，学生不但可以生动直观地体验和学习在近代物理发展历程中发挥过重要作用的著名实验，领悟物理学家的物理思想和实验设计理念，巩固和升华学到的理论知识，还可以掌握一些不可或缺的现代科学实验技术。通过这些实验的培训和熏陶，学生可以了解近现代物理的基本原理，掌握科学实验的方法，学会使用科学仪器和现代实验技术等，从而培养学生良好的科学实践作风，提高学生科学研究的能力。

本书是近30年来重庆大学物理实验教学中心在近代物理实验、物理专业实验以及无损检测实验教学和课程建设中集体智慧的结晶，它继承了老一辈近现代物理实验教师和实验技术人员的宝贵经验，集成了当前从事近现代物理实验教学、科研工作的老师们的优秀教学成果。本教材第0章、第1章和第2章由韩忠、刘安平老师编写，第3章由向红老师编写，第4章由刘高斌老师编写，第5章由韩忠老师编写。

本教材的编写得到了重庆大学物理学院陶纯匡教授、重庆大学ICT中心的周日峰老师、重庆大学物理实验中心的何光宏、汪涛、赵艳等老师的大力支持。已退休的杨学恒、吴大华等老师，也为本教材提供了不少的素材和建议，在此一并表示感谢！

由于编者水平有限，加之时间仓促、编写工作量大，本书中定有不少疏漏和欠妥之处，恳请各位读者和同仁批评指正！

编　者

目　　录

第 0 章　实验中测量误差的分析与数据处理

0.1　系统误差的分析与处理

物理实验离不开对各种物理量进行测量，由测量所得的一切数据，都毫无例外地包含有一定数量的测量误差，没有误差的测量结果是不存在的。根据误差产生的原因和性质，可将误差分为系统误差、随机误差和粗大误差。在本节中，我们着重讨论系统误差，在后续的几个小节中将分别讨论其他两种误差的处理及常用的数据处理方法。

所谓系统误差是指在确定的测量条件下，某种测量方法和装置在测量之前就已存在误差，并始终以必然性规律影响测量结果的正确度。实际上，所有的测量过程总是存在着系统误差，而且在某些情况下的系统误差数值还比较大。因此，测量结果的精度不仅取决于随机误差，还取决于系统误差的影响。系统误差是和随机误差同时存在于所测量的数据之中的，不易被发现，加之多次重复测量又不能减小它对测量结果的影响，这种潜伏就使得系统误差比随机误差具有更大的危险性，因此，研究系统误差的特征与规律性，用一定的方法发现、减小或消除系统误差就显得十分重要。

1. 系统误差对测量结果的影响

根据系统误差在测量过程中所具有的不同变化特性，将它分为固定系统误差和可变系统误差两大类。

固定系统误差是指在整个测量过程中数值和符号都不变化的系统误差。如千分尺或测长仪读数装置的调零误差、量块或其他标准件尺寸的偏差等，均为固定系统误差，它对每一测量值的影响均为一个常量，属于最常见的一类系统误差。

可变系统误差是指在整个测量过程中，误差的大小和方向随测试的某一个或某几个因素按确定的函数规律而变化。可变系统误差的种类较多，又可分为以下几种。

（1）线性变化的系统误差：指在整个测量过程中，随某因素而线性递增或递减的系统误差。例如检定标尺时，由于室温对标准温度 20℃ 的偏差产生的测量误差，它是随被测长度而线性变化的系统误差；在丝杠的测量中，由于丝杠轴心线安装偏斜所造成的螺距累积误差，是随牙数或螺距的测量长度而线性变化的系统误差。

（2）周期性变化的系统误差：指在整个测量过程中，随某因素作周期变化的系统误差。例如测量仪器中，千分表表盘的中心与指针回转中心的偏离引起的示值误差；齿轮、光学分度头中分度盘等安装偏心引起的齿距累积误差或分度误差等，都属于按正弦函数规律变化的系统误差。

（3）复杂规律变化的系统误差：指那些在整个测量过程中，按一定的复杂规律变化的系统误差。例如，微安表的指针偏转角与偏转力矩间不严格保持线性关系，而表盘仍采用均匀刻度所产生的误差就属于复杂规律变化的系统误差。这种复杂规律一般可用代数多项式、三角多项式或其他正交函数多项式来描述。

下面分析以上几种系统误差给测量结果带来的影响。

设有一组实验测量数据 x_1，x_2，…，x_N，其中每个数据包含的系统误差分别为 θ_1，θ_2，…，θ_N。现在，设想扣除了这些系统误差，得到一些只包含有随机误差的各种数据 x'_1，x'_2，…，x'_N。于是有

$$x_i = x'_i + \theta_i \quad (i=1,2,\cdots,N)$$

先求得其算术平均值为

$$\bar{x} = \bar{x}' + \bar{\theta} \tag{0-1-1}$$

然后即可得到各个观测数据的残差，记为

$$\begin{aligned}\delta_i &= x_i - \bar{x} = (x'_i + \theta_i) - (\bar{x}' + \bar{\theta}) \\ &= \delta'_i + \theta_i - \bar{\theta}\end{aligned} \tag{0-1-2}$$

上式中的

$$\delta'_i = x'_i - \bar{x}' \quad (i=1,2,\cdots,N)$$

就是仅由随机误差引起的残差。

由式（0-1-1）知，当存在系统误差时，算术平均值 $\bar{x}$ 为只包含随机误差的平均值 $\bar{x}'$ 与系统误差的平均值 $\bar{\theta}$ 之和。当测量次数 N 增加时，$\bar{x}'$ 趋于待测量的真值 μ。因此，当有系统误差存在时，算术平均值 $\bar{x}$ 不再随测量次数 N 增加而趋于 μ，偏差量就是系统误差的平均值 $\bar{\theta}$，这说明系统误差最终要影响测量结果的准确度。

由式（0-1-2）知，当测量中存在固定系统误差，即 $\theta_i = \bar{\theta}$ 时，残差 δ_i 完全由随机误差 δ'_i 产生，即 $\delta_i = \delta'_i$。由此可以说明，固定系统误差的存在并不影响残差的计算，当然也就不影响方差的计算。在这种情况下，我们就不能通过残差的计算来发现系统误差，这时可能会把实际上存在很大系统误差的测量看做没什么问题。只有存在可变系统误差（即 $\theta_i \neq \bar{\theta}$）时，才有可能通过对残差的观测发现系统误差。

2. *系统误差的发现和判断*

由于形成系统误差的原因很复杂，所以目前尚没有能够适用于发现各种系统误差的普遍方法，而可供选用的检验有无系统误差的方法却多而杂。针对不同性质的系统误差，我们把这些方法大致分为两大类：一类为用于发现测量列组内的系统误差，另一类为用于发现测量列组间系统误差的方法。

（1）测量列组内系统误差的发现方法　用于发现测量列组内系统误差的方法包括实验对比法、残余误差观察法、残余误差校核法和不同公式计算标准差比较法。

① 实验对比法：该方法是通过改变实验测量条件，对不同条件下的实验数据进行对比来发现系统误差。例如对同一个物理量，先用普通仪器对其进行测量，得到一组数据，然后用更高级的仪器进行重复测量，又得到另一组数据，比较两组结果，如果有较大差别，则可以判断有系统误差的存在。这种方法对发现不变系统误差较为有帮助。

② 残余误差观察法：该方法是根据测量列的各个残余误差大小和符号的变化规律，直接由误差数据或误差曲线图形来判断有无系统误差。这种方法适于发现有规律变化的系统误差。如表 0-1-1 是对某恒温容器进行温度测量的数据，可以看出，随着测量时间的变化，温度有一定的上升趋势，因此可判断测量数据中可能存在与时间呈线性变化的系统误差。

表 0-1-1　对某恒温容器进行温度测量的数据

测量时间（s）	温度（℃）	残余误差（℃）
5.0	20.06	-0.06
10.0	20.08	-0.04
15.0	20.06	-0.06
20.0	20.07	-0.05
25.0	20.10	-0.02
30.0	20.12	0.00
35.0	20.15	0.03
40.0	20.17	0.05
45.0	20.18	0.06
50.0	20.21	0.09
	平均值 = 20.12	

③ 残余误差校核法：一般情况下，在测量次数较多时，随机误差的分布基本上满足正态分布特点，其标准偏差也应有一定的范围。但是，如果测量数据中含有系统误差，由于系统误差不服从正态分布，因此，其分布与特点及标准偏差的大小也会发生相应的变化。通过对这种变化的分析，也能够发现系统误差的存在。

残余误差校核法包括两种方法。

a. 马利科夫判据：将测量列中前 K 个残余误差相加，后 $n-K$ 个残余误差相加（当 n 为偶数时，取 $K=n/2$；当 n 为奇数时，取 $K=(n+1)/2$），两者相减得

$$\Delta = \sum_{i=1}^{K} v_i - \sum_{j=K+1}^{n} v_j$$

若上式的两部分值 Δ 显著不为 0，则有理由认为测量列存在线性系统误差。这种校核法称为“马列科夫准则”，它能有效地发现线性系统误差。但要注意的是，有时按残余误差校核法求得差值 $\Delta=0$，仍有可能存在系统误差。

b. 阿卑-赫梅特判据

令
$$u = \left|\sum_{i=1}^{n-1} v_i v_{i+1}\right| = \left|v_1 v_2 + v_2 v_3 + \cdots + v_{n-1} v_n\right|$$

若 $u > \sqrt{n-1}\sigma^2$，则认为该测量列中含有周期性系统误差。这种校核法叫阿卑-赫梅特准则（Abbe-Helmert 准则），它能有效地发现周期性系统误差。

④ 不同公式计算标准差的比较法：对于等精度测量，可用不同公式计算标准差，通过比较来发现系统误差。

按贝塞尔公式

$$\sigma_1 = \sqrt{\frac{\sum v_i^2}{n-1}}$$

按别捷尔斯公式

$$\sigma_2 = 1.253\frac{\sum |v_i|}{\sqrt{n(n-1)}}$$

令 $\dfrac{\sigma_1}{\sigma_2} = 1+u$，若 $|u| \geqslant \dfrac{2}{\sqrt{n-1}}$，则怀疑测量列中存在系统误差。

在判断含有系统误差时，违反上述“准则”时就可以直接判定，而在遵守“准则”时，不能得出“不含系统误差”的结论，因为每个准则均有局限性，不具有“通用性”。

（2）测量列组间的系统误差发现方法　对某一物理量进行了两组独立的测量，要问这两组间有无系统误差，我们可以检验它们的分布是否相同，若不同，则应怀疑它们之间存在系统误差。用于发现测量列组间系统误差的方法包括计算数据比较法、秩和检验法和 t 检验法。

① 计算数据比较法：对同一量进行多组测量得到很多数据，通过多组数据计算比较，若不存在系统误差，则比较结果应满足随机误差条件，否则可认为存在系统误差。若对同一量独立测量得 m 组结果，并知道它们的算术平均值和标准差为

$$\bar{x}_1,\ \sigma_1;\ \bar{x}_2,\ \sigma_2;\ \cdots;\ \bar{x}_m,\ \sigma_m$$

则任意两组结果 $\bar{x}_i$ 与 $\bar{x}_j$ 间不存在系统误差的标志是

$$|\bar{x}_i - \bar{x}_j| < 2\sqrt{\sigma_i^2 + \sigma_j^2}$$

② 秩和检验法——用于检验两组数据间的系统误差：对某量进行两组测量，这两组间是否存在系统误差，可用秩和检验法根据两组分布是否相同来判断。若独立测得两组的数据为

$$x_i\ (i = 1,\ 2,\ \cdots,\ n_1)$$
$$y_i(i = 1, 2, \cdots, n_2)$$

将它们混合以后，从 1 开始，按从小到大的顺序重新排列，观察测量次数较少那一组数据的序号和 T，即秩和。

a. 两组的测量次数 n_1、$n_2 \leqslant 10$，可根据测量次数较少的组的次数 n_1 和测量次数较多的组的次数 n_2，查秩和检验表可得 T_- 和 T_+（显著度 0.05），若

$$T_- < T < T_+$$

则无根据怀疑两组间存在系统误差。

b. 当 n_1，$n_2 > 10$，秩和 T 近似服从正态分布

$$N\left(\frac{n_1\ (n_1 n_2 + 1)}{2},\ \sqrt{\frac{n_1 n_2\ (n_1 + n_2 + 1)}{2}}\right)$$

括号中第一项为数学期望，第二项为标准差，此时 T_- 和 T_+ 可由正态分布算出。根据求得的数学期望值标准差，则

$$t = \frac{T - a}{\sigma}$$

选取概率 $\varphi(t)$ 和置信水平 α，查正态分布分表可以得到相应的 t_α，若 $|t| \leqslant t_\alpha$，则无根据怀疑两组间存在系统误差。

若两组数据中有相同的数值，则该数据的秩按所排列的两个次序的平均值计算。

③ t 检验法

当两组测量数据服从正态分布，或偏离正态不大，但样本数不是太少（最好不少于 20）时，可用 t 检验法判断两组间是否存在系统误差。

设独立测得两组数据为

$$x_1,\ x_2,\ \cdots,\ x_{n1}$$
$$y_1,\ y_2,\ \cdots,\ y_{n2}$$

变量

$$t=(\bar{x}-\bar{y})\sqrt{\frac{n_1 n_2(n_1+n_2-1)}{(n_1+n_2)(n_1 S_1^2+n_2 S_2^2)}}$$

服从自由度为（n_1+n_2-2）的 t 分布变量。其中，$S_1^2=\frac{1}{n_1}\sum(x_i-\bar{x})^2$，$S_2^2=\frac{1}{n_2}\sum(y_i-\bar{y})^2$，$\bar{x}=\frac{1}{n_1}\sum x_i$，$\bar{y}=\frac{1}{n_2}\sum y_i$。取显著性水平 α，由 t 分布表查出 t_α。若 $|t|<t_\alpha$，则无根据怀疑两组间有系统误差。式中使用的 S_2 不是方差的无偏估计，若将用贝塞尔计算的方差用于上式，则该式应作相应的变动。

3. *系统误差的限制和消除方法*

系统误差可以通过一定的实验和数据处理方法加以限制、减小或大部分消除。一些系统误差分量可以通过加修正值的方法基本消除，但修正值本身也有一定的不确定度（误差限）。一些影响测量结果主要系统误差分量的消除会使测量准确度有所提高，但是某些原来次要的分量和新发现的系统误差分量又会成为影响准确度继续提高的主要障碍。因此，系统误差不可能绝对完全地被消除。我们只能在测量的各个环节中设法减小或基本消除某些主要系统误差分量对测量结果的影响。

（1）从根源上消除系统误差　在测量之前，要求测量者对可能产生系统误差的环节做仔细的分析，从产生根源上加以消除。如果系统误差是由于仪器不准确或使用不当，则应该把仪器校准并按规定的使用条件去使用；若实验中采用的是近似的理论公式，则应该在计算时加以修正；如果知道实验测量方法存在着某种因素会带来系统误差，则应估计其影响的大小或改变测量方法以消除其影响；若是由于外界环境条件急剧变化，或者存在着某种干扰，则应设法稳定实验条件，排除有关干扰或者等到实验条件稳定后再做实验；若是因为测量人员操作不善，或者读数有不良偏向，则应该加强训练以改进操作技术，克服不良偏向。总的来说，从系统误差产生的根源上加以消除，无疑是最根本的方法。

（2）在测量中限制和消除系统误差　对于不同性质的系统误差，在测量中常常要采用不同的消除方法。

① 对于固定不变的系统误差的限制和消除，常常采用以下方法。

a. 抵消法：有些定值的系统误差无法从根源上消除，也难以确定其大小而修正，但可以进行两次不同的测量，使两次读数时出现的系统误差大小相等而符号相反，然后取两次测量的平均值便可消除上述系统误差。例如在霍尔效应实验中，霍尔电压 U_H 正比于磁感应强度 B 和电流 I。实验中同时还存在能斯脱效应，U_N 正比于 $B\cdot Q$，Q 为流过样品的热流，U_N 与电流 I 的方向无关。当我们找出了能斯脱效应所遵从的上述规律后，可以通过改变磁感应强度 B 和电流 I 的方向，作两次测量：$U_1=U_H+U_N$（$B>0$，$I>0$），$U_2=U_H-U_N$（$B<0$，$I<0$），则有 $U_H=(U_1+U_2)/2$。这样就消除了能斯脱效应的影响。

b. 代替法：在某装置上对未知量测量后，马上用一标准量代替未知量再进行测量，若仪器示值不变，便可肯定被测的未知量即等于标准量的值，从而消除了测量结果中的仪器误差。例如用天平称物体的质量 m，若天平两臂 l_1 和 l_2 不等，先使 m 与砝码 G 平衡，则有 $m=Gl_2/l_1$。再以标准砝码 P 取代质量为 m 的物体，若调节 P 和 G 达到平衡，则有 $P=Gl_2/l_1$，从而 $m=P$，消除了天平不等臂引起的系统误差。

c. 交换法：根据误差产生的原因，对某些条件进行交换来消除固定的误差。例如用电桥测电阻，得 $R_x=R_sR_1/R_2$。若两臂 R_1 和 R_2 有误差，可将被测电阻 R_x 和 R_s 互换再测得 $R'_s=R_xR_1/R_2$。从而可得 $R_x=\sqrt{R_sR'_s}$，消除了 R_1 和 R_2 带来的误差。

② 对于按一定规律变化的系统误差的消除方法，通常可采用以下几种方法。

a. 对称观测法：对于测量中随时间线性变化的系统误差，可采用时间上对称的观察程序予以消除。例如，用位相法测量光速时，我们用高频信号调制发光二极管的发光强度，然后测量发光二极管发出的光与经过角反射镜返回的光之间的位相差。移动角反射镜的位置由 $B\to B'$（图 0-1-1），当移动距离等于半个波长时，将重现原来的位相差，由此可测出调制光波的波长，将它乘以调制频率即得光速。实验中由于仪器电路部分的不稳定所造成的位相偏移将叠加在所测的位相差上，给光速的测量造成误差。进一步的观察发现，在测量的短时间内位相漂移随时间的缓慢变化可作线性近似。因此，测量过程中按图 0-1-1 所示的 $B\to B'\to B$ 的顺序读取具有相同位相差的位置，而 B 的两次读数平均值作为 B 点位置的数值，并用它计算半波长。这时，测量中位相漂移的影响消除。

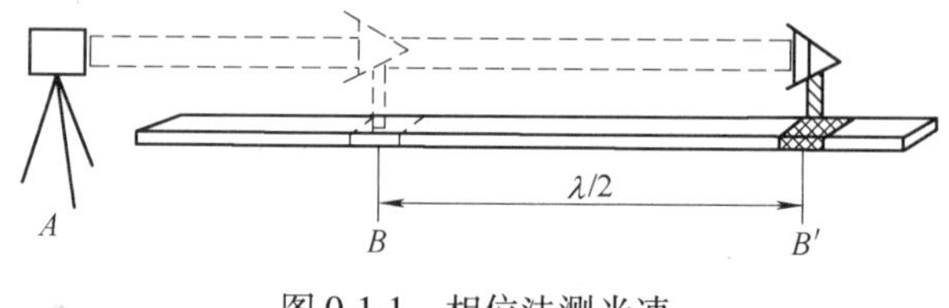

图 0-1-1 相位法测光速

b. 半周期偶次测量法：对于测量中随某一因素周期性变化的系统误差，我们可根据它的周期性规律采取措施来消除。用位相法测光速时，由于发射系统与接收系统之间隔离度不高，且存在某种程度的耦合，它会产生一个具有一定初相 φ_e、频率与被测信号频率相同的电干扰信号。分析表明，这样的干扰将给位相的测量引入一个以 $\lambda/2$ 为周期（λ 为调制信号的波长）的周期性变化的误差 $\Delta\varphi$，简称周期误差。$\Delta\varphi\propto\sin\left(\frac{4\pi D}{\lambda}-\varphi_e\right)$，式中 D 为光传播的距离。实验中当我们取相距半波长的 B、B' 两点来测位相差时，上述周期误差的影响可以消除。

c. 实时反馈修正法：这是消除各种变值系统误差的自动控制方法。当查明某种误差因素（例如位移、气压、温度、光强等）的变化时，由传感器将这些因素引起的误差反馈回控制系统，通过计算机根据其影响测量的函数关系进行处理，对测量结果作出自动补偿修正。这种方法在微机控制的自动测量技术中得到了广泛的应用。

0.2 含有粗大误差测量值的剔除

在一列重复测量数据中，如有个别数据与其他数据有明显差异，则它（或它们）很可能含有粗大误差（简称粗差），于是，称其为可疑数据，记为 x_d。根据随机误差理论，出现大误差的概率虽小，但也是可能的。因此，如果不恰当地剔除含大误差的数据，就会造成测量精密度偏高的假象。反之，如果对混有粗大误差的数据（即异常位）未加剔除，必然会造成测量精密度偏低的后果。以上两种情况还都严重影响对 $\bar{x}$ 的估计。因此，对数据中异常值的正确判断与处理，是获得客观测量结果的一个重要问题。

在测量过程中，确实是因读错记错数据、仪器的突然故障或外界条件的突变等异常情况而引起的异常值，一经发现，就应在记录中除去，但需注明原因。这种从技术上和物理上找出产生异常值的原因，是发现和剔除粗大误差的首要方法。有时，在测量完成后也不能确知数据中是否含有粗大误差，这时可采用统计的方法进行判别。统计法的基本思想是：给定一个显著性水平，按一定分布确定一个临界值，凡超过这个界限的误差，就认为它不属于随机误差的范围，而是粗大误差，该数据应予以剔除。

以下介绍几个常用的统计判断准则，它们都限于对正态或近似正态的样本数据的判断处理。

1. 3σ 准则

3σ 准则又称拉伊达准则，它是以测量次数充分大为前提的。实际测量中，常以贝塞尔公式算得的 S 代替 σ，以 $\bar{x}$ 代替真值。

对某个可疑数据 x_d，若其残差满足

$$|\nu_d| = |x_d - \bar{x}| > 3S$$

则剔除 x_d。该异常值剔除后，还应对余下的测量值的数据用同样的方法检验是否还存在异常值

利用贝塞尔公式容易说明，在 $n \leqslant 10$ 的情形，用 3σ 准则剔除粗大误差注定失效。因此，这种准则对于测量次数较少的测量列来说，其可靠性是不够好的。

表 0-2-1 是 3σ 准则的“弃真”概率，从表中看出，3σ 准则犯“弃真”错误的概率随 n 增大而减小，最后稳定于 0.3%。

表 0-2-1　3σ 准则的“弃真”概率 α

n	11	16	61	121	333
α	0.019	0.011	0.005	0.004	0.003

2. 格拉布斯准则

1950 年格拉布斯根据顺序统计量的某种分布规律提出一种判别粗大误差的准则。1974 年我国有人用电子计算机做过统计模拟试验，与其他几个准则相比，对样本中仅混入一个异常值的情况，用格拉布斯准则检验的效率最高。

设对某量作多次等精度独立测量，得 x_1，x_2，…，x_n，假定 x_i 服从正态分布。为了检验 x_i 中是否含有粗大误差，将 x_i 按大小顺序排列成顺序统计量 $x_{(i)}$，而 $x_{(1)} \leqslant x_{(2)} \leqslant \cdots \leqslant x_{(n)}$。

格拉布斯导出了 $g_{(n)} = \dfrac{x_{(n)} - \bar{x}}{\sigma}$ 及 $g_{(1)} = \dfrac{\bar{x} - x_{(1)}}{\sigma}$ 的分布，取定显著度 α（一般为 0.05 或 0.01），可得格拉布斯准则数值表所列的临界值 $g_0(n, \alpha)$，而

$$P\left(\frac{x_{(n)} - \bar{x}}{\sigma} \geqslant g_0(n,\alpha)\right) = \alpha$$

及

$$P\left(\frac{\bar{x} - x_{(1)}}{\sigma} \geqslant g_0(n,\alpha)\right) = \alpha$$

若认为 $x_{(i)}$ 可疑，则有

$$g_{(1)} = \frac{\bar{x} - x_{(1)}}{\sigma}$$

若认为 $x_{(n)}$ 可疑，则有

$$g_{(n)} = \frac{x_{(n)} - \bar{x}}{\sigma}$$

当 $g_{(i)} \geqslant g_0(n, \alpha)$ 时，即判别该测得值含有粗大误差，应予剔除。

3. 狄克逊准则

1950 年狄克逊（Dixon）提出另一种无需估算算术平均值和标差的方法，它是根据测量数据按大小排列后的顺序差来判别是否存在粗大误差。有人指出，用狄克逊准则判断样本数据中混有一个以上异常值的情形效果较好。

设正态测量总体的一个样本为 x_1，x_2，…，x_n，将 x_i 按大小顺序排列成顺序统计量 $x_{(i)}$，即 $x_{(1)} \leqslant x_{(2)} \leqslant \cdots \leqslant x_{(n)}$。

构造检验高端异常值 $x_{(n)}$ 和低端异常值 $x_{(1)}$ 的统计量分别为 r_{ij} 和 r'_{ij}，分以下几种情形：

$$\begin{cases} r_{10} = \dfrac{x_{(n)} - x_{(n-1)}}{x_{(n)} - x_{(1)}} \text{与} \ r'_{10} = \dfrac{x_{(2)} - x_{(1)}}{x_{(n)} - x_{(1)}} & n \leqslant 7 \\ r_{11} = \dfrac{x_{(n)} - x_{(n-1)}}{x_{(n)} - x_{(2)}} \text{与} \ r'_{11} = \dfrac{x_{(2)} - x_{(1)}}{x_{(n-1)} - x_{(1)}} & n:8 \sim 10 \\ r_{21} = \dfrac{x_{(n)} - x_{(n-2)}}{x_{(n)} - x_{(2)}} \text{与} \ r'_{21} = \dfrac{x_{(3)} - x_{(1)}}{x_{(n-1)} - x_{(1)}} & n:11 \sim 13 \\ r_{22} = \dfrac{x_{(n)} - x_{(n-2)}}{x_{(n)} - x_{(3)}} \text{与} \ r'_{22} = \dfrac{x_{(3)} - x_{(1)}}{x_{(n-2)} - x_{(1)}} & n \geqslant 14 \end{cases}$$

当测量的统计值 r_{ij} 或 r'_{ij} 大于临界值 $r_0(n, \alpha)$ 时，则认为 $x_{(1)}$ 或 $x_{(n)}$ 含有粗大误差。临界值 $r_0(n, \alpha)$ 由相应统计表查得。

4. t 分布检验法（罗曼诺夫斯基准则）

当测量次数较少时，按 t 分布的实际误差分布范围来判别粗大误差较为合理。罗曼诺夫斯基准则又称 t 分布检验准则，其特点是首先剔除一个可疑的测得值，然后按 t 分布检验被剔除的值是否含有粗大误差。

设对某量作多次等精度测量，得 x_1，x_2，…，x_n，若认为测量值 x_j 为可疑数据，将其剔除后计算平均值及标准差 σ 为（计算时不包括 x_j）

$$\bar{x} = \frac{1}{n-1}\sum_{\substack{i=1 \\ i \neq j}}^{n} x_i \ \text{及} \ \sigma = \sqrt{\frac{\sum_{i=1}^{n} v_i^2}{n-2}}$$

根据测量次数 n 和选取的显著度 α，即可查得 t 分布的检验系数 $K(n, \alpha)$。

若 $|x_j - \bar{x}| > K\sigma$，则认为测量值 x_j 含有粗大误差，剔除 x_j 是正确的，否则认为 x_j 不含有粗大误差，应予保留。

以上介绍了四个准则，根据前人的实践经验，建议按如下几点考虑去具体应用。

① 大样本情况（$n>50$）用 3σ 准则最简单方便，虽然这种判别准则的可靠性不高，但它使用简便，不需要查表，故在要求不高时经常使用；对于 $30<n\leqslant 50$ 的情形，用格拉布斯准则效果较好；对于 $3\leqslant n<30$ 的情形，用格拉布斯准则适于剔除一个异常值，用狄克逊准则适于剔除一个以上的异常值。当测量次数比较小时，也可根据情况采用罗曼诺夫斯基准则。

② 在较为精密的实验场合，可以选用二、三种准则同时判断，当一致认为某值应剔除或保留时，则可以放心地加以剔除或保留。当几种方法的判断结果有矛盾时，则应慎重考虑，一般以不剔除为妥。因为留下某个怀疑的数据后算出的 σ 只是偏大一点，这样较为安

全。另外，可以再增添测量次数，以消除或减少它对平均值的影响。

③ 在教学实验中，推荐使用 t 分布检验法，这一方法用计算机处理比较方便，可以不引入新的函数，既适用于测量次数 $n \leqslant 10$ 的情形，也适用于 n 比较大的情形。

5. 防止与消除粗大误差的方法

对粗大误差，除了设法从测量结果中发现和鉴别而加以剔除外，更重要的是要加强测量者的工作责任心和以严格的科学态度对待测量工作；此外，还要保证测量条件的稳定，或者应避免在外界条件发生激烈变化时进行测量。如能达到以上要求，一般情况下是可以防止粗大误差产生的。

在某些情况下，为了及时发现与防止测得值中含有粗大误差，可采用不等精度测量和互相之间进行校核的方法。例如对某一测量值，可由两位测量者进行测量、读数和记录，或者用两种不同仪器、或两种不同测量方法进行测量。

0.3　随机误差的统计分布及数据处理

在一定条件下对被测量进行多次测量时，以不可预知的随机方式变化的测量误差称为随机误差。这种误差值时大时小，时正时负，没有规律性，它引起被测量重复观测值的变化。

随机误差来源于许多不可控因素（例如周围环境的无规则起伏、仪器性能的微小波动、观察者感官分辨本领的限制以及一些尚未发现的因素等）的影响。这种误差对每次测量来说没有必然的规律性，但进行多次重复测量时会呈现出统计规律性。虽然无法消除或补偿测量结果的随机误差，但增加观测次数可使它减小，并可用统计方法估算其大小。

在测量过程中，随机误差总是不可避免的。于是，如何从含有随机误差的实验数据中确定出最可靠的测量结果，并应用概率分布描述测量和误差，这在近代物理实验中显得非常重要。本节基于概率论和数理统计知识，从分析随机误差的统计规律出发，介绍正态分布和其他几种常见的分布，然后从参数估计和参数检验两方面对数据进行统计分析。

1. 几种常用的概率分布

由于随机变量受到不同因素的影响，或者物理现象本身的统计性差异，使得随机变量的概率分布形式多种多样。这里我们介绍几种在物理量测量中常见的以及数据分析处理中常用的统计分布。

（1）二项式分布和泊松分布

① 二项式分布：若随机事件 A 发生的概率为 P，不发生的概率为 $(1-P)$，现在讨论在 N 次独立试验中事件 A 发生 k 次的概率。显然，k 是离散型随机变量，可能取值为 0，1，…，N。对应这样一个随机事件，可导出其概率分布为

$$p(k)=\frac{N!}{k!(N-k)!}P^k(1-P)^{N-k} \tag{0-3-1}$$

式中，因子 $N!/[k!(N-k)!]$ 代表 N 次试验中事件 A 发生 k 次，而不发生为 $(N-k)$ 次的各种可能组合数。若令 $q=1-P$，则这个概率表示式刚好是二项式展开

$$(P+q)^N=\sum_{k=0}^{N}\frac{N!}{k!(N-k)!}P^kq^{N-k}$$

中的项，因此，式（0-3-1）所示的概率分布称为二项式分布。

二项式分布中有两个独立的参数 N 和 P，故往往又把式（0-3-1）中左边概率函数的记号写做 $p(k;N,P)$。遵从二项式分布的随机变量 k 的期望值和方差分别为

$$\langle k\rangle = \sum_{k=0}^{N} k\frac{N!}{k!(N-k)!}P^k(1-P)^{N-k} = NP \tag{0-3-2}$$

$$\begin{aligned}\sigma^2(k) &= \langle k^2\rangle - \langle k\rangle^2 = \langle k^2\rangle - N^2P^2\\ &= \sum k^2\frac{N!}{k!(N-k)!}P^k(1-P)^{N-k} - N^2P^2\\ &= NP(1-P)\end{aligned} \tag{0-3-3}$$

二项式分布有许多实际应用。例如，穿过仪器的 N 个粒子被仪器探测到 k 个的概率，或者 N 个放射性核经过一段时间后衰变 k 个的概率等，这些问题的随机变量 k 都服从二项式分布。

② 泊松分布：对于二项式分布，若 $N\to\infty$，且每次试验中 A 发生的概率 $P\to 0$，但期望 $\langle k\rangle = NP$ 趋于有限值 m，在这种极限情况下其分布如何？

由二项分布的概率函数式

$$p(k)=\frac{1}{k!}\cdot\frac{N!}{(N-k)!}P^k(1-P)^{N-k}$$

并考虑到 $N\to\infty$的情况，即

$$\lim_{N\to\infty}\frac{N!}{(N-k)!}=\lim_{N\to\infty}[N(N-1)(N-2)\cdots(N-k+2)(N-k+1)]=N^k$$

$$\lim_{N\to\infty}N^kP^k=\lim_{N\to\infty}(NP)^k=m^k$$

$$\lim_{N\to\infty}(1-P)^{N-k}=\lim_{N\to\infty}(1-NP)^k=\mathrm{e}^{-m}$$

便可得到

$$p(k)=\frac{m^k}{k!}\mathrm{e}^{-m} \tag{0-3-4}$$

上式表示的概率分布称为泊松分布，可见，泊松分布是二项式分布的极限情况。

注意到 $P\to 0$ 时 $NP\to m$，利用式（0-3-2）和式（0-3-3），便可得到遵从泊松分布的随机变量 k 的期望值和方差

$$\langle k\rangle = NP = m \tag{0-3-5}$$

$$\sigma^2(k)=NP(1-P)=m \tag{0-3-6}$$

因此，泊松分布只有一个参数 m，它等于随机变量的期望值或方差。

在物理实验中，泊松分布是一种常见的分布。例如放射性物质在一定时间 T 内的放射性衰变粒子数 k 便服从泊松分布。在此情况下，可把时间 T 内每一个原子是否衰变看做一次试验，放射性物质的总原子数为 N，则测得衰变的粒子数可以看做是 N 次试验的总结果，而每个原子的衰变都是相互独立进行的。

（2）正态分布　在物理实验中，正态分布（也称高斯分布）是应用最多的一种，而且物理实验中的多数误差也遵从正态分布，其概率密度函数为

$$p(x)=\frac{1}{\sigma\sqrt{2\pi}}\exp\left[-\frac{1}{2}\left(\frac{x-\mu}{\sigma}\right)^2\right] \tag{0-3-7}$$

式中，x 是连续型随机变量；μ 和 σ 是分布参数，且 $\sigma>0$。为了标志其特征，通常用

$n(x;\ \mu,\ \sigma^2)$表示正态分布的概率密度函数，用$N(x;\ \mu,\ \sigma^2)$表示正态分布的分布函数，即

$$n(x;\ \mu,\ \sigma^2)=\frac{1}{\sigma\sqrt{2\pi}}\exp\left[-\frac{1}{2}\left(\frac{x-\mu}{\sigma}\right)^2\right]$$

$$N(x;\mu,\sigma^2)=\frac{1}{\sigma\sqrt{2\pi}}\int_{-\infty}^{x}\exp\left[-\frac{1}{2}\left(\frac{x-\mu}{\sigma}\right)^2\right]\mathrm{d}x$$

不难求得，遵从正态分布的随机变量 x 的期望值和方差分别为

$$\langle x\rangle=\int_{-\infty}^{\infty}x\cdot n(x;\ \mu,\ \sigma)\mathrm{d}x=\mu \tag{0-3-8}$$

$$\sigma^2(x)=\int_{-\infty}^{\infty}(x-\mu)^2\cdot n(x;\ \mu,\ \sigma)\mathrm{d}x=\sigma^2 \tag{0-3-9}$$

由此可见，正态分布中的参数 μ 是期望值；参数 σ 是标准误差。正态分布的特征由这两个参数的数值完全确定：若消除了测量的系统误差，则 μ 就是待测物理量的真值，它决定分布的位置；而 σ 的大小与概率密度函数曲线的“胖”、“瘦”有关，即决定分布偏离期望值的离散程度。不同参数值的正态分布概率密度函数曲线如图 0-3-1 所示。曲线是单峰对称的，对称轴处于期望值和概率密度极大值所在处。

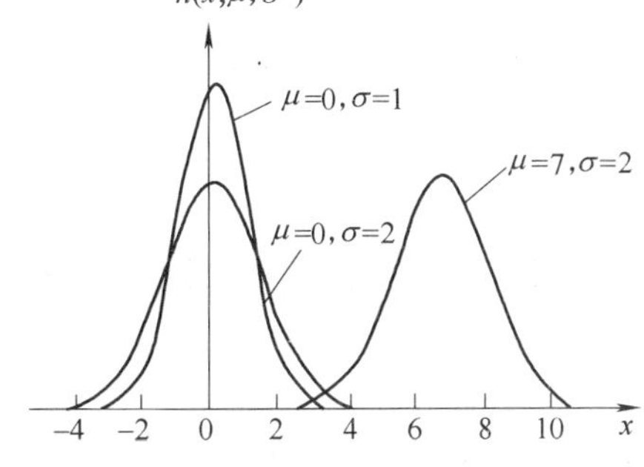

图 0-3-1　不同参数值的正态分布曲线

期望值 $\mu=0$ 和方差 $\sigma^2=1$ 的正态分布叫做标准正态分布，其概率密度函数和分布函数为

$$n(x;\ 0,\ 1)=\frac{1}{\sqrt{2\pi}}\exp\left(-\frac{1}{2}x^2\right) \tag{0-3-10}$$

$$N(x;\ 0,\ 1)=\frac{1}{\sqrt{2\pi}}\int_{-\infty}^{x}\exp\left(-\frac{1}{2}x^2\right)\mathrm{d}x \tag{0-3-11}$$

一般手册上给出的是标准正态分布的分布函数数值，但我们可以把一般的正态分布函数化为标准正态分布。若 $\mu\neq0$，$\sigma^2\neq1$，只要把随机变量 x 做线性变换

$$u=\frac{x-\mu}{\sigma} \tag{0-3-12}$$

则随机变量 u 便遵从标准正态分布，且有

$$n(x;\ \mu,\ \sigma^2)=\frac{1}{\sigma}n\ (u;\ 0,\ 1) \tag{0-3-13}$$

$$N(x;\ \mu,\ \sigma^2)=N\ (u;\ 0,\ 1) \tag{0-3-14}$$

这样便可利用标准正态分布求概率分布。

理论上可以证明，若一个随机变量是由大量的、相互独立的、微小的因素所合成的总效果，则这个随机变量就近似地服从正态分布。这就是说，由不能控制的大量的偶然因素造成的随机误差会遵从或近似服从正态分布。另外，许多非正态分布也常以正态分布为极限或很快趋于正态分布。例如，对于泊松分布，若期望值 m 足够大时，它趋近于形式

$$p(k)=\frac{1}{\sqrt{2\pi m}}\exp\left[-\frac{(k-m)^2}{2m}\right]$$

而泊松分布的 $\sigma=\sqrt{m}$。故上式与正态分布的形式相同。虽然泊松分布中的 k 是离散型变量，

但当 $m \geqslant 10$ 时泊松分布已很接近于正态分布。又例如，对于二项式分布，当 N 足够大时，也趋于形式为 $n(k;\ \mu,\ \sigma^2)$ 的正态分布，只不过 $\mu = NP$，$\sigma^2 = NP(1-P)$ 而已。

（3）χ^2 分布和 t 分布　χ^2 分布和 t 分布是从正态分布派生出来的，在数据处理工作中，当根据试验得到的随机子样对随机变量的分布参数、分布规律作分析推断时，χ^2 分布和 t 分布有重要应用。这里我们先介绍它们的形式与数字特征量。

①χ^2 分布：设观测值 x_1，x_2，…，x_n 是正态分布 $n(x;\ \mu,\ \sigma^2)$ 的随机样本，可定义一统计量

$$\chi^2 = \sum_{i=1}^{n} \frac{(x_i - \bar{x})^2}{\sigma^2} \tag{0-3-15}$$

来分析样本的离散程度，式中，$(x_i - \bar{x})$ 表示观测值 x_i 相对于平均值 $\bar{x}$ 的偏差。若把标准差 σ 看做量度偏差的单位，则 χ^2 量等于 N 个偏差的平方和。推广到非等精度测量情况，有

$$\chi^2 = \sum_{i=1}^{n} \frac{(x_i - \bar{x})^2}{\sigma_i^{\ 2}} \tag{0-3-16}$$

式中的 $\bar{x}$ 为加权平均值。

这样定义的 χ^2 量也是随机变量，且有 $\chi^2 \geqslant 0$，其分布遵从概率密度函数

$$p(\chi^2;\ \nu) = \frac{1}{2^{\nu/2}\Gamma\ (\nu/2)}(\chi^2)^{\frac{\nu}{2}-1}\exp\ (\ -\chi^2/2) \tag{0-3-17}$$

这就是 χ^2 分布。分布参数 ν 是正整数，称为自由度。在式（0-3-15）和式（0-3-16）所定义的 χ^2 量中，$\bar{x}$ 要满足所属的平均值表示式，故容量为 N 的随机样本的自由度 $\nu = N-1$。

不难导出，随机变量 χ^2 的期望值和方差分别为

$$\langle\chi^2\rangle = \nu,\quad \sigma^2\langle\chi^2\rangle = 2\nu \tag{0-3-18}$$

可见，χ^2 分布取决于自由度 ν，也就是说，由样本容量决定，而与正态分布参数无关。因此，用满足 χ^2 分布的统计量来研究随机样本的离散性，比用样本方差来得方便。χ^2 分布有一个重要的性质：若随机变量 χ_1^2 和 χ_2^2 分布服从自由度为 ν_1 和 ν_2 的 χ^2 分布，则随机变量 $\chi_1^2 + \chi_2^2$ 服从自由度为 $\nu_1 + \nu_2$ 的 χ^2 分布。

一般地，χ^2 分布表只有 $\nu \leqslant 30$ 的数值，因为 χ^2 分布在自由度 $\nu \to \infty$ 的情况下趋于正态分布，并且有

$$p(\chi^2;\ \nu)\ \to n(\chi^2;\ \nu,\ 2\nu)$$

对于 $\nu > 30$ 的数值，可以用上述的正态分布代替 χ^2 分布。

χ^2 的函数 $\sqrt{2\chi^2}$ 也遵从一定的分布，可以证明，当 ν 增大时，$\sqrt{2\chi^2}$ 所遵从的分布比 χ^2 分布更快地趋于正态分布，而且有

$$p(\sqrt{2\chi^2}) \to n(\sqrt{2\chi^2};\ \sqrt{2\nu-1},\ 1)$$

根据计算，$\sqrt{\chi^2} - \sqrt{\nu} > 2$ 的概率小于 1/400，因此，通常用 $\sqrt{\chi^2} - \sqrt{\nu} > 2$ 作为 χ^2 量不合理的判据。

图 0-3-2 表示自由度 $\nu = 6$ 的 χ^2 分布的概率密度函数曲线。图中阴影部分面积为

$$P_r[\chi^2 \leqslant \chi_\xi^2(\nu)] = \int_0^{\chi_\xi^2} p(\chi^2;\ \nu)\mathrm{d}\chi^2 = \xi$$

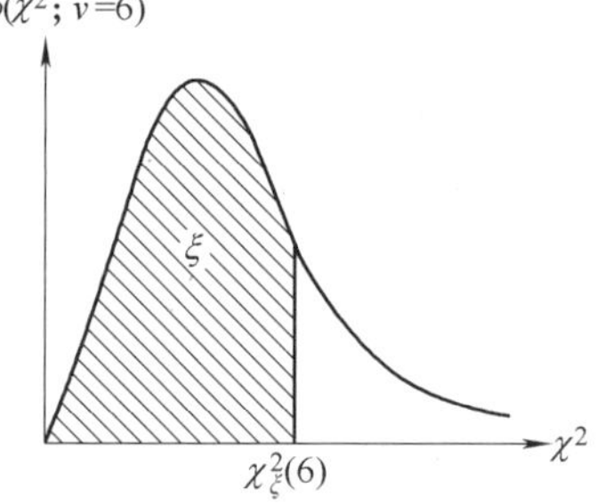

图 0-3-2　χ^2 的概率密度曲线

其意义是随机变量χ^2值不大于χ^2_ξ的概率为ξ。ξ的大小不仅与χ^2_ξ有关，而且与自由度ν有关。对于不同ξ与ν所对应的χ^2_ξ数值，可由相关数值表查出。

② t 分布

在观测值x服从正态分布的情况下，平均值$\bar{x}$会严格服从正态分布$n(\bar{x};\ \mu,\ \sigma_{\bar{x}}^{\ 2})$，其中$\sigma_{\bar{x}}=\sigma/\sqrt{N}$。若进行类似于式（0-3-12）的变换，令$t=(\bar{x}-\mu)/\sigma_{\bar{x}}$，则随机变量$t$遵从标准正态分布$n(t;\ 0,\ 1)$。

然而，在一般情况下期望值μ和标准误差σ都未知，只能由测量列x_i求出样本平均值的$S_{\bar{x}}$。由于$S_{\bar{x}}$是随机变量，不同于σ是正态参数，当用$S_{\bar{x}}$取代$\sigma_{\bar{x}}$作变换$t=(\bar{x}-\mu)/S_{\bar{x}}$时，随机变量$t$不遵从正态分布而遵从$t$分布，$t$分布的概率密度函数为

$$p(t;\ \nu)=\frac{\Gamma\left(\frac{\nu+1}{2}\right)}{\sqrt{\pi\nu}\cdot\Gamma\left(\frac{\nu}{2}\right)\cdot\left[1+\frac{t^2}{\nu}\right]^{\frac{\nu+1}{2}}}\quad(-\infty<t<\infty)\tag{0-3-19}$$

式中，参数$\nu=N-1$是正整数，称为自由度；$\Gamma(\nu)$是伽马函数。t分布的期望值和方差为

$$\langle t\rangle=0,\quad \sigma^2(t)=\frac{\nu}{\nu-2}\quad(\nu>2)\tag{0-3-20}$$

t分布曲线与标准正态分布曲线的比较如图 0-3-3 所示。t分布的峰值低于标准正态分布的峰值，即t分布比正态分布较为分散。自由度ν愈小则分散愈明显。当ν很大以致$\nu\to\infty$时，t分布趋于标准正态分布，即

$$p(t;\ \nu)\ \to n(t;\ 0,\ 1)$$

对于标准正态分布$\sigma=1$，在一个σ范围内概率含量为 68.3%；对于t分布$\sigma\neq1$，并且在一个σ范围内概率含量也不等于 68.3%，更何况在$\nu\leqslant2$时，σ不存在有限值。在应用t分布时，若以概率含量ξ表达实验结果，则必须按照t分布来确定相应范围的t_ξ值。

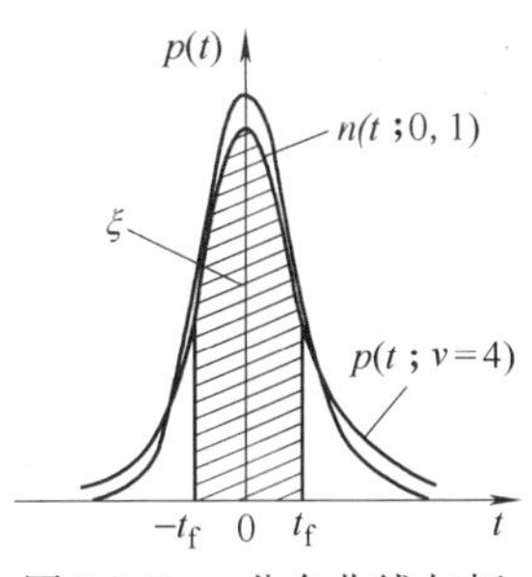

图 0-3-3　t分布曲线与标准正态分布曲线比较图

图 0-3-3 中阴影部分的面积等于区间$[-t_\xi,\ t_\xi]$内的概率含量，即

$$\xi=\int_{-t_\xi}^{t_\xi}p(t;\ \nu)\,\mathrm{d}t\tag{0-3-21}$$

ξ不仅与t_ξ有关，而且与自由度ν有关。常用置信概率ξ的t_ξ值可由相关数值表查得。

2. 分布参数的点估计

前面讨论了随机变量的总体分布，现在讨论随机误差的估计问题。在实际测量中，只能得到有限次测量值及随机样本。研究随机误差是以随机样本为依据的，也就是说，是根据随机样本来估计参数的总体分布。在此，我们假定系统误差不存在或已经修正，实验者用相同的方法和仪器在相同的条件下作重复而相互独立的测量，得到一组等精度测量值。这就是说，我们是讨论等精度测量中随机误差的数字特征问题。

（1）正态分布参数的最大似然估计　首先介绍参数估计的最大似然法。设某物理量X的N个等精度测量值为x_1，x_2，…，x_N，它是总体X中容量为N的样本，我们把它看做N维的随机变量。为了由样本估计总体参数，把N维随机变量的联合概率密度定义为样本的似然函数。由于相互独立随机变量的联合概率密度等于各个随机变量概率密度的乘积，所以

设 x 的概率密度函数为 $p(x;\ \theta)$，θ 为该分布的特征参数（参数个数由分布而定），则联合概率密度函数

$$p(x_1,\ x_2,\ \cdots,\ x_N;\ \theta) = p(x_1;\ \theta)\cdot p(x_2;\ \theta)\cdot\cdots\cdot p(x_N;\ \theta) = \prod_{i=1}^{N} p(x_i;\ \theta)$$

即这个样本的似然函数定义为

$$L(x_1,\ x_2,\ \cdots,\ x_N;\ \theta) = \prod_{i=1}^{N} p(x_i;\theta) \tag{0-3-22}$$

似然函数 L 可提供哪些信息呢？若参数 θ 已知，则 L 的大小说明哪些样本有较大的可能性；若参数 θ 未知，只知样本数据（x_1，x_2，…，x_N），则采用 θ 不同估计值会使得 L 有不同的数值，L 的大小说明哪些 θ 值有较大的可能性。最大似然法就是选择使实测数值有最大概率密度的参数值作为 θ 的估计值。若估计值 $\hat{\theta}$ 使似然函数最大，即

$$L(x_1,\ x_2,\ \cdots,\ x_N;\ \theta)\big|_{\theta=\hat{\theta}} = L_{\max}$$

则 $\hat{\theta}$ 称为参数 θ 的最大似然估计。而要使似然函数最大，可通过 L 对 θ 求极值的方法得到。为计算方便起见，可取 L 的对数求导数，即

$$\left.\frac{\partial \ln L(x_1,\ x_2,\ \cdots x_N;\ \theta)}{\partial\theta}\right|_{\theta=\hat{\theta}} = 0 \tag{0-3-23}$$

由于似然函数 L 与它的对数 $\ln L$ 是同时达到最大值的，故求解式（0-3-23）便可得到 θ 的最大似然估计值。

现在用最大似然估计法来估计正态分布的特征参数。由正态分布的概率密度函数式（0-3-7）得正态样本的似然函数

$$\begin{aligned} L(x_1,\ x_2,\ \cdots,\ x_N;\ \mu,\ \sigma^2) &= \prod_{i=1}^{N} \frac{1}{\sigma\sqrt{2\pi}}\exp\left[-\frac{1}{2\sigma^2}(x_i-\mu)^2\right] \\ &= \left(\frac{1}{2\pi\sigma^2}\right)^{N/2}\exp\left[-\frac{1}{2\sigma^2}\sum_{i=1}^{N}(x_i-\mu)^2\right] \end{aligned}$$

取似然函数 L 的对数

$$\ln L = -\frac{N}{2}\ln 2\pi - \frac{N}{2}\ln\sigma^2 - \frac{1}{2\sigma^2}\sum_{i=1}^{N}(x_i-\mu)^2$$

按照式（0-3-23）求 $\ln L$ 对 μ 和 σ^2 的偏导数

$$\left.\frac{\partial \ln L}{\partial\mu}\right|_{\mu=\hat{\mu}} = \frac{1}{\sigma^2}\sum_{i=1}^{N}(x_i-\hat{\mu})^2 = 0$$

$$\left.\frac{\partial \ln L}{\partial\sigma^2}\right|_{\sigma^2=\hat{\sigma}^2} = -\frac{N}{2}\cdot\frac{1}{\hat{\sigma}^2} + \frac{1}{2\hat{\sigma}^4}\sum_{i=1}^{N}(x_i-\hat{\mu})^2 = 0$$

由这两个方程联立求解，可得期望值和方差的估计

$$\hat{\mu} = \frac{1}{N}\sum_{i=1}^{N}x_i = \bar{x} \tag{0-3-24}$$

$$\hat{\sigma}^2 = \frac{1}{N}\sum_{i=1}^{N}(x_i-\bar{x})^2 \tag{0-3-25}$$

从而标准误差的估计为

$$\hat{\sigma} = \sqrt{\frac{1}{N}\sum_{i=1}^{N}(x_i - \bar{x})^2} \tag{0-3-26}$$

令 $v_i = x_i - \bar{x}$，则称 v_i 为偏差（或残差）。

上述最大似然估计的结果表明：测量值 x 的期望值 μ 由测量样本的算术平均值估计；方差 σ^2 由测量样本的均方偏差估计；标准误差 σ 由方均根偏差估计。但对于容量有限的样本来说，上述估计量只是被估计参数的近似值而已。由数理统计得知，若参数 θ 的估计量 $\hat{\theta}$ 的期待值满足

$$\langle\hat{\theta}\rangle = \theta \tag{0-3-27}$$

则 $\hat{\theta}$ 为 θ 的无偏估计量，否则是有偏估计量。下面将会证明，样本的均方差和方均根偏差都不是无偏估计量。

(2) 样本平均值的期望值和方差　若 $(x_1, x_2, \cdots, x_N)$ 是实验测定量 x 的随机样本，由期望值的一些运算规则便可求得 $\bar{x}$ 期望值和方差

$$\langle\bar{x}\rangle = \left\langle\frac{1}{N}\sum_{i=1}^{N}x_i\right\rangle = \frac{1}{N}\sum_{i=1}^{N}\langle x_i\rangle = \langle x\rangle \tag{0-3-28}$$

$$\sigma^2(\bar{x}) = \sigma^2\left(\frac{1}{N}\sum_{i=1}^{N}x_i\right) = \frac{1}{N^2}\sigma^2\left(\sum_{i=1}^{N}x_i\right) = \frac{1}{N^2}\sum_{i=1}^{N}\sigma^2(x_i) = \frac{1}{N}\sigma^2(x) \tag{0-3-29}$$

从而求得样本平均值的标准误差为

$$\sigma(\bar{x}) = \frac{1}{\sqrt{N}}\sigma(x) \tag{0-3-30}$$

上面三式表明：样本平均值 $\bar{x}$ 的期望值就是随机变量 x 的期望值，即 $\bar{x}$ 作为真值 μ 的估计值满足无偏估计的条件；样本平均值 $\bar{x}$ 的方差是单次测量值 x 的方差的 $1/N$ 倍；样本平均值 $\bar{x}$ 的标准误差是单次测量值 x 的标准误差的 $1/\sqrt{N}$倍。也就是说，若观测值 x 在真值 μ 左右摆动，则 N 个观察值的平均值 $\bar{x}$ 也在真值 μ 左右摆动，它们的期望值都是 μ，但 $\bar{x}$ 比一次测得值 x 更靠近真值。这就是通常采用样本平均值估计被测量真值的理由。

(3) 样本的标准偏差　前面曾经求得，可用样本中各个测得值 x_i 对样本平均值 $\bar{x}$ 的均方偏差作为方差 $\sigma(x)$ 的估计值，如式（0-3-25）所示。现在我们来检验样本均方偏差是否满足无偏估计条件，为此求均方偏差的期望值

$$\begin{aligned}\left\langle\frac{1}{N}\sum_{i=1}^{N}(x_i - \bar{x})^2\right\rangle &= \frac{1}{N}\left\langle\sum_{i=1}^{N}(x_i - \bar{x})^2\right\rangle \\ &= \frac{1}{N}\left\langle\sum_{i=1}^{N}[(x_i - \langle x\rangle) - (\bar{x} - \langle x\rangle)]^2\right\rangle \\ &= \frac{1}{N}\sum_{i=1}^{N}\left\langle(x_i - \langle x\rangle)^2\right\rangle - \left\langle(\bar{x} - \langle x\rangle)^2\right\rangle \\ &= \sigma^2(x) - \frac{1}{N}\sigma^2(x) = \frac{N-1}{N}\sigma^2(x)\end{aligned} \tag{0-3-31}$$

上式表明，样本均方偏差的期望值不是 $\sigma^2(x)$，而是$\frac{N-1}{N}\sigma^2(x)$。可见样本均方偏差的期望值不是 $\sigma^2(x)$ 的无偏估计量。若定义一个统计量为

$$S^2(x) = \frac{1}{N-1}\sum_{i=1}^{N}(x_i - \bar{x}) \tag{0-3-32}$$

称之为样本方差，$S^2(x)$ 可简写为 S_x^2 或 S^2，则它的期望值

$$\begin{aligned}\langle S_x^2\rangle &= \left\langle \frac{1}{N-1}\sum_{i=1}^{N}(x_i-\bar{x})^2 \right\rangle = \frac{1}{N-1}\left\langle \sum_{i=1}^{N}(x_i-\bar{x})^2 \right\rangle \\ &= \frac{N}{N-1}\left\langle \frac{1}{N}\sum_{i=1}^{N}(x_i-\bar{x})^2 \right\rangle = \frac{N}{N-1}\cdot\frac{N-1}{N}\sigma^2 = \sigma^2(x)\end{aligned} \tag{0-3-33}$$

可见样本方差 $S^2(x)$ 的期望值等于方差 $\sigma^2(x)$，故一般采用 S_x^2 作为 $\sigma^2(x)$ 的估计。

把 S_x^2 的平方根取正值，称之为样本的标准偏差，简称样本的标准差，即

$$S_x = \sqrt{\frac{1}{N-1}\sum_{i=1}^{N}(x_i-\bar{x})^2} \tag{0-3-34}$$

这个公式称为贝塞尔公式。通常把样本的标准偏差 S_x 作为标准误差 $\sigma(x)$ 的估计。

严格证明表明，S_x 不是 $\sigma(x)$ 的无偏估计量，而是 $\sigma(x)$ 的渐近无偏估计量。实际上把样本标准偏差用 χ^2 统计量写成

$$S_x = \frac{\sigma(x)}{\sqrt{2(N-1)}}\sqrt{2\chi^2}$$

可以证明，当样本容量 N 比较大时有

$$\langle S_x\rangle = \frac{\sigma(x)}{\sqrt{2(N-1)}}\sqrt{2N-3} \approx \left[1-\frac{1}{4(N-1)}\right]\sigma(x)$$

$$\sigma(S_x) = \frac{\sigma(x)}{\sqrt{2(N-1)}} \approx \frac{1}{\sqrt{2N}}\sigma(x) \tag{0-3-35}$$

从而有

$$\frac{\sigma(S_x)}{\sigma(x)} \approx \frac{1}{\sqrt{2N}}$$

上式给出样本标准偏差 S_x 本身的相对误差，即使 N 增大到 $N=50$，S_x 的相对误差只减小10%。因此，样本标准偏差 S_x 的值只保留 1 到 2 位有效数字即可，再多是没有意义的。

（4）统计量 t 的分布及正态样本测量结果的表述　按照前面的讨论可采用平均值的标准偏差 $S(\bar{x})$ 作为 $\sigma(\bar{x})$ 的估计值，$S(\bar{x})$ 常简写为 $S_{\bar{x}}$，其表示式为

$$S_{\bar{x}} = \frac{S_x}{\sqrt{N}} = \sqrt{\frac{1}{N(N-1)}\sum_{i=1}^{N}(x_i-\bar{x})^2} \tag{0-3-36}$$

作为 $\sigma(\bar{x})$ 的估计量，称 $S_{\bar{x}}$ 为平均值 $\bar{x}$ 的标准偏差

令统计量 t 为 $t=(\bar{x}-\mu)/S_{\bar{x}}$，则 t 可看做是以 $S_{\bar{x}}$ 为单位、样本平均值 x 与期望值 μ 偏离程度的量度。把该统计量的形式与式（0-3-12）比较，我们可以发现这里的随机变量 t 与服从正态分布的随机变量 n 在形式上相似，在 t 的表达式中，以子样平均值 $\bar{x}$ 代替正态母体变量 x；所不同的是在式（0-3-12）中 σ 是确定的参数，而在这个 t 式中，平均值标准偏差 $S_{\bar{x}}$ 本身也是一个随机变量。这时，随机变量 t 不再服从正态分布，而是服从自由度为 $\nu=N-1$ 的 t 分布。然而，当 $\nu\to\infty$时，t 分布又趋近于标准正态分布。

由于 $S_{\bar{x}}$ 本身是随机变量，当我们用 $S_{\bar{x}}$ 代替 σ 描述样本（尤其是小子样的平均值偏离期

望值）的离散程度时，就必须借助 t 分布的规律才能正确表述测量的结果。

根据式（0-3-21），服从 t 分布的变量在 $[-t_\xi,\ t_\xi]$ 之间的概率含量为 ξ，而 $t=(\bar{x}-\mu)/S_{\bar{x}}$，因此有

$$P_r\left(-t_\xi \leqslant \frac{\bar{x}-\mu}{S_{\bar{x}}} \leqslant t_\xi\right)=\xi$$

亦即

$$P_r(\mu - t_\xi S_{\bar{x}} \leqslant \bar{x} \leqslant \mu + t_\xi S_{\bar{x}})=\xi$$

上式可以继续改写为

$$P_r(\bar{x} - t_\xi S_{\bar{x}} \leqslant \mu \leqslant \bar{x} + t_\xi S_{\bar{x}})=\xi$$

该式表明，在区间 $[\bar{x}-t_\xi S_{\bar{x}},\ \bar{x}+t_\xi S_{\bar{x}}]$ 内包含真值 μ 的概率为 ξ，因此可以把测量结果表述为

$$\mu=\bar{x}\pm t_\xi S_{\bar{x}} \qquad (\text{置信水平 } \xi)$$

式中，$t_\xi S_{\bar{x}}$ 为总不确定度，后面将进一步讨论。括号中的内容除了置信水平为 95% 以外，取其他值时均应注明。相应于各种置信水平 ξ 的 t_ξ 值，可以从 t 分布的 t_ξ 数值表中查出。

例　在用位相法测量光速的实验中，调制波的半波长 x 的测量数据如下（波长单位为 cm）：500.56，500.90，499.90，499.79，500.44，499.96，500.18，499.40。

若只利用前 4 个数据作处理，得 $\bar{x}=500.29\text{cm}$，$S_{\bar{x}}=0.27\text{cm}$。以 90% 作为测量结果表述的置信水平，这时 $\nu=3$，查 t 分布的 t_ξ 数值表可得到 $t_{0.90}=2.35$，从而 $t_{0.90}S_{\bar{x}}=0.63\text{cm}$，则测量结果就表述为

$$\bar{x}=(500.29\pm 0.63)\text{cm} \quad (\text{置信水平 } 90\%)$$

当把后 4 个数据也加入作处理时，计算得到 $\bar{x}=500.14\text{cm}$，$S_{\bar{x}}=0.17\text{cm}$。若仍然以 90% 作为置信水平，这时 $\nu=7$，查 t 分布的 t_ξ 数值表可得到 $t_{0.90}=1.90$，从而 $t_{0.90}S_{\bar{x}}=0.32\text{cm}$，此时测量结果可表述为

$$\bar{x}=(500.14\pm 0.32)\text{cm} \quad (\text{置信水平 } 90\%)$$

3. 分布规律的 χ^2 检验

检测测量结果是否遵从某种分布规律，这是实验数据处理的基本任务之一。在实验测量中，有些问题的观测值所遵从的分布规律还不知道；有些问题虽然知道了预期的分布函数，但存在着系统误差，或受到随机干扰的影响，会使得观测值的分布偏离预期的理论分布。因此，需要根据理论预测或经验估计，对测量值所遵从的分布规律作出假设，再用统计推断的方法进行检验。这类问题在统计学上称为假设检验。

（1）显著性检验的基本概念　进行假设检验，首先要根据实际问题的要求提出假设，记为 H_0。例如，要检测随机样本分布 $p(x;\ \theta)$ 是否为某个假定分布形式 $f(x;\ \theta)$，则统计假设记为

$$H_0:\ p(x;\ \theta)=f(x;\ \theta)$$

若检验只是推断某一假设的正确性，而不同时涉及两个或多个假设，则称这类假设检验为显著性检验。

对假设 H_0 做显著性检验，需要构造一个适于检验假设的统计量 U，并从样本观测值计算出该统计量的观测值 u。通常我们选用服从或渐近服从 χ^2 分布的 χ^2 量作为统计量。由统计观测值的大小作出“拒绝”或“接受”假设的判断，这就需要规定一个显著水平 a 作为

准则，一般选取 a 值等于 0.05 或者 0.01。若统计量 u 值落在概率小于 a 范围时，按照小概率事件在一次测量中不大可能发生的实际推断原理，就有理由怀疑 H_0 不正确，从而显著水平 a 值为假设检验确定了一个拒绝域 Ω。因此，显著性检验的步骤为：

① 根据实际问题建立统计假设 H_0；

② 选定所用的检验统计量 U，并由样本算出统计量的观测值 u；

③ 规定一显著水平 a，求出统计量观测值 u 满足概率 $P(u \in \Omega) \leqslant a$ 的拒绝域 Ω（这一步骤是由统计量分布表查得临界值 u_{1-a}，拒绝域为 $|u| \geqslant u_{1-a}$）；

④ 若 u 落在拒绝域 Ω 中，则在显著水平 a 情况下拒绝假设 H_0，否则接受假设。

由此可以看到，要根据给定的 a 确定统计量的拒绝域就必须知道统计量 U 的分布。按照检验时所取样本的大小可分为小样和大样两类问题。对于小样显著性检验，需要知道统计量 U 的精确分布；对于大样问题，可以利用 U 的极限分布。

（2）分布规律的 χ^2 检验方法　假设检验的方法可以用来判断随机变量是否服从预期的分布。在核物理实验和单光子计数实验中，核衰变或光子产生的脉冲计数服从泊松分布，如果仪器工作不正常，或存在其他重大的测量误差，观测值将会偏离预期的分布。χ^2 检验方法是选用服从或渐近服从 χ^2 分布的统计量做检验，对分布规律进行 χ^2 检验便可帮助我们发现这些问题。因此，这里我们着重介绍广泛应用的 χ^2 检验方法。

根据上述显著性检验的步骤，首先提出假设 H_0：$p(x;\theta)=f(x;\theta)$，其中 θ 是 s 个未知参数，即 $\theta=(\theta_1, \theta_2, \cdots, \theta_s)$。

接着是选定一种合适的统计量。式（0-3-15）和（0-3-16）所定义的 χ^2 量只适用于观测值 $x_1, x_2, \cdots, x_N$ 为正态样本的情况。现在介绍一种在分布规律中更为广泛应用的皮尔逊（Pearson）统计量。为此，把随机样本的量值范围分为 r 个区间，分点为

$$-\infty < x_1 < x_2 < \cdots < x_{r-1} < \infty$$

设 N 个观测值中落入第 i 个区间的个数为 N_i，则称 N_i 为第 i 个区间的观测频数。考虑第 i 个区间按假定分布计算得到的理论频数为 E_i，$E_i=NP_i$，P_i 是按假定分布算出的母体在第 i 个区间的概率。比较观测频数 N_i 与假定分布的理论频数 E_i 的差异程度，便可反映出假定分布是否为母体的真实分布。因此，皮尔逊统计量为

$$\chi^2 = \sum_{i=1}^{r} \frac{(N_i - E_i)^2}{E_i} \tag{0-3-37}$$

如果每个区间的理论频数 E_i 不是太小（通常要求 $E_i>5$，或 $E_i>5$ 的区间数不小于总区间数的 80%），数理统计理论可以证明：当样本容量 $N\to\infty$ 时，皮尔逊统计量遵从自由度为 $\nu=r-s-1$ 的 χ^2 分布。因此，皮尔逊统计量可以作为检验假设的统计量。

作显著性检验需要给定一个显著水平 a 以确定拒绝域 Ω。由 χ^2 分布的 χ^2_ξ 数值表可查出相应于给定 a 值的临界值 $\chi^2_{1-\alpha}$（这里 $\xi=1-\alpha$），则拒绝域 Ω 满足 $\chi^2 \geqslant \chi^2_{1-\alpha}$，如图 0-3-4 所示。

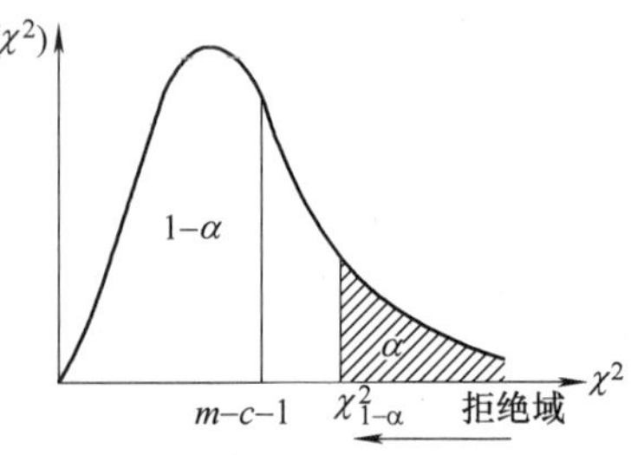

图 0-3-4　χ^2 检验的拒绝域

最后把根据式（0-3-37）算出的 χ^2 量与 $\chi^2_{1-\alpha}$ 值比较，若 $\chi^2>\chi^2_{1-\alpha}$ 则在显著水平 α 下拒绝假设 H_0，否则认为观测结果与假设没有显著差异。

例　观测放射性衰变的实验，利用 χ^2 检验方法，检验

其是否服从泊松分布。

设在一定时间间隔 t 内观测放射性物质的粒子数，共观测了 2608 次，测得每段时间的粒子数和观测到的次数列入表 0-3-1。

表 0-3-1　观测放射性衰变的实验

粒子数 x_i	观测次数 n_i	理论概率 $P_i=\frac{m^2 e^{-m}}{x!}$	NP_i	N_i-NP_i	$(N_i-NP_i)^2$	$x^2=\frac{(n_i-NP_i)^2}{NP_i}$
0	57	0.021	54.8	2.2	4.84	0.088
1	203	0.081	211.2	−8.2	67.24	0.318
2	383	0.156	406.8	−23.8	566.44	1.392
3	525	0.201	524.2	0.8	0.66	0.001
4	532	0.195	508.6	23.4	547.56	1.007
5	408	0.151	393.8	14.2	201.64	0.512
6	273	0.097	253.0	20.0	400.00	1.581
7	139	0.054	140.8	−1.8	3.24	0.023
8	45	0.026	67.8	−22.8	519.84	7.667
9	27	0.011	28.7	−1.7	2.89	0.101
≥10	16	0.007	18.3	−2.3	5.29	0.289
总计	$N=2608$	1.000	—	—	—	13.049

作出统计假设 $H_0: p=p(m)$（泊松分布）。

根据测得值计算泊松分布的参数——数学期望的估计值

$$m=\frac{1}{N}\sum_{i=0}^{10}x_i n_i=\frac{10094}{2608}=3.87$$

按泊松分布 $p(m)=\frac{m^x e^{-m}}{x!}$ 计算各事件 x_i 的理论概率 P_i，并列于表 0-3-1 中，最后算得实测的 χ^2 值，$\chi^2=13.05$。

泊松分布只有一个参数，所以自由度 $\nu=11-1-1=9$。若取显著水平为 0.05，经查 χ^2 数值表可得 $\chi^2_{0.95}=16.9$，因而有 $\chi^2=13.05<16.9$。所以在 0.05 显著水平下，接受假设，即放射粒子数的分布服从泊松分布。

0.4　实验结果的不确定度

通过前面几节的介绍可以知道，测量误差是不可避免的，这就使得真值无法确定。而真值不知道，也就无法确定误差的大小。因此，实验数据处理只能求出实验的最佳估计值及其不确定度，通常把结果表示为：测量值 = 最佳估计值 ± 不确定度。其中，最佳估计值一般为测量数据的算术平均值；而不确定度是说明测量结果的一个参数，用于表征合理赋予被测值的分散性。

1. 标准不确定度的评定

用标准偏差表示的测量不确定度称为标准不确定度。按其数值评定方法的不同，可分为 A 类标准不确定度和 B 类标准不确定度。

（1）A 类标准不确定度的评定　所谓 A 类标准不确定度，是指由统计分析方法评定的不确定度分量。对于这类不确定度的评定，一般采用贝塞尔法。

假设对某量 x 作 n 次独立的重复测量，其测量值中没有粗大误差，由贝塞尔公式（0-3-34）知，测量值的标准差为

$$S = \sqrt{\frac{1}{n-1}\sum(x_i - \bar{x})^2}$$

再由式（0-3-36）得测量值算术平均值 $\bar{x}$ 的标准差为

$$S_{\bar{x}} = \frac{S}{\sqrt{n}} = \sqrt{\frac{1}{n(n-1)}\sum(x_i - \bar{x})^2} \tag{0-4-1}$$

这就是标准不确定度的 A 类评定分量，其自由度 $\nu = n - 1$。

（2）B 类标准不确定度的评定　下面着重讨论 B 类标准不确定度，它是用非统计分析的其他方法评定的。B 类标准不确定度是借助于一切可利用的有关信息进行科学判断而得到的估计标准偏差。

根据概率分布和要求的置信水平 p 估计置信因子 k，则 B 类标准不确定度 u_B 为

$$u_B = \frac{a}{k} \tag{0-4-2}$$

式中，a 为被测量可能值区间的半宽度；k 为置信因子或包含因子。由上式可以知道，B 类标准不确定度的评定可分为以下几个步骤。

① 确定可能值的区间半宽度：为了确定区间半宽度 a 值，需要尽可能地利用被测量 x 的全部信息。一般情况下，可利用的信息包括：以前的观测数据；对有关技术资料和测量仪器特性的了解和经验；生产部门提供的技术说明文件（制造厂的技术说明书）；校准证书、检定证书、测试报告或其他提供的数据、准确度等级等；手册或某些资料给出的参考数据及其不确定度；规定测量方法的校准规范、检定规程或测试标准中给出的数据；其他有用信息。

例如，制造厂的说明书给出测量仪器的最大允许误差为 $\pm\Delta$，并经计量部门检定合格，则可能值的区间为 $(-\Delta, \Delta)$，区间的半宽度为 $a = \Delta$。再如，由有关资料查得某参数 X 的最小可能值为 a_- 和最大可能值为 a_+，则区间半宽度可利用式 $a = (a_+ - a_-)/2$ 确定。必要时，也可用实验方法来估计可能的区间。

② 确定可能值的概率分布和 k 值：通常通过以下方法来确定可能值的概率分布。

a. 被测量受许多相互独立的随机量的影响，这些量变化的概率分布各不相同，但各个变量的影响均很小时，被测量的随机变化服从正态分布。

b. 如果有证书或报告给出的扩展不确定度是 U_{90}、U_{95} 或 U_{99}，则除非另有说明，可以按正态分布来评定 B 类标准不确定度。

c. 在一些情况下，我们只能估计被测量的可能值区间的上限和下限，测量值落在区间外的概率几乎为零。若测量值落在该区间内任意值的可能性相同，则可假设为均匀分布。

d. 若落在该区间中心的可能性最大，则假设为三角分布。

e. 若落在该区间中心的可能性最小，而落在该区间上限和下限处的可能性最大，则假设为反正弦分布。

f. 对被测量的可能值落在区间内的情况缺乏了解时，一般假设为均匀分布。

实际工作中，当上述方法无法确定概率分布时，可依据经验来假设概率分布。例如，无

线电计量中失配引起的不确定度为反正弦分布；几何量计量中度盘偏心引起的测角不确定度为反正弦分布；测量仪器最大允许误差、分辨力、数据修约、度盘或齿轮回差等导致的不确定度按均匀分布考虑；两个量值之和或差的概率分布为三角分布；按级使用量块时，中心长度偏差导致的概率分布为两点分布。

在确定了概率分布之后，就可以根据要求的置信水平 p，从置信概率表估计置信因子 k。

③ 计算B类标准不确定度：在得出可能值的半区间宽度 a 和确定置信因子 k 后，就可以根据式（0-4-2）计算B类标准不确定度。

例如，如果数字显示仪器的分辨力为 δ_x，则区间半宽度 $a=\delta_x/2$，可假设为均匀分布，查表得 $k=\sqrt{3}$，由分辨力引起的标准不确定度分量为

$$u_{\mathrm{B}}=\frac{a}{k}=\frac{\delta_x}{2\sqrt{3}}=0.29\delta_x$$

若某数字电压表的分辨力为 $1\mu\mathrm{V}$（即最低位的一个数字代表的量值），则由分辨力引起的标准不确定度分量为 $u(\mathrm{V})=0.29\times1\mu\mathrm{V}=0.29\mu\mathrm{V}$。

被测仪器的分辨力会对测量结果的重复性测量有影响。在测量不确定度评定中，当重复性引入的标准不确定度分量大于被测仪器的分辨力所引入的不确定度分量时，可以不考虑分辨力所引入的不确定度分量。但当重复性引入的不确定度分量小于被测仪器的分辨力所引入的不确定度分量时，应该用分辨力引入的不确定度分量代替重复性分量。若被测仪器的分辨力为 δ_x，则分辨力引入的标准不确定度分量为 $0.29\delta_x$。

2. 不确定度的传递

间接测定的物理量是利用直接观测量的结果代入所属的函数关系式计算得来的。那么，如何由直接测量量的不确定度来求得间接测量量的不确定度呢？考虑一般的情况，设 y 为 m 个直接观察量 x_1，x_2，…，x_m 的函数，即

$$y=f(x_1,\ x_2,\ \cdots,\ x_m)$$

将函数在 $x_i(i=1,\ 2,\ \cdots,\ m)$ 的期望值 $\langle x_i\rangle$ 附近作泰勒展开，并略去二次以上的高阶项，得

$$y=f(\langle x_1\rangle,\langle x_2\rangle,\cdots,\langle x_m\rangle)+\sum_{i=1}^{m}\frac{\partial f}{\partial x_i}(x_i-\langle x_i\rangle)$$

式中，右边首项是 y 的期望值 $\langle y\rangle$，偏微商 $\frac{\partial f}{\partial x_i}$ 是在 $x_i=\langle x_i\rangle$ 处取值。把上式移项再平方得

$$(y-\langle y\rangle)^2=\left[\sum_{i=1}^{m}\frac{\partial f}{\partial x_i}(x_i-\langle x_i\rangle)\right]^2$$

偏差平方 $(y-\langle y\rangle)^2$ 的期望值是 y 的方差，即 $E[(y-\langle y\rangle)^2]=\sigma_y^2$。同理，$E[(x_i-\langle x_i\rangle)^2]$ 是 x_i 的方差，用 σ_i^2 表示。另外，按照协方差的定义有 $E[(x_i-\langle x_i\rangle)(x_j-\langle x_j\rangle)]=\mathrm{Cov}(x_i,\ x_j)$，从而由上式可导出

$$\sigma_y^2=\sum_{i=1}\left(\frac{\partial f}{\partial x_i}\right)^2\sigma_i^2+2\sum_{i=1}^{m-1}\sum_{j=i+1}^{m}\left(\frac{\partial f}{\partial x_i}\right)\left(\frac{\partial f}{\partial x_j}\right)\mathrm{Cov}(x_i,\ x_j)\tag{0-4-3}$$

按照传统术语，称此式为“广义误差传递公式”。在 x_1，x_2，…，x_m 相互独立的情况下，协方差项为零，误差传递公式变为

$$\sigma_y^2 = \sum_{i=1}^{m}\left(\frac{\partial f}{\partial x_i}\right)^2\sigma_i^2 \tag{0-4-4}$$

上两式取正平方根，便可得到间接测定量的标准误差 σ_y 的表示式。由于方差或标准误差不等于误差，所以国际计量部门认为，把上两式称为不确定度传递公式是合适的。

应当指出，由于前面作泰勒展开时忽略了二次以上的高次项，故上述传递公式对线性函数才严格成立；对于非线性函数只是近似公式，适用于偏差（$x_i - \langle x_i\rangle$）较小的情况。另外，上述公式也可用于标准差倍数传递，因为每一 x_i 的标准差 σ_i 代以倍数 $k\sigma_i$，则输出量 y 的 σ_y 也代以 $k\sigma_y$。同理还可证明，上述这些公式还可作为平均值 $\bar{x}_i$ 的不确定度传递公式，求得间接测定量的 $\sigma_{\bar{y}}^2$ 和 $\sigma_{\bar{y}}$。但要注意计算时若用到平均值 $\bar{x}_i$ 和 $\bar{x}_j$ 的协方差，则 $\mathrm{Cov}(\bar{x}_i, \bar{x}_j) = \frac{1}{N}\mathrm{Cov}(x_i, x_j)$，$N$ 为重复测量次数。

根据式（0-4-4）容易导出下面几个简单函数关系的不确定度传递公式。

① $y = ax$（a 为常数），则 $\sigma_y = a\sigma_x$。

② 设 x_1、x_2 和 x_3 是相互独立的直接观测量，它们组成四则运算的函数式：

（a）$y = x_1 \pm x_2 \pm x_3$，则 $\sigma_y = \sqrt{\sigma_{x_1}^2 + \sigma_{x_2}^2 + \sigma_{x_3}^2}$；

（b）$y = \frac{x_1 \cdot x_2}{x_3}$，则 $\frac{\sigma_y}{y} = \sqrt{\left(\frac{\sigma_{x_1}}{x_1}\right)^2 + \left(\frac{\sigma_{x_2}}{x_2}\right)^2 + \left(\frac{\sigma_{x_3}}{x_3}\right)^2}$。

③ $y = x^n$，则 $\sigma_y = nx^{n-1}\sigma_x$。

④ $y = \ln x$，则 $\sigma_y = \frac{\sigma_x}{x}$。

在实际应用中，通常得到直接观测量的随机样本，由随机样本及其算术平均值 $\bar{x}_i$ 求得样本方差 $S^2(x)$。另外，因样本方差是协方差的无偏估计，由统计理论可知，x_1 与 x_2 两个随机变量的样本方差为

$$S(x_1, x_2) = \frac{1}{N-1}\sum_{i=1}^{N}(x_{1i} - \bar{x}_1)(x_{2i} - \bar{x}_2) \tag{0-4-5}$$

它是协方差 $\mathrm{Cov}(x_1, x_2)$ 的无偏估计量。因此，前面所有的不确定度传递公式中的 $\sigma^2(x_i)$ 和 $\mathrm{Cov}(x_i, x_j)$ 可分别由 $S^2(x_i)$ 和 $S(x_i, x_j)$ 替代，以求得间接测定量的 $S^2(y)$ 和 $S(y)$。

3. 不确定度的合成

（1）合成标准不确定度的确定　对于被测量 Y 及其所依赖的输入量 x_i 的函数 $Y = f(x_1, x_2, \cdots, x_m)$，先要求得各个输入量的估计值 x_i 及其标准不确定度 $u(x_i)$。如果各个输入量之间不完全相互独立，则还要求出有关的共差，然后利用上述不确定度传递公式求得合成标准不确定度 $u_c(y)$。对于各输入量之间完全相互独立的情况，由式（0-4-4）得

$$u_c^2(y) = \sum_{i=1}^{m}\left(\frac{\partial f}{\partial x_i}\right)^2 u^2(x_i)$$

实用中偏微商 $\partial f/\partial x_i$ 是在估计值 x_i 处取值。

若令 $c_i = \partial f/\partial x_i$ 和 $c_i u(x_i) = u_i(y)$，则

$$u_c^2(y) = \sum_{i=1}^{m}[c_i u(x_i)]^2 = \sum_{i=1}^{m}u_i^2(y) \tag{0-4-6}$$

这正是方差合成的形式。取 $u_c^2(y)$ 的正平方根便可得到合成标准不确定度，其有效自由度为

$$\nu_{\text{eff}} = \frac{u_c^4(y)}{\sum_i \left[\frac{u_i^4(y)}{\nu_i}\right]} \tag{0-4-7}$$

式中，ν_i 为 $u(x_i)$ 的自由度。

（2）扩展不确定度的确定　扩展不确定度有两种表示形式，如果包含因子的数值不是由规定的置信概率 p 以及被测量的分布计算得到的，而是直接取定的，则扩展不确定度用 U 表示。当包含因子的数值是由规定的置信概率 p 以及被测量的分布计算得到时，扩展不确定度以 U_p 的形式表示。当置信概率分别为 95% 或 99% 时，简单地写为 U_{95} 和 U_{99}。接下来，我们分别来介绍这两种不同形式的评定方法。

① 扩展不确定度 U 的评定方法：

a. 扩展不确定度 U 由合成标准不确定度 u_c 乘包含因子 k 得到，即 $U=ku_c$。测量结果可表示为 $Y=y\pm U$；y 是被测量 Y 的最佳估计值，被测量 Y 的可能值以较高的包含概率落在 $[y-U,\ y+U]$ 区间内，即 $y-U\leqslant Y\leqslant y+U$，扩展不确定度 U 是该统计包含区间的半宽度。

b. 包含因子 k 的选取：包含因子 k 的值是根据 $U=ku_c$ 所确定的区间 $y\pm U$ 需具有的置信水平来选取的。k 值一般取 2 或 3。当取其他值时，应说明其来源。

为了使所有给出的测量结果之间能够方便地相互比较，在大多数情况下取 $k=2$。当接近正态分布时，测量值落在由 U 所给出的统计包含区间内的概率为：若 $k=2$，则由 $U=2u_c$ 所确定的区间具有的包含概率（置信水平）约为 95%；若 $k=3$，则由 $U=3u_c$ 所确定的区间具有的包含概率（置信水平）约为 99% 以上。

当给出扩展不确定度 U 时，应注明所取的 k 值。

② 明确规定包含概率时扩展不确定度 U_p 的评定方法：当要求扩展不确定度所确定的区间具有接近于规定的包含概率 p 时，扩展不确定度用符号 U_p 表示，即

$$U_p = k_p u_c$$

式中，k_p 是包含概率为 p 时的包含因子。

a. 接近正态分布时 k_p 的确定：根据中心极限定理，当不确定度分量很多，且每个分量对不确定度的影响都不大时，其合成分布接近正态分布，此时若以算术平均值作为测量结果 y，通常可假设概率分布为 t 分布，可以取 k_p 值为 t 值，即

$$k_p = t_p(\nu_{\text{eff}})$$

根据合成标准不确定度 $u_c(y)$ 的有效自由度 ν_{eff} 和需要的置信水平 p，查表得到的 t 值即置信水平为 p 的包含因子 k_p。

扩展不确定度 $U_p=k_pu_c(y)$ 提供了一个具有包含概率（置信水平）为 p 的区间 $y\pm U_p$。

计算 k_p 的步骤为：

i）先求得测量结果 y 及其合成标准不确定度 $u_c(y)$。

ii）按式（0-4-7）计算 $u_c(y)$ 的有效自由度 ν_{eff}。

当 $u(x_i)$ 为 A 类标准不确定度时，由 n 次观测得到 $s(x)$ 或 $s(\bar{x})$，其自由度为 $\nu_i=n-1$；当 $u(x_i)$ 为 B 类标准不确定度时，用下面的式子估计自由度 ν_i：

$$\nu_i \approx \frac{1}{2}\left[\frac{\Delta u(x_i)}{u(x_i)}\right]^{-2}$$

式中，$\Delta u(x_i)/u(x_i)$是标准不确定度 $u(x_i)$ 的相对不确定度，是所评定的 $u(x_i)$ 的不可靠程度。

在实际工作中，B 类标准不确定度通常根据区间（$-a$，a）的信息来评定。若可假设被测量值落在区间外的概率极小，则可认为 $u(x_i)$ 的评定是很可靠的，即 $\Delta u(x_i)/u(x_i)\to 0$，此时，可假设 $u(x_i)$ 的自由度 $\nu_i\to\infty$。

ⅲ）根据要求的置信水平 p 和计算得到的有效自由度 $\nu_{\rm eff}$，查 t 分布的 t 值表得到$t_p(\nu_{\rm eff})$值。

ⅳ）取 $k_p=t_p(\nu_{\rm eff})$，并计算 $U_p=k_pu_c$。

b. 当合成分布为非正态分布时 k_p 的选取：如果不确定度分量很少，且其中有一个分量起主要作用，合成分布就主要取决于此分量的分布，可能为非正态分布。当要求确定 U_p，而合成的概率分布为非正态分布时，应根据概率分布确定 k_p 值。例如，若合成分布接近均匀分布，则对 $p=0.95$ 的 k_p 为 1.65，对 $p=0.99$ 的 k_p 为 1.71。若合成分布接近两点分布，$p=0.99$，取 $k_p=1$；三角分布，$p=0.99$，取 $k_p=\sqrt{2}$；反正弦分布，$p=0.99$，取 $k_p=\sqrt{6}$。

实际上，当合成分布接近均匀分布时，为了便于测量结果间进行比较，有时约定仍取 k 为 2。在这种情况下给出扩展不确定度时，包含概率远大于 0.95，所以此时应注明 k 的值，但不必注明 p 的值。

（3）如何报告实验结果的不确定度　实验测量的数值结果必须给出被测量的估计值及其不确定度。被测量的估计值 y 由测量情况而定，可以是算术平均值，也可以是单次测量值；相应的估计值的标准不确定度也就采用算术平均值的标准差或单次测量值的标准差来表示。实验结果不确定度的报告通常有两种方式，一是采用合成标准不确定度 $u_c(y)$，二是采用扩展不确定度 U，按国际统一规范的格式如下：

① 当不确定度的测度为合成标准不确定度 $u_c(y)$ 时，说明测量数值结果倾向于下列四种情况之一，以避免误解。例如，报告的物理量是名义 100g 的质量标准 m_s，其 u_c 在报告结果的资料中已有定义，表示格式为

a. $m_s=100.02147\text{g}$，$u_c=0.35\text{mg}$；

b. $m_s=100.02147$（35）g，括号中数字为 u_c 数值，u_c 与所述结果有相同最后位；

c. $m_s=100.02147$（0.00035）g，括号中数字为 u_c 数值，u_c 用所述结果单位表示；

d. $m_s=(100.02147\pm0.00035)\text{g}$，其中“±”后的数是 u_c 值，而不是置信区间。

② 当不确定度测度为扩展不确定度 $U=k\cdot u_c(y)$ 时，则上例的表示格式为

$$m_s=(100.02147\pm0.00079)\text{g}$$

其中“±”后的数字是 $U=ku_c$ 数值，而 U 决定于 $k=2.26$ 和 $u_c=0.35\text{mg}$。k 的值基于自由度 $\nu=9$ 和置信水平为 95% 区间的 t 分布。

0.5 实验数据的处理方法

1. 列表法

在记录和处理数据时，常常将所得数据列成表。数据列制成表后，可以简单、明确、形式紧凑地表示出有关物理量之间的对应关系；便于随时检查结果是否合理，及时发现问题，减少和避免错误；有助于找出有关物理量之间规律性的联系，进而求出经验公式等。

列表的要求是：

（1）要写出所列表格的名称，列表力求简单明了，便于看出有关量之间的关系，便于后面处理数据。

（2）列表要标明各符号所代表的物理量的意义（特别是自定的符号），并注明单位。单位及测量值的数量级写在该符号的标题栏中，不要重复记在各个数值上。

（3）列表时可根据具体情况，决定列出哪些项目。个别与其他项目联系不密切的数据可以不列入表内。列入表中的除原始数据外，计算过程中的一些中间结果和最后结果也可以列入表中。

（4）表中所列数据要正确反映测量结果的有效数字。

2. 平均值法

取算术平均值是为减小偶然误差而常用的一种数据处理方法。通常在同样的测量条件下，对于某一物理量进行多次测量的结果不会完全一样，用多次测量的算术平均值作为测量结果，是真实值的最好近似。

$$\overline{X} = \frac{1}{k}\sum_{j=1}^{k} X_j \tag{0-5-1}$$

3. 作图法

（1）作图法的作用和优点　物理量之间的关系既可用解析函数关系表示，还可用图示法来表示。作图法是把实验数据按其对应关系在坐标纸上描点，并绘出曲线，以此曲线揭示物理量之间对应的函数关系，求出经验公式。作图法是一种被广泛用来处理实验数据的很重要的方法。它的优点是能把一系列实验数据之间的关系或变化情况直观地表示出来。同时，作图连线对各数据点可起到平均的作用，从而减小随机误差，还可从图线上简便求出实验需要的某些结果，例如，求直线斜率和截距等。从图上还可读出没有进行观测的对应点（称内插法）。此外，在一定条件下还可从图线延伸部分读到测量范围以外的对应点（称外推法）。

作好一幅正确、实用、美观的图是实验技能训练的一项基本功，应该很好掌握它。实验作图不是示意图，它既要表达物理量间的关系，又要能反映测量的精确程度，因此必须按一定要求作图。

（2）作图的步骤及规则

① 作图一定要用坐标纸：根据所测的物理量，经过分析研究后确定应选用哪种坐标纸。常用的坐标纸有直角坐标纸、单对数坐标纸、双对数坐标纸、极坐标纸等。

② 坐标纸大小的确定：坐标纸大小，一般根据测得数据的有效数字位数来确定。原则上应使坐标纸上的最小格对应于有效数字最后一位可靠数位。

③ 选坐标轴：以横轴代表自变量，纵轴代表因变量，要画两条粗细适当的线表示横轴和纵轴，并画出方向。在轴的末端近旁标明所代表的物理量及单位。

④ 定标尺及标度：在用直角坐标纸时，采用等间隔定标和整数标度，即对每个坐标轴在间隔相等的距离上用整齐的数字标度。

标尺的选择原则是：a. 图上观测点坐标读数的有效数字位数与实验数据的有效数字位数相同。b. 纵坐标与横坐标的标尺选择应适当。应尽量使图线占据图面的大部分，不要偏于一角或一端。c. 标尺的选择应使图线显示出其特点。标尺应划分得当，以不用计算就能直接读出图线上每一点的坐标为宜，通常使坐标纸的一小格表示被测量的最后一位准确数字的1个单位、2个单位或5个单位（而不应使一小格表示3、7或9个单位）。d. 如果数据特别大或特别小，可以提出相乘因子，例如，提出 $\times10^5$、$\times10^{-2}$ 放在坐标轴上最大值的右边。e. 标度时，一方面要整数标度，另一方面又要标出有效数字的位数。

⑤ 描点：依据实验数据在图上描点，并以该点为中心，用+、×、△、⊙、⊡等符号中的任一种符号标注。同一图形上的观测点要用同一种符号，不同曲线要用不同符号加以区别，并在图纸的空白位置注明符号所代表的内容。

⑥ 连线：用直尺、曲线板（云规）等器具，根据不同情况，把点连成直线、光滑曲线或折线。如是校正曲线要通过校准点连折线。当连成直线或光滑曲线时，曲线并不一定要通过所有的点，而是要求线的两侧偏差点有较均匀的分布。在画线时，个别偏离过大的点应当舍去或重新测量核对，如图线需延伸到测量范围以外，则应按其趋势用虚线表示。

⑦ 写图名和图注：在图纸的上部空旷处写出图名、实验条件及图注，或在图纸的下方写出图名。一般将纵轴代表的物理量写在前面，横轴代表的物理量写在后面，中间加一连线。

（3）作图举例

例　一定质量的气体，当体积一定时，其压强与温度的关系为 $p=p_0\beta t+p_0$（直线关系 $y=ax-b$，其中 $\alpha=p_0\beta$，$b=p_0$，$x=t$，$y=p$）。观测得如表0-5-1所示的一组数据，试用作图法求 β。

表0-5-1　等容变化时，p、t 数据表

t/℃	7.5	16.0	23.5	30.5	38.0	47.0	$\Delta t=\pm0.5$℃
p/cmHg	73.8	76.6	77.8	80.2	82.0	84.4	$\Delta p=\pm0.5$cmHg

如图0-5-1所示，采用毫米坐标纸，横轴为温度 t，每小格代表1℃，纵轴为压强 p，每5小格代表1cmHg，用“+”表示对应坐标点的位置，其误差界限 $2\cdot\Delta t=1$℃为1个小格；$2\cdot\Delta p=2\times0.5=1$（cmHg）为5个小格。

由 $p=p_0\beta t+p_0$ 知 $p-t$ 函数关系为直线。作直线时，使其穿过各坐标点的误差界限。

由式 $p=(p_0\beta)t+p_0$ 知 p_0 为纵轴截距，$k=p_0\beta$ 为直线斜率。

延长直线交纵轴于 p_0，得 $p_0=71.9$cmHg，在画好的直线上靠近两端取两点 A 和 B，用符号“○”表示，则

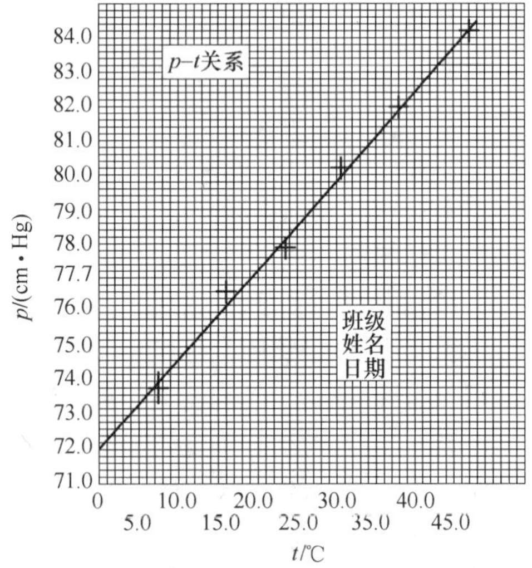

图0-5-1　按直线规律变化的作图法

$$k=p_0\beta=\frac{83.7-74.5}{45.0-10.0}\text{cmHg}\cdot℃^{-1}=0.263\text{cmHg}\cdot℃^{-1}$$

$$\beta=\frac{k}{p_0}=\frac{0.263}{71.9}℃^{-1}=0.00367℃^{-1}$$

4. 图解法

利用图示法得到物理量之间的关系图线，采用解析方法得到与图线所对应的函数关

系——经验公式的方法称为图解法。在物理实验中，经常遇到的图线是直线、抛物线、双曲线、指数曲线和对数曲线等。

（1）直线方程　设直线方程 $y = ax + b$，在直角坐标纸上 Y 轴为纵轴，则 a 为此直线的斜率，b 为直线在 Y 轴上的截距。要建立经验公式，则需求出 a 和 b。

① 求斜率 a：首先在画好的直线上任取两点，但不要相距太近，一般取靠近直线的两端 $P_1(x_1, y_1)$、$P_2(x_2, y_2)$，其 x 坐标最好取整数。于是得出

$$a = \frac{y_2 - y_1}{x_2 - x_1} \tag{0-5-2}$$

② 求截距 b：如果 x 轴的零点刚好在坐标原点，则可直接从图线上读取截距 $b = y$；否则可将直线上选出的点（如 x_2，y_2）和斜率 a 代入方程，求得

$$b = y_2 - \left(\frac{y_2 - y_1}{x_2 - x_1}\right)x_2 \tag{0-5-3}$$

（2）非直线方程　要想直接建立非直线方程的经验公式往往很困难。但是，直线是能够最精确绘制出的图线，我们可以用变量替换法把非直线方程改为直线方程，再利用建立直线方程的办法来求解，求出未知常量，最后将确定了的未知常量代入原函数关系式中，即可得到非直线函数的经验公式（见表 0-5-2）。

表 0-5-2　常见的非线性函数变换为线性关系表

原函数关系		变换后的函数关系		
方　程　式	求知常量	方　程　式	斜　　率	截　　距
$y = ax^b$	a，b	$\log y = b\log x + \log a$	b	$\log a$
$x \cdot y = a$	a	$y = a \cdot \frac{1}{x}$	a	0
$y = ae^{-bx}$	a，b	$\ln y = -bx + \ln a$	$-b$	$\ln a$
$y = ab^x$	a，b	$\log y = (\log b)x + \log a$	$\log b$	$\log a$

5. 逐差法

逐差法是物理实验中处理数据常用的一种方法。凡是自变量作等量变化，因变量也作等量变化，便可采用逐差法求出因变量的平均变化值。逐差法计算简便，特别是在检查数据时，可随测随检，及时发现差错和数据规律；更重要的是可充分地利用已测到的所有数据，并具有对数据取平均的效果；还可绕过一些具有定值的未知量，求出所需要的实验结果；可减小系统误差和扩大测量范围。

在谈论逐差法的优点时还应指出通常人们采用的相邻差法的缺点。例如，我们测得一组坐标数据 x_1，x_2，x_3，…，x_k 共 k 个（偶数个）。按相邻差法各相邻坐标距离的平均值为

$$\begin{aligned}\bar{x} &= \frac{1}{k}\sum_{i=1}^{k-1}(x_{i+1} - x_i) = \frac{1}{k}[(x_2 - x_1) + (x_3 - x_2) + \cdots + (x_k - x_{k-1})] \\ &= \frac{1}{k}(x_k - x_1)\end{aligned} \tag{0-5-4}$$

从上述结果我们看到，仅第 1 个数据 x_1 和第 k 个数据 x_k 才对平均值 $\bar{x}$ 有贡献，这显然是不科学的，也是不公平的。逐差法是把这 k 个（偶数个，$k = 2n$）数据分成两组（x_1，x_2，…，x_n）和（x_{n+1}，x_{n+2}，…，x_{2n}），取两组数据对应项之差 $\bar{x}_j = x_{n+1} - x_j$（$j = 1, 2, \cdots,$

n)，再求平均，得相邻坐标间距离的平均值为

$$\bar{x} = \frac{1}{n \times n}\sum_{j=1}^{n}\bar{x}_j = \frac{1}{n \times n}[(x_{n+1} - x_1) + \cdots + (x_{2n} - x_n)] \tag{0-5-5}$$

从以上求平均的过程我们看到，每一个测量数据都对平均值有贡献，都有自己的意义，亦即用逐差法处理数据既保持了多次测量的优点，又具有对数据取平均的效果。

一般来说，用逐差法得到的实验结果优于作图法而次于最小二乘法。

6. 最小二乘法及数据拟合

在物理实验中常常要观察两个有函数关系的物理量。根据两个物理量的许多组观测数据来确定它们之间的函数关系曲线，这就是实验数据处理中的曲线拟合问题。这类问题通常有两种情况：一种是两个观测量 x 与 y 之间的函数形式已知，但一些参数未知，需要确定未知参数的最佳估计值；另一种是 x 与 y 之间的函数形式还不知道，需要找出它们之间的经验公式。后一种情况常假设 x 与 y 之间的关系是一个待定的多项式，多项式系数就是待定的未知参数，从而可采用类似于前一种情况的处理方法。

(1) 最小二乘法原理　在两个观测量中，往往总有一个量精度比另一个高得多，为简单起见，把精度较高的观测量看做没有误差，并把这个观测量选做 x，而把所有的误差只认为是 y 的误差。设 x 和 y 的函数关系由理论公式

$$y = f(x;\ c_1,\ c_2,\ \cdots,\ c_m) \tag{0-5-6}$$

给出，其中 c_1，c_2，…，c_m 是 m 个要通过实验确定的参数。对于每组观测数据 $(x_i,\ y_i)$ $(i=1,\ 2,\ \cdots,\ N)$，都对应于 xy 平面上一个点。若不存在测量误差，则这些数据点都准确落在理论曲线上。只要选取 m 组测量值代入式 (0-5-6)，便得到方程组

$$y_i = f(x_i;\ c_1,\ c_2,\ \cdots,\ c_m) \tag{0-5-7}$$

式中，$i=1,\ 2,\ \cdots,\ m$。求 m 个方程的联立解即得 m 个参数的数值。显然，当 $N < m$ 时，参数不能确定。

由于观测值总有误差，这些数据点不可能都准确落在理论曲线上。在 $N > m$ 的情况下，式 (0-5-7) 称为矛盾方程组，不能直接用解方程的方法求得 m 个参数值，只能用曲线拟合的方法来处理。设测量中不存在着系统误差，或者说已经修正了系统误差，则 y 的观测值 y_i 围绕着期望值 $f(x_i;\ c_1,\ c_2,\ \cdots,\ c_m)$ 摆动，其分布为正态分布，则 y_i 的概率密度为

$$p(y_i) = \frac{1}{\sqrt{2\pi}\sigma_i}\exp\left\{-\frac{[y_i - f(x_i;\ c_1,\ c_2,\ \cdots,\ c_m)]^2}{2\sigma_i^2}\right\}$$

式中 σ_i 是分布的标准误差。为简便起见，下面用 C 代表 $(c_1,\ c_2,\ \cdots,\ c_m)$。考虑各次测量是相互独立的，故观测值 $(y_1,\ y_2,\ \cdots,\ y_N)$ 的似然函数

$$L = \frac{1}{(\sqrt{2\pi})^N\sigma_1\sigma_2\cdots\sigma_N}\exp\left\{-\frac{1}{2}\sum_{i=1}^{N}\frac{[y_i - f(x;\ C)]^2}{\sigma_i^2}\right\}$$

取似然函数 L 最大来估计参数 C，应使

$$\sum_{i=1}^{N}\frac{1}{\sigma_i^2}[y_i - f(x_i;\ C)]^2\Big|_{c=\hat{c}} \tag{0-5-8}$$

取最小值。对于 y 的分布不限于正态分布来说，式 (0-5-8) 称为最小二乘法准则。若为正态分布的情况，则最大似然法与最小二乘法是一致的。因权重因子 $\omega_i = 1/\sigma_i^2$，故式 (0-5-8) 表明，用最小二乘法来估计参数，要求各测量值 y_i 的偏差的加权平方和为最小。

根据式（0-5-8）的要求，应有

$$\frac{\partial}{\partial c_k}\sum_{i=1}^{N}\frac{1}{\sigma_i^2}[y_i-f(x_i;C)]^2\bigg|_{c=\hat{c}}=0\quad(k=1,2,\cdots,m)$$

从而得到方程组

$$\sum_{i=1}^{N}\frac{1}{\sigma_i^2}[y_i-f(x_i;C)]\frac{\partial f(x;C)}{\partial c_k}\bigg|_{c=\hat{c}}=0\quad(k=1,2,\cdots,m)\tag{0-5-9}$$

解方程组（0-5-9），即得 m 个参数的估计值 $\hat{c}_1$，$\hat{c}_2$，…，$\hat{c}_m$，从而得到拟合的曲线 $f(x;\ \hat{c}_1,\ \hat{c}_2,\ \cdots,\ \hat{c}_m)$。

然而，对拟合的效果还应给予合理的评价。若 y_i 服从正态分布，可引入拟合的 χ^2 量，即

$$\chi^2=\sum_{i=1}^{N}\frac{1}{\sigma_i^2}[y_i-f(x_i;\ C)]^2\tag{0-5-10}$$

把参数估计值 $\hat{c}=(\hat{c}_1,\ \hat{c}_2,\ \cdots,\ \hat{c}_m)$ 代入上式并比较式（0-5-8），便可得到最小的 χ^2 值，即

$$\chi^2_{\min}=\sum_{i=1}^{N}\frac{1}{\sigma_i^2}[y_i-f(x_i;\ \hat{c})]^2\tag{0-5-11}$$

可以证明，$\chi^2_{\min}$ 服从自由度 $\nu=N-m$ 的 χ^2 分布，由此可对拟合结果作 χ^2 检验。

由 χ^2 分布得知，随机变量 $\chi^2_{\min}$ 的期望值为 $N-m$。如果由式（0-5-11）计算出 $\chi^2_{\min}$ 接近 $N-m$（例如 $\chi^2_{\min}\leqslant N-m$），则认为拟合结果是可接受的；如果 $\sqrt{\chi^2_{\min}}-\sqrt{N-m}>2$，则认为拟合效果与观测值有显著的矛盾。

（2）直线的最小二乘拟合　曲线拟合中最基本和最常用的是直线拟合。设 x 和 y 之间的函数关系由直线方程

$$y=a_0+a_1x\tag{0-5-12}$$

给出。式中有两个待定参数，a_0 代表截距，a_1 代表斜率。对应等精度测量所得到的 N 组数据（x_i，y_i）（$i=1$，2，…，N），x_i 值被认为是准确的，所有的误差只联系着 y_i。下面利用最小二乘法把观测数据拟合为直线。

① 直线参数的估计：前面指出，用最小二乘法估计参数时，要求观测值 y_i 的偏差的加权平方和为最小。对于等精度观测值的直线拟合来说，由式（0-5-8）可使

$$\sum_{i=1}^{N}[y_i-(a_0+a_1x_i)]^2|_{a=\hat{a}}\tag{0-5-13}$$

最小，得到对参数 a（代表 a_0，a_1）最佳估计，即要求观测值 y_i 的偏差的平方和为最小。

根据式（0-5-13）的要求，应有

$$\frac{\partial}{\partial a_0}\sum_{i=1}^{N}[y_i-(a_0+a_1x_i)]^2|_{a=\hat{a}}=-2\sum_{i=1}^{N}(y_i-\hat{a}_0-\hat{a}_1x_i)=0$$

$$\frac{\partial}{\partial a_1}\sum_{i=1}^{N}[y_i-(a_0+a_1x_i)]^2|_{a=\hat{a}}=-2\sum_{i=1}^{N}(y_i-\hat{a}_0-\hat{a}_1x_i)x_i=0$$

整理后得到正规方程组

$$\begin{cases}\hat{a}_0N+\hat{a}_1\sum x_i=\sum y_i\\ \hat{a}_0\sum x_i+\hat{a}_1\sum x_i^2=\sum x_iy_i\end{cases}\tag{0-5-14}$$

解正规方程组便可求得直线参数 a_0 和 a_1 的最佳估计值 $\hat{a}_0$ 和 $\hat{a}_1$，即

$$\hat{a}_0 = \frac{(\sum x_i^2)(\sum y_i) - (\sum x_i)(\sum x_i y_i)}{N(\sum x_i^2) - (\sum x_i)^2} \tag{0-5-15}$$

$$\hat{a}_1 = \frac{N(\sum x_i y_i) - (\sum x_i)(\sum y_i)}{N(\sum x_i^2) - (\sum x_i)^2} \tag{0-5-16}$$

② 拟合结果的偏差：由于直线参数的估计值 $\hat{a}_0$ 和 $\hat{a}_1$ 是根据有误差的数据点计算出来的，它们不可避免地存在着偏差。同时，各个观测数据点不可能都准确地落在拟合直线上面，观测值 y_i 与对应于拟合直线上的 $\hat{y}_i$ 之间也就有偏差。

首先讨论测量值 y_i 的标准差 S。考虑式（0-5-11），因等精度测量值 y_i 所有的 σ_i 都相同，可用 y_i 的标准偏差 S 来估计，故该式在等精度测量值的直线拟合中应表示为

$$\chi^2_{\min} = \frac{1}{S^2}\sum_{i=1}^{N}[y_i - (\hat{a}_0 + \hat{a}_1 x)]^2 \tag{0-5-17}$$

已知观测值服从正态分布时，$\chi^2_{\min}$ 服从自由度 $\nu = N-2$ 的 χ^2 分布，其期望值

$$\langle\chi^2_{\min}\rangle = \left\langle \frac{1}{S^2}\sum_{i=1}^{N}[y_i - (\hat{a}_0 + \hat{a}_1 x)]^2 \right\rangle = N-2 \tag{0-5-18}$$

由此可得 y_i 的标准偏差

$$S = \sqrt{\frac{1}{N-2}\sum_{i=2}^{N}[y_i - (\hat{a}_0 + \hat{a}_1 x)]^2} \tag{0-5-19}$$

这个表达式不难理解，它与贝塞尔公式（0-3-34）是一致的，只不过这里计算 S 时受到两个参数 $\hat{a}_0$ 和 $\hat{a}_1$ 估计式的约束，故自由度变为 $N-2$ 罢了。

式（0-5-19）所表示的 S 值又称为拟合直线的标准偏差，它是检验拟合效果是否有效的重要标志。如果在 xy 平面上作两条与拟合直线平行的直线

$$y' = \hat{a}_0 + \hat{a}_1 x - S,\quad y'' = \hat{a}_0 + \hat{a}_1 x + S$$

如图 0-5-2 所示，则全部观测数据点（x_i，y_i）的分布，大约有 68.3% 的点落在这两条直线之间的范围内。

下面讨论拟合参数的偏差。由式（0-5-15）和（0-5-16）可见，直线拟合的两个参数估计值 $\hat{a}_0$ 和 $\hat{a}_1$ 是 x_i 和 y_i 的函数。因为假定 x_i 是精确的，所有误差只与 y_i 有关，故两个估计参数的标准偏差可利用不确定度传递公式求得，即

$$S_{a_0} = \sqrt{\sum_{i=1}^{N}\left(\frac{\partial\hat{a}_0}{\partial y_i}S\right)^2},\quad S_{a_1} = \sqrt{\sum_{i=1}^{N}\left(\frac{\partial\hat{a}_1}{\partial y_i}S\right)^2}$$

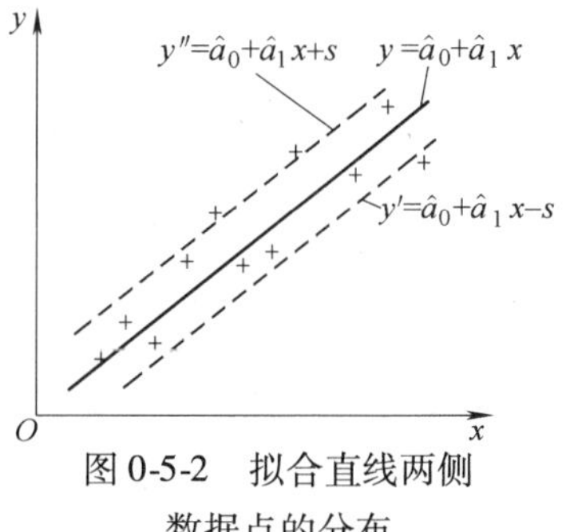

图 0-5-2　拟合直线两侧数据点的分布

把式（0-5-15）与式（0-5-16）分别代入上两式，便可计算得

$$S_{a_0} = S\sqrt{\frac{\sum x_i^2}{N(\sum x_i^2) - (\sum x_i)^2}} \tag{0-5-20}$$

$$S_{a_1} = S\sqrt{\frac{N}{N(\sum x_i^2) - (\sum x_i)^2}} \tag{0-5-21}$$

例　光电效应实验中照射光的频率 ν 与遏止电压 U 的关系为 $U=\varphi-(h/e)\nu$，式中，φ 为脱出功，e 和 h 分别为电子电荷与普朗克常量。现有实验观测数据（ν_i，U）如表 0-5-3 所示，试用最小二乘法作直线拟合，并求 h 的最近估计值。

表 0-5-3　光电效应实验观测数据

序　号	$\nu_i/(\times10^{14}\text{Hz})$	V_i/V	$\nu_i^2/(\times10^{28}\text{Hz}^2)$	V_i^2/V^2	ν_iV_i
1	7.021	-1.435	49.29	2.059	-10.08
2	6.056	-0.975	36.68	0.951	-4.905
3	5.678	-0.773	32.24	0.598	-4.389
4	5.334	-0.700	28.45	0.490	-3.734
5	4.931	-0.555	24.31	0.308	-2.737
6	5.087	-0.630	25.88	0.397	-3.205
7	4.738	-0.438	22.45	0.192	-2.075
Σ	38.845	-5.506	219.30	4.995	-32.125

由于频率 ν 的测量精度比遏止电压 U 的精度高得多，故 ν 的误差可忽略不计。对照前面讨论的直线方程 $y=a_0+a_1x$，则 ν 相当于 x，U 相当于 y，$a_0=\varphi$，$a_1=h/e$。

把表 0-5-3 内的数据代入参数估计式（0-5-15）和（0-5-16），即得 $\hat{a}_0=1.54\text{V}$；$\hat{a}_1=-4.19\times10^{-15}\text{V}\cdot\text{s}$。

为了求出拟合精度，先计算偏差 $\delta_i=U_i-\hat{a}_0-\hat{a}_1\nu_i$ 以及 δ_i^2。

$\delta_i=-0.033,\ 0.023,\ 0.067,\ -0.004,\ -0.055,\ -0.037,\ 0.009$

$\delta_i^2=0.00109,\ 0.00053,\ 0.00449,\ 0.00016,\ 0.00303,\ 0.00137,\ 0.00081$

代入式（0-5-19），可得 U_i 的标准偏差

$$S=\sqrt{\frac{1}{7-2}\sum_{i=1}^{7}\delta_i^2}=\sqrt{\frac{1}{5}\times0.0115}\text{V}=0.048\text{V}$$

经检验，所有观测值 U_i 不存在粗大误差，从而拟合的直线方程为 $U=1.54-4.19\times10^{-15}\nu$。该直线参量的标准偏差可由式（0-5-20）和（0-5-21）得

$$S_{a_0}=0.138\text{V},\quad S_{a_1}=0.248\times10^{-15}\text{V}\cdot\text{s}$$

由于 $a_1=-h/e$，则 $h=-ea_1$。若取 $e=1.6021\times10^{-19}\text{C}$，便可求得 $h=-e\hat{a}_1\approx6.71\times10^{-34}\text{J}\cdot\text{s}$，其标准差 $S_h=eS_{a_1}\approx0.39\times10^{-34}\text{J}\cdot\text{s}$。

故本实验测定的普朗克常量最佳估计值可表示为

$$h=(6.71\pm0.39)\times10^{-34}J\cdot s$$

（3）相关系数及其显著性检验　当我们把观测数据点（x_i，y_i）作直线拟合时，还不太了解 x 与 y 之间线性关系的密切程度。为此要用相关系数 r 来判断，其形式可表示为

$$r=\frac{\sum_i(x_i-\bar{x})(y_i-\bar{y})}{\left[\sum_i(x_i-\bar{x})^2\cdot\sum_i(x_i-\bar{y})^2\right]^{1/2}} \tag{0-5-22}$$

式中，$\bar{x}$ 和 $\bar{y}$ 分别为 x 和 y 的算术平均值。r 值范围介乎 -1 与 $+1$ 之间，即 $-1\leqslant r\leqslant1$。当

$r>0$时直线的斜率为正，称为正相关；当 $r<0$ 时直线的斜率为负，称为负相关。当$|r|=1$时全部数据点（x_i，y_i）都落在拟合直线上。若 $r=0$ 则 x 与 y 之间完全不相关。若 r 值愈接近 ±1 则它们之间的线性关系愈密切。

用相关系数作显著性检验，是要给出相关系数的绝对值达到什么程度才可用拟合直线来近似表示 x 与 y 的关系。所谓相关系数显著，即 x 与 y 关系密切。由相关系数检验表可以查到，当给出自由度 $N-2$ 时，两种显著水平 a（0.05 和 0.01）的相关系数达到显著时各要求的最小值。例如 $N=10$，若$|r|\geqslant 0.632$，则说 r 在 $a=0.05$ 水平上显著；若$|r|\geqslant 0.765$，则说 r 在 $a=0.01$ 水平上显著；若$|r|<0.632$，则 r 不显著，用这些数据点作直线拟合没有意义。

（4）非线性关系的线性化处理　当 $y=f(x;\ c_1,\ c_2,\ \cdots,\ c_m)$ 不是待定参数的线性关系时，一般情况下式（0-5-9）是参数（c_1，c_2，…，c_m）的非线性方程组，直接求解往往是不可能的，通常要进行线性化处理才能作曲线拟合。下面介绍两种常用的非线性关系线性化处理的方法。

① 变量置换法：有些非线性函数，只要作适当的变量置换，便可变为待定参数的线性拟合问题求解。例如，指数函数 $y=ae^{bx}$，式中 a 与 b 是常数。若对等式两边取对数，得 $\ln y=\ln a+bx$。令 $\ln y=y'$，$\ln a=b_0$，即得直线方程 $y'=b_0+bx$。这样便可把指数函数的非线性拟合问题变为直线问题拟合来解决。

因此，采用适当变量置换，便可把一些简单的非线性函数的拟合问题变为直线拟合问题来解决。不过要注意，由于作了变量置换，新变量 y'的标准差 $S(y')$ 不等于原变量 y 的标准差 $S(y)$，拟合时应利用不确定度传递公式转换计算。同理，新参数的标准差也不同于原参数的，也要利用传递公式进行计算，以便对原参数的拟合不确定度作出估计。

② 泰勒级数展开法　通过变量置换把非线性关系线性化，并不是都能做到的。当非线性函数 $y=f(x;\ c_1,\ c_2,\ \cdots,\ c_m)$ 找不到合适的变量置换时，可采用泰勒级数展开的方法，把它在参数初始估计值（零级近似值）附近作泰勒展开，并略去二阶以上的项，便可使计算 m 个参数估计值的方程组（0-5-9）线性化，然后用逐次迭代法求解。下面以穆斯堡尔效应实验数据处理中的解谱工作为例说明这一方法。

例　穆斯堡尔谱的拟合。

在穆斯堡尔效应的实验中，由于γ光子的计数率统计涨落十分显著，对穆斯堡尔谱的分析必须用拟合的方法才能比较准确地确定吸收峰的位置、半高宽及相对强度等参量。

穆斯堡尔谱可以用洛伦兹型函数来描写，由于实验装置的原因，还叠加有抛物线形的背景，若多道分析器的道地址用 x 表示，每一道的γ光子计数为 y，要拟合的函数可写成

$$y=f(x)=\sum_{i=1}^{N}\frac{A_i}{1+\left(\dfrac{x-P_i}{B_i}\right)^2}+E+Fx+Gx^2 \tag{0-5-23}$$

式中，N 为吸收峰的个数；A_i，P_i，B_i 分别为第 i 个吸收峰的高度、位置和半高宽；E，F，G 是抛物线形背景的参数。因此，共有 $3N+3$ 个待定参数，由该式可知这个函数对 A_i，P_i，B_i 并不是线性的。

通过对谱图的初步分析，可以估计 P_i，B_i 的近似值，假设它们分别为 $P_i^{(0)}$ 和 $B_i^{(0)}$，把函数在初始估计值 $P_i^{(0)}$ 和 $B_i^{(0)}$ 附近展开，并略去待定参数的非线性项，得到

$$y = \sum_{i=1}^{N}\left\{\frac{A_i}{Q_i} + \frac{C_i(x - P_i^{(0)})}{Q_i^2} + \frac{D_i(x - P_i^{(0)})^2}{Q_i^2}\right\} + E + Fx + Gx^2 \tag{0-5-24}$$

其中

$$Q_i = 1 + \left[\frac{x - P_i^{(0)}}{B_i^{(0)}}\right]^2 \tag{0-5-25}$$

$$C_i = \frac{2A_i}{(B_i^{(0)})^2}(P_i - P_i^{(0)}) \tag{0-5-26}$$

$$D_i = -\frac{2A_i}{(B_i^{(0)})^3}(B_i - B_i^{(0)}) \tag{0-5-27}$$

式（0-5-24）成为参数 A_i，C_i，D_i（$i = 1, 2, \cdots, N$）和 E，F，G 的线性函数，从而可以用线性函数的拟合方法求参数的估计值。

把第一次拟合求出的参数估计值 $A_i^{(1)}$，$C_i^{(1)}$，$D_i^{(1)}$ 代入式（0-5-26）和式（0-5-27），可以求出 P_i，B_i 的第一次估计值

$$P_i^{(1)} = P_i^{(0)} + \frac{(B_i^{(0)})^2}{2A_i^{(1)}}C_i^{(1)}, \qquad B_i^{(1)} = B_i^{(0)} - \frac{(B_i^{(0)})^3}{2A_i^{(1)}}D_i^{(1)}$$

用 $P_i^{(1)}$ 和 $B_i^{(1)}$ 分别代替 $P_i^{(0)}$ 和 $B_i^{(0)}$ 重新利用式（0-5-24）至（0-5-27）作第二次拟合，如此反复迭代。若逐次迭代结果 P_i 和 B_i 不收敛或发散，可能的原因是吸收峰的位置和半高宽度的初始估计值 $P_i^{(0)}$ 和 $B_i^{(0)}$ 不合适。这时可适当加大或减小再作反复的拟合和迭代，直到 P_i 和 B_i 收敛；如果 P_i 和 B_i 收敛，当 $P_i^{(n)} - P_i^{(n-1)}$ 及 $B_i^{(n)} - B_i^{(n-1)}$ 的绝对值小于给定的要求时，以 $P_i^{(n)}$ 和 $B_i^{(n)}$ 分别代替 $P_i^{(0)}$ 和 $B_i^{(0)}$ 作最后一次拟合，并根据这一次拟合结果求出所需要的全部参数和它们的误差。

【参考文献】

[1] 吴先求，熊予莹．近代物理实验教程 [M]. 2 版．北京：科学出版社，2009.
[2] 张天喆，董有尔．近代物理实验 [M]. 北京：科学出版社，2004.
[3] 李耀清．实验的数据处理 [M]. 合肥：中国科学技术大学出版社，2003.
[4] 吴思诚，王祖铨．近代物理实验（一）[M]. 北京：北京大学出版社，1986.
[5] 何同祥．误差理论与数据处理（讲义）．华北电力大学自动化系测控教研室，2008.
[6] 中国计量测试学会．一级注册计量师基础知识及专业实务 [M]. 北京：中国计量出版社，2008.
[7] 刘列，等．近代物理实验 [M]. 长沙：国防科技大学出版社，2000.
[8] 沙定国．实用误差理论与数据处理 [M]. 北京：北京理工大学出版社，1993.
[9] 王银峰，等．大学物理实验 [M]. 北京：机械工业出版社，2005.

第1章　原子与原子核

实验1　放射性衰变统计规律的研究

【引　言】

放射性同位素发生衰变而放出的射线与物质相互作用，会直接或间接地产生电离或激发等效应，利用这些效应，可以探测放射性的存在、放射性同位素的性质和放射强度等。放射性同位素衰变的过程是一个相互独立、彼此无关的过程，它的统计规律服从泊松分布和正态分布。本实验通过多次测量放射源在一段时间内的放射强度，并以其作为一个随机性事件，取一个样本容量为 N 的样本来分析其结果所服从的分布规律。

【实验目的】

1. 了解并验证原子核衰变及放射性计数的统计规律。
2. 了解统计误差的意义，掌握计算统计误差的方法。
3. 学习检验测量数据的分布类型的方法。

【实验原理】

1. 放射性衰变的统计规律

由于放射性衰变的统计涨落，在进行放射性多次测量时，即使放射源的强度及各种实验条件都保持不变，每次测量所得结果都不一样，有时甚至有很大的差别，但有一定的统计规律，它们总是围绕某一平均值 $\overline{N}$ 上下涨落。也就是说，测量结果具有偶然性（随机性）。物理测量的随机性不仅来源于测量时的偶然误差，也来源于物理现象（当然包括放射性核衰变）本身的随机性质，即物理量的实际数值时刻围绕着平均值发生微小起伏。在微观现象领域，特别是在高能物理实验中，物理现象本身的统计性更为突出。

假设某系统有 N_0 个原子核，单位时间内原子核可能发生的事件只有两种：A 类为发生核衰变，B 类为不发生核衰变。若放射性原子核的衰变常数为 λ，设 A 类事件的概率为 $p=(1-e^{-\lambda t})$，其中 $(1-e^{-\lambda t})$ 为原子核发生衰变的概率；B 类事件的概率为 $q=1-p=e^{-\lambda t}$。

由二项式分布可以知道，在 t 时间内的核衰变数 n 为一随机变量，其概率为

$$P(n)=\frac{N_0!}{(N_0-n)!\,n!}p^n(1-p)^{N_0-n} \tag{1-1}$$

在 t 时间内，发生衰变的粒子数为 $m=N_0p=N_0(1-e^{-\lambda t})$，对应均方差为 $\sigma=\sqrt{N_0pq}=\sqrt{m(1-p)}$。假如时间 t 远比半衰期小，则 $\lambda t\ll 1$，那么 q 趋近于1，则 σ 可简化为 $\sigma=\sqrt{m}$。

在放射性衰变中，原子核数目 N_0 很大而 p 相对而言很小，且如果满足 $\lambda t\ll 1$，则二项式分布可以简化为泊松分布，即

$$P(n)=\frac{N_0^n}{n!}p^n e^{-pN_0}=\frac{m^n}{n!}e^{-m} \tag{1-2}$$

可以证明，服从泊松分布的随机变量的期望值和方差分别为 $E(x)=m$，$\sigma^2=m$。在核衰变测量中常数 $m=N_0p$ 的意义是明确的：单位时间内，N_0个原子核发生衰变的概率 p 为 m/N_0，因此 m 是单位时间内衰变的粒子数。

现在讨论泊松分布中 N_0很大，从而使 m 具有较大数值的极限情况。在 n 较大时，$n!$ 可以写成 $n!=\sqrt{2\pi n}n^n e^{-n}$代入式（1-2），并记 $\Delta=n-m$，则有

$$P(n)=\frac{m^n}{n!}e^{-m}\approx\frac{1}{\sqrt{2\pi m}}\left(\frac{m}{n}\right)^{n+1/2}e^{n-m}=\frac{e^{\Delta}}{\sqrt{2\pi m}}\frac{1}{(1+\Delta/m)^{m+\Delta+1/2}} \tag{1-3}$$

经过一系列数学处理，可以得到 $\left(1+\frac{\Delta}{m}\right)^{m+\Delta+1/2}\approx e^{\Delta+\frac{\Delta^2}{2m}}$。所以有

$$P(n)=\frac{1}{\sqrt{2\pi m}}e^{-\frac{\Delta^2}{2m}}=\frac{1}{\sqrt{2\pi m}}\exp\left[-\frac{(n-m)^2}{2\sigma^2}\right] \tag{1-4}$$

式中 $\sigma^2=m$。即当 N_0 很大时，原子核衰变数趋向于正态分布，可以证明 σ^2 和 m 就是高斯（正态）分布的方差和期望值。

正态分布是一种非常重要的概率分布，在近代物理实验中，凡是属于连续型的随机变量几乎都属于正态分布。在自然界中，凡由大量的、相互独立的因素共同微弱作用下所得到的随机变量也都服从正态分布。即使有些物理量不服从正态分布，但它（或它的测量平均值）也往往以正态分布为它的极限分布，泊松分布就是一个很好的例子。

原子核衰变的统计常常用计数或计数率来表征发生核衰变的原子核数或单位时间内发生核衰变的原子核数。可以证明，原子核衰变的计数或计数率也服从泊松分布和正态分布，只需将分布公式中的放射性核衰变数 n 换成计数 N，将衰变粒子的平均数 m 换成计数的平均值 M 就可以了。

$$P(N)=\frac{M^N}{N!}e^{-M} \tag{1-5}$$

$$P(N)=\frac{1}{\sqrt{2\pi\sigma}}e^{-\frac{(N-M)^2}{2\sigma^2}} \tag{1-6}$$

对于有限次的重复测量，例如测量次数为 K，则标准偏差 S_x 为

$$Sx=\sqrt{\frac{\sum_{i=1}^{K}(N_i-\overline{N})^2}{K-1}} \tag{1-7}$$

其中 $\overline{N}=M=\frac{1}{K}\sum_{i=1}^{K}N_i$，为测量计数的平均值。核衰变的统计性涨落大小可以用均方差 σ 来表示。正态分布决定于平均值 $\overline{N}$ 及均方差 σ 这两个参数，它对称于 $N=\overline{N}$。

如果对某一放射源进行多次重复测量，得到一组数据，其平均值为 $\overline{N}$，那么计数值 N 落在 $\overline{N}\pm\sigma$（即 $\overline{N}\pm\sqrt{\overline{N}}$）范围内的概率为

$$\int_{\overline{N}-\sigma}^{\overline{N}+\sigma}P(N)\mathrm{d}N=\int_{\overline{N}-\sqrt{\overline{N}}}^{\overline{N}+\sqrt{\overline{N}}}\frac{1}{\sqrt{2\pi\sigma}}e^{-\frac{(N-\overline{N})^2}{2\sigma^2}}\mathrm{d}N \tag{1-8}$$

用变量 $z=\frac{N-\overline{N}}{\sigma}$ 来代换并化成标准正态分布，有

$$\int_{-1}^{1}\frac{1}{\sqrt{2\pi}}e^{-\frac{z^2}{2}}dz = 0.683 \tag{1-9}$$

上式说明，某次测量的计数值为 N_i，则 N_i 落在区间（$\overline{N}-\sigma$，$\overline{N}+\sigma$）内的概率为 68.3%，或者说在（$\overline{N}-\sigma$，$\overline{N}+\sigma$）范围内包含真值的概率是 68.3%。根据统计原理可证，N_i 落在区间（$\overline{N}-2\sigma$，$\overline{N}+2\sigma$）内的概率为 95.5%，N_i 落在区间（$\overline{N}-3\sigma$，$\overline{N}+3\sigma$）内的概率为 99.7%。

由于放射性衰变的统计涨落，每次测量所得结果总是围绕某一平均值 $\overline{N}$ 上下涨落。当平均值 $\overline{N}$ 小时遵从泊松分布，当平均值 $\overline{N}$ 大时（如 $\overline{N}>20$）遵从高斯分布，表达式为

$$P(N)=\frac{1}{\sqrt{2\pi\overline{N}}}e^{\frac{-(N-\overline{N})^2}{2\overline{N}}} \tag{1-10}$$

其中，$P(N)$ 是计数为 N 时的概率密度；$\overline{N}$ 为多次测量的平均值。高斯分布说明，偏差 $\Delta=(N_i-\overline{N})$（对于过 $\overline{N}$ 值点的轴线来说具有对称性）在 $\Delta=0$ 处的概率密度取极大值，随 Δ 的增大 P（N）变小。

2. 闪烁探测器的坪曲线

NaI（Tl）单晶 γ 闪烁谱仪是核物理实验中的一种常用的探测器。在进行研究核衰变的统计规律实验时，绝对不能使工作条件（包括几何条件和探测器状态）有丝毫改变。但在实际情况下工作电压的少量漂移在所难免，因此需要测定 NaI（Tl）闪烁探测器的坪曲线，以确定合适的工作电压，即选择计数率随电压漂移变化较小的工作点。

坪曲线是入射粒子的强度不变时，计数器的计数率随工作电压变化的曲线。图 1-1 是由某次实验所得的闪烁计数器的坪曲线。曲线（1）是本底计数率与工作电压的关系，（2）是源计数率与工作电压的关系；由曲线可以看出本底计数率相对很低。本底计数率主要是光电倍增管的暗电流、电子学噪声、宇宙射线及环境辐射产生的。工作电压应选择源计数率随电压变化较小（曲线较平部分）以及源计数率高而本底计数率相对较低的电压，如图 1-1 中，就可以选取 850V。

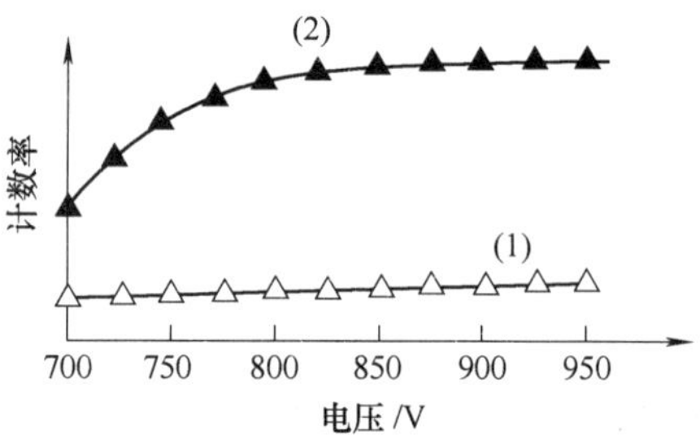

图 1-1 计数率随工作电压变化的曲线

3. 频率直方图

测量一组数据（往往量较大），把它们按一定区间分组，统计测量结果出现在各区间的次数 k_i 或频率 k_i/k（k 为总次数），以次数 k_i 或频率 k_i/k 作为纵坐标、以测量值为横坐标作出的图形在统计学上称为频率直方图。将该图与理论的正态分布进行比较，就能粗略判断放射性衰变的计数分布是否为正态分布。

本实验中，测得 A 个数据后，计算算术平均值 $\overline{N}$ 和方均根差的估计值 σ，而

$$\sigma=\sqrt{\frac{\sum_{i=1}^{K}(N_i-\overline{N})^2}{K-1}}$$

式中 K 为总测量次数。将平均值 $\overline{N}$ 置于中央，以 $\sigma/2$ 为组距把数据分组，算出相应的实验

组频率$\frac{K_i}{A}$，以$(N-\bar{N})/\sigma$为横坐标、组频率为纵坐标，作直方图，即为频率直方图。

4. χ^2 检验法

对随机变量概率密度函数的假设检验是判断放射性核衰变的测量计数是否符合正态分布或泊松分布或者其他分布的一个很重要的问题。可以通过计算平均值与子样方差、比较两者的偏离程度来简单判断实验装置是否存在除统计误差外的随机误差。同时，可由一组数据的频率直方图与理论正态分布或泊松分布的比较来判断放射性衰变是否服从正态分布或泊松分布。而χ^2 检验法是从数理统计意义上给出了比较精确的判别准则。χ^2 检验法的基本思想是比较理论分布与实测数据分布之间的差异，然后根据小概率事件在一次测量中不会发生的基本原理来判断这种差别是否显著，从而接受或拒绝理论分布。

设对某一放射源进行重复测量得到了 N 个数值，对它们进行分组，序号用 i 表示，$i=1, 2, 3, \cdots, K$，令

$$\chi^2=\sum_{i=1}^{K}\frac{(f_i-f'_i)^2}{f'_i}$$

其中，K 为分组数；f_i为各组实际观测到的次数；f_i'为根据理论分布计算得到的各组理论次数。理论次数可以从正态分布概率积分表上查出各区间的正态面积再乘以总次数得到。

可以证明，χ^2 统计量服从χ^2 分布，其自由度为 $m-l-1$，l 是在计算理论次数时所用的参数个数：对于具有正态分布的自由度为 $m-3$，泊松分布为 $m-2$。与此同时，χ^2 分布的期望值即为其自由度，$\langle\chi^2\rangle=\nu=m-l-1$。得到根据实测数据算出的统计量$\chi^2$ 后，比较的方法为，先设定一个小概率 α(即显著水平)，由χ^2 分布表找拒绝域的临界值，若计算量χ^2 落入拒绝域，即$\chi^2\geqslant\chi^2_{1-\alpha}(m-l-1)$，则拒绝理论分布；反之，则接受。

【实验仪器】

本实验的实验装置如图 1-2 所示，其主要实验仪器包括：

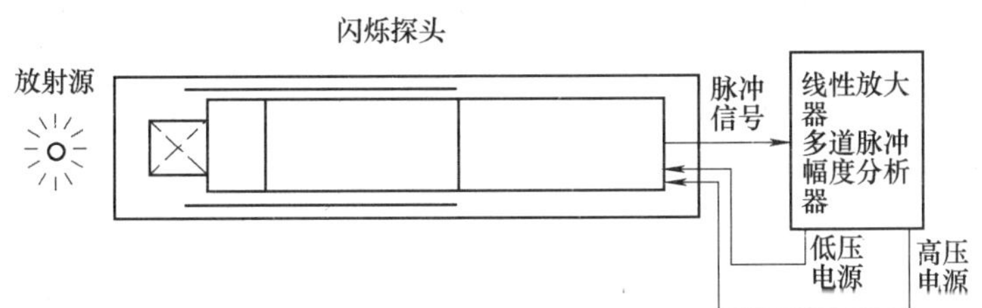

图 1-2　研究放射性衰变规律的实验装置图

1. NaI（Tl）闪烁探测器；
2. γ 射线放射源（^{60}Co 或^{137}Cs）；
3. 高压电源、放大器和多道脉冲幅度分析器。

【实验内容】

1. 连接好实验仪器线路，经教师检查同意后接通电源。
2. 开机预热后，粗测，判断仪器是否工作正常。

3. NaI（Tl）闪烁探测器坪曲线的测绘。

采用定时计数的方法。一般取 $t=200s$，以减小统计涨落；电压可以从 $U=700V$（或600V）开始，取 $\Delta U=20\sim40V$，改变工作电压；一般工作电压不宜超过1000V，以免光电倍增管发生连续放电而缩短使用寿命。

4. 根据测绘的坪曲线选取适当的工作电压，确定放大倍数，使谱形在多道脉冲幅度分析器上分布合理。

5. 工作状态稳定后，重复进行至少100次以上独立测量放射源总计数率的实验，每次定时15s或20s，并算出这组数据的平均值。

6. 实验结果分析与数据处理

（1）频率直方图分析

根据测得的数据并结合概率论及统计学方面的知识，求出期望值和方差的无偏估计，画出放射性计数的频率直方图，并与理论分布曲线作比较。根据实验测得的落在 $\overline{N}\pm\sigma$、$\overline{N}\pm2\sigma$、$\overline{N}\pm3\sigma$ 范围内的频数，比较其理论值的符合程度。

（2）χ^2 检验

作本底的实验及理论分布曲线，对此组数据进行 χ^2 检验。

【思考题】

1. 什么叫放射性衰变涨落？它服从什么规律？如何检验？
2. 什么是坪曲线？
3. 用单次测量结果与多次测量结果表示放射性测量结果时，哪一种方法的精确度高？为什么？
4. 对实验结果进行检验时，如何正确选择概率分布类型？

【参考文献】

[1] 黄润生，沙振舜，唐涛．近代物理实验［M］．南京：南京大学出版社，2007.
[2] 复旦大学、清华大学、北京大学．原子核物理实验方法［M］．北京：原子能出版社，1982.
[3] 清华大学物理系核物理教研组．原子核物理实验．1982.
[4] 张哲、陈玲燕、李雅，等．核衰变过程统计规律的研究．
[5]［美］ C. E. 克劳塞梅尔．应用γ射线能谱学［M］．北京：原子能出版社，1977.

实验2 电子荷质比的测定

【引 言】

1897年，英国物理学家汤姆孙（J. J. Thomson，1856—1940）在剑桥卡文迪许实验室研究气体放电时，通过实验证实，阴极射线是由微粒（后来人们把这种微粒称为电子）组成的，并且与容器内气体的性质和阴极的材料无关。后来，他又发现电子也可以用其他方式获得（如热金属发射），从而进一步证实了他关于一切物质中都含有电子的论断。他首次测量了阴极射线的电荷与质量的比值（荷质比，也称比荷，e/m）。他考虑到原子既然呈现电中性，那么原子内部存在带负电的电子的同时，就还应带有等量正电荷的不明粒子。因此，在世界上第一次提出了原子结构的枣糕模型（也称西瓜模型），即带正电的粒子均匀分布并充满于原子内部，带负电荷的电子镶嵌其中。1912 年，他通过对某些元素的极隧射线的研究，指出了同位素的存在。汤姆孙于 1906 年获诺贝尔物理学奖，后来，他的儿子 G. P. 汤姆孙因发现电子的波动性在 1937 年也获得了诺贝尔物理学奖。父子俩都因在电子研究方面而获得诺贝尔奖，这在物理学史上成为佳话。

【实验目的】

1. 观察电子束在电场作用下的偏转。
2. 观察运动电荷在磁场中受洛仑兹力作用后的运动规律。
3. 测定电子的荷质比。

【实验原理】

在物理学中，测定电子荷质比的实验方法多种多样，但其基本原理都差不多，即采用电场和磁场来控制电子的运动，从而测定电子的荷质比。本实验用亥姆霍兹线圈产生的磁场，控制洛仑兹力管中电子的运动，通过电子轨迹参数的测量来测定电子的荷质比。

以速度 $\boldsymbol{v}$ 运动的电子，进入均匀磁场 $\boldsymbol{B}$ 中，将受到洛仑兹力的作用。洛仑兹力

$$\boldsymbol{F} = e\boldsymbol{v} \times \boldsymbol{B} \tag{2-1}$$

根据矢量关系可知，当 $\boldsymbol{v}$ 和 $\boldsymbol{B}$ 平行时，力 $\boldsymbol{F}$ 等于零，磁场对电子的运动无影响。当 $\boldsymbol{v}$ 和 $\boldsymbol{B}$ 垂直时，力 $\boldsymbol{F}$ 垂直于速度 $\boldsymbol{v}$ 和磁感应强度 $\boldsymbol{B}$ 所决定的平面，电子在垂直于 $\boldsymbol{B}$ 的平面内作匀速率圆周运动，如图 2-1 所示。当 $\boldsymbol{v}$ 和 $\boldsymbol{B}$ 垂直时，洛仑兹力使得电子作圆周运动，则

$$F = evB = m\frac{v^2}{R} \tag{2-2}$$

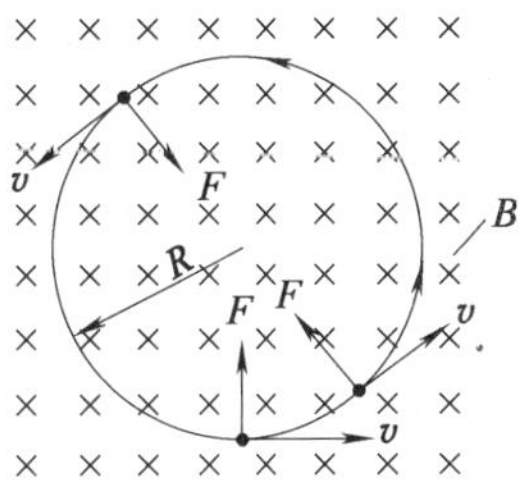

式中，R 为电子运动轨道的半径。由式（2-2）得电子荷质比

$$\frac{e}{m} = \frac{v}{RB} \tag{2-3}$$

图 2-1　电子在均匀磁场中运动

由式（2-3）可知，只要测定了电子运动的轨道半径 R、速度 v 和磁感应强度 B、电子的荷质比即可测定。

电子运动的速度 v 是由加速电极间的电压 U 决定的。一般电子离开阴极时的初速度相对较小，可以忽略，则

$$eU = \frac{1}{2}mv^2 \tag{2-4}$$

将式（2-4）代入式（2-3），有

$$\frac{e}{m} = \frac{2U}{B^2R^2} \tag{2-5}$$

根据相关参数，即可测量出电子的荷质比。

【实验仪器】

本实验采用 DH4520 型电子荷质比测定仪，仪器组成包括洛仑兹力管、亥姆霍兹线圈、供电电源和读数标尺等部分，整个仪器安装在木制暗箱内，便于观察、测量、携带和贮存，如图 2-2 所示。

1. 洛仑兹力管

洛仑兹力管又称威尔尼管，是本实验仪的核心器件。它是一个直径为 153mm 的大灯泡，泡内抽真空后，充入一定压强的混合惰性气体。泡内装有一个特殊结构的电子枪，由热阴极、调制板、锥形加速阳极和一对偏转极板组成，如图 2-3 所示。经阳极加速后的电子，经过锥形阳极前端的小孔射出，形成电子束。具有一定能量的电子束与惰性气体分子碰撞后，使惰性气体发光，从而使电子束的运动轨迹可见。

图 2-2 电子荷质比测定仪

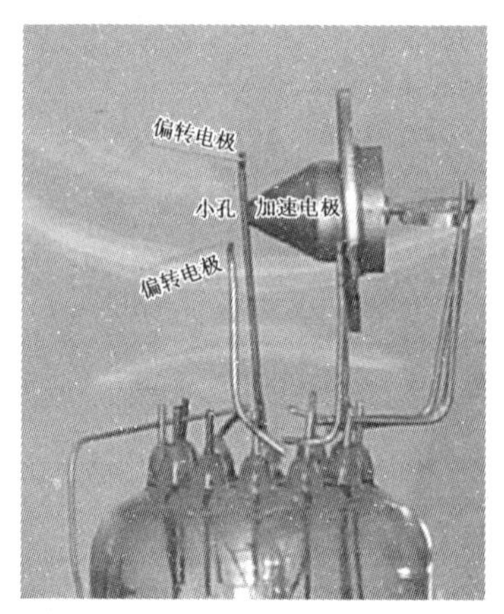

图 2-3 特殊结构的电子枪

2. 亥姆霍兹线圈

亥姆霍兹线圈由一对绕向一致、彼此平行且共轴的圆形线圈组成，如图 2-4 所示。当两线圈正向串联并通以电流 I、且距离 a 等于线圈的半径 r 时，可以在线圈的轴线上获得不太强的均匀磁场。若两线圈间的距离 a 不等于 r 时，则轴线上的磁场就不均匀。

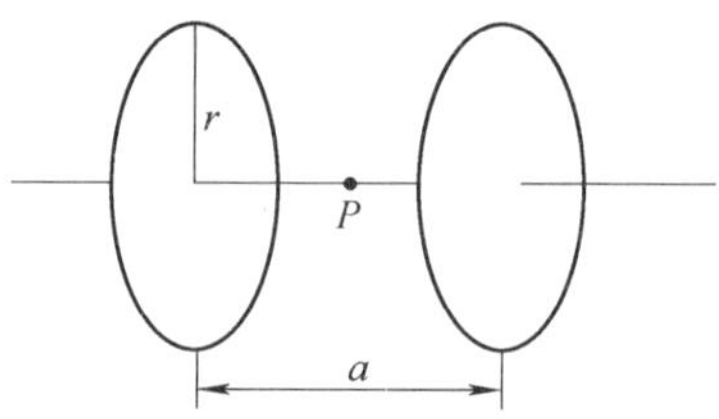

图 2-4 亥姆霍兹线圈

根据两个单个线圈轴线上 P 点磁感应强度 B 的叠加，求出当 $a=r$ 时，亥姆霍兹线圈轴线上总的磁感应强度

$$B=0.716\frac{\mu_0 NI}{r}$$

式中，μ_0 为真空磁导率，$\mu_0=4\pi\times10^{-7}\mathrm{H\cdot m^{-1}}$；$N$ 为每个线圈的匝数，$N=140$ 匝；r 为亥姆霍兹线圈的等效半径，$r=0.140\mathrm{m}$。根据以上数据，计算得

$$B=9.00\times10^{-4}I(\mathrm{T}) \tag{2-6}$$

3. 供电电源

供电电源的前面板如图 2-5 所示。

偏转电压 偏转电压开关分“上正”、“断开”、“下正”三档。置“上正”时上偏转板接正电压，下偏转板接地。置“下正”时则相反。置“断开”时，上下偏转板均无电压接入。观察与测量电子束在洛仑兹力作用下的运动轨迹时，应置于“断开”位置。偏转电压的大小由偏转电压开关下面的电位器调节。电压值从 50～250V 连续可调，无显示。

阳极电压 阳极电压接洛仑兹力管内的加速电极，用于调节电子的运动速度。电压值由

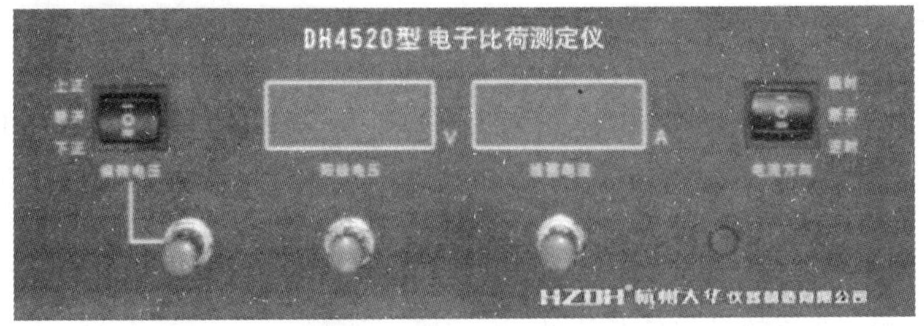

图 2-5　供电电源的前面板

数字电压表显示，值的大小由电压表下的电位器调节。实验时的电压范围约 100 ~ 200V。

线圈电流　线圈电流（励磁电流）方向开关分“顺时”、“断开”、“逆时”三档。置“顺时”时线圈中的电流方向为顺时针方向，线圈上的顺时指示灯亮，产生的磁场方向指向机内。置“逆时”时则相反。置“断开”时，线圈上的电流方向指示灯全熄灭，线圈中没有电流。电流值由数字电流表指示，值的大小由电流表下面的电位器调节。

请注意：在转换线圈电流的方向前，应先将线圈电流值调到最小，以免转换电流方向时产生强电弧烧坏开关的接触点。

观察电子束在电场力的作用下发生偏转时，应将此开关置“断开”位置。

在仪器后盖上设有外接电流表和外接电压表接线柱，以备在作课堂演示时外接大型电压表和电流表。

读数装置　在亥姆霍兹线圈的前后线圈上，分别装有单爪数显游标尺和镜子，以便在测量电子束圆周的直径 D 时，使游标尺上的爪子、电子束轨迹、爪子在镜中的像三者重合，构成一线，以减小视差，提高读数的准确性。游标读数分 inch 和 mm 刻度两种，请选用 mm 刻度。

【实验内容】

根据仪器的相关参数，将式（2-6）代入式（2-5），可得电子荷质比

$$\frac{e}{m}=2.47\times10^{6}\frac{U}{R^{2}I^{2}}(\mathrm{C}\cdot\mathrm{kg}^{-1})$$

如果用电子束轨迹的直径 D 表示，则

$$\frac{e}{m}=9.88\times10^{6}\frac{U}{D^{2}I^{2}}(\mathrm{C}\cdot\mathrm{kg}^{-1})\tag{2-7}$$

式中的 U，D，I 都可以通过实验测得，电子荷质比也可由此求出。

如果电子运动的速度 $\boldsymbol{v}$ 和磁感应强度 $\boldsymbol{B}$ 不完全垂直时，电子束将作螺旋线运动。

在开始通电实验前，先检查仪器面板上各控制开关和旋钮应放在下述位置上：偏转电压开关置于“断开”，电位器逆时针转到电压最小（50V，无显示）。调节阳极电压的电位器也逆时针调到零。线圈电流方向开关置“断开”，调节线圈电流的电位器也逆时针调到零。以上调节的目的，是为了保护仪器，不受大电流高电压的冲击，延长洛仑兹力管的使用寿命。

打开电源，预热 5min。逐渐增加阳极电压至 100 ~ 200V 左右，即可看到一束淡蓝绿色的光束从电子枪中射出，这就是电子束。

1. 观察电子束在电场作用下的偏转

转动洛仑兹力管，使角度指示为 90°，即电子束指向左边并与线圈轴线垂直。在转动洛

仑兹力管时，务必用手抓住胶木管座，切勿手抓玻璃泡转动，以免管座松动。

将偏转电压开关拨到“上正”位置，这时上偏转板为正，下偏转板接地，观察电子束的偏转方向。加大偏转板上的偏转电压，观察偏转角度的变化情况。在偏转电压不变的情况下，加大阳极电压，观察偏转角度的变化情况。再将偏转电压调至最小，偏转开关拨到“下正”位置，作与上相同的观察。

记录观察到的现象，并作出理论解释。

2. 观察电子束在磁场中的运动轨迹

将偏转电压开关拨到“断开”位置。线圈电流方向开关拨到“顺时”位置，线圈上的电流顺时方向指示灯亮，加大线圈电流和阳极电压，观察电子束在磁场中运动轨迹的变化情况。转动洛仑兹力管，作进一步的观察。

记录观察到的现象，并作出理论解释。

3. 测量电子的荷质比

根据以上所述，将电子束轨迹调整成一个闭合的圆。利用读数装置，在不同的阳极电压 U 和不同的线圈电流 I 情况下，仔细测量电子束轨迹的直径。根据公式计算电子荷质比。

具体内容建议：

（1）固定阳极电压，改变线圈电流，作多次测量。

（2）固定线圈电流，改变阳极电压，作多次测量。

欲使实验结果比较准确，关键是测准电子束轨迹的直径 D。圆的直径取在 4cm 到 9cm 之间时较为合适。

实验结束后，将阳极电压和线圈电流调到最小，偏转电压开关和线圈电流开关都拨到“断开”位置，然后关掉电源。

【思考题】

1. 为什么电子束在旋转过程中，轨迹变得愈来愈粗、愈来愈模糊？这是正常的吗？请作理论分析。

2. 试从测量误差角度讨论，读数装置中采用的游标尺的分度值为 0.01mm 是否合理？为什么？应采用多大的分度值更为合理？

3. 讨论：若电子作螺旋运动，其螺距与哪些因素相关？等于多少？

【参考文献】

[1] 杭州大华仪器制造有限公司仪器使用说明书.

实验 3　卢瑟福散射与 α 粒子在空气中射程的测量

【引　言】

20 世纪初，科学家们通过热力学理论和气体性质的研究，确定了原子的尺度约为 10^{-10}m数量级。1897 年，汤姆孙（J. J. Thomson）发现了电子，而且建立了原子结构的“枣糕模型”。1895 年，欧内斯特·卢瑟福（Ernest Rutherford，1871—1937）来到英国卡文迪许实验室，跟随汤姆孙学习，成为汤姆孙第一位来自海外的研究生。在汤姆孙的指导下，卢瑟福在做放射性吸收实验时发现了 α 射线。1909 年，卢瑟福和他的合作者盖革（H. Geiger）及马斯顿（E. Marsden）进行了 α 粒子的散射实验，发现了大角度散射的存在，而根据汤姆孙原子模型解释不了 α 粒子的散射实验结果，因此否定了汤姆孙的原子模型。卢瑟福经过仔细的计算和比较，发现只有假设正电荷都集中在一个很小的区域内，α 粒子穿过单个原子时，才有可能发生大角度的散射，这个小区域就叫原子核，而电子在原子核外绕核作轨道运动，原子核带正电，电子带负电，原子的质量几乎全部集中在直径很小的核心区域，这就是卢瑟福建立的原子核式结构模型（又称“有核原子模型”、“原子太阳系模型”、“原子行星模型”），他还指出了原子核的半径约为 10^{-15}m。该模型正确描绘了有关原子结构的图像，为现代核物理奠定了基础。卢瑟福获得了 1908 年度诺贝尔化学奖。α 粒子散射实验为卢瑟福提出原子核式结构模型提供了很好的实验依据，因此，该实验被评为“物理最美实验”之一。

【实验目的】

1. 掌握 α 粒子的基本性质，了解金硅面垒 Si（Au）α 粒子探测系统的工作原理。
2. 观察并测量 α 粒子的大角度散射，分析实验结果与原子结构的关系。
3. 学会测量 α 粒子在空气中的射程。
4. 学习 α 粒子的微分散射截面的测量方法，验证散射角与微分散射截面的关系。

【实验原理】

1. 瞄准距离与散射角的关系

假如把 α 粒子和原子都看成点电荷，而且假设两者之间唯一的相互作用力是静电斥力。现设一个 α 粒子以速度 v_0 沿 AT 方向入射（图 3-1），由于受到核电荷的库仑作用，α 粒子将沿轨道 ABC 出射。通常，散射原子的质量比 α 粒子的质量大得多，可以近似认为核静止不动。按库仑定律，相距为 r 的 α 粒子和原子核之间的库仑磁力的大小为

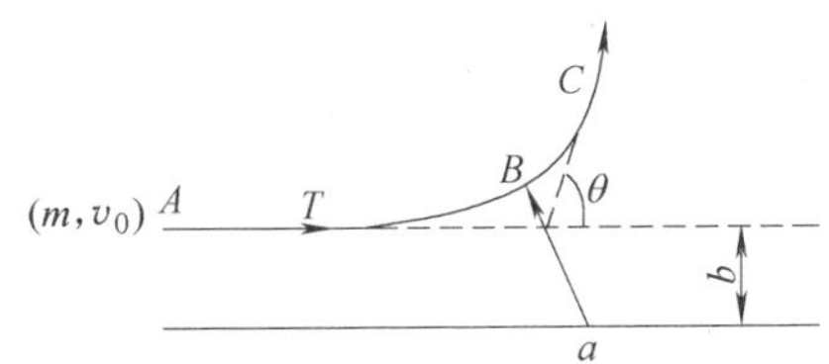

图 3-1　α 散射角与瞄准距离的关系

$$F=\frac{2Ze^2}{4\pi\varepsilon_0 r^2} \tag{3-1}$$

式中，Z 为靶核电荷数。α 粒子的轨迹为双曲线的一支，如图 3-1 所示。原子核与 α 粒子入射方向之间的垂直距离 b 称为瞄准距离（或碰撞参数），θ 是入射方向与散射方向之间的夹角。由牛顿第二定律，可以导出散射角与瞄准距离之间的关系为

$$\cot(\theta/2)=2b/D \tag{3-2}$$

其中

$$D=\frac{1}{4\pi\varepsilon_0}\cdot\frac{2Ze^2}{mv_0^2/2} \tag{3-3}$$

式中，m 为 α 粒子的质量。

2. 微分散射截面及其与散射角的关系

由散射角与瞄准距离的关系式（3-2）可以看出，瞄准距离 b 越大，散射角 θ 就越小；反之，b 越小，θ 就越大。只要瞄准距离 b 足够小，θ 就可以足够大，这就解释了大角度散射的可能性。但要从实验上来验证式（3-2），显然是不可能的，因为我们无法测量瞄准距离

b。然而，我们可以求出 α 粒子按瞄准距离的分布，根据这种分布和式（3-1），就可以推出散射 α 粒子的角分布，而这个角分布是可以测量的。

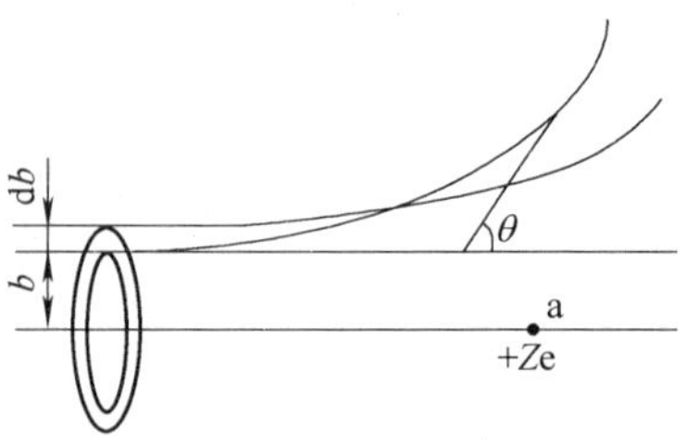

图 3-2　入射 α 粒子散射到 dθ 角度范围内的几率

设有截面为 S 的 α 粒子束射到厚度为 t 的靶上。其中某一 α 粒子在通过靶时相对于靶中某一原子核 a 的瞄准距离在 $b \sim b+\mathrm{d}b$ 之间的概率应等于圆心在 a 而圆周半径分别为 b、$b+\mathrm{d}b$ 的圆环面积与入射截面 S 之比。若靶的原子数密度为 n，则 α 粒子束所经过的这块体积内共有 nSb 个原子核，因此，该 α 粒子相对于靶中任一原子核的瞄准距离在 $b \sim b+\mathrm{d}b$ 之间的概率为

$$\mathrm{d}w = 2\pi ntb\mathrm{d}b \tag{3-4}$$

这也就是该 α 粒子被散射到 $\theta \sim \theta+\mathrm{d}\theta$ 之间的概率，即落到角度为 θ 和 $\theta+\mathrm{d}\theta$ 的两个圆锥面之间的概率。由式（3-2）求微分可得

$$b\,|\mathrm{d}b| = \frac{1}{2}\left(\frac{D}{2}\right)^2 \frac{\cos(\theta/2)}{\sin^3(\theta/2)}\mathrm{d}\theta \tag{3-5}$$

于是有

$$\mathrm{d}w = \pi\left(\frac{D}{2}\right)^2 nt\,\frac{\cos(\theta/2)}{\sin^3(\theta/2)}\mathrm{d}\theta \tag{3-6}$$

另外，由角度为 θ 和 $\theta+\mathrm{d}\theta$ 的两个圆锥面所围成的立体角为

$$\mathrm{d}\Omega = \frac{\mathrm{d}A}{r^2} = \frac{2\pi r\sin\theta r\mathrm{d}\theta}{r^2} = 2\pi\sin\theta\mathrm{d}\theta \tag{3-7}$$

因此，α 粒子被散射到该范围内单位立体角内的概率为

$$\frac{\mathrm{d}w}{\mathrm{d}\Omega} = \left(\frac{D}{4}\right)^2 nt\,\frac{1}{\sin^4(\theta/2)} \tag{3-8}$$

把上式两边除以单位面积的靶原子数 nt 可得微分散射截面

$$\frac{\mathrm{d}\sigma}{\mathrm{d}\Omega} = \left(\frac{D}{4}\right)^2 \frac{1}{\sin^4(\theta/2)} = \left(\frac{1}{4\pi\varepsilon_0}\right)^2\left(\frac{Ze^2}{mv_0^2}\right)^2 \frac{1}{\sin^4(\theta/2)} \tag{3-9}$$

这就是 α 粒子的散射公式。

代入各常数值，以 E 代表入射 α 粒子的能量，得到公式

$$\frac{\mathrm{d}\sigma}{\mathrm{d}\Omega} = 1.296\left(\frac{2Z}{E}\right)^2 \frac{1}{\sin^4(\theta/2)} \tag{3-10}$$

在实际测量中，设探测器的灵敏面积对靶所张的立体角为 $\Delta\Omega$，由 α 散射公式可知，在某段时间间隔内所观察到的 α 粒子数

$$N = \left(\frac{1}{4\pi\varepsilon_0}\right)^2\left(\frac{Ze^2}{mv_0^2}\right)^2 nt\,\frac{\Delta\Omega}{\sin^4(\theta/2)}T \tag{3-11}$$

式中 T 为该时间间隔内射到靶上的 α 粒子总数。由于式中 N、$\Delta\Omega$、θ 等都是可测量的，所以式（3-11）可和实验进行比较。由该式可见，在 θ 方向上 $\Delta\Omega$ 内所观察到的 α 粒子数 N 与散射靶的核电荷数 Z、α 粒子的动能 $mv^2/2$ 及散射角 θ 等因素都有关。我们将用具体的实验来验证 N 与散射角 θ 的相互关系。

【实验仪器】

金硅面垒 Si（Au）、α 粒子测量系统（生产单位：清华大学应用物理系）。

为了测量 α 粒子在空气中的射程和在不同角度上出射 α 粒子的计数率，将用到金硅面垒 Si（Au）α 粒子探测系统。在这一系统中，使用了 $^{241}A_m$（镅）作为 α 粒子源，这种源放射出的单能 α 射线的能量为 5.486MeV。考虑到 α 粒子是重带电粒子，在空气中具有很强的电离作用，系统设计了一个低真空散射室来测量 N 与散射角 θ 的相互关系。因此，这个测量系统主要由散射真空室部分、电子学系统部分和步进电动机控制部分组成。

1. 散射真空室部分

散射真空室里主要包括有：

（1）α 放射源 $^{241}A_m$，该 α 放射源放射出的单能 α 粒子的能量是 5.486MeV。

（2）散射样品台，该样品台上设有样品架，样品架由一高一低的两根开槽的立柱构成。低的一边不会挡住 α 放射源放射出的 α 粒子，可以此方向为角度的正方向。

（3）金硅面垒 α 粒子探头。

（4）步进电动机及传动机构。

2. 电子学系统部分

为了测量 α 粒子的微分散射截面，由式（3-11）可知，需要测量在不同角度的出射 α 粒子的计数率。所用的 α 粒子探测器为金硅面垒探测器，本部分还包括电荷灵敏前置放大器、主放大器、计数器、探测器偏置电源、NIM 机箱与低压电源等，其结构如图 3-3 所示。

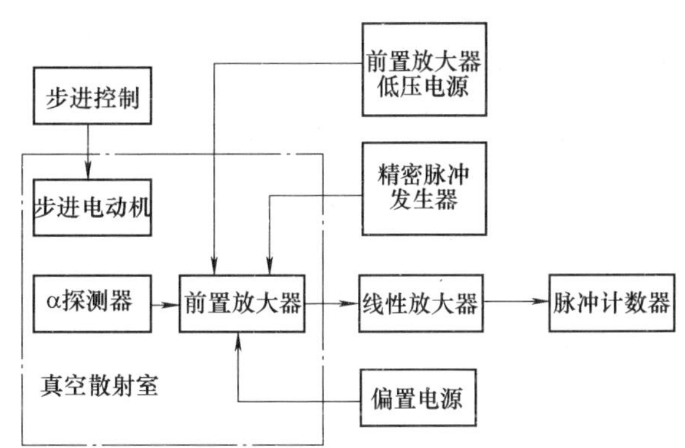

图 3-3 α 散射装置的电子学测量系统结构框图

3. 步进电动机及其控制部分

在测量过程中，有时需要在真空条件下测量不同散射角的出射 α 粒子的计数率，这样就需要经常变换散射角度。在实验装置中，可利用步进电动机来控制散射角 θ，在不打开真空室的情况下，通过在真空室外控制步进电动机的转动来调节相应的角度即可。由于步进电动机具有定位准确的特性，简单的开环控制即可达到所需的精度。仪器的控制精度为 1 度。步进电动机与控制系统、驱动器及负载一起组成步进电动机驱动系统，如图 3-4 所示。

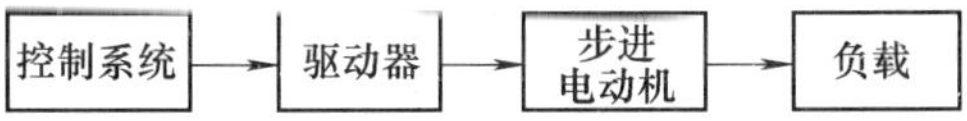

控制系统 → 驱动器 → 步进电动机 → 负载

图 3-4 步进电动机驱动系统框图

【实验内容】

1. 金对 α 粒子大角度散射的观测

（1）确定 α 粒子源正对探测器，即确定系统的零位置。在这一步骤中，我们先让探测器的准直孔基本对准 α 粒子源的准直孔，把该位置确定为 $N°$，然后在 $N+15°$ 和 $N-15°$ 的方向上每隔 1°测量一组计数，最后把计数的峰位置确定为 0°，并让 α 粒子源回到 0°处且使系统的位置记录器置零。

（2）安装金箔靶，使孔径为5mm的一面正对α粒子放射源。

（3）盖上真空室密封盖，将真空室抽真空，使真空度达到8Pa以下。

（4）从0°开始，每隔1°（当散射角大于35°后间隔5°）测量一组α粒子的散射计数率N，直到散射角$\theta=90°$；散射角大于90°后，间隔15°测量一组α粒子的散射计数率N，直到150°。当散射角较大时，应增加测量时间。

2. α粒子在空气中的射程的测量

α粒子在空气中的射程即为α粒子在空气中的平均射程$\overline{R}$。实验中，可按以下步骤来进行测量。

（1）确定α粒子源正对探测器，即确定系统的零位置。在这一步骤中，我们先让探测器的准直孔基本对准α粒子源的准直孔，把该位置确定为$N°$，然后在$N+15°$和$N-15°$的方向上每隔1°测量一组计数，最后把计数的峰位置确定为0°，并让α粒子源回到0°处且使系统的位置记录器置零。

（2）在0度位置，让探测器离α粒子源最近，测量α粒子通过一定厚度的空气层后的计数率。

（3）不断增加α粒子源与探测器之间的距离，逐次测量α粒子通过不同厚度的空气层后的计数率，直到计数率为零。

（4）作出计数率n与空气层厚度d的关系曲线，确定计数率为$n_0/2$时的空气层厚度为α粒子在空气中的射程$\overline{R}$。

（5）在实验装置中，α放射源表面与放射源屏蔽体表面的距离为20.0mm，探测器表面与探测器准直器表面的距离为2.5mm。所以，不可能从$d=0$处开始测量，而只能从$d=22.5$mm开始测量。但是，在n-d关系曲线的起始部分，计数率基本不变，因此，可以把n保持不变的那一段的计数率的平均值作为$d=0$处的计数率。

记录下测量参数：室温$T=$℃，气压$P=$mmHg，采样时间$t=$s，偏置电压$U=$V。α放射源准直器直径为$\phi_1=4$mm，探测器灵敏区的直径为$\phi_2=5$mm。

3. α粒子微分散射截面与散射角关系的测定

在对α粒子散射的研究中，最突出、最重要的特征就是式（3-11）中的散射计数率与散射角的关系。实验中，我们使α粒子放射源发出的α粒子经过准直器后，准直为直径约为4mm的α粒子束。准直后的α粒子沿准直方向轰击金靶并发生散射。金靶入射面设有直径为5mm的孔，也起到准直作用，金靶的出射面孔径为8mm。在靶上散射后的α粒子进入金硅面垒探测器，在探测器中形成脉冲信号。探测器每输出一个脉冲信号则表示探测到一个散射的α粒子，记录探测器输出的脉冲计数率随散射角度的变化，则对α粒子在金箔靶上的微分散射截面进行了相对测量。通过分析散射角θ与散射计数率N的关系，就可以验证式（3-11）的正确性。具体的测量步骤如下：

（1）让放射源正对探测器，即使系统处在0位置；

（2）安装金箔靶，使孔径为5mm的一面正对α粒子放射源；

（3）盖上真空室密封盖，将真空室抽真空，使真空度达到8Pa以下；

（4）从0°开始，每隔1°（当散射角大于35°后间隔5°）测量一组α粒子的散射计数率N，直到散射角$\theta=90°$；

（5）对N与$\sin^4(\theta/2)$的关系进行拟合，确定拟合参数P；验证α粒子微分散射截面与散射角关系。

4. 数据处理建议

（1）α 粒子在空气中的射程测量　据测量获得的数据，可以算出几乎没有变化的计数率为 $\overline{n_0} = (\sum_{i=1}^{k} n_i)/K$，作出 n-d 关系曲线。由曲线找出与计数率为$\overline{n_0}/2$ 所对应的空气层厚度 d，d 即为 α 粒子在空气中的射程 $\overline{R}$。根据经验公式，α 粒子在标准状态空气中的射程为

$$R_{0a} = (0.285 + 0.005E_a)E_a^{3/2}$$

将我们所用的单能 α 粒子的能量 $E_a = 5.486\text{MeV}$ 代入上式有 $R_{0a} = (0.285 + 0.005E_a)E_a^{3/2} = (0.285 + 0.005 \times 5.486) \times 5.486^{3/2} = 4.02(\text{cm}) = 40.2(\text{mm})$

将这一理论结果与实验测得的 α 粒子在空气中的射程 $\overline{R}$ 相比较，计算其相对误差。

（2）微分散射截面及其与散射角的关系的验证　对所采集的数据按 3σ 原则去掉异常数据以后，通过对可靠组数据求算术平均值，得到拟合参数的平均值为 $\overline{P}$。验证这些数据中的所有 N 与$\sin^4(\theta/2)$在误差范围内是否符合函数关系式（3-11）的等价式

$$N = \overline{P}/\sin^4(\theta/2) \tag{3-12}$$

从测量的结果来分析当 $\theta \leqslant 2°$和 $\theta \geqslant 85°$时，N 与 θ 的关系和式（3-12）是否符合。

（3）观察在角度很大时是否检测到了一定数量的 α 粒子，讨论 α 粒子散射是否存在大角度散射。在实验误差范围内证明式（3-11）中散射角与散射计数率关系的正确性，从而验证 α 粒子的微分散射截面与散射角的关系。

【思考题】

1. 金对 α 粒子是否存在大角度散射？若存在，如何解释？
2. α 粒子在空气中的射程大约多少？对 α 射线的危害应如何考虑？
3. 根据 α 粒子的性质，应该怎样防护 α 射线？

实验 4　冉绍尔-汤森效应的研究

【引　言】

1921 年，德国物理学家冉绍尔（Carl Ramsauer）用磁偏转法分离出单一速度的电子，对极低能量 0.75 ~ 1.1eV 的电子在各种气体中的平均自由程进行了研究。此结果发现，氩（Ar）气中的平均自由程 $\overline{\lambda_e}$ 远大于经典力学的理论计算值。以后，他又把电子能量扩展到 100eV 左右，发现 Ar 原子对电子的弹性散射截面 Q（与 $\overline{\lambda_e}$ 成反比）随电子能量的减小而增大，在 10eV 左右达到极大值，而后又随着电子能量的减小而减小。1922 年，现代气体放电理论的奠基人、英国物理学家汤森（J. S. Townsend）和贝利（Bailey）也发现了类似的现象。进一步的研究表明，无论哪种气体原子的弹性散射截面（或电子平均自由程），在低能区都与碰撞电子的能量（或运动速度 v）明显相关，而且类似的原子具有相似的行为，这就是著名的冉绍尔-汤森效应。

冉绍尔-汤森效应是量子力学理论极好的实验例证，通过该实验，可以了解电子碰撞管

的设计原则，掌握电子与原子的碰撞规则和测量原子散射截面的方法，测量低能电子与气体原子的散射几率以及有效弹性散射截面与电子速度的关系。

【实验目的】

1. 了解电子碰撞管的设计原则，掌握电子与原子的碰撞规则和测量原子散射截面的方法。

2. 测量低能电子与气体原子碰撞的散射几率 P_s 与电子速度的关系。

3. 测量气体原子的有效弹性散射截面 Q 与电子速度的关系，测定散射截面最小时的电子能量。

4. 验证冉绍尔-汤森效应，并学习用量子力学理论加以解释。

【实验原理】

1. 理论原理

冉绍尔在研究极低能量电子（0.75～1.1eV）的平均自由程时发现，氩气中电子的自由程比用气体分子运动论计算出来的数值大得多。后来，把电子的能量扩展到一个较宽的范围内进行观察，发现氩原子对电子的弹性散射总有效截面 Q 随着电子能量的减小而增大，约在 10eV 附近达到一个极大值，而后开始下降。当电子能量逐渐减小到 1eV 左右时，有效散射截面 Q 出现一个极小值。也就是说，对于能量为 1eV 左右的电子，氩气竟好像是透明的。电子能量小于 1eV 以后 Q 再度增大。此后，冉绍尔又对各种气体进行了测量，发现无论哪种气体的总有效散射截面都和碰撞电子的速度有关。并且，结构上类似的气体原子或分子，它们的总有效散射截面对电子速度的关系曲线 $Q=f(\sqrt{U})$（U 为加速电压值）具有相同的形状，称为冉绍尔曲线。图 4-1 为氙（Xe）、氪（Kr）、氩（Ar）三种惰性气体的冉绍尔曲线。图中横坐标是与电子速度成正比的加速电压平方根值，纵坐标是散射截面 Q 值，这里采用原子单位，其中 a_0 为原子的玻尔半径。图中右方的横线表示用气体分子运动论计算出的 Q 值。显然，用两个钢球相碰撞的模型来描述电子与原子之间的相互作用是无法解释冉绍尔效应的，因为这种模型得出的散射截面与电子能量无关。要解释冉绍尔效应需要用到粒子的波动性质，即把电子与原子的碰撞看成是入射粒子在原子势场中的散射，其散射程度用总散射截面来表示。

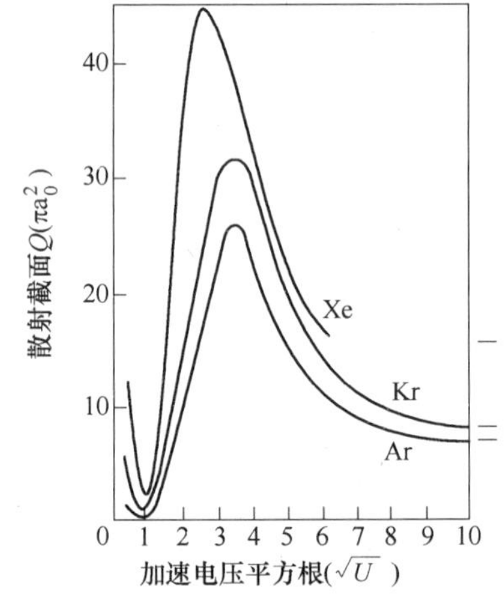

图 4-1　氙，氪，氩的冉绍尔曲线

以下是冉绍尔－汤森效应的量子力学简单定性解释，仅供参考。

设 ψ 为电子的波函数，$U(r)$ 为电子与原子之间的相互作用势。理论计算表明，只要 $U(r)$ 取得适当，那么在边条件

$$\psi \xrightarrow[r\to\infty]{} e^{ikz} + f(\theta)\frac{e^{ikr}}{r} \qquad (k=\sqrt{2mE/\hbar^2}) \tag{4-1}$$

求解薛定谔方程

$$\left[-\frac{\hbar^2}{2m}\nabla^2+U(r)\right]\psi=E\psi \tag{4-2}$$

是可以给出与实验曲线相吻合的 $Q=f(\sqrt{U})$ 理论曲线的。对于氙、氪、氩原子来说，的确能够得到在 1eV 附近散射截面取极小值的结果。

$U(r)$ 究竟取什么形式合适，取决于将所设的 $U(r)$ 代入薛定谔方程，看能否对冉绍尔曲线进行解释。最为简化的一个模型是一维方势阱。解一维薛定谔方程可以得出：对于一个给定的势阱 U_0，当入射粒子的能量满足条件

$$k'a=n\pi\ (n=1,\ 2,\ 3,\ \cdots) \tag{4-3}$$

（其中 $k'=\sqrt{2m\ (E+U_0)\ /\hbar^2}=2\pi/\lambda$）时，或者说当势阱宽度是入射粒子半波长的整数倍时，便发生共振透射现象。按照这个模型，在散射截面-电子能量关系曲线中，随着电子能量的改变，散射界面应该周期性地出现极小值。实际情况并非如此，例如图 4-1 所示的氙、氪、氩的冉绍尔曲线，只在 1eV 附近出现了一个极小值。如果把惰性气体的势场看成是一个三维方势阱，则可以定性地说明冉绍尔曲线的形状。

三维方势阱可表示为

$$U(r)=\begin{cases}-U_0,r<a\\0,\ r>a\end{cases} \tag{4-4}$$

由于 $U(r)$ 只与电子和原子之间的相对位置有关而与角度无关，所以 $U(r)$ 为中心力场。对于中心力场，波函数可以表示为具有不同角动量 l 的各入射波与出射波的相干叠加。对于每一个 l（称为一个分波），中心力场 $U(r)$ 的作用是使它的径向部分产生一个相移，而总散射截面为

$$Q=\frac{4\pi}{k^2}\sum_{l=0}^{\infty}(2l+1)\sin^2\delta_l \tag{4-5}$$

计算总散射截面的问题归结为计算各分波的相移 δ_l。δ_l 可以通过解径向方程

$$\frac{1}{r^2}\frac{\mathrm{d}}{\mathrm{d}r}\left(r^2\frac{\mathrm{d}}{\mathrm{d}r}R_l\right)+\left[k^2-\frac{l(l+1)}{r^2}-U'(r)\right]R_l=0 \tag{4-6}$$

求出

$$R_l\xrightarrow{kr\to\infty}\frac{1}{kr}\sin\left(kr-\frac{l\pi}{2}+\delta_l\right) \tag{4-7}$$

其中

$$k^2=2mE/\hbar^2,\ U'(r)=\frac{2mU(r)}{\hbar^2}(l=0,\ 1,\ 2,\ \cdots) \tag{4-8}$$

对于低能的情况，即 $ka\ll1$ 时，高 l 分波的贡献很小，可以只计算 $l=0$ 的分波的相移 δ_0。此时式（4-5）变为

$$Q_0=\frac{4\pi}{k^2}\sin^2\delta_0 \tag{4-9}$$

可见，对于非零的 k，当 $\delta_0=\pi$ 时，$Q_0=0$，这就是说，当 $l=0$ 的分波过零而高 l 分波的截面 Q_1，Q_2，…又非常小时，总散射截面就可能显示出一个极小值。另一方面，解 $l=0$ 时的方程式（4-6）可以得到使 $\delta_0=\pi$ 的条件为

$$\tan(k'a)\approx k'a \tag{4-10}$$

其中 $k' = \sqrt{2m\ (E+U_0)\ /\hbar^2}$。由此可见，调整势阱参数 U_0 和 a，可以使入射粒子能量为 1eV 时散射截面出现一个极小值，即出现共振透射现象。而当能量逐渐增大时，高 l 分波的贡献便成为不可忽略的，在这种情况下需要解 $l \neq 0$ 时的方程式（4-6）。各 l 分波相移的总和使 Q 值不再出现类似一维情形的周期下降，这样三维方势阱模型定性地说明了冉绍尔曲线。更精确地计算散射截面，需要用到哈特里-福克（Hartree-Fock）自洽场方法，这里不再详述。从上面的论述可以看出，从弹性散射截面对电子能量关系的分析中，我们可以得到有关原子势场的信息。

2. 测量原理

测量气体原子对电子的总散射截面的方法很多，装置也各式各样。图 4-2 为充氙电子碰撞管的结构示意图，管子的屏极 S（Shield）为盒状结构，中间由一片开有矩形孔的隔板把它分成左右两个区域。左面区域的一端装有圆柱形旁热式氧化物阴极 K（Kathode），内有螺旋式灯丝 H（Heater），阴极与屏极隔板之间有一个通道式栅极 G（Grade），右面区域是等电位区，通过屏极隔离板孔的电子与氙原子在这一区域进行弹性碰撞，该区内的板极 P（Plate）收集未能被散射的透射电子。图 4-3 为测量气体原子总散射截面的原理图，当灯丝加热后，就有电子自阴极逸出，设阴极电流为 I_K，电子在加速电压的作用下，有一部分电子在到达栅极之前，被屏极接收，形成电流 I_{S1}；有一部分穿越屏极上的矩形孔，形成电流 I_0，由于屏极上的矩形孔与板极 P 之间是一个等势空间，所以电子穿越矩形孔后就以恒速运动，受到气体原子散射的电子则到达屏极，形成散射电流 I_{S2}；而未受到散射的电子则到达板极 P，形成板流 I_P，因此有

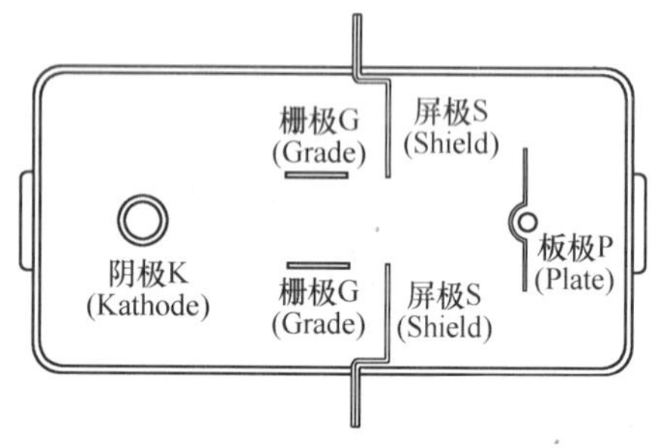

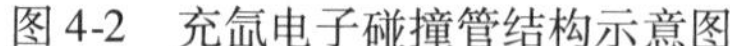

图 4-2　充氙电子碰撞管结构示意图

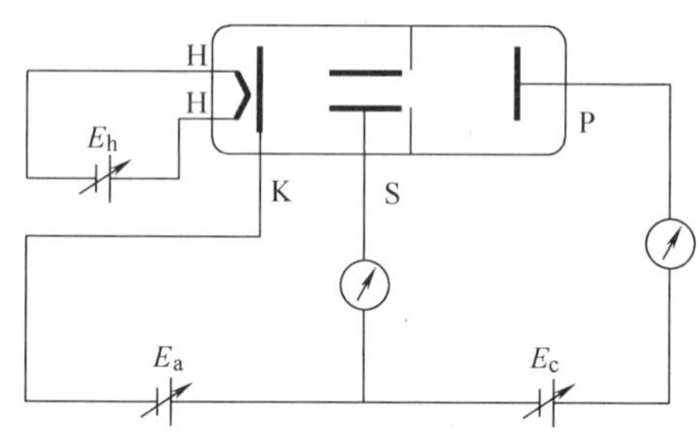

图 4-3　测量气体原子总散射截面的原理图

$$I_K = I_0 + I_{S1} \tag{4-11}$$

$$I_S = I_{S1} + I_{S2} \tag{4-12}$$

$$I_0 = I_P + I_{S2} \tag{4-13}$$

电子在等势区内的散射概率为

$$P_S = 1 - \frac{I_P}{I_0} \tag{4-14}$$

可见，只要分别测量出 I_P 和 I_0 即可以求得散射概率。从上面的论述可知，I_P 可以直接测得，至于 I_0 则需要用间接的方法测定。由于阴极电流 I_K 分成 I_{S1} 和 I_0 两部分，它们不仅与 I_K 成比例，而且它们之间也有一定的比例关系，这一比值称为几何因子 f，即有

$$f=\frac{I_0}{I_{S1}} \tag{4-15}$$

几何因子 f 是由电极间相对张角及空间电荷效应所决定的，即 f 与管子的几何结构及所用的加速电压、阴极电流有关。将式（4-15）代入式（4-14），得到

$$P_S=1-\frac{1}{f}\frac{I_P}{I_{S1}} \tag{4-16}$$

为了测量几何因子 f，我们把电子碰撞管的管端部分浸入温度为 77K 的液氮中，这时，管内的气体冻结，在这种低温状态下，气体原子的密度很小，对电子的散射可以忽略不计，几何因子 f 就等于这时的板流 I_P^* 与屏流 I_S^* 之比，即

$$f\approx\frac{I_P^*}{I_S^*} \tag{4-17}$$

如果这时阴极电流和加速电压保持与式（4-14）和式（4-15）时的相同，那么上式中的 f 值与式（4-16）中 f 相等，因此有

$$P_S=1-\frac{I_P}{I_{S1}}\frac{I_S^*}{I_P^*} \tag{4-18}$$

由式（4-12）和式（4-13）得到

$$I_S+I_P=I_{S1}+I_0 \tag{4-19}$$

由式（4-15）和式（4-17）得到

$$I_0=I_{S1}\frac{I_P^*}{I_S^*} \tag{4-20}$$

再根据式（4-19）和式（4-20）得到

$$I_{S1}=\frac{I_S^*(I_S+I_P)}{(I_S^*+I_P^*)} \tag{4-21}$$

将上式代入式（4-18）得到

$$P_S=1-\frac{I_P(I_S^*+I_P^*)}{I_P^*(I_S+I_P)} \tag{4-22}$$

式（4-22）就是我们实验中最终用来测量散射概率的公式。

电子总有效散射截面 Q 和散射概率有如下的简单关系：

$$P_S=1-\exp(-QL) \tag{4-23}$$

式中，L 为屏极隔离板矩形孔到板极之间的距离。由式（4-22）和式（4-23）可以得到

$$QL=\ln\left(\frac{I_P^*(I_S+I_P)}{I_P(I_S^*+I_P^*)}\right) \tag{4-24}$$

因为 L 为一个常数，所以作 $\ln\left(\frac{I_P^*\ (I_S+I_P)}{I_P\ (I_S^*+I_P^*)}\right)$ 和 $\sqrt{E_c}$ 的关系曲线，即可以得到电子总有效散射截面与电子速度的关系。

【实验仪器】

FD-RTE-A 型冉绍尔-汤森效应实验仪由两台主机（一台为电源组，另外一台为微电流计和交流测量装置）、电子碰撞管（包括管固定支架）、低温容器（盛放液氮用，液氮温度

77K）组成（图 4-4），实验时还需要一台双踪示波器。

图 4-4 FD-RTE-A 型冉绍尔-汤森效应实验仪

【实验内容】

1. 交流观察

实验线路如图 4-5 所示，仪器连接如图 4-6 所示。

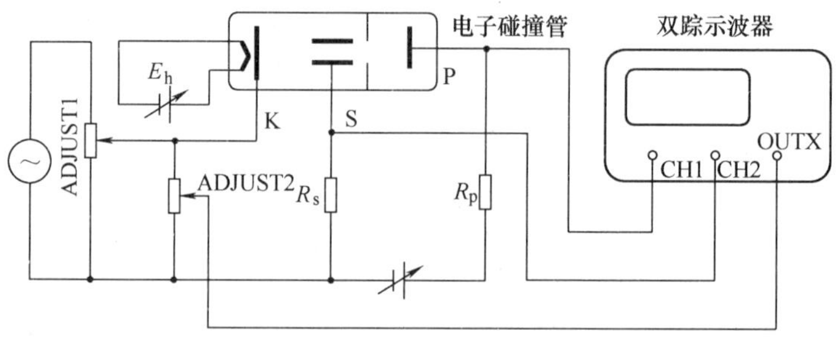

图 4-5 交流测量冉绍尔-汤森效应实验线路图

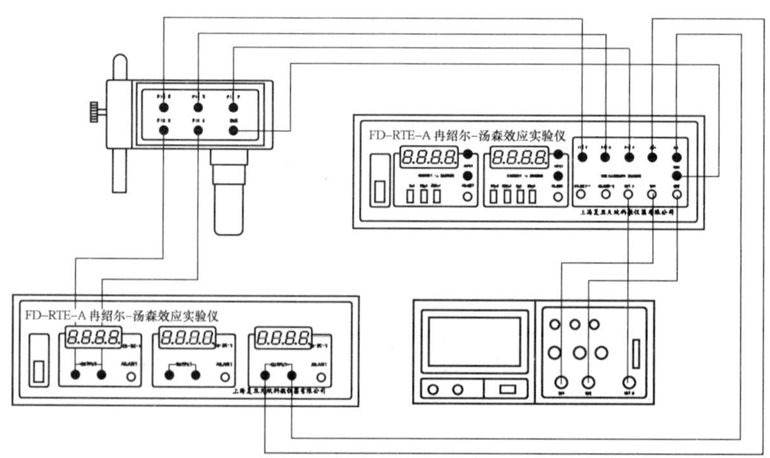

图 4-6 交流测量冉绍尔-汤森效应实验仪器连接图

（1）理解图 4-5 所示的线路图，按照图 4-6 所示，将两台 FD-RTE-A 冉绍尔-汤森效应实验仪主机和电子碰撞管及双踪示波器相连。

（2）打开主机和示波器电源，调节电子碰撞管阴极电源“E_h”至“2V”左右，（灯丝的正常工作电压为 6.3V，实验中应该降压使用，例如 2V 或者 3V），补偿电压“E_c”先调节至“0V”。

（3）示波器触发源选“外接”，触发耦合选择“AC”，选 CH1、CH2“双踪”观察方式，置 CH1 为“AC”耦合、“50mV”或者“100mV”档。置 CH2 为“AC”耦合、“50mV”或者“100mV”档。

（4）调节电位器“ADJUST1”可以改变交流加速电压的幅度，调节电位器“ADJUST2”的大小，改变示波器 x 轴的扫描幅度。这时可以在示波器上定性观察到电流 I_P 和 I_S 与加速电压的关系。

（5）注意：此时的加速电压不宜过大，否则气体原子将被电离，使管流急剧增加，此时应将加速电压降低到气体原了的电离电位以下（氙的电离电位约为 12.13V）。

（6）先在保温杯中注入液氮，再把碰撞管下部约 1/2 浸入液氮（注意：电子碰撞管应该缓慢浸入液氮，以避免管壳突然受冷而爆裂），观察示波器 S 板和 P 板电流的变化，并与室温下曲线进行比较，思考变化的原因。

（7）低温下调节 E_c 使 I_c、I_p 同时出现电流。记下 E_c 初调值。

2. 直流测量

实验线路如图 4-7 所示，仪器连接如图 4-8 所示。

（1）在前面交流测量冉绍尔—汤森效应实验的基础上（即保证示波器观察到的波形符合实验要求），理解图 4-7 所示的电路图，直流测量冉绍尔—汤森效应实验。按照图 4-8 所示的仪器连接图，将两台 FD-RTE-A 型冉绍尔—汤森效应实验仪主机和电子碰撞管相连。

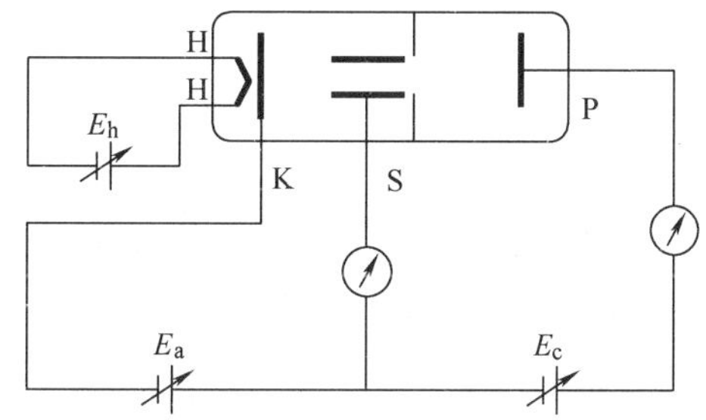

图 4-7　直流测量冉绍尔-汤森效应实验线路图

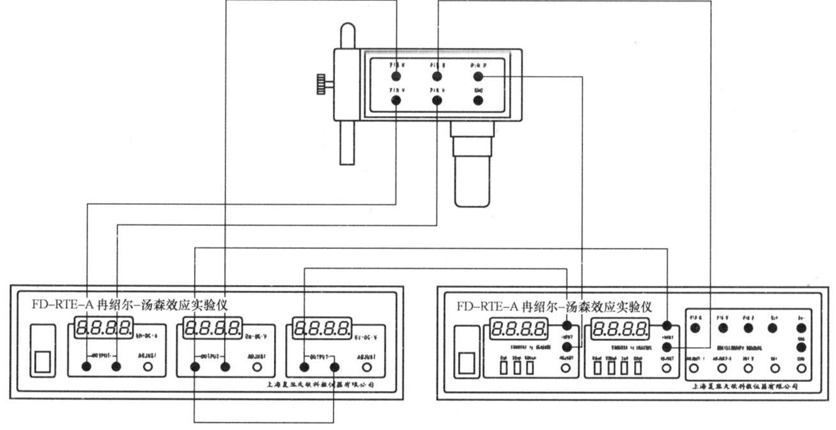

图 4-8　直流测量冉绍尔-汤森效应实验仪器连接图

（2）首先打开 FD-RTE-A 型冉绍尔-汤森效应实验仪微电流计主机，调节微电流计“CURRENT I_P MEASURE”和“CURRENT I_S MEASURE”的调零电位器，将示值全部调节为“0.000”（注意此时应该将两个换档开关全部置于最小，即左边“CURRENT I_P MEASURE”置于“2μA”档，右边“CURRENT I_S MEASURE”档置于“20μA”档）。

（3）打开 FD-RTE-A 型冉绍尔-汤森效应实验仪电源组主机电源开关，将灯丝电压“E_h”调至“2.000V”，直流加速电压“E_a”和补偿电压“E_c”全部调节至“0.000V”。

（4）关闭 FD-RTE-A 型冉绍尔-汤森效应实验仪电源组主机电源开关，等到微电流计主机上两个表头示值全部为“0.000”时，把碰撞管下部约 1/2 浸入液氮（注意：电子碰撞管应该缓慢浸入液氮，以避免管壳突然受冷而爆裂），慢慢调节加速电压 E_a 从 -1V 变化到 1V，观察此过程中微电流计两个表头是否同时有读数出现。如果不是同时出现电流，适当改变补偿电压“E_c”的值，使之同时出现电流并记录下此时的“E_c”值和刚出现电流时的“E_a”值。

（5）低温下（液氮温度 77K），即将电子碰撞管下半部分浸入液氮，从刚才记录的“E_a”值开始逐渐增加加速电压（2V 以下每隔 0.1V 记录一次数据，2～3V 可以每隔 0.2V 测量，以后每隔 0.5V 测量），列表记录每一点对应的电流 I_p^* 和 I_s^* 的大小。

（6）将电子碰撞管从保温杯中取出，将保温杯中剩余的液氮注入大的液氮杜瓦瓶中，等到电子碰撞管恢复到室温情况，调节加速电压为零，此时，为保持阴极温度不变，改变灯丝电压 E_h 的大小，使得在加速电压 $E_a=1$V 的情况下 $I_p+I_s=I_p^*+I_s^*$，这是因为在加速电压为 1V 时的散射概率最小，最接近真空的情况。参照室温下的情况，逐渐增加加速电压，列表记录每一点对应的电流 I_p 和 I_s 的大小。作 $\ln\left[\frac{I_P^*\ (I_S+I_P)}{I_P\ (I_S^*+I_P^*)}\right]$-$U_a$ 关系图，或者根据公式（4-14）作 P_s-U_a 的关系图，测量低能电子与气体原子的散射概率 P_s 随着电子能量变化的关系。

【注意事项】

1. 将电子碰撞管浸入液氮中进行低温测量时，注意不要将管子金属底座浸入液氮，以防止管子炸裂。

2. 电子碰撞管上下端的限位螺钉的作用是在将电子碰撞管浸入液氮时，限制管子突然或者全部浸入液氮引起管子炸裂。

【思考题】

1. 影响电子实际加速电压值的因素有哪些？有什么修正方法？

2. 仪器选用的电子碰撞管灯丝的正常工作电压为 6.3V，实验中应该降压使用，例如 2V 或者 3V，为什么？

3. 已知标准状态下氙原子的有效半径为 0.2nm，按照经典气体分子运动论计算其散射截面及电子平均自由程，与实验结果比较，并进行讨论。

4. 屏极隔板小孔以及板极的大小对散射概率和弹性散射截面的测量有何影响？

【参考文献】

[1] 吴思诚，王祖铨．近代物理实验 I（基本实验）[M]．北京：北京大学出版社，1986.

[2] 戴乐山，戴道宣．近代物理实验 [M]．上海：复旦大学出版社，1999.

[3] 曾谨言．量子力学：下册 [M]．北京：科学出版社，1989.

[4] 曾谨言，量子力学导论 [M]．北京：北京大学出版社，1998.

[5] FD-RTE-A 型冉绍尔-汤森效应实验仪使用说明. 上海复旦天欣科技仪器有限公司.

实验 5　塞曼效应

【引　言】

19 世纪伟大的物理学家法拉第在研究电磁场对光的影响时，发现了磁场能改变偏振光的偏振方向。1896 年荷兰物理学家塞曼（Pieter Zeeman）根据法拉第的想法，探测磁场对谱线的影响，发现了钠双线在磁场中的分裂。洛仑兹根据经典电子论解释了分裂为三条的正常塞曼效应。由于研究这个效应所取得的成果，塞曼和洛仑兹共同获得了 1902 年的诺贝尔物理学奖。他们这一重要研究成就有力地支持了光的电磁理论，使我们对物质的光谱、原子和分子的结构有了更多的了解。至今，塞曼效应仍是研究能级结构的重要方法之一。

【实验目的】

1. 学习观测塞曼效应的实验方法。
2. 学习光路的调节和 F-P 标准具的使用。
3. 观察原子在磁场中能级的分裂和测量电子荷质比 e/m。

【实验原理】

1. 塞曼效应

1896 年塞曼发现将光源放在足够强的磁场中时，原来的一条谱线分裂成几条谱线，分裂后的谱线是偏振的，分裂谱线的条数随跃迁前后能级的类别而不同。这种在外磁场作用下使谱线产生分裂的现象称为塞曼效应。

塞曼效应证实原子具有磁矩，而且其空间取向是量子化的。在磁场中，原子磁矩受到磁场作用，使得原子在原来能级上获得一附加能量。由于原子磁矩在磁场中可以有几个不同的取向，因而相应有不同的附加能量。这样，原来一个能级便分裂成能量略有不同的几个能级。在原子发光过程中，原来两能级之间跃迁产生的一条光谱线，由于上、下能级均分裂成几个能级，因此光谱线也相应地分裂成若干成分（由选择定则决定）。

根据理论推导（见本实验附录），在磁场中原子附加的能量 ΔE 的表达式为

$$\Delta E = Mg \cdot \frac{eh}{4\pi m} \cdot B \tag{5-1}$$

式中，h 为普朗克常量，e/m 为电子荷质比。令

$$\mu_B = \frac{eh}{4\pi m} \tag{5-2}$$

称 μ_B 为玻尔磁子，$\mu_B = 9.274 \times 10^{-24} \mathrm{A \cdot m^2}$，则式（5-1）变为

$$\Delta E = Mg\mu_B \cdot B \tag{5-3}$$

式中，M 为磁量子数，它取整数值，表示原子磁矩取向量子化；g 称为朗德因数，它与原子中电子轨道角动量、自旋角动量及其耦合方式有关；B 为外磁场的磁感应强度。由此可见，原子附加能量正比于外磁场的磁感应强度 B，同时与原子所处的状态有关。

由原子理论知，某一光谱线是由能级 E_2 跃迁至能级 E_1 产生，其频率为 ν，则有

$$h\nu = E_2 - E_1 \tag{5-4}$$

在磁场中其上、下谱线发生分裂，分别有附加能量 ΔE_2，ΔE_1，令新谱线的频率为 ν'，则

$$h\nu' = (E_2 - \Delta E_2) - (E_1 - \Delta E_1) \tag{5-5}$$

分裂后的谱线与原谱线的频率差为

$$\begin{aligned}\Delta\nu = \nu - \nu' &= \frac{1}{h}(\Delta E_1 - \Delta E_2) \\ &= (M_2 g_2 - M_1 g_1)\frac{eB}{4\pi m}\end{aligned} \tag{5-6}$$

用波数差 $\Delta\tilde{\nu}$ 表示为

$$\begin{aligned}\Delta\tilde{\nu} &= (M_2 g_2 - M_1 g_1)\frac{eB}{4\pi mc} \\ &= (M_2 g_2 - M_1 g_1)L_0\end{aligned} \tag{5-7}$$

式中，$L_0 = eB/(4\pi mc) = 4.67\times10^{-3}B\mathrm{m}^{-1}$（$B$ 的单位取 Gs，$1\mathrm{Gs}=10^{-4}\mathrm{T}$），$L_0$ 称为洛仑兹单位。能级之间跃迁必须满足选择定则 $\Delta M=0$ 或 ±1；而且当 $J_2=J_1$ 时，$M_2=0\rightarrow M_1=0$ 的跃迁除外。

当 $\Delta M=0$ 时，产生 π 线，沿垂直于磁场方向观察时，π 线为光振动方向平行于磁场的线偏振光，沿平行于磁场方向观察时，光强度为零，观察不到（如图 5-1 所示）。

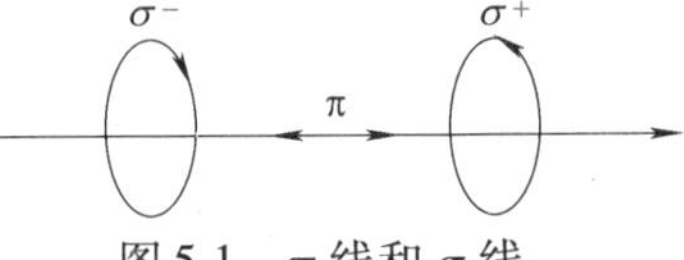

图 5-1 π 线和 σ 线

当 $\Delta M=\pm1$ 时，产生 σ 线，迎着磁场方向观察时，σ 线为圆偏振光。其中 $\Delta M=+1$ 时为左旋圆偏振光，$\Delta M=-1$ 时为右旋圆偏振光，其电矢量与磁场垂直。

2. 汞绿线在外磁场中的分裂

本实验以水银灯为光源，研究谱线 546.1nm 的塞曼效应。汞绿线（546.1nm）是汞原子从 $6s7s\,^3S_1$ 能级跃迁到 $6s6p\,^3P_2$ 能级产生的谱线。其能级图及相应的 M、g、Mg 值如图 5-2 所示。上能级 $6s7s\,^3S_1$ 分裂为 3 个子能级，下能级 $6s6p\,^3P_2$ 分裂为 5 个子能级，根据选择定则有 9 种允许的跃迁，即可分裂为 9 条谱线。分裂后的 9 条谱线是等间距的，间距为 $1/2L_0$ 洛仑兹单位，9 条谱线的光谱范围为 $4L_0$。

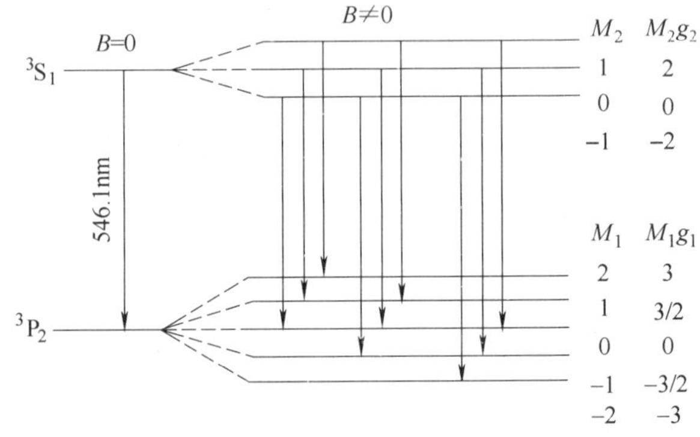

图 5-2 汞绿线的塞曼效应

【实验仪器】

1. 实验装置

图 5-3 是塞曼效应实验装置简化图，整个装置放在 1.2m 的光具座上。

N 和 S 为电磁铁，220V 交流电通过自耦变压器接硒整流器，其直流输出供给电磁铁作

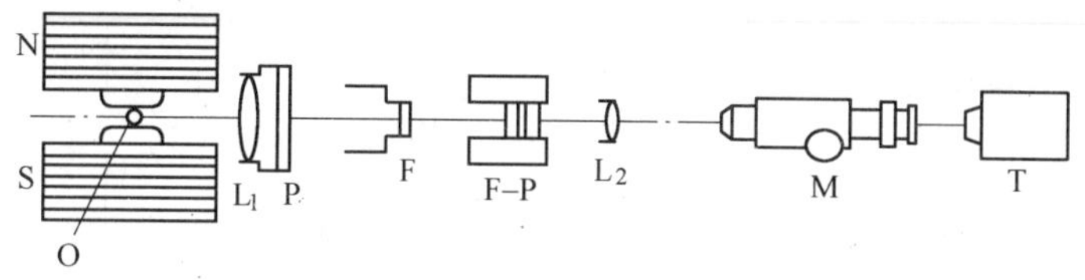

图 5-3　塞曼效应实验装置简化图

励磁电流，自耦变压器调节和控制励磁电流的大小。

O 为水银辉光放电管，本实验用作光源。通过另一自耦变压器将电压升至 10000V 左右点燃放电管。

L_1 为聚光镜，使通过标准具的光增强。

P 为偏振片，在垂直于磁场方向观察时用以鉴别 π 成分和 σ 成分。

F 为干涉滤色片，作用是只允许谱线 546.1nm 通过，滤掉 Hg 原子发出的其他谱线。

F-P 为法布里-珀罗标准具。本实验中的标准具的间距为 2.000mm。

M 为读数显微镜。调焦于干涉花样后即可对干涉条纹进行观测。

T 为摄像头。与微机相连，可拍摄读数显微镜内的干涉条纹，并通过微机进行数据处理。

2. F-P 标准具的原理及性能参数

F-P 标准具由两块平行玻璃板和夹在中间的一个间隔圈组成。平板玻璃内表面必须是平整的，其加工精度要求优于 1/20 中心波长。内表面上镀有高反射膜，膜的反射率高于 90%。间隔圈用膨胀系数很小的熔融石英材料制作，精加工成有一定厚度，用来保证两块平面玻璃之间有很高的平行度和稳定的间距。

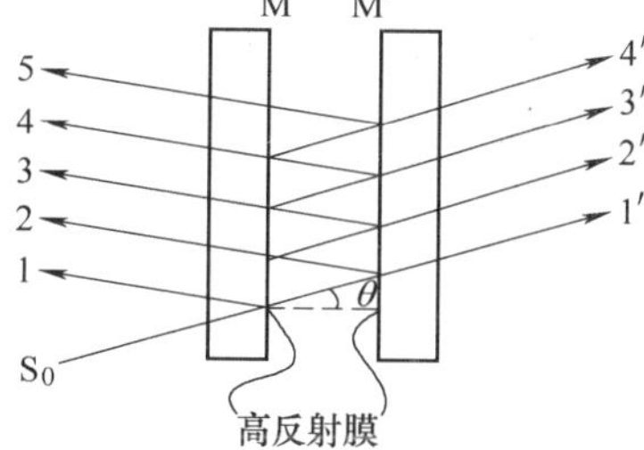

图 5-4　F-P 标准具的多光束干涉

标准具的光路图如图 5-4 所示，当单色平行光 S_0 以某一小角度入射到标准具的 M 平面上时，光束在 M 和 M′二表面上经过多次反射和透射，分别形成一系列相互平行的反射光束 1，2，3，…及透射光束 1′，2′，3′…，任何相邻光束间的光程差 $\Delta\delta$ 为

$$\Delta\delta = 2nd\cos\theta \tag{5-8}$$

式中，d 为 F-P 标准具的间距；θ 为光束折射角；n 为两平面玻璃板间介质的折射率，在空气中时可取 $n=1$ 。透射的平行光束或反射的平行光束都在无限远处或在会聚透镜的焦平面上形成干涉条纹，亮纹的条件为

$$2d\cos\theta = k\lambda \tag{5-9}$$

式中，k 为干涉条纹级次。在扩展光源照明下，产生等倾干涉，相同 θ 角的光束形成同一干涉圆环。

F-P 标准具的主要性能参数有自由光谱范围和精细度。

（1）自由光谱范围 $\delta\lambda$

具有微小波长差 $\delta\lambda$ 的两单色光 λ_1 和 λ_2（$\lambda_1 > \lambda_2$ 且 $\lambda_1 \approx \lambda_2 = \lambda$）同时照射 F-P，则在会聚透镜的焦平面上各形成一套同心圆环条纹。如果 λ_2 的 k 级条纹与 λ_1 的 k-1 级条纹正好重合，则定义此 $\delta\lambda$ 为标准具的自由光谱范围。自由光谱范围给出了靠近中央处的不同波长的条纹不重级时所允许的最大波长差。对于近中央的干涉圆环，可得到自由光谱范围与 F-P 间距的关系为

$$\delta\lambda = \lambda_1 - \lambda_2 = \lambda^2/2d \tag{5-10}$$

用波数差 $\Delta\tilde{\nu}$ 表示为

$$\Delta\tilde{\nu}=1/2d \tag{5-11}$$

不同波长的光形成的干涉圆环如果发生重叠或错级，会给辨认带来困难。因此，使用标准具时，要根据被观测的光谱范围选择间距适合的标准具。

（2）精细度（finesse）Ne

精细度定义为相邻条纹间距与条纹半宽度之比，它表征标准具的分辨性能，其物理意义是相邻的两干涉条纹之间能够分辨的最大条纹数。可以证明，精细度与内表面反射膜的反射率 R 有如下关系：

$$Ne=\frac{\pi\sqrt{R}}{1-R} \tag{5-12}$$

精细度仅仅依赖于反射膜的反射率，反射率越高精细度越大，干涉条纹越细锐，能分辨的条纹数越多。

3. 分裂后各谱线波长差或波数差的测量

用焦距为 f 的透镜使 F-P 的干涉花纹成像在焦平面上，这时近中央花纹的入射角 θ 与它的直径 D 有如下关系：

$$\cos\theta=\frac{f}{\sqrt{f^2+(D/2)^2}}\approx 1-\frac{D^2}{8f^2} \tag{5-13}$$

代入式（5-9）得

$$2d\left(1-\frac{D^2}{8f^2}\right)=k\lambda \tag{5-14}$$

由上式可见，靠近中央花纹的直径平方与干涉级数呈线性关系。对同一波长而言随着花纹直径的增大花纹越来越密，第二项的负号表示直径大的干涉条纹对应的干涉级数低。同理，不同波长的同级数的干涉条纹，直径大的波长小。

未加磁场时，同一波长相邻级的（k 与 $k-1$ 级）条纹之级直径平方差

$$\Delta D^2=D_{k-1}^2-D_k^2=\frac{4f^2\lambda}{d} \tag{5-15}$$

可见，ΔD^2 是一常数，与干涉级数无关。

加磁场条纹分裂后，两相邻圆环（分裂前是同级）之间的波长差为

$$\Delta\lambda=\frac{d}{4f^2k}(D_{k'}^2-D_k^2)=\frac{\lambda}{k}\cdot\frac{(D_{k'}^2-D_k^2)}{(D_{k-1}^2-D_k^2)} \tag{5-16}$$

由于 F-P 间隔圈的厚度比波长大得多，且中心条纹的级数很大。因此，可用中心条纹的级数代替被测条纹的级数。即

$$k=\frac{2d}{\lambda} \tag{5-17}$$

将式（5-17）代入式（5-16）得

$$\Delta\lambda=\frac{\lambda^2}{2d}\cdot\frac{(D_{k'}^2-D_k^2)}{(D_{k-1}^2-D_k^2)} \tag{5-18}$$

用波数表示为

$$\Delta \tilde{\nu} = \frac{1}{2d} \cdot \frac{(D_{k'}^2 - D_k^2)}{(D_{k-1}^2 - D_k^2)} \tag{5-19}$$

由式（5-19）知波数差与相应得条纹直径平方差成正比。式中括号内各量的含义如图 5-5 所示。

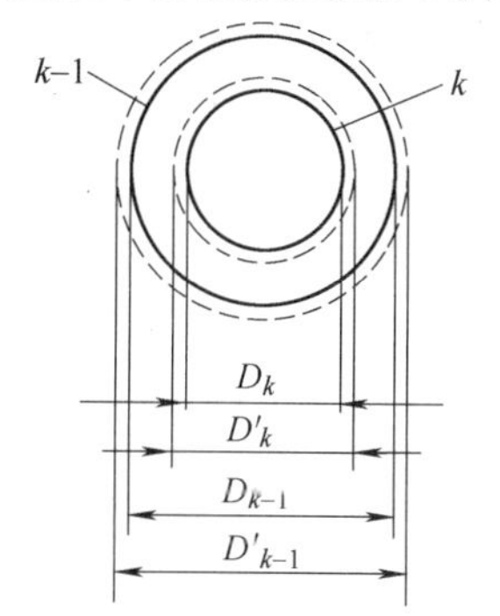

图 5-5　式（5-19）中各量的含义

【实验内容】

1. 调整光路

（1）将导轨放在工作台上，调整水平螺钉，使导轨成水平状态。

（2）将电磁铁放在工作台上紧靠导轨尾部，连接稳流稳压电源。

（3）把笔型汞灯放在电磁铁的磁极间，用漏磁变压器点燃汞灯。

（4）放置聚光透镜使它的照明光斑均匀。

（5）放置干涉滤光片，使汞灯光斑充满干涉滤光片孔径。

（6）放置法布里-珀罗标准具，调整其与干涉滤光片同轴，调节微调螺钉，使两镜片严格平行。

2. 观察塞曼效应

（1）横向塞曼效应

调节 F-P 标准具。用眼睛直接观察时可在它的中央看到严格的等倾干涉条纹。这时，上下或左右移动眼睛，随之移动的干涉花样上环心处应明暗不变，即环心处没有圆环涌现或消失。F-P 的调节是通过三个螺钉改变压力来实现的。F-P 是精密光学仪器，不宜频繁调节，本实验用的 F-P 已调好，不必再调。

调节光学系统的共轴，使从测微目镜中观察时，至少有 5 个干涉圆环可以测量。点燃汞灯，使光源发出的光经过透镜 L_1 直射向测微目镜 M。M 置于光具座的中轴线上，它的读数也置于读数范围的中央。使从测微目镜中观察时，通过 L_2 的光束尽可能地强。在测微目镜中可观察到干涉圆环的中央。经仔细调节后，左右条纹应对称并且有 5 个或更多的圆环环足够明亮。

从零逐渐增大磁感应强度 B，观察汞绿线（546.1nm）的分裂与磁场的关系，加偏振片并旋转偏振片（0°、45°、90°）确定 π 线成分和 σ 线成分。

为了增大裂距可逐渐加大磁感应强度 B 直至原来相邻的两个干涉圆环分裂后的最靠近的两个圆环完全重叠（如图 5-6 所示，k 级的最外侧的一条和 $k-1$ 级的最内侧的一条）。在实验中判断和熟悉重叠一条时的干涉花样。

汞绿线分裂 9 条的光谱范围用波数表示为 $4L_0$，L_0 为洛仑兹单位，其值随磁场磁感应强

度 B 成正比增加。而 F-P 标准具的自由光谱范围为一定值 $1/2d$（d 为平行板间距）。当 $4L_0 < 1/2d$ 时，不同的谱线分裂后不会发生重叠。当 $4L_0 = 1/2d$ 时，k-1 级内侧红端的一条谱线将与 k 级外侧紫端的一条谱线正好重叠。这时相邻两级之间的条纹数为 7 条，间隔数为 8 个。如果重叠两条，则相邻两级之间有 6 个条纹和 7 个间隔。每一间隔占有的光谱范围为自由光谱范围的 1/(9-2)，乘以 8 应等于 9 条分裂谱线的光谱范围，即

$$4L_0 = \frac{8}{9-2} \cdot \frac{1}{2d} \tag{5-20}$$

类似地，如果重叠 x 条，则

$$L_0 = \frac{1}{(9-x)d} \tag{5-21}$$

x 的最大值为 8。上式仅用于汞绿线或跃迁前后原子状态与汞线相同的谱线。

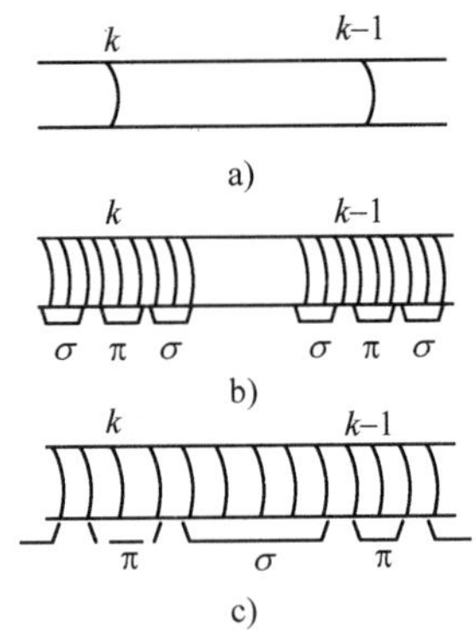

图 5-6 相邻谱线在磁场中的分裂
a）无磁场时
b）磁场较弱尚未重叠时
c）磁场较强重叠一条时

用摄像机拍下未加磁场时的谱线、加磁场时分裂的谱线、加偏振片后的 π 线和 σ 线，并保存打印。

（2）纵向塞曼效应

抽掉电磁铁一端的芯棒，将电磁铁旋转 90°使汞灯光束从小孔射出。部件的安置调整与横向实验相同。在电磁铁小孔前加 $\lambda/4$ 波片给圆偏振光以附加的 $\pi/2$ 位相差，使圆偏振光变为线偏振光。波片上箭头指标方向的慢轴方向表示位相落后 $\pi/2$。偏振片顺时针旋转 45°时，可见分裂的两条谱线中的一条消失了，偏振片逆时针旋转 45°时，可见消失的一条重现，而另一条消失，证实分裂的两条谱线是左、右旋圆偏振光。分别摄下左、右旋圆偏振光。

【注意事项】

1. 汞灯的工作电压近万伏，又是在暗室中进行操作，注意高压安全。
2. 严禁用手和其他物体触摸 F-P 标准具等光学元件的光学表面。
3. 摄像机使用完毕后务必将防尘盖拧上。

【思考题】

1. F-P 标准具产生的干涉图样是多光束干涉的结果，它与牛顿环、迈克尔逊干涉仪的双光束干涉图样有何区别？

2. 1/4 波片如何观察 σ 成分的圆偏振光特性？

【参考文献】

［1］何元金，马兴坤．近代物理实验［M］．北京：清华大学出版社，2003.
［2］陈守川．大学物理实验教程［M］．杭州：浙江大学出版社，1994.

【附录】在磁场中原子产生附加能量的理论推导

1. 原子的总磁矩与总角动量的关系

塞曼效应的产生是原子磁矩与外加磁场作用的结果。根据原子理论，原子中的电子既作

轨道运动又作自旋运动。原子的总轨道磁矩 μ_L 与总轨道角动量 p_L 的关系为

$$\mu_L = \frac{e}{2m} p_L, \quad p_L = \sqrt{L(L+1)}\hbar,$$

原子的总自旋磁矩 μ_s 与总自旋角动量 p_s 的关系为

$$\mu_s = \frac{e}{m} p_s, \quad p_s = \sqrt{S+(S+1)}\hbar,$$

式中，m 为电子质量；L 为角动量量子数；S 为自旋量子数；$\hbar$ 为普朗克常量除以 2π。如图 5-7所示，原子轨道角动量和自旋角动量合成为原子的总角动量 p_J，原子的轨道磁矩 μ_L 和自旋磁矩 μ_S 合成为原子的总磁矩 μ。由于 μ_S/p_S 的值不同于 μ_L/p_L 的值，总磁矩矢量 μ 不在总角动量 p_J 的延长线上，而是绕 p_J 进动。由于总磁矩垂直于 p_J 方向的分量 $\mu_\perp$ 与磁场的作用对时间的平均效果为零，只有平行于 p_J 的分量是有效的，μ_J 称为原子的有效磁矩，μ_J 的大小由下式决定：

$$\mu_J = g\frac{\mathrm{e}}{2m} p_J, \quad p_J = \sqrt{J(J+1)}\hbar$$

式中，J 为量子数，对于 LS 耦合有

$$g = 1 + \frac{J(J+1) - L(L+1) + S(S+1)}{2J(J+1)}$$

g 为朗德因数，它表征了总磁矩和总角动量的关系，而且决定了能级分裂的大小。

2. 外磁场对能级分裂的作用

原子的总磁矩在外磁场中受到力矩 $\boldsymbol{N} = \boldsymbol{\mu} \times \boldsymbol{B}$ 的作用，原子的总角动量 $\boldsymbol{p}_J$ 和磁矩 μ_J 绕磁场方向进动，如图 5-8 所示。进动而引起的附加能量 ΔE 为

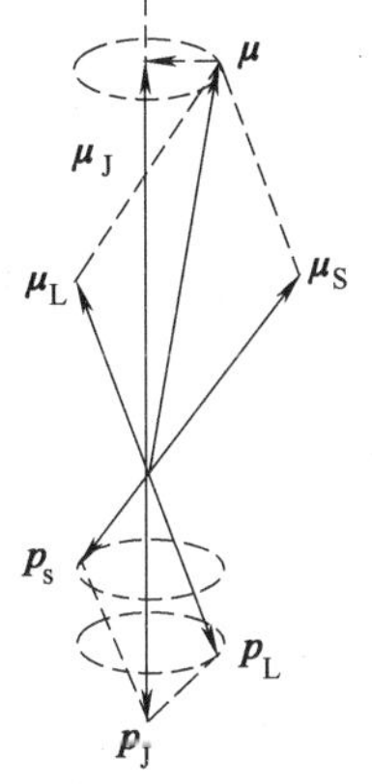

图 5-7　原子磁矩与角动量的矢量模型

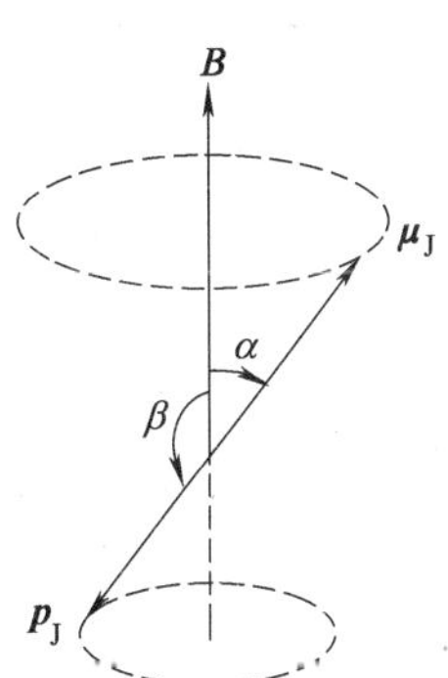

图 5-8　$\boldsymbol{\mu}_J$ 和 $\boldsymbol{p}_J$ 的进动

$$\Delta E = -\mu_J B\cos\alpha = g\frac{\mathrm{e}}{2m} p_J B\cos\beta$$

式中，β 为 $\boldsymbol{p}_J$ 与 $\boldsymbol{B}$ 的夹角。由于 μ 或 $\boldsymbol{p}_J$ 取向是量子化的，即 $\boldsymbol{p}_J$ 在磁场方向的分量也是量子化的，它只能是 $h/2\pi$ 的整数倍，即

$$p_J\cos\beta = M\hbar, \qquad (M = J, J-1, \cdots, J, \cdots, -J)$$

式中 M 为磁量子数，因此

$$\Delta E = Mg\frac{\mathrm{e}\hbar}{2m}B$$

可见，附加能量不仅与外磁场有关，还与朗德因数有关。磁量子数 M 共有 $2J+1$ 个值，因此原子在外磁场中时原来一个能级将分裂成 $2J+1$ 个能级。

实验 6　光电效应与普朗克常量的测定

【引　言】

1887 年赫兹发现紫外线照射在火花缝隙的电极上有助于放电。1888 年以后，哈耳瓦克斯、斯托列托夫、勒那德等人对光电效应作了长时间的研究，并总结了光电效应的现象。但这些现象都无法用当时的经典理论加以解释。1905 年，爱因斯坦根据普朗克的黑体辐射量子假说大胆提出了“光子”概念，成功地解释了光电效应，建立了著名的爱因斯坦方程，使人们对光的本性认识有了一个新的飞跃，推动了量子理论的发展。此后，密立根立即对光电效应开展全面详细的实验研究，证实爱因斯坦方程的正确性，并精确测出了普朗克常数。爱因斯坦和密立根都因光电效应等方面的杰出贡献，分别于 1921 年和 1923 年获得诺贝尔物理学奖。

普朗克常数联系着微观世界普遍存在的波粒二象性和能量交换量子化的规律，在近代物理学中有着重要的地位。进行光电效应实验测量普朗克常量，有助于学生理解光的量子性和更好地认识 h 这个普适常数。

【实验目的】

1. 了解光电效应的基本规律，加深对光的量子性的理解。
2. 验证爱因斯坦方程，测量普朗克常数。
3. 测定光电管的光电特性曲线，验证饱和光电流和入射光强度成正比。

【实验原理】

当一定频率的光照射在金属表面，就会有电子从其表面逸出，这种现象称为光电效应现象。爱因斯坦认为，从一点发出的光不是按麦克斯韦电磁学说指出的那样以连续分布的形式把能量传播到空间，而是频率为 ν 的光以 $h\nu$ 为能量单位（光量子）的形式一份一份地向外辐射。根据这一理论，在光电效应中，当金属中的自由电子从入射光中吸收一个光子的 $h\nu$ 能量后，如在途中不因碰撞而损失能量，则一部分用于逸出功 W_s，剩下就是电子逸出金属表面后具有的最大动能，即

$$mv_{\max}^2/2 = h\nu - W_s \tag{6-1}$$

这就是著名的爱因斯坦方程。式中，h 为普朗克常量，公认值为 $6.6260755\times10^{-34}\,\text{J}\cdot\text{s}$。

式（6-1）成功地解释了光电效应的规律：

① 光子能量 $h\nu < W_s$ 时，不能产生光电效应。

② 只有当入射光的频率大于阈频率 $\nu_0 = W_s/h$ 时，才能产生光电效应。入射光的频率越高，逸出来的光电子的初动能必然越大。

③ 光强的大小意味着光子流密度的大小，即光强只影响光电子形成光电流的大小。

本实验采用减速场法。如图 6-1 所示，频率为 ν、强度为 P 的光照射到光电管的阴极 K

上，从 K 发射的光电子向阳极 A 运动，在外回路形成光电流。在阴极与阳极之间加有反向电压 u_{KA}，就在电极 K、A 间建立起阻止电子向阳极运动的拒斥电场。随着电压 u_{KA} 的增加，到达阳极的光电子将逐渐减少，直到动能最大的光电子也被阻止，外回路的光电流为零。此时的电压值 u_{KA} 称为截止电压 U_s，即

$$eU_s = \frac{1}{2}mv_{max}^2$$

代入式（6-1）得

$$eU_s = h\nu - W_s \tag{6-2}$$

由于金属材料的逸出功 W_s 是金属的固有属性，它与入射光的频率无关。即对同一种光电阴极来说，截止电压 U_s 与入射光的频率 ν 呈线性关系，直线的斜率 k 为 h/e。由此可见，只要对不同频率的光测量出截止电压 U_s，作出 U_s-ν 曲线，并求出此曲线的斜率，即可求出普朗克常数 h 值。其中电子电量 $e = 1.60 \times 10^{-19}$C。

图 6-2 所示的光电流随电压变化的曲线是理论值。实际测量中还有一些不利因素会影响测量结果，稍不注意就会带来很大的误差。

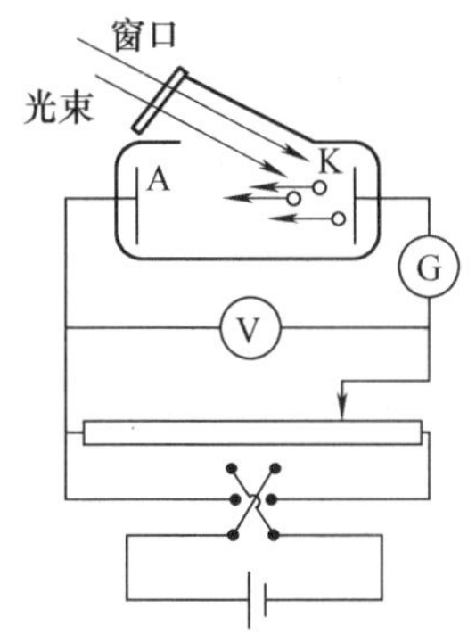

图 6-1　光电效应实验原理图

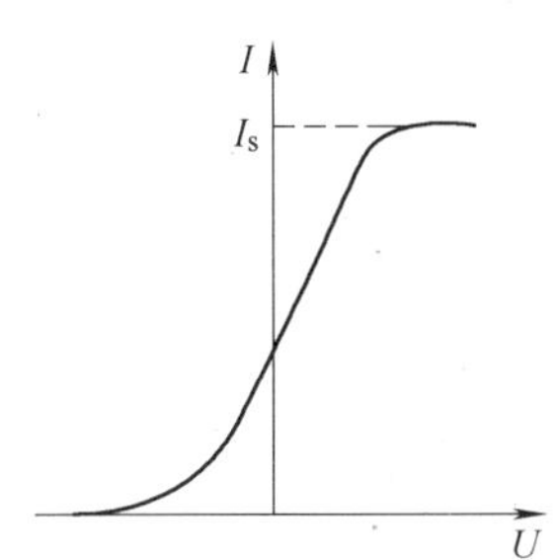

图 6-2　光电管的伏安特性

（1）暗电流。它是光电管在没有光照射时，由于热电子发射和管壳漏电等原因造成的。暗电流与外加电压基本上呈线性关系。

（2）阳极发射电流。光电管的阳极使用逸出电位较高的铂、钨等材料做成，在使用时由于沉积了阴极材料，因而遇到可见光照射也会发射光电子，对阴极发射起拒斥作用的电场，对阳极发射反而会加速，也可能形成反向电流。仪器虽避免光束直射阳极，但从阴极散射的光是不可避免的。

（3）光电管的阴极采用逸出电位低的碱金属材料制成，这种材料在高真空中也有易被氧化的趋势，这样阴极表面的逸出电位不尽相同。随着反向电压的增加，光电流不是陡然截止，而是在较快的降低后平缓地趋近零点，故需极高灵敏度的电流计才能检测。

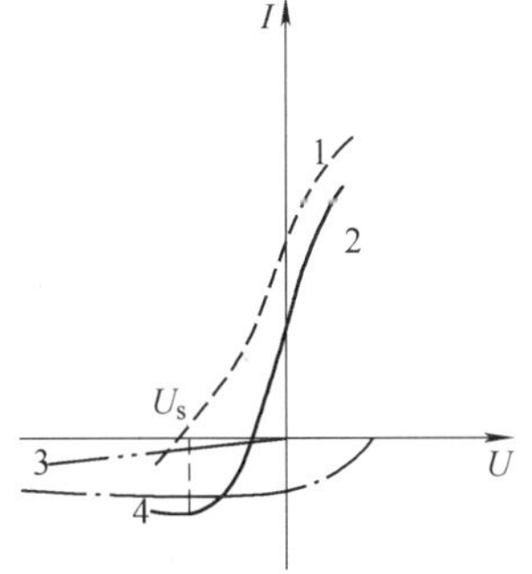

图 6-3　光电管的 I-U 特性曲线
1—理想阴极发射电流
2—实测曲线
3—暗电流　4—阳极发射电流

由于以上各种原因，光电管的 I-U 关系曲线如图 6-3 所示。实测曲线上每一点的电流值，实际上包括上述两种电流和由阴极光电效应所产生的正向电流三部分，所以伏安曲线并不与 U 轴相切。

由于暗电流与阴极正向电流相比其值很小，因此可忽略其对截止电压的影响。阳极发射电流虽然在实验中较显著，但它服从一定规律。据此，确定截止电压值可采用以下两种方法。

1. 交点法

光电管阳极用逸出功较大的材料制作，制作过程中尽量防止阴极材料蒸发；实验前对光电管阳极通电，减少其上溅射的阴极材料；实验中避免入射光直接照射到阳极上，这样可大大减少它的反向电流，其伏安特性曲线与图 6-2 十分接近，因此实测曲线与 U 轴交点的电位差值近似等于截止电压 U_s，此即交点法。

2. 拐点法

光电管阳极发射光电流虽然较大，但在结构设计上，若使阳极电流能较快地饱和，则伏安特性曲线在阴极电流进入饱和段后有着明显的拐点。如图 6-3 所示，此拐点的电位差即为截止电压 U_s。

本实验采取的是拐点法。

【实验仪器】

光电管（带暗盒），GO—1 型光电效应测试仪（生产单位：华北水利水电学院或成都世纪中科），高压汞灯光源，NG 型组合滤波片。

1. GDH-1 型光电管　阳极为镍圈，阴极为银-氧-钾（Ag-O-K），光谱范围 340 ~ 700nm，光窗为无铅多硼硅玻璃，最高灵敏波长是（410 ± 10）nm，暗电流约10^{-12}A。

为了避免杂散光和外界电磁场对微弱电流的干扰，光电管安装在铝制暗盒中，暗盒窗口可以安放 ϕ5mm 的光阑孔和 ϕ36mm 的各种带通滤波片。此外还装有单色仪匹配头，方便操作者从单色仪中取得单色光来进行试验。

2. 高压汞灯　在 302.3 ~ 872nm 的谱线范围内有 365nm、405nm、436nm、492nm、546nm、577nm 等谱线可供实验使用。

3. NG 型滤色片　是一组外径为 ϕ36mm 的宽带通型有色玻璃组合滤色片，它具有滤选 365nm、405nm、436nm、492nm、546nm、577nm 等谱线的能力。

4. GP-1 型微电流测量放大器　电流测量范围在10^{-6} ~ 10^{-13}A，分 6 档 10 进变换；机后附有配记录仪的输出端子（满度输出 50mV）；机内附有稳定度≤1‰、-3 ~ +3V 精密连续可调的光电管工作电源；电压量程分 0 ~ ±1 ~ ±2 ~ ±3V 6 段读数，读数精度 0.02V；为配合 X - Y 函数记录仪自动描绘出光电管的 I-U 特性曲线，机内设有幅度为 3V、周期约为 50Hz 的锯齿波信号，信号可分 -3 ~ 0V、-2.5 ~ 0.5V、-2.0 ~ 1.0V、-1.5 ~ 1.5V 等 4 段，以适应不同性能的光电管。测量放大器可以连续地工作 8h 以上。

【实验内容】

1. 在 365nm、405nm、436nm、546nm、577nm 五种单色光下分别测出光电管的 I-U 特性曲线，并根据此曲线确定其对应的截止电压。

实验前注意事项：微电流测量放大器需预热 20 ~ 30min；光源汞灯需预热；光源出射孔对准暗盒窗口，并且暗盒距离光源约 30 ~ 50cm，取下遮光罩换上滤波片（滤波片从短波长起逐次更换）进行实验。

2. 作 $\nu - U_s$ 的关系曲线，由它的斜率计算普朗克常量 h，并与公认值比较。

3. 选作：

d 为光源与光电管的距离，而照射在光电管的光强正比于 $1/d^2$。根据此测定光电管的光电特性曲线，即饱和光电流与照射光强度的关系。

【思考题】

1. 光电流是否随光源的强度变化而变化。截止电压是否因光强不同而改变。
2. 理论上 $\nu - U_s$ 直线的截距是阴极材料的逸出电位 φ（W_s/e），实际上阴极与阳极之间存在接触电位差，因而实测曲线的截距不等于 φ。试解释接触电位差是怎么产生的，它对本实验有无影响。
3. 讨论光电效应对建立量子概念和认识光的波粒二象性的重要意义。

【参考文献】

[1] 特里格 GL. 现代物理学中的关键性实验［M］. 北京：科学出版社 . 1983.
[2] 南京工学院电子管厂 . GP-1 型普拉克常数测定仪使用说明 . 1983.
[3] 成都世纪中科光电效应实验指导书 .
[4] 陶纯匡，等 . 大学物理实验［M］. 北京：机械工业出版社，2007.

（韩忠稿）

实验 7　康普顿散射

【引　言】

“康普顿效应”的发现者康普顿（Arthur Holly Compton）是美国著名的物理学家。1923 年，康普顿在研究 X 射线通过实物发生散射的实验时，发现了一个新的现象，即散射光中除了有原波长 λ_0 的 X 光外，还产生了波长 $\lambda > \lambda_0$ 的 X 光，其波长的增量随散射角的不同而不同，人们把这种现象叫做康普顿效应（compton effect）。如果用经典电磁理论来解释这一现象，将遇到了困难。康普顿借助于爱因斯坦的光子理论，认为该效应是入射光子与物质中原子核外的电子发生非弹性碰撞而被散射的结果。入射光子把部分能量转移给电子，使它脱离原子成为反冲电子，而散射光子的能量和运动方向发生变化，从而导致了波长的变化。我国物理学家吴有训也参与了康普顿散射实验的研究工作，做出了巨大的贡献。康普顿效应是射线与物质相互作用的三种效应之一。由于康普顿对“康普顿效应”的一系列实验研究和成功的理论解释，他与英国的 A · T · R 威尔逊一起分享了 1927 年度的诺贝尔物理学奖。

【实验目的】

1. 掌握康普顿散射的物理模型。
2. 通过实验来验证康普顿散射的 γ 光子能量及微分散射截面与散射角的关系。
3. 学习测量微分散射截面的实验技术。

【实验原理】

1. 康普顿散射

当入射光子与电子作用发生康普顿效应时，其散射示意图如图 7-1 所示，其中 $h\nu$ 是入

射 γ 光子的能量，$h\nu'$是散射 γ 光子的能量，θ 是散射角，e 是反冲电子，Φ 是反冲角。

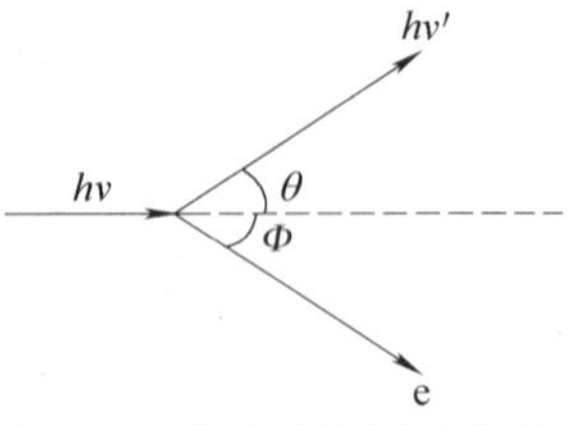

图 7-1 康普顿散射示意图

由于发生康普顿散射的 γ 光子其能量比电子的束缚能要大得多，所以入射 γ 光子与原子中的电子作用时，可以把电子的束缚能忽略，看成是自由电子，并视为散射发生以前电子是静止的，动能为 0，只有静止能量m_0c^2，散射后，电子获得速度 v，此时电子的能量 $E = m_0c^2/\sqrt{1-\beta^2}$，动量为 $mv = m_0v/\sqrt{1-\beta^2}$，其中 $\beta = v/c$，c 为光速。

用相对论的能量和动量守恒定律可得

$$m_0c^2 + h\nu = m_0c^2/\sqrt{1-\beta^2} + h\nu' \tag{7-1}$$

$$h\nu/c = h\nu'/c \cdot \cos\theta + m_0v/\sqrt{1-\beta^2} \cdot \cos\Phi \tag{7-2}$$

$$h\nu'/c \cdot \sin\theta = m_0v/\sqrt{1-\beta^2} \cdot \sin\Phi \tag{7-3}$$

由式（7-1）、式（7-2）、式（7-3）可得

$$h\nu' = \frac{h\nu}{1 + \dfrac{h\nu}{m_0c^2}(1-\cos\theta)} \tag{7-4}$$

式中，$h\nu/c$ 是入射 γ 光子的动量，$h\nu'/c$ 是散射 γ 光子的动量，此式就表示散射 γ 光子的能量与入射 γ 光子的能量及散射角的关系。

2. 康普顿散射的微分截面

康普顿散射微分截面的意义是：一个能量为 $h\nu$ 的入射 γ 光子与一个电子作用后被散射到 θ 方向单位立体角里的概率，记作$\dfrac{d\sigma(\theta)}{d\Omega}$，它的表达式为

$$\frac{d\sigma(\theta)}{d\Omega} = \frac{r_0}{2}\left(\frac{h\nu}{h\nu}\right)^2\left(\frac{h\nu}{h\nu'} + \frac{h\nu'}{h\nu} - \sin^2\theta\right)(\text{cm}^2/\text{单位立体角}) \tag{7-5}$$

式中，$r_0 = 2.818 \times 10^{-13}$cm 是光电子的经典半径，通常称此式为“克来因—任科”公式。它所描述的就是微分截面与入射 γ 光子能量及散射角的关系。

本实验用闪烁谱仪测量各散射角的散射 γ 光子能谱，用光电峰峰位及光电峰面积得出散射 γ 光子的能量 $h\nu'$，并计算出微分截面的相对值$\dfrac{d\sigma(\theta)}{d\Omega}\Big/\dfrac{d\sigma(\theta_0)}{d\Omega}$。

3. $h\nu''$及$\left(\dfrac{d\sigma(\theta)}{d\Omega}\Big/\dfrac{d\sigma(\theta_0)}{d\Omega}\right)'$的实验测定原理

（1）$h\nu''$的测量

① 对谱仪进行能量刻度，作出能量-道数的曲线。

② 由散射 γ 光子能谱光电峰峰位的道数在刻度曲线上查出散射 γ 光子的能量 $h\nu''$。

需说明的是：实验装置中已考虑了克服地磁场的影响，光电倍增管已用圆筒形坡莫合金包住。即使这样，不同 θ 角的散射光子的能量刻度曲线仍有少许的差别。

（2）$\left(\dfrac{d\sigma(\theta)}{d\Omega}\Big/\dfrac{d\sigma(\theta_0)}{d\Omega}\right)'$的测量

根据微分散射截面的定义，当有 N_0个光子入射时，与样品中 N_e 个电子发生作用，在忽略多次散射自吸收的情况下，散射到 θ 方向 Ω 立体角里的光子数 $N(\theta)$ 应为

$$N(\theta)=\frac{d\sigma(\theta)}{d\Omega}N_0N_e\Omega f \tag{7-6}$$

这里的f是散射样品的自吸收因子，我们假定f为常数，即不随散射 γ 光子能量变化。

由图 7-1 可以看出，在θ方向上，NaI 晶体对散射样品（看成一个点）所张的立体角Ω为S/R^2，S是晶体表面面积，R是晶体表面到样品中心的距离。若Ω已知，则$N(\theta)$就是入射到晶体上的散射 γ 光子数。我们测量的是散射 γ 光子能谱的光电峰计数$N_p(\theta)$，假定晶体的光电峰本征效率为$\varepsilon_f(\theta)$，则有

$$N_p(\theta)=N(\theta)\varepsilon_f(\theta) \tag{7-7}$$

已知晶体对点源的总探测效率$\eta(\theta)$及晶体的峰总比$R(\theta)$，设晶体的总本征效率为$\varepsilon(\theta)$，则有

$$\frac{\varepsilon_f(\theta)}{\varepsilon(\theta)}=R(\theta) \tag{7-8}$$

$$\eta(\theta)=\frac{\Omega}{4\pi}\varepsilon(\theta) \tag{7-9}$$

由式（7-8）、式（7-9）可得

$$\varepsilon_f=R(\theta)\eta(\theta)\frac{4\pi}{\Omega} \tag{7-10}$$

将式（7-10）代入式（7-7）有

$$N_p(\theta)=N(\theta)R(\theta)\eta(\theta)\frac{4\pi}{\Omega} \tag{7-11}$$

将式（7-6）代入式（7-11）有

$$N_p(\theta)=\frac{d\sigma(\theta)}{d\Omega}R(\theta)\eta(\theta)\frac{4\pi}{\Omega}N_0N_e\Omega f \tag{7-12}$$

由式（7-12）可得

$$\frac{d\sigma(\theta)}{d\Omega}=\frac{N_P(\theta)}{R(\theta)\eta(\theta)\cdot 4\pi\cdot N_0\cdot N_e\cdot f} \tag{7-13}$$

这里需要说明，η、R、ε、ε_f都是能量的函数，但在我们的具体情况下，散射 γ 光子的能量就取决于θ，所以为了简便起见，我们都将它们写成了θ的函数。

式（7-13）给出了微分截面$\frac{d\sigma(\theta)}{d\Omega}$与各参量的关系，若各量均可测或已知，则微分截面可求。实际上，有些量无法测准（如N_0、N_e等），只能求得微分截面的相对值$\left(\frac{d\sigma(\theta)}{d\Omega}\Big/\frac{d\sigma(\theta_0)}{d\Omega}\right)'$，在此过程中，一些未知量都消掉了。例如我们取$\theta=20°$，由式（7-13）不难得到

$$\left(\frac{d\sigma(\theta)}{d\Omega}\Big/\frac{d\sigma(\theta_0)}{d\Omega}\right)'=\frac{N_p(\theta)}{R(\theta)\eta(\theta)}\Big/\frac{N_p(\theta_0)}{R(\theta_0)\eta(\theta_0)} \tag{7-14}$$

由式（7-14）可以看出，实验测量的就是$N_p(\theta)$。

注意，$N_p(\theta)$和$N_p(\theta_0)$的测量条件应相同。

4. 误差简要分析

（1）在$h\nu'$测量中的误差主要来源：

① 仪器在测量过程中散射 γ 光子的峰位漂移；

② 调整散射角 θ 的偏差；

③ 能量刻度曲线引起的误差。

（2）在$\frac{\mathrm{d}\sigma(\theta)}{\mathrm{d}\Omega}\Big/\frac{\mathrm{d}\sigma(\theta_0)}{\mathrm{d}\Omega}$测量中的误差主要来源：

① 所取光电峰峰位道数不准而产生的峰面积计数误差；

② 峰面积计数的统计误差；

③ $R(\theta)$、$\eta(\theta)$ 引用的参照数据与该实验的条件不完全一致；

④ 自吸收因子 f 引进的误差。

【实验仪器】

康普顿散射实验仪（生产单位：北京核仪器厂）如图 7-2 所示，主要由放射源系统、电源、探头、放大器、微机、打印输出装置等组成。

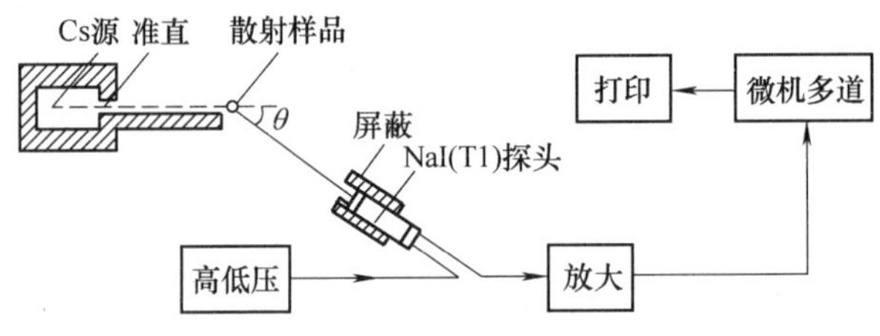

图 7-2　康普顿散射实验方块图

【实验内容】

1. 实验预习

（1）复习康普顿散射的有关知识，搞清微分截面的概念和各公式的意义。

（2）根据实验时提供的数据表作曲线。

（3）计算不同散射角下的散射 γ 光子的能量 $h\nu'$（$\theta=0°$、20°、40°、60°、80°、100°、120°、180°），并作 $h\nu'$-θ 曲线。

（4）计算$\frac{\mathrm{d}\sigma(\theta)}{\mathrm{d}\Omega}\Big/\frac{\mathrm{d}\sigma(\theta_0)}{\mathrm{d}\Omega}$（已知：$h\nu=662\mathrm{keV}$，$m_0c^2=511\mathrm{keV}$，$r_0=2.818\times10^{-13}\mathrm{cm}$，$\theta=20°$），并作$\frac{\mathrm{d}\sigma(\theta)}{\mathrm{d}\Omega}\Big/\frac{\mathrm{d}\sigma(\theta_0)}{\mathrm{d}\Omega}\sim\theta$ 曲线。

2. 实验准备

（1）仪器各部件连接好，预热 30min。

（2）调整仪器，使其处于较佳的工作状态。

（3）双击桌面上的 UMS 图标，进入测量程序的显示状态。

3. 能量刻度

（1）移动探头，使 $\theta=0°$；取下散射样品，将放射源打开至标记位置。

（2）按 F1 键进入待采状态，按 F10 键，程序弹出“输入停止时间”窗口，输入测量所需的时间（单位默认为秒）后按回车键回到待采状态，再按 F1 键即进入采集状态，进行测量；测量完毕后，程序弹出“时间已到”窗口，此时按 ESC 键回到待采状态，再按 ESC 键回到显示状态，按 F3 键平滑曲线，记录光电峰峰位。

（3）关闭 ^{137}Cs 源，将 ^{60}Co 源放在探头前方并对准探头的准直孔，按步骤 2 的测量方法测量，将得到的各光电峰峰位的道数值填入实验记录表内。

（4）作能量刻度曲线。

4. 改变散射角 θ，测量其相应的散射光子能量及不同 θ 散射光子能峰的净峰面积

（1）移动探头，使 $\theta = 20°$。

（2）放上散射样品，打开放射源。

（3）输入测量时间测量散射光子能谱即总谱，测量完毕经平滑后记录光电峰峰位、上下边界道数和总峰面积的值［（具体测量方法同“能量刻度”（2）］。上下边界道数的取法应为两边都取平坦部分且尽量接近散射峰（如图 7-3 所示）。

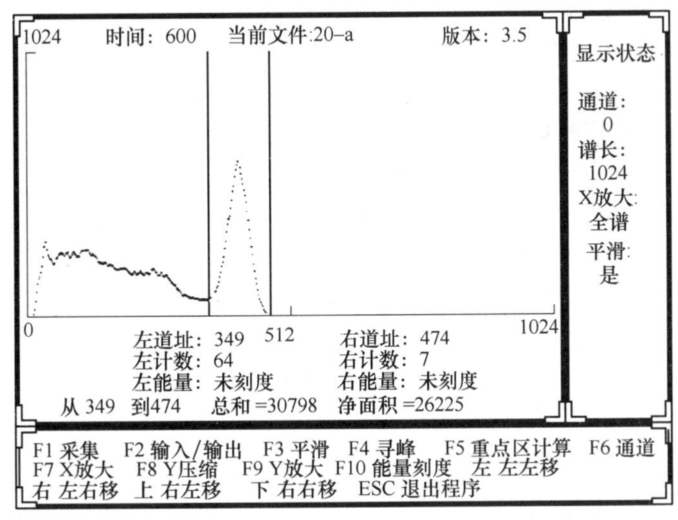

图 7-3　总峰面积的取值方法

（4）取下散射样品，在相同的测量时间内测量本底谱，测量完毕经平滑后在对应的上下边界道数间求出本底面积。

（5）净峰面积 = 总峰面积 − 本底面积。

（6）其他角度下的测量方法相同。

（7）将放射源屏蔽后锁好。

5. 计算

（1）根据各光电峰峰位的道数值在能量刻度曲线上找出对应的散射光子能量的实验值 $h\nu''$，再由此能量在 $\eta(\theta)$-E 和 $R(\theta)$-E 曲线上找出对应的 $\eta(\theta)$ 和 $R(\theta)$ 值，计算出散射光子的 $\left(\frac{\mathrm{d}\sigma(\theta)}{\mathrm{d}\Omega}\bigg/\frac{\mathrm{d}\sigma(\theta_0)}{\mathrm{d}\Omega}\right)'$ 值。

（2）将散射光子能量的实验值 $h\nu''$-θ 曲线画在坐标纸上，计算实验值 $h\nu''$ 与理论值 $h\nu'$ 的误差。

（3）将散射光子微分截面的实验值$\left(\frac{\mathrm{d}\sigma(\theta)}{\mathrm{d}\Omega}\Big/\frac{\mathrm{d}\sigma(\theta_0)}{\mathrm{d}\Omega}\right)'$-$\theta$ 曲线画在同一坐标纸上，计算实验值与理论值的误差。

（韩忠　稿）

实验 8　扫描隧道显微镜的使用

【引　言】

1982 年国际商业机器公司苏黎世实验室 Gerd Binnig 博士和 Heinrich Erohrer 博士利用量子力学中的隧道效应研制出世界上首台扫描隧道显微镜（STM），使人类第一次能够实时地观察单个原子在物质表面的排列状态和与表面电子行为有关的物理化学性质，为纳米技术的发展提供了强有力的观察和实验工具，成为纳米技术发展历史上里程碑式的发明，并被国际科学界公认为 20 世纪 80 年代世界十大科技成就之一，其发明者在 1986 年被授予诺贝尔物理学奖。

STM 具有的独特优点主要有：具有原子级高分辨率；可实时地得到在实空间中表面的三维图像，用于具有周期性或不具备周期性的表面结构研究；能够观察单个原子层的局部表面结构，而不是体相或整个表面的平均性质，因而可直接观察到表面缺陷、表面重构、表面吸附体的形态和位置，以及由吸附体引起的表面重构等；可以对单个的原子、分子进行加工；可在真空、大气、常温等不同环境下工作，甚至可将样品浸在水或其他液体中，不需要特别的制样技术，并且探测过程对样品无损伤；结合扫描隧道谱（STS）可以得到有关表面电子结构的信息。

【实验目的】

1. 掌握扫描隧道显微镜的基本工作原理。
2. 学习扫描探针的制备方法。
3. 学会正确使用 STM. IPC-205B 型机测量标准石墨的表面形貌。

【实验原理】

如图 8-1 所示，扫描隧道显微镜的基本工作原理是利用量子力学中的隧道效应，将原子线度的极细探针和被研究物质的表面作为两个电极。在样品和针尖之间加一定的电压，当样品与针尖的距离 d 非常接近时，由于量子隧道效应，样品和针尖之间将产生隧道电流。

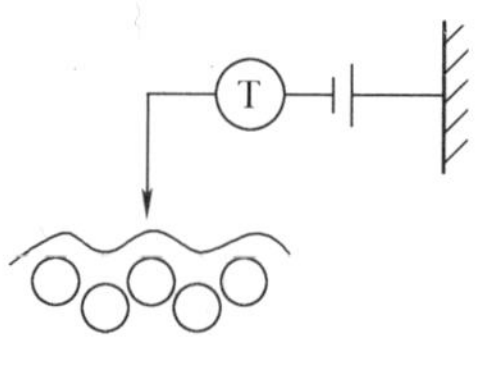

图 8-1　工作原理图

在低温低压条件下，隧道电流 I 可近似地表示为

$$I \propto \exp(-2kd) \tag{8-1}$$

考虑到大多数 STM 实际的工作条件并非如此，故常常采用如下经过修正的隧道电流表达式

$$I = \frac{2\pi}{\hbar^2}\sum_{\mu V} f(E_\mu)\left[1 - f(E_V + eV)\right] |M_{\mu V}|^2 \delta(E_\mu - E_V) \tag{8-2}$$

式中，$M_{\mu V}$表示隧道矩阵元；$f(E_\mu)$ 是费米函数；V 代表势垒两边的偏压；E_μ 为状态 μ 的

能量；μ、V 表示针尖和样品表面的所有状态。$M_{\mu V}$还可具体表示为

$$M_{\mu V} = \frac{h^2}{2m}\int dS \cdot (\Psi_{\mu}^{*} \nabla\Psi_{V} - \Psi_{V}^{*} \nabla\Psi_{\mu}^{V}) \tag{8-3}$$

由式（8-2）可知，隧道电流 I 并非是表面起伏的简单函数，它表征样品表面和针尖电子波函数的重叠程度。我们可将隧道电流 I 与针尖和样品表面之间距离 d 以及平均功函数 Φ 之间的关系表示为

$$I \propto V_{\mathrm{b}} \exp(-A\Phi^{1/2} d) \tag{8-4}$$

式中，V_{b}为针尖与样品之间所加的偏压；Φ 为针尖与样品表面的平均功函数；A 为常数。在真空条件下，A 近似为 1。由式（8-4）也可算出：隧道电流对样品的微观表面起伏特别敏感，当样品和针尖的距离减少 0.1nm 时，隧道电流将增加一个数量级。因此，利用电子反馈线路控制隧道电流的恒定，并利用压电陶瓷材料控制针尖在样品表面的扫描，则探针在垂直样品方向上高低的变化就反映出样品表面的起伏。

【实验仪器】

STM. IPC-205B 型机（研发单位：重庆大学物理实验中心）、高序定向石墨、稳压电源、探针制备材料及辅助工具等。

【实验内容】

1. 扫描隧道显微镜扫描探针的制备

（1）将清洁好的钨丝垂直浸入 10% 的 NaOH 溶液中约 2mm。先用 10～15V 左右的电压腐蚀进行初加工，仔细观察液面附近的钨丝，当其出现明显的缩颈且当缩颈足够细时，切断电源。

（2）维持原电极极性，将针尖浸入溶液，用 5V 左右的电压进行细加工，使缩颈逐渐变细，此时在液面附近可听到清晰的啪啪声，仔细倾听，一旦啪啪声停止，缩颈断掉时立即切断电源。

（3）对针尖加几个直流脉冲电压以得到稳定性好的针尖。做好的针尖必须经过酒精冲洗后才能使用。

2. 测量高序定向石墨 001 面的 STM 图像

（1）安置样品　手动调整测针座上移，把石墨放在工作台的压簧下。载样平台上用于固定石墨的夹具采用弹簧片结构，可以对石墨的位置进行调整，同时又可以保证其牢靠性。

（2）逼近　逼近目的是使 STM 针尖与石墨表面之间进入隧道状态，并确保探针与石墨表面之间不发生碰撞。先可以手动调整测针座，使 STM 探针距石墨表面 1mm 左右，再启动水平纵向与横向电动机，将石墨待测点移到探针下，罩上屏蔽外罩，启动垂直向电动机，当针尖与石墨之间的距离达到了设置值，回路出现隧道电流时，电动机自动停止并带电自锁，至此镜体除压电陶瓷管外，都暂时停止工作。

（3）扫描　当与石墨表面间距达到有效作用距离时，STM 探针就会动作，系统会发出进车停止命令，避免样品与针尖发生破坏性碰撞，适当选择进车深度就可以进行扫描工作了。我们设置偏压 $V = 50\mathrm{mV}$，隧道电流 $I = 1\mathrm{nA}$，扫描时间约为几分钟，放大倍数从小向大直到信号足够大。

（4）收图 扫描完成后，先停止扫描，将所得图像进行存储，可多次重复以上步骤，以获取几组图样供选择。

（5）退针 收图结束后，按键进入粗逼近状态界面，放大倍数调到0，选退针。若欲换针尖或样品，需要退1mm左右，否则只需退0.02～0.03mm即可。

（6）关机 退出测试程序，关闭主机电源及总电源。

（7）图像处理 STM测量并不是直接输出数字结果，而是得到形象化的二维灰阶图，这时需要利用机器提供的图像处理专用软件对图像作进一步加工。

【注意事项】

1. 在实验过程中，安置样品时应注意避免损坏样品的表面，尤其不能在样品表面弄出划痕。
2. 检验隧道状态。用调节旋钮使隧道电流 I 快速变化（如从0.5nA升至5nA），观察Z电压的变化，若Z电压的变化较大，或者说观察到Z电压表表针位置的变化明显，则意味着针尖样品之间不处在隧道状态而是欧姆接触，必须对针尖或样品重新进行处理。
3. 在扫描过程中，应注意不能让探针与样品有任何接触，以免损坏探针。

【思考题】

1. 如何判断STM的精度达到设计要求？
2. STM有恒流和恒高度两种扫描模式，思考并比较其优缺点？

【参考文献】

[1] G. Binnig, H. Rohrer, Ch. Gerber, and W. Weibel, Physica, 109&110B, 2075 (1982).

[2] G. Binnig, H. Rohrer, Ch. Gerber, and W. Weibel, Phys. Rev. Lett. 49, 57 (1982).

[3] 白春礼．扫描隧道显微技术及其应用［M］．上海：上海科技出版社，1992.

[4] 何光宏，王银峰．通用STM控制软件的设计［J］．基础自动化，2001.11.

[5] 杨学恒，王银峰．IPC-205系列扫描隧道显微镜的研制及其应用［J］．无损检测，2002，24（5）.

[6] 王银峰，等．大学物理实验［M］．北京：机械工业出版社，2005.

【附录】STM. IPC-205B型机外观图及测量的典型图片

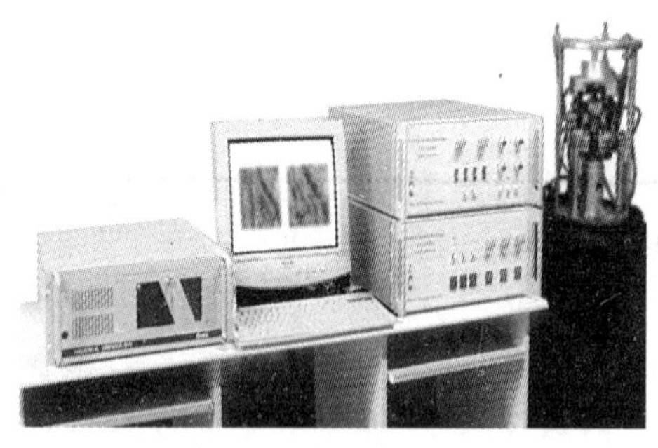

图8-2 STM IPC-205B型机

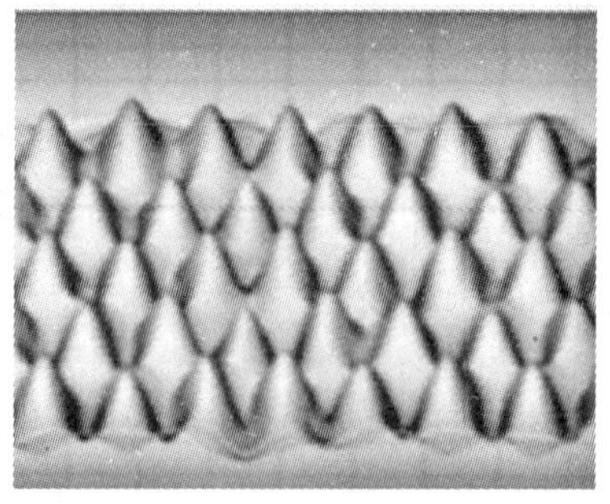

图8-3 高序定向石墨001面三维形貌图

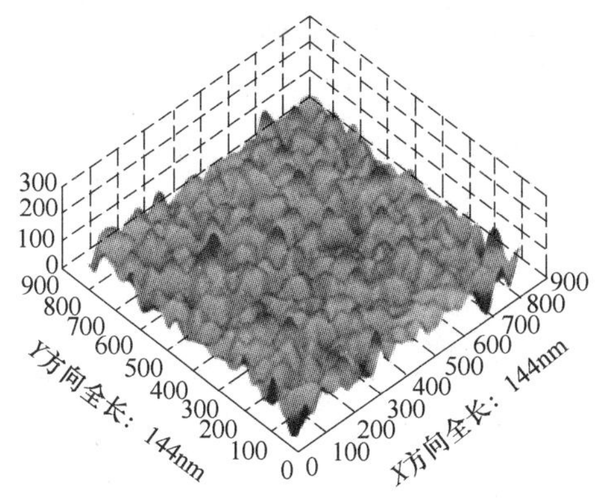

图 8-4　碳酸钙纳米晶体形貌图

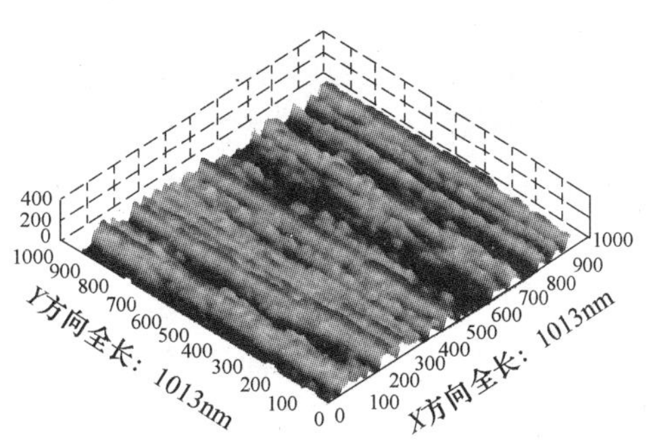

图 8-5　复合铁电材料形貌图

实验 9　原子力显微镜的使用

【引　言】

继 1982 年 IBM 公司发明了扫描隧道显微镜（STM）后，1985 年，IBM 公司的 Binning 和 Stanford 大学的 Quate 研发出了原子力显微镜（AFM），可以用来测量任何样品的表面，弥补了 STM 的不足。AFM 适用于观察原子级样品、DNA 分子等，在纳米材料科学、分子生物学、仿生学等研究领域有广泛的应用。利用 AFM 还可以对样品进行表面原子搬运、原子蚀刻，从而制造纳米器件。

【实验目的】

1. 掌握原子力显微镜的基本原理。
2. 掌握微悬臂针尖的制备方法。
3. 学会正确使用 AFM. IPC-208B 型机观测 Ta_2O_5 薄膜的微观结构。

【实验原理】

原子力显微镜（AFM）的工作原理基于量子力学中的泡利不相容原理。原子核外的电子处于不同能级，每个能级只允许容纳一个电子。当两个原子彼此靠近时，电子云发生重叠，根据泡利不相容原理，原子之间产生了排斥力，使微悬臂弯曲，通过采集微悬臂的位移，即可得到物体表面的形貌。

常用的微悬臂位移检测有电容检测、光学检测和 STM 检测三种方法，本实验所用仪器为 STM-AFM 合用机型，其位移检测采用 STM 法（相关分析参见“扫描隧道显微镜的使用”）。

AFM. IPC-208B 型机采用一端固定、而另一端装在弹性微悬臂上的探测针尖代替隧道探针，以探测微悬臂受力产生的微小形变代替探测微小的隧道电流，依靠采集微悬臂上探测针尖与样品表面原子间作用力的微弱变化来观察物质的表面结构，其工作原理如图 9-1 所示。

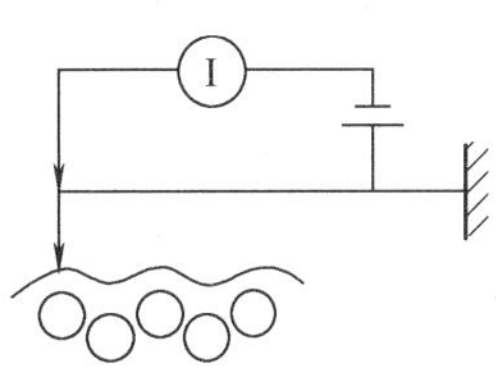

图 9-1　工作原理简图

【实验仪器】

AFM. IPC-208B 型机（研发单位：重庆大学物理实验中心）、稳压电源、Ta_2O_5薄膜、探针制备工具及材料等。

【实验内容】

Ta_2O_5是一种新型的多功能薄膜，作为电学膜和光学膜已经得到人们的广泛重视，尤其作为电学膜已经被用于声表面波器件、敏感器件、太阳能电池等很多领域，其特殊的光电性质吸引我们进一步去研究它的微观结构，揭开二者之间的紧密关系。

1. 微悬臂针尖的制备

将清洁好的钨丝斜斜地浸入 10% 的 NaOH 溶液中，注意这里只能用小电压腐蚀，用 5V 左右的电压进行细加工，保持较长较尖的针尖更好。

2. 仪器调节及测量分子形态结构的典型步骤（参看图 9-2 和图 9-3）。

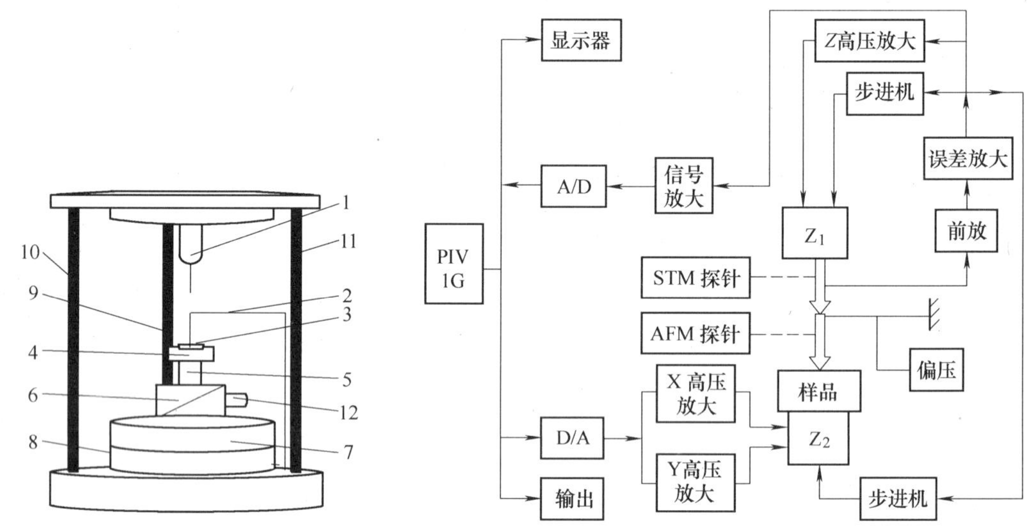

图 9-2　AFM. IPC-208B 型机的镜体结构示意图

图 9-3　AFM. IPC-208B 型机的逻辑关系

（1）安置样品　将 Ta_2O_5薄膜牢固地安放在载样平台 4 上。载样平台上用于固定样品的夹具采用弹簧片结构 3，可以对样品的位置进行调整，针尖与样品位置的主要粗调机构包括三根调节螺杆 9、10、11、微悬臂的水平方向调节螺钉、垂直方向螺母、蜗轮和蜗杆等。另外，细调机构包括微悬臂垂直方向螺钉，手动螺旋调节仪 12，Z_1、Z_2 方向两个步进电动机驱动系统等。

（2）粗逼近　采用 STM 检测法的 AFM 工作需要两次逼近达到纳米级的定位，定位机构采用粗逼近方法和微调。粗逼近的目的是使 STM 针尖与微悬臂间进入隧道状态，并确保 STM 探针与微悬臂、微悬臂针尖与样品不发生碰撞。两次逼近必须使用较慢的速度，并首先检查 Z_1、Z_2 两个方向，使 Z_1 方向位于高位、Z_2 方向位于低位，预留一定的调节空间。

① 扫描隧道显微镜（STM）的扫描探针与微悬臂铂片之间的粗逼近：探头 1 装好之后，先检查微悬臂铂片 2 与 STM 扫描探针的相对位置，此时探针针尖应该大致对准铂片的中心。

通常采用手动调节三根调节螺杆 9、10、11，以及微悬臂上的水平方向调节螺钉和蜗杆，使上压电陶瓷接近微悬臂，两者之间的距离小于 1mm。

② 微悬臂探针与样品之间的粗逼近：在载样平台 4 上固定样品时应使需要扫描的区域大致对准微悬臂针尖 2，为实现这一目的，载样平台 4 上用于固定样品的夹具采用弹簧片结构，可以对样品的位置进行调整，同时又确保牢靠。另外也可启动 X、Y 两个方向步进驱动系统来进行这项工作。

粗逼近时应首先调节微悬臂上的垂直方向粗调螺母，然后调节微悬臂上的垂直方向细调螺钉，使微悬臂上的针尖接近样品，两者之间的距离小于 1mm。

（3）微调　使用较慢的速度，让 STM 针尖与微悬臂铂片之间进入隧道状态，并确保 STM 的探针与微悬臂铂片、微悬臂针尖与样品之间不发生碰撞。

① STM 扫描探针与微悬臂铂片之间的微调：即让带有偏压的微悬臂上铂片与 STM 探针之间产生隧道电流。该步是自动调节，方法是微悬臂不动，按键选择让 Z_1 方向步进电动机驱动传动机构，使 STM 扫描探针针尖以大于或等于每步 10nm 的速度向微悬臂移动，当针尖与微悬臂之间距离达到设置值时，因已进入隧道状态，电动机自动停止。

② 微悬臂针尖与样品位置的微调：即让微悬臂探针与样品之间产生极其微弱的排斥力（10^{-8} ~ 10^{-6}N），通过扫描时控制这种力的恒定，微悬臂将对应于针尖与样品表面原子间作用力的等势面，在垂直于样品表面方向上起伏运动，进行扫描。具体方法是：微悬臂不动，让载样平台 4 向上或向下运动从而接近或远离微悬臂。用 Z_2 方向步进机带动调速装置使滑块 6 产生又一个 Z 向运动，以大于或等于每步 10nm 的速度使平台作上下升降以进入或退出测量状态，也可通过手动螺旋调节仪 12 使载物台 4 接近或远离微悬臂针尖。当载样平台与微悬臂之间的距离达到设置值时，电动机自动停止。

（4）扫描　首先进行上扫描（STM）逼近，使上面的 STM 刚好达到临界状态，再稍微抬高阈值电压，使 STM 处于一种进入隧道状态很浅的状态，然后把 STM 扫描器的驱动全部锁定，这样只要微悬臂有任何动作都会通过 STM 系统反映出来。最后进行下扫描（AFM）逼近，当样品与微悬臂针尖间距达到有效作用距离时，微悬臂就会动作（上升），系统会发出进车停止命令，避免样品与针尖发生破坏性的碰撞，适当选择进车深度就可以进行 AFM 扫描工作了。

（5）收图　扫描完成后，先停止扫描，再按键存入扫完的图像。可再次重复以上步骤以获取几组图样供选择研究。

（6）退针　收图结束后，按键进入粗逼近状态界面，放大倍数调到 0，选退针。若欲换针尖或样品，需要退 1mm 左右，否则只需退 0.02 ~ 0.03mm 即可。

（7）关机　退针后，退出测试程序，关闭主机电源及总电源。至此本次实验全部结束。我们在机械与电路设计过程中充分考虑到了系统的灵活性和多样性。在图 9-2 中，去掉微悬臂 2，使 STM 探针直接接近样品表面，就可使系统工作于 STM 工作模式。

（8）图像处理　原子力显微镜（AFM）测量的结果并没有直接的数字输出，而都是得到形象化的二维灰阶图，利用机器配置的图像处理专用软件可对图像进一步加工。

【注意事项】

1. 实验时，要注意环境的影响，空气的相对湿度不能超过 60%。实验过程中，各仪器设备的相对位置不要随意挪动，以免影响实验效果。

2. 针尖和样品的更换：首先应确保针尖的长度在 3～3.5cm 范围之内。更换针尖前，一定要先将系统退出隧道状态，再继续使针尖后退约 0.5mm，然后切断电源，换上长度合适的针尖并使其固定好后，才可再打开电源进行下一步工作。

3. 要得到质量好的原子力显微镜（AFM）图，必须找到最佳条件。主要是调节偏压、隧道电流、放大倍数及扫描时间，认真比较各种条件下扫出图的特点，找出信噪比高、信息量大的实验条件，即可开始正式收图。

【思考题】

1. 原子力显微镜（AFM）与扫描隧道显微镜（STM）的工作原理有何异同？
2. 在本实验中原子力显微镜（AFM）为何要有两次逼近？
3. 若在实验中把原子力显微镜（AFM）转换成扫描隧道显微镜（STM）来使用应该如何处理？

【参考文献】

[1] Binnig, G., Quate C. F. and Gerber, Ch., Phys. Rev. lett. 1986, 56, 930

[2] Jing Yu Lao, Jian Guo Wen, Zhi Feng Ren. Hierarchical ZnO Nanostructures. NANO LETTERS [J]. 2002, 2 (11): 1287-1291

[3] 白春礼. 扫描隧道显微技术及其应用 [M]. 上海：上海科技出版社，1992.

[4] 王银峰等. 大学物理实验 [M]. 北京：机械工业出版社，2005.

【附录】AFM. IPC-208B 型机的外观图及测量的样品图片

图 9-4 AFM. IPC-208B 型机的外观图

图 9-5 AFM. IPC-208B 型机的镜体图

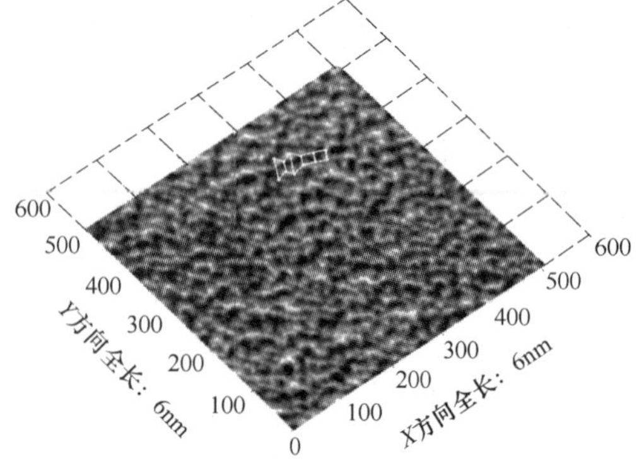

图 9-6 Ta_2O_5 薄膜的微观形貌图

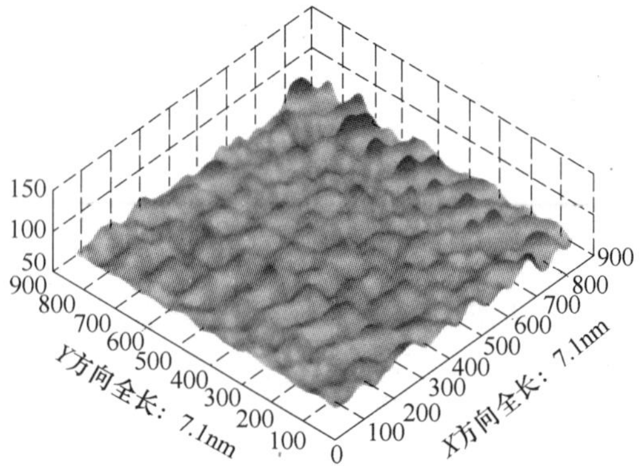

图 9-7 由 AFM 测得的基因芯片的形貌图

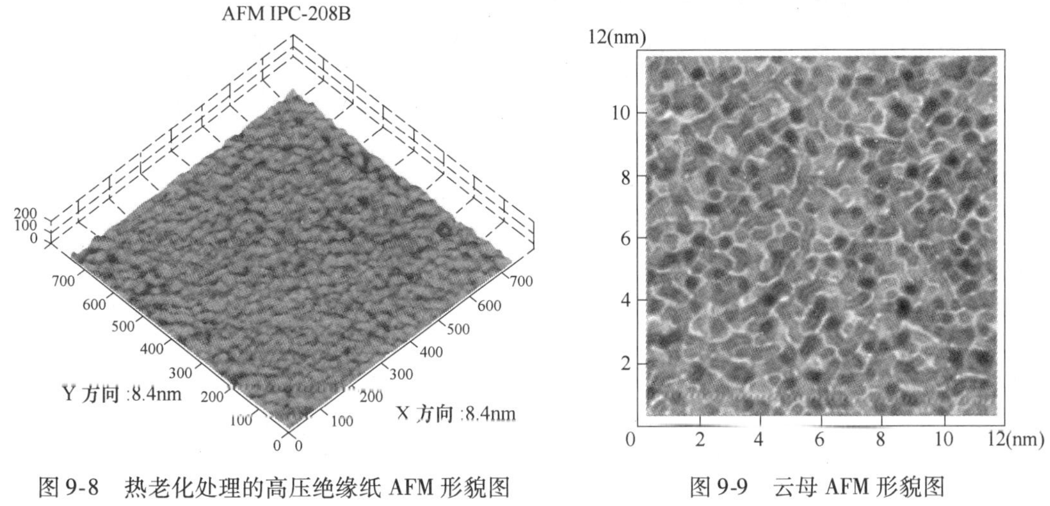

图 9-8　热老化处理的高压绝缘纸 AFM 形貌图　　图 9-9　云母 AFM 形貌图

实验 10　验证快速电子的动量与动能的相对论关系

【引　言】

经典力学总结了低速物理的运动规律，它反映了牛顿的绝对时空观：时间和空间是两个独立的观念，彼此之间没有联系；同一物体在不同惯性参考系中观察到的运动学量（如坐标、速度）可通过伽利略变换而互相联系。这就是力学相对性原理：一切力学规律在伽利略变换下是不变的。19 世纪末 20 世纪初，人们试图将伽利略变换和力学相对性原理推广到电磁学和光学时遇到了困难。实验证明，对于高速运动的物体，伽利略变换是不正确的，实验还证明，在所有惯性参考系中，光在真空中的传播速度为同一常数。在此基础上，爱因斯坦于 1905 年提出了狭义相对论，并据此导出从一个惯性系到另一惯性系的变换方程即洛伦兹变换。本实验通过验证高速电子的动量与动能的关系来验证洛伦兹变换和狭义相对论，同时我们会在实验中发现，电子在能量较小的情况下其运动规律趋于经典理论。

【实验目的】

1. 通过对快速电子的动量值及动能的同时测定来验证动量和动能之间的相对论关系。
2. 了解 β 磁谱仪测量原理、闪烁计数器的使用方法及一些实验数据处理的思想方法。

【实验原理】

在洛伦兹变换下，静止质量为 m_0，速度为 v 的物体，狭义相对论定义的动量 p 为

$$p=\frac{m_0}{\sqrt{1-\beta^2}}v=mv \tag{10-1}$$

式中，$m=m_0/\sqrt{1-\beta^2}$；$\beta=v/c$。相对论能量 E 为

$$E=mc^2 \tag{10-2}$$

这就是著名的质能关系。mc^2 是运动物体的总能量，当物体静止时 $v=0$，物体的能量为 $E=m_0c^2$ 称为静止能量，两者之差为物体的动能 E_k，即

$$E_k = mc^2 - m_0c^2 = m_0c^2\left(\frac{1}{\sqrt{1-\beta^2}}-1\right) \tag{10-3}$$

当 $\beta^2 \ll 1$ 时，上式可展开为

$$E_k = m_0c^2\left(1+\frac{1}{2}\frac{v^2}{c^2}+\cdots\right) - m_0c^2 \approx \frac{1}{2}m_0v^2 = \frac{1}{2}\frac{p^2}{m_0} \tag{10-4}$$

此即经典力学中的动量-能量关系。

由式（10-1）和式（10-2）可得

$$E^2 - c^2p^2 = E_0^2 \tag{10-5}$$

这就是狭义相对论的动量与能量关系。而动能与动量的关系为

$$E_k = E - E_0 = \sqrt{c^2p^2 + m_0^2c^4} - m_0c^2 \tag{10-6}$$

这就是我们要验证的狭义相对论的动量与动能的关系。对于高速电子，其动量与动能的关系如图 10-1 所示，图中 pc 用 MeV 作单位。可以看到当 $v/c \ll 1$（即动量 p 较小）时狭义相对论动量和能量的关系趋于经典理论（$E \propto p^2$）。

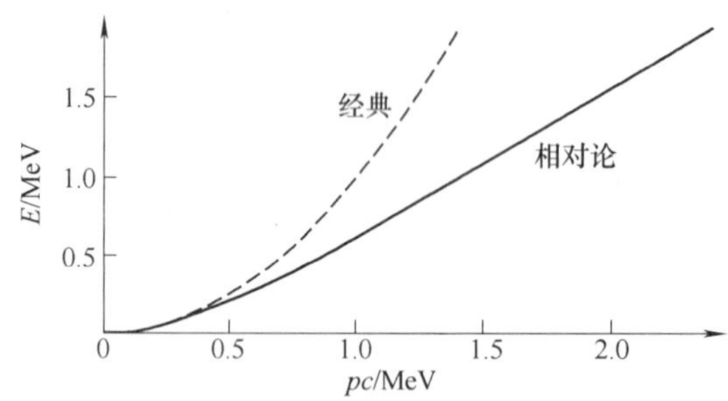

图 10-1 狭义相对论下高速电子动量和动能关系

【实验仪器】

1. 真空、非真空半圆聚焦 β 磁谱仪；
2. β 放射源 ^{90}Sr—^{90}Y［活度≈1mCi（毫居里）］，定标用 γ 放射源 ^{137}Cs 和 ^{60}Co（活度≈2mCi）；
3. 200μmAl 窗 NaI（Tl）闪烁探头；
4. 高压电源、放大器、多道脉冲幅度分析器。

β 放射源射出的高速 β 粒子经准直后垂直射入一均匀磁场中（$\boldsymbol{v} \perp \boldsymbol{B}$），粒子因受到与运动方向垂直的洛伦兹力的作用而作圆周运动。如果不考虑其在空气中的能量损失（一般情况下为小量），则粒子具有恒定的动量数值而仅仅是方向不断变化。粒子作圆周运动的方程为

$$\frac{d\boldsymbol{p}}{dt} = -e\boldsymbol{v} \times \boldsymbol{B} \tag{10-7}$$

式中，e 为电子电荷；$\boldsymbol{v}$ 为粒子速度；$\boldsymbol{B}$ 为磁感应强度。由式（10-1）可知 $p=mv$，对某一确定的动量数值 p，其运动速率为一常数，所以质量 m 是不变的，故

$$\frac{dp}{dt}=m\frac{dv}{dt},\qquad 且\left|\frac{dv}{dt}\right|=\frac{v^2}{R}$$

所以

$$p=eBR \tag{10-8}$$

式中，R 为 β 粒子轨道的半径，为放射源与探测器间距的一半。

如图 10-2 所示，在磁场外距 β 源 X 处放置一个 β 能量探测器来接收从该处出射的 β 粒子，这些粒子的能量（即动能）可由探测器直接测出，而粒子的动量值为 $p=eBR=eB\Delta X/2$。由于 β 源 ${}^{90}_{38}Sr-{}^{90}_{39}Y$（0 ~ 2.27MeV）射出的 β 粒子具有连续的能量分布（0 ~ 2.27MeV），因此，探测器在不同位置（不同 ΔX）就可测得一系列不同的能量与对应的动量值。这样就可以用实验方法确定测量范围内动能与动量的对应关系，进而验证相对论给出的这一关系的理论公式的正确性。

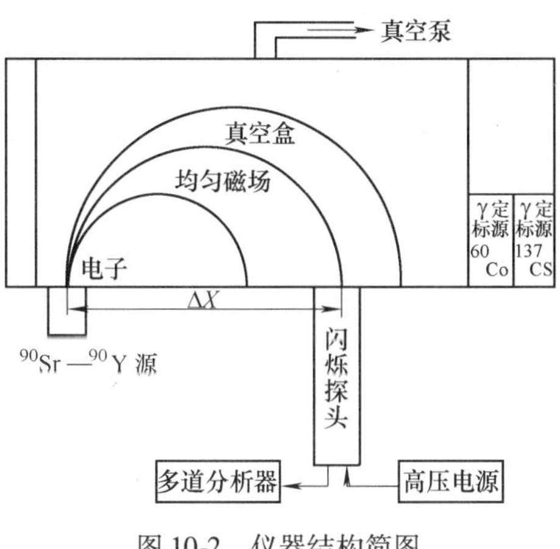

图 10-2　仪器结构简图

【实验内容】

1. 检查仪器线路连接是否正确，然后开启高压电源，开始工作。

2. 打开^{60}Coγ 定标源的盖子，移动闪烁探测器使其狭缝对准^{60}Co 源的出射孔并开始记数测量。

3. 调整加到闪烁探测器上的高压和放大数值，使测得的^{60}Co 的 1.33MeV 峰位道数在一个比较合理的位置（建议：在多道脉冲分析器总道数的 50% ~70% 之间，这样既可以保证测量高能 β 粒子（1.8 ~ 1.9MeV）时不超出量程范围，又充分利用多道分析器的有效探测范围）。

4. 选择好高压和放大数值后，稳定 10 ~20min。

5. 正式开始对 NaI（Tl）闪烁探测器进行能量定标，首先测量^{60}Co 的 γ 能谱，待 1.33MeV 光电峰的峰顶记数达到 1000 以上后（尽量减少统计涨落带来的误差），对能谱进行数据分析，记录下 1.17MeV 和 1.33MeV 两个光电峰在多道能谱分析器上对应的道数 CH_3、CH_4。

6. 移开探测器，关上^{60}Coγ 定标源的盖子，然后打开^{137}Csγ 定标源的盖子并移动闪烁探测器使其狭缝对准^{137}Cs 源的出射孔并开始记数测量，等到 0.661MeV 光电峰的峰顶记数达到 1000 后对能谱进行数据分析，记录下 0.184MeV 反散射峰和 0.661 MeV 光电峰在多道能谱分析器上对应的道数 CH_1、CH_2。

7. 关上^{137}Csγ 定标源，打开机械泵抽真空（机械泵正常运转 2 ~3min 即可停止工作）。

8. 盖上有机玻璃罩，打开 β 源的盖子开始测量快速电子的动量和动能，探测器与 β 源的距离 ΔX 最近要小于 9cm、最远要大于 24cm，保证获得动能范围 0.4 ~1.8MeV 的电子。

9. 选定探测器位置后开始逐个测量单能电子能峰，记下峰位道数 CH 和相应的位置坐标 X。

10. 全部数据测量完毕后关闭 β 源及仪器电源，进行数据处理和计算。

【数据记录和处理】

1. 能量定标（表10-1）

表10-1 能量定标

E/MeV	0.184	0.661	1.17	1.33
CH_i（峰位道数）				

由最小二乘法拟合能量定标曲线

$$E = a + b \cdot CH$$

2. β粒子动能的能量损失修正

β粒子与物质相互作用是一个很复杂的问题，如何对其损失的能量进行必要的修正十分重要。

（1）β粒子在Al膜中的能量损失修正

在计算β粒子动能时还需要对粒子穿过Al膜220μm［200μm为NaI（Tl）晶体的铝膜密封层厚度，20μm为反射层的铝膜厚度］时的动能予以修正，计算方法如下。

设β粒子在Al膜中穿越Δx的动能损失为ΔE，则

$$\Delta E = \frac{\mathrm{d}E}{\mathrm{d}x\rho}\rho\Delta x \tag{10-9}$$

式中，$\frac{\mathrm{d}E}{\mathrm{d}x\rho}\left(\frac{\mathrm{d}E}{\mathrm{d}x\rho} < 0\right)$是Al对β粒子的能量吸收系数；$\rho$是Al的密度；$\frac{\mathrm{d}E}{\mathrm{d}x\rho}$是关于$E$的函数，不同$E$情况下$\frac{\mathrm{d}E}{\mathrm{d}x\rho}$的取值可以通过计算得到。可设$\frac{\mathrm{d}E}{\mathrm{d}x\rho}\rho = K(E)$，则$\Delta E = K(E)\Delta x$；取$\Delta x \to 0$，则β粒子穿过整个Al膜的能量损失为

$$E_2 - E_1 = \int_x^{x+d} K(E)\,\mathrm{d}x \tag{10-10}$$

即

$$E_1 = E_2 - \int_x^{x+d} K(E)\,\mathrm{d}x \tag{10-11}$$

式中，d为薄膜的厚度；E_2为出射后的动能；E_1为入射前的动能。由于实验探测到的是经Al膜衰减后的动能，所以经公式［式（10-5）~式（10-9）］可计算出修正后的动能（即入射前的动能）。表10-2列出了根据本计算程序求出的入射动能E_1和出射动能E_2之间的对应关系。

表10-2 入射动能E_1和出射动能E_2之间的对应关系

E_1/MeV	E_2/MeV	E_1/MeV	E_2/MeV	E_1/MeV	E_2/MeV
0.317	0.200	0.545	0.450	0.790	0.700
0.360	0.250	0.595	0.500	0.840	0.750
0.404	0.300	0.640	0.550	0.887	0.800
0.451	0.350	0.690	0.600	0.937	0.850
0.497	0.400	0.740	0.650	0.988	0.900

（续）

E_1/MeV	E_2/MeV	E_1/MeV	E_2/MeV	E_1/MeV	E_2/MeV
1.039	0.950	1.137	1.050	1.740	1.650
1.090	1.000	1.184	1.100	1.787	1.700
1.489	1.400	1.239	1.150	1.834	1.750
1.536	1.450	1.286	1.200	1.889	1.800
1.583	1.500	1.333	1.250	1.936	1.850
1.638	1.550	1.388	1.300	1.991	1.900
1.685	1.600	1.435	1.350	2.038	1.950

（2）β 粒子在有机塑料薄膜中的能量损失修正

实验表明，封装真空室的有机塑料薄膜对 β 存在一定的能量吸收，尤其对小于 0.4MeV 的 β 粒子吸收近 0.02MeV。由于塑料薄膜的厚度及物质组分难以测量，可采用实验的方法进行修正。实验可测量不同能量下入射动能 E_k 和出射动能 E_0（单位均为 MeV）的关系，采用分段插值的方法进行计算。具体数据见表 10-3。

表 10-3　不同能量下入射动能 E_k 和出射动能 E_0 的关系

E_k/MeV	0.382	0.581	0.777	0.973	1.173	1.367	1.567	1.752
E_0/MeV	0.365	0.571	0.770	0.966	1.166	1.360	1.557	1.747

3. 单能电子动能和动量的计算

（1）将实验中测得的 β 粒子的道数带入求得的定标曲线，得动能 E_2。

（2）在前面所给出的穿过铝膜前后的入射动能 E_1 和出射动能 E_2 之间的对应关系数据表中取 E_2 前后两点作线性插值，求出对应于出射动能 E_2 的入射动能 E_1。

（3）上一步求得的 E_1 为 β 粒子穿过封装真空室的有机塑料薄膜后的出射动能 E_0，需要再次进行能量修正求出之前的入射动能 E_k，同上面一步，取 E_0 前后两点作线形插值，求出对应于出射动能 E_0 的入射动能 E_k 才是最后求得的 β 粒子的动能。

（4）根据 β 粒子动能，由动能和动量的相对论关系求出动量 PC（为与动能量纲统一，故把动量 p 乘以光速，这样两者单位均为 MeV）的理论值 PCT。

由 $E_k = E - E_0 = \sqrt{c^2p^2 + m_0^2c^4} - m_0c^2$ 得

$pc = \sqrt{(E_k + m_0c^2)^2 - m_0^2c^4}$

①由 $p = eBR$ 求 pc 的实验值。

②求该实验点的相对误差 DPC。

$$DPC = |PC - PCT| / PCT \times 100\%$$

已知 $X_0 = 10.00$cm；平均磁场强度为 642.8Gs。数据记录表格如表 10-4 所示。

表 10-4 实验数据记录表

X_i/cm								
R_i/cm								
CH_i								
E_2/MeV								
$E_1=E_0$/MeV								
E_k/MeV								
PCT/MeV								
PC								
DPC								

③以 PC 值作为横坐标，能量 E_k 作为纵坐标，作出相对论效应下的动能 - 动量关系图。

④以 PC 值作为横坐标，根据经典理论（$E_k=\frac{1}{2}\frac{p^2}{m_0}$）求出能量 E_k 作为纵坐标，在同一张图中作出经典下的动能-动量关系图，并作比较。

【注意事项】

1. 闪烁探测器上的高压电源、前置电源、信号线绝对不可以接错。
2. 装置的有机玻璃防护罩打开之前应先关闭 β 源。
3. 应防止 β 源强烈震动，以免损坏它的密封薄膜；移动真空盒时应格外小心，以防损坏密封薄膜。

【思考题】

1. 观察狭缝的定位方式，试从半圆聚焦 β 磁谱仪的成像原理来论证其合理性。
2. 本实验在寻求 p 与 ΔX 的关系时使用了一定的近似，能否用其他方法更为确切地得出 p 与 ΔX 的关系？
3. 用 γ 放射源进行能量定标时，为什么不需要对 γ 射线穿过 220μm 厚的铝膜时进行“能量损失的修正”？
4. 为什么用 γ 放射源进行能量定标的闪烁探测器可以直接用来测量 β 粒子的能量？
5. 试论述相对论效应实验的设计思想。
6. 当相对论效应比较显著时，电子速度如何？
7. 实验是否可以在非真空状态下进行？如何进行？
8. 对实验误差进行分析。

【参考文献】

[1] 复旦大学，清华大学，北京大学．原子核物理实验方法［M］．北京：原子能出版社，1995.
[2] 周世勋．量子力学教程［M］．北京：高等教育出版社，1979.
[3] 同济大学．相对论效应实验教学指导书［M］．2010.

实验 11 环境样品中放射性核素的测量与评价

【引 言】

随着社会的进步和经济的发展，人类赖以生存的自然环境越来越引起人们的重视。环境样品放射性水平测量是关系人类健康生活的一项重要工作。早在 20 世纪 80 年代初，国家环保局就决定在全国范围内开展环境放射性水平调查，并积累了大量的实验数据，为环境的保护和治理以及自然资源的开发利用提供了重要的数据资料。目前，人们使用的建筑材料、装饰材料等，可能取材于一些天然材料，而这些材料中就有可能含有一定数量的放射性元素，对这些放射性元素的测量及其对环境影响的评价，具有重要的现实意义。

γ 射线能谱分析是环境辐射测量的主要内容之一。γ 射线是一种强电磁波，它的波长比 X 射线还要短，一般波长 <0.001nm。在原子核反应中，当原子核发生 α、β 衰变到某个激发态后，原子核处于激发态仍不稳定，并且会进一步释放能量跃迁到基态，而这些能量的释放将可能通过 γ 射线辐射来实现。

γ 射线与物质的相互作用机制不同于 α、β 射线的多次小相互作用，γ 射线穿透物质后强度减小但能量几乎不降低，而 α、β 射线穿透物质后强度减小，能量也降低。γ 射线具有极强的穿透本领。人体受到 γ 射线照射时，γ 射线可以进入到人体的内部，并与体内细胞发生电离作用，电离产生的离子能侵蚀复杂的有机分子，如蛋白质、核酸和酶，它们都是构成活细胞组织的主要成分，一旦它们遭到破坏，就会导致人体内正常的化学过程受到干扰，严重的可以使细胞死亡，从而对生物体造成伤害。

【实验目的】

1. 学习放射性的基本概念和测量方法。
2. 学习建筑材料、装饰材料放射性测量的原理及具体的测量方法。
3. 掌握 BH1224F 低本底环境 γ 谱仪的原理和使用方法。
4. 根据 GB6566-2001 相关规定，掌握环境样品的采集、制样、测试及分析评价方法。

【实验原理】

在放射性测量中，我们首先应该理解放射性活度和放射性比活度的概念。放射性活度是指：处于某一特定能态的放射性元素在单位时间内的衰变次数，常用 A 表示。即 $A = \mathrm{d}N/\mathrm{d}t$，它表征了放射性元素的放射性强度。放射性活度的国际单位是贝克勒尔，其意义是：若样品每秒钟发生 1 次放射性衰变，则称样品的放射性活度为 1 贝克勒尔。放射性活度的常用单位是居里（Ci）和贝克勒尔（Bq），它们的换算关系为 $1\mathrm{Ci}=3.7\times10^{10}\mathrm{Bq}$。放射性比活度也称为比放射性，是指放射源的放射性活度与其质量之比，即单位质量物质中所含某种核素的放射性活度。其符号为 C，单位是贝克勒尔/克（Bq/g）。在放射性溶液中，放射性比活度常用单位体积溶液中的活度表示，单位为贝克勒尔/毫升（Bq/ml）。

1. NaI（Tl）闪烁晶体探测射线的基本原理

γ 射线是原子核衰变过程中放出的一种辐射，它本质上是一种比可见光和 X 射线的能量都高得多的电磁辐射。利用 γ 射线和物质相互作用的规律，人们设计和制造了各种各样的 γ 射线探测器。本实验使用的 BH1224F 低本底环境 γ 谱仪所用的 NaI（Tl）闪烁探测器即是其中之一。NaI（Tl）闪烁探测器是利用某些物质在射线作用下发光的特性来探测射线的，既可测量射线的强度，也可测量射线的能量，在核物理研究和放射性同位素测量中应用十分广泛。

NaI（Tl）晶体是一种无色透明的无机闪烁晶体，在 NaI 中掺铊（Tl）来激活成为发光中心。NaI（Tl）晶体密度约3.67g/cm^3，其中因为含有高原子序数的碘元素（Z=53，含量占重量的85%），当用它来探测X或γ射线时，与三种次级效应（即光电效应、康普顿效应和电子对效应）相对应的吸收系数比较大，而且当次级电子能量在0.001~6MeV范围内时，光能输出（即脉冲高度）与电子能量成正比，从而可以利用这一性质来测定X和γ射线的能量。NaI（Tl）晶体发光光谱平均波长为410nm，能与光电倍增管的光谱响应匹配恰当。NaI（Tl）晶体发光衰减时间为0.25μs。NaI（Tl）晶体发光效率高，对γ射线的能量分辨率较高。本实验由于进行的是低本底探测，所以，要求探测效率也要高，这就要求NaI（Tl）晶体的直径（圆柱形）要大一些。通常NaI（Tl）单晶γ闪烁谱仪的能量分辨率以$^{137}C_S$的0.661MeV单能γ射线为标准，它的值一般是10%左右，最好可达6%~7%。

NaI（Tl）晶体存在易于潮解的缺点，潮解后晶体会发黄变质，因此常用200μm厚的铝膜来密封，这一方面起到密封晶体的作用，另一方面可以尽量减少β射线在密封材料中的能量损失。

2. NaI（Tl）单晶γ谱仪记录γ光子的过程

（1）γ光子进入闪烁体，与之发生相互作用，在闪烁体中产生次级电子。

（2）次级电子在闪烁体中损失能量引起原子、分子电离和激发，受激原子、分子退激时发射荧光光子。

（3）荧光光子经过闪烁体的包装及光导（有机玻璃）进入光电倍增管。

（4）由于光电效应，荧光光子打在光电倍增管的光阴极上产生电子，电子在管内各个联极（又称打拿极）上放大，光电子在光电倍增管中倍增，数量由一个增加到10^4~10^9个，最后在阳极上收集到经过放大后的电子流。

（5）阳极收集电子，在输出回路上产生电压脉冲。

（6）电压脉冲经射极输出器输出送给放大器，放大后的脉冲由多道分析器采集获取数据。

（7）多道分析器采集获取的数据通过计算机记录和分析。

3. 低本底γ能谱分析

所谓射线的能谱，是指各种不同能量粒子的相对强度分布。如果以射线的能量E（电压脉冲幅度）为横坐标，以单位时间内测到的射线粒子数为纵坐标作图，将获得一条曲线。根据这条曲线，我们可以清楚地看到该种射线中各种能量的粒子所占的百分比。

γ能谱的分析是利用脉冲分析器来进行的。脉冲分析器分为单道和多道脉冲分析器。在单道脉冲分析器中，在检测脉冲幅度时设计了一个窗宽ΔV，使幅度大于$V_0+\Delta V$的脉冲亦被挡住，只让幅度为V_0~$V_0+\Delta V$的信号通过。可见，单道脉冲分析器的功能是把线性脉冲放大器的输出脉冲按高度分类。例如，线性脉冲放大器的输出是0~10V，如果把它按脉冲高度分成500级，或称为500道，则每道宽度为0.02V，也就是输出脉冲的高度按0.02V的级差来分类，逐点增加V_0，就可以测出整个谱形来。

单道脉冲分析器是逐点改变甄别电压进行计数，测量不太方便而且费时，因而在本实验装置中采用了多道脉冲分析器。多道脉冲分析器的作用相当于数百个单道分析器，它主要由0~10V的A/D转换器和存储器组成，脉冲经过A/D转换器后即按高度大小转换成与脉高成正比的数字输出，因此可以同时对不同幅度的脉冲进行计数。例如，512道的多道脉冲分析器，即将探测器输出的电压脉冲幅度范围0~10V平均分成512份，由此得到的道宽为10V/512≈19.5mV。不同的脉冲幅度就落入相应的$V+\Delta V$的道宽内，经过A/D转换器后就得到与脉高成正比的数字，这样就可以得到探测器输出脉冲在 0 ~512 道内的幅度分布图，即能谱。多道脉冲分析器可一次测量得到整个能谱曲线，既省时，又方便可靠。

【实验仪器】

γ 能谱仪是放射性测量的常用仪器，它往往被用于测量岩石、土壤或其他相关材料的镭、钍、钾等含量。本实验所用 BH1224F 低本底环境 γ 谱仪是通过测量样品中放射性元素的某一特定能量的 γ 射线的能谱来测定放射性元素在样品中的含量。

1. 仪器组成

BH1224F 低本底环境 γ 谱仪主要由 NaI（Tl）闪烁探头、高压电源、线性脉冲放大器、多道脉冲幅度分析器、数据采集分析系统、铅屏蔽室和定标放射源等部分组成。

NaI（Tl）闪烁探头由 NaI（Tl）闪烁晶体、光电倍增管和电子仪器三部分组成，其基本结构如图 11-1 所示。

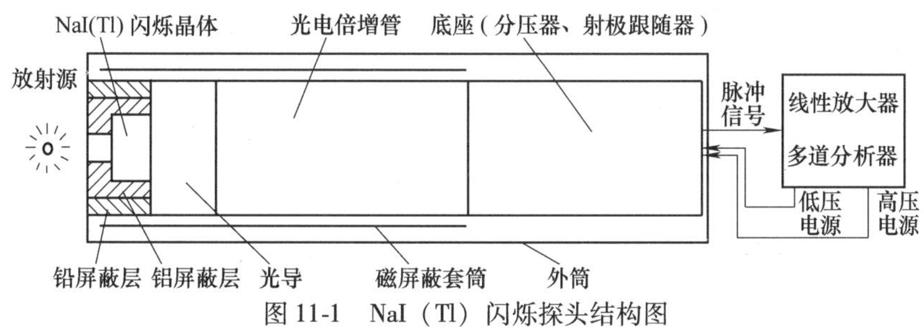

图 11-1　NaI（Tl）闪烁探头结构图

2. 光电倍增管的倍增原理

光电倍增管在近代实验中使用很广，基本原理非常清楚。光电倍增管和普通光电管一样，是利用光电效应把光转换为光电子产生电流脉冲的方法来记录微弱的光。所不同的是，在光电倍增管的阴极和阳极之间有许多能够发射次级电子的电子倍增极（或称打拿极、联极）使光电子数倍增，以获得更大的电流脉冲。光电倍增管的构造包括三个主要部分。

（1）光阴极　通常是把半导体光电材料（如 Sb-Cs 等）镀在光电倍增管透光窗的内表面上。入射光就在这上面打出光电子。

（2）电子倍增极　通常用 Sb-Cs 或 Ag-Mg 合金做成。由光阴极发射出来的光电子经过聚焦和加速打到电子倍增极上。一般光电倍增管有 4 ~ 14 个光电倍增极，在各电子倍增极间加上一定的电压。一个到达倍增极的电子在倍增极上可打出 3 ~ 6 个次级电子。这些次级电子经过加速后打到下一个倍增极上。如此重复倍增下去，倍增系数 M 高达 10^4 ~ 10^9，电子倍增系数 M 与加在极上的总电压 V 的七次方成正比（$M \propto V^7$，故 $\Delta M/M = 7\Delta V/V$），所以要使倍增系数稳定在 1% 以内，就必须让电压稳定度好于 0.1%。

（3）阳极　经过倍增后的电子收集在阳极上，并在输出端形成电压脉冲。光电倍增管按电子倍增极分为环形聚焦型、直线聚焦型、百叶窗式无聚焦型和匣子式无聚焦型。本实验装置中用的是百叶窗式无聚焦型光电倍增管（图 11-2）。

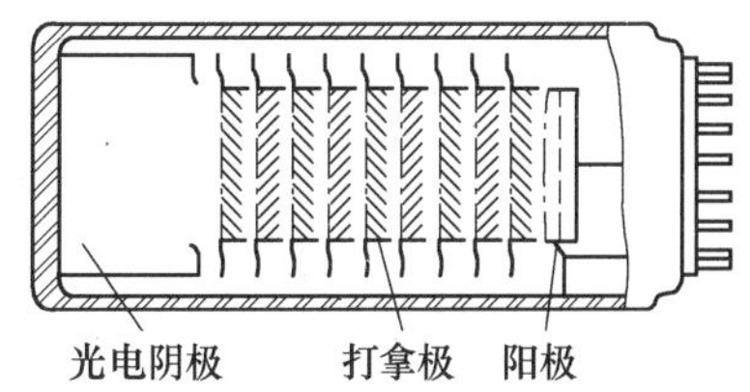

图 11-2　百叶窗式无聚焦型光电倍增管示意图

百叶窗式光电倍增管中的电子束是平行于管

轴方向行进的，被电场加速但没聚焦作用，这类管子脉冲幅度分辨率较好，适用于能谱测量。光电倍增管是真空玻璃管，易打碎，在加电压时是一个放大微弱电流的器件，所以在工作时外面一定要加避光罩。如果电压接通时透入了外界环境的光，那么光电倍增管就会因过载而烧坏。

3. 高压电源、放大器

实验所用的高压电源与放大器装在一个仪器盒中。

（1）高压　高压在0～1500V范围内连续可调，电压大小由十圈电位器调节（每圈相当于150V）并有数码管显示电压值，输出高压极性为正。高压稳定性优于0.1%。

（2）放大器　放大器的功能是对NaI（Tl）探测器的输出脉冲幅度进行放大。放大系数可以在仪器盒内进行粗调（通常为4、8、16、32，本实验内设为4），细调用十圈电位器调节。

4. 仪器参数

该仪器采用了$\phi 75\times 75$NaI（Tl）低钾探头和专用的NG401-261型铅室。其技术参数如下：

（1）线性：≤1%（60keV～2.0MeV）；

（2）能量分辨率：≤9%（^{137}Cs）；

（3）稳定性：连续工作8h（小时），漂移≤1%；

（4）本底：<500cpm（60keV～2.0MeV）；

（5）误差：样品中镭-226、钍-232和钾-40总放射性比活度大于37Bq/kg时，测量值与实际值误差不大于20%。

【实验内容】

本实验将对建筑材料中天然放射性核素镭-226、钍-232、钾-40的放射性比活度的进行测量，并根据建筑材料放射性核素限量国家标准GB6566-2001进行放射性评价。标准中建筑材料是指用于建造各类建筑物所使用的无机非金属类材料。本标准将建筑材料分为建筑主体材料和装修材料。建筑主体材料是指用于建造建筑物主体工程所使用的建筑材料，包括水泥与水泥制品、砖、瓦、混凝土、混凝土预制构件、砌块、墙体保温材料、工业废渣、掺工业废渣的建筑材料及各种新型墙体材料等。建筑装修材料是指用于建筑物室内、外饰面用的建筑材料，包括花岗石、建筑陶瓷、石膏制品、吊顶材料、粉刷材料及其他新型饰面材料等。

1. 仪器调节与定标

按BH1224F低本底环境γ谱仪仪器使用说明操作、调整整套装置，使谱仪至正常工作状态。

把^{226}Ra、^{232}Th、^{40}K的标准样品分别放入铅屏蔽室内，进行放射性比活度测量，根据标准源的比活度标准值，对仪器进行定标。

2. 样品采集与制作

样品采集必须符合代表性、均匀性和适时性原则。按照“中华人民共和国国家标准（GB 6566-2001）”，在采样地每一种样品随机采集两份，每份3kg（精确到g）。一份保存，另一份作为检测样品。样品采回后把样品在烘箱中进行烘干，然后取出大约0.5kg的样品放入研磨机中破碎磨细，直至颗粒直径小于0.16mm，再把其放入与装标准样品^{226}Ra、^{232}Th、

^{40}K 大小完全一样的塑料盒中，称重，最后密封待测。

3. 样品比活度测量

在铅屏蔽室内放入样品，对样品进行镭-226、钍-232 和钾-40 的放射性比活度测量。通过 SPAN/NaIγ 射线谱分析软件，对谱形进行光滑、寻峰，曲线拟合等，最终分析出样品的放射性比活度。图 11-3 为某样品的放射性谱图。

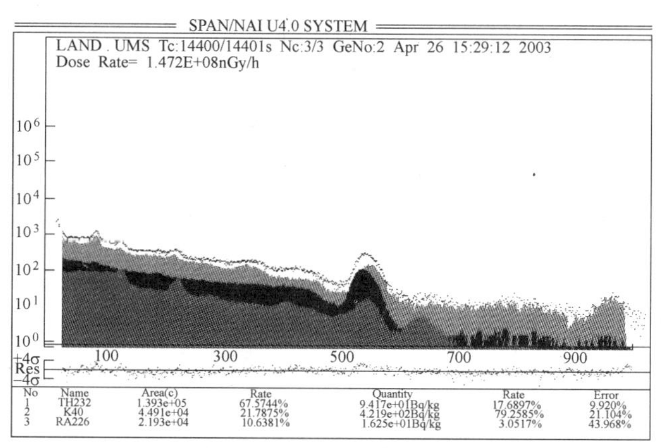

图 11-3 某样品的放射性谱图

4. 计算样品的照射指数

放射性照射指数分为内照射指数和外照射指数。标准（GB 6566-2001）中内照射指数是指：建筑材料中天然放射性核素镭－226 的放射性比活度，除以本标准规定的限量而得的商。

表达式为

$$I_{Ra} = C_{Ra}/200 \tag{11-1}$$

式中，I_{Ra}为内照射指数；C_{Ra}为建筑材料中天然放射性核素镭- 226 的放射性比活度，单位为贝克勒尔/千克（$Bq \cdot kg^{-1}$）；200 为仅考虑内照射情况下，标准规定的建筑材料中放射性核素镭-226 的放射性比活度限量，单位为贝克勒尔/千克（$Bq \cdot kg^{-1}$）。

外照射指数是指：建筑材料中天然放射性核素镭-226、钍-232 和钾-40 的放射性比活度分别除以其各自单独存在时本标准规定限量而得的商之和。

表达式为

$$I_{\gamma} = C_{Ra}/370 + C_{Th}/260 + C_{K}/420 \tag{11-2}$$

式中，I_{γ}为外照射指数；C_{Ra}、C_{Th}、C_{K}分别为建筑材料中天然放射性核素镭-226、钍-232 和钾-40 和放射性比活度，单位为贝克勒尔/千克（$Bq \cdot kg^{-1}$）；370、260、4200 分别为仅考虑外照射情况下，标准规定的建筑材料中天然放射性核素镭-226、钍-232 和钾-40 在其各自单独存在时本标准规定的限量，单位为贝克勒尔/千克（$Bq \cdot kg^{-1}$）。

5. 样品放射性评价

根据标准（GB 6566-2001），评价被测样品的放射性水平。标准规定，当建筑主体材料中天然放射性核素镭-226、钍-232、钾-40 的放射性比活度同时满足内照射指数 $I_{Ra} \leqslant 1.0$ 和外照射指数 $I_r \leqslant 1.0$ 时，其产销与使用范围不受限制。对于空心率（空心建材制品的空心体积与整个空心建材制品体积之比的百分率）大于 25% 的建筑主体材料，其天然放射性核素镭-226、钍-232、钾-40 的放射性比活度同时满足 $I_{Ra}\leq1.0$ 和 $I_{\gamma}\leq1.3$ 时，其产销与使用范围不受限制。

根据标准（GB 6566-2001），可将装修材料放射性水平大小划分为以下三类。

（1）A 类装修材料　装修材料中天然放射性核素镭-226、钍-232、钾-40 的放射性比活度同时满足 $I_{Ra}\leq1.0$ 和 $I_{\gamma}\leq1.3$ 要求的为 A 类装修材料。A 类装修材料产销与使用范围不受限制。

（2）B 类装修材料　不满足 A 类装修材料要求但同时满足 $I_{Ra}\leq1.3$ 和 $I_{\gamma}\leq1.9$ 要求的为 B 类装修材料。B 类装修材料不可用于 I 类民用建筑的内饰面，但可用于 I 类民用建筑的外饰面及其他一切建筑物的内、外饰面。

（3）C 类装修材料　不满足 A、B 类装修材料要求但满足 $I_{\gamma}\leq2.8$ 要求的为 C 类装修材料。C 类装修材料只可用于建筑物的外饰面及室外其他用途。$I_{\gamma}>2.8$ 的花岗石只可用于碑石、海堤、桥墩等人类很少涉及的地方。

【思考题】

1. 什么是放射源的主要特性？
2. γ 射线是怎样被转换成可测量的电压脉冲的？
3. 什么是 γ 能谱？
4. 光电倍增管是如何实现倍增的？
5. 为什么需要对建筑材料进行放射性评价？

【参考文献】

[1] 吴思成，王祖全. 近代物理实验［M］. 北京：北京大学出版社，2001.

[2] 杨福家. 原子物理学［M］. 3 版. 北京：高等教育出版社，2000.

[3] GB6566-2001 室内装饰材料建筑材料放射性核素限量［S］. 北京：中国标准出版社.

[4] 国际放射防护委员会. 限制公众遭受天然辐射源照射的原则［M］. 潘自强，译. 北京：原子能出版社，1986.

[5] 吴成祥，李彦. 环境放射学［M］. 北京：中国环境科学出版社，1991.

第2章　磁　共　振

实验12　核 磁 共 振

【引　言】

核磁共振的物理基础是原子核的自旋。泡利在1924年提出核自旋的假设，1930年在实验上得到证实。1932年人们发现了中子，从此对原子核自旋有了新的认识：原子核的自旋是质子和中子自旋之和，只有质子数和中子数两者或者其中之一为奇数时，原子核具有自旋角动量和磁矩。核磁共振是指具有磁矩的原子核在恒定磁场中由电磁波引起的共振跃迁现象。1945年12月，美国哈佛大学的珀塞尔等人报道了他们在石蜡样品中观察到质子的核磁共振吸收信号；1946年1月，美国斯坦福大学布络赫等人也报道了他们在水样品中观察到质子的核感应信号。两个研究小组用了稍微不同的方法，几乎同时在凝聚物质中发现了核磁共振。因此，布络赫和珀塞尔荣获了1952年的诺贝尔物理学奖。

以后，许多物理学家进入了这个领域，取得了丰硕的成果。目前，核磁共振已经广泛地应用到许多科学领域，是物理、化学、生物和医学研究中的一项重要实验技术。核磁共振实验作为近代物理实验中具有代表性的重要实验，是测定原子核磁矩和研究核结构的直接而又准确的方法，也是精确测量磁场的重要方法之一。

【实验目的】

1. 了解核磁共振的原理及基本特点。
2. 测定H核的g因子、旋磁比γ及核磁矩μ。
3. 观察F的核磁共振现象。测定F核的g因子、旋磁比γ及核磁矩μ。
4. 改变振荡幅度，观察共振信号幅度与振荡幅度的关系，从而了解饱和过程。
5. 通过变频扫场，观察共振信号与扫场频率的关系，从而了解消除饱和的方法。

【实验原理】

下面我们以氢核为主要研究对象，介绍核磁共振的基本原理和观测方法。氢核虽然是最简单的原子核，但同时也是目前在核磁共振应用中最常见和最有用的核。

1. 核磁共振的量子力学描述

（1）单个核的磁共振

通常将原子核的总磁矩在其角动量$\boldsymbol{P}$方向上的投影$\boldsymbol{\mu}$称为核磁矩，它们之间的关系通常写成

$$\boldsymbol{\mu}=\gamma\cdot\boldsymbol{P}$$

或

$$\boldsymbol{\mu}=g\cdot\frac{\mathrm{e}}{2m_{\mathrm{p}}}\cdot\boldsymbol{P} \tag{12-1}$$

式中，$\gamma=g\cdot\frac{\mathrm{e}}{2m_{\mathrm{p}}}$称为旋磁比；e 为电子电荷；$m_{\mathrm{p}}$ 为质子质量；g 为朗德因子。

按照量子力学，原子核角动量的大小由下式决定：

$$P=I\hbar \tag{12-2}$$

式中，$\hbar=\frac{h}{2\pi}$，h 为普朗克常量；I 为核的自旋量子数，可以取 $I=0$，$\frac{1}{2}$，1，$\frac{3}{2}$，…

把氢核放入外磁场 $\boldsymbol{B}$ 中，可以取坐标轴 z 方向为 $\boldsymbol{B}$ 的方向。核的角动量在 $\boldsymbol{B}$ 方向上的投影值由下式决定：

$$P_B=m\hbar \tag{12-3}$$

式中，m 称为磁量子数，可以取 $m=I$，$I-1$，…，$-(I-1)$，$-I$。核磁矩在 $\boldsymbol{B}$ 方向上的投影值为 $\mu_B=g\frac{\mathrm{e}}{2m_{\mathrm{p}}}P_B=g\left(\frac{\mathrm{e}\hbar}{2m_{\mathrm{p}}}\right)m$，将它写为

$$\mu_B=g\mu_N m \tag{12-4}$$

式中，$\mu_N=5.050787\times10^{-27}\mathrm{JT}^{-1}$称为核磁子，是核磁矩的单位。

磁矩为 $\boldsymbol{\mu}$ 的原子核在恒定磁场 $\boldsymbol{B}$ 中具有的势能为

$$E=-\boldsymbol{\mu}\cdot\boldsymbol{B}=-\mu_B B=-g\mu_N mB$$

任何两个能级之间的能量差为

$$\Delta E=E_{m1}-E_{m2}=-g\mu_N B(m_1-m_2) \tag{12-5}$$

考虑最简单的情况，对氢核而言，自旋量子数 $I=\frac{1}{2}$，所以磁量子数 m 只能取两个值，即 $m=\frac{1}{2}$和 $m=-\frac{1}{2}$。磁矩在外场方向上的投影也只能取两个值，如图 12-1a 所示，与此相对应的能级如图 12-1b 所示。

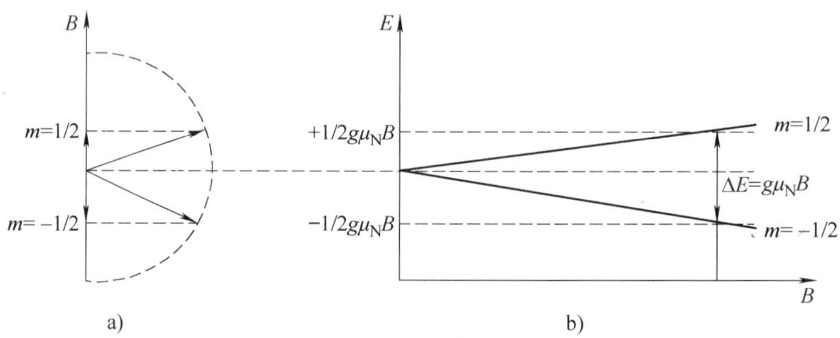

图 12-1　氢核能级在磁场中的分裂

根据量子力学中的选择定则，只有 $\Delta m=\pm1$ 的两个能级之间才能发生跃迁，这两个跃迁能级之间的能量差为

$$\Delta E=g\mu_N B \tag{12-6}$$

由这个公式可知：相邻两个能级之间的能量差 ΔE 与外磁场 $\boldsymbol{B}$ 的大小成正比，磁场越强，则两个能级分裂也越大。

如果实验时外磁场为 $\boldsymbol{B}_0$，在该稳恒磁场区域又叠加一个电磁波作用于氢核，如果电磁波的能量 $h\nu_0$ 恰好等于这时氢核两能级的能量差 $g\mu_N B_0$，即

$$h\nu_0 = g\mu_N B_0 \tag{12-7}$$

则氢核就会吸收电磁波的能量，由 $m=\frac{1}{2}$的能级跃迁到 $m=-\frac{1}{2}$的能级，这就是核磁共振吸收现象。式（12-7）就是核磁共振条件。为了应用上的方便，常写成

$$\nu_0 = \left(\frac{g\cdot\mu_N}{h}\right)B_0$$

即

$$\omega_0 = \gamma B_0 \tag{12-8}$$

（2）核磁共振信号的强度

上面讨论的是单个的核放在外磁场中的核磁共振理论。但实验中所用的样品是大量同类核的集合。如果处于高能级上的核数目与处于低能级上的核数目没有差别，则在电磁波的激发下，上下能级上的核都要发生跃迁，并且跃迁几率是相等的，吸收能量等于辐射能量，我们就观察不到任何核磁共振信号。只有当低能级上的原子核数目大于高能级上的核数目，吸收能量比辐射能量多，这样才能观察到核磁共振信号。在热平衡状态下，核数目在两个能级上的相对分布由玻尔兹曼因子决定：

$$\frac{N_2}{N_1} = \exp\left(-\frac{\Delta E}{kT}\right) = \exp\left(-\frac{g\mu_N B_0}{kT}\right) \tag{12-9}$$

式中，N_1 为低能级上的核数目；N_2 为高能级上的核数目；ΔE 为上下能级间的能量差；k 为玻尔兹曼常数；T 为热力学温度。当 $g\mu_N B_0 \ll kT$ 时，上式可以近似写成

$$\frac{N_2}{N_1} = 1 - \frac{g\mu_N B_0}{kT} \tag{12-10}$$

上式说明，低能级上的核数目比高能级上的核数目略微多一点。对氢核来说，如果实验温度 $T=300\mathrm{K}$，外磁场 $B_0=1T$，则

$$\frac{N_2}{N_1} = 1 - 6.75\times10^{-6}$$

或

$$\frac{N_1 - N_2}{N_1} \approx 7\times10^{-6}$$

这说明，在室温下，每百万个低能级上的核比高能级上的核大约只多出 7 个。这就是说，在低能级上参与核磁共振吸收的每一百万个核中只有 7 个核的核磁共振吸收未被共振辐射所抵消。所以核磁共振信号非常微弱，检测如此微弱的信号，需要高质量的接收器。

由式（12-10）可以看出，温度越高，粒子差数越小，对观察核磁共振信号越不利。外磁场 B_0 越强，粒子差数越大，越有利于观察核磁共振信号。一般核磁共振实验要求磁场强一些，其原因就在这里。

另外，要想观察到核磁共振信号，仅仅磁场强一些还不够，磁场在样品范围内还应高度均匀，否则磁场多么强也观察不到核磁共振信号。原因之一是，核磁共振信号由式（12-7）决定，如果磁场不均匀，则样品内各部分的共振频率不同。对某个频率的电磁波，将只有少

数核参与共振，结果信号被噪声所淹没，难以观察到核磁共振信号。

2. *核磁共振的经典力学描述*

以下从经典理论观点来讨论核磁共振问题。把经典理论核矢量模型用于微观粒子是不严格的，但是它对某些问题可以做一定的解释。数值上不一定正确，但可以给出一个清晰的物理图像，帮助我们了解问题的实质。

单个核的拉摩尔进动：我们知道，如果陀螺不旋转，当它的轴线偏离竖直方向时，在重力作用下，它就会倒下来。但是如果陀螺本身做自转运动，它就不会倒下而绕着重力方向做进动，如图 12-2 所示。

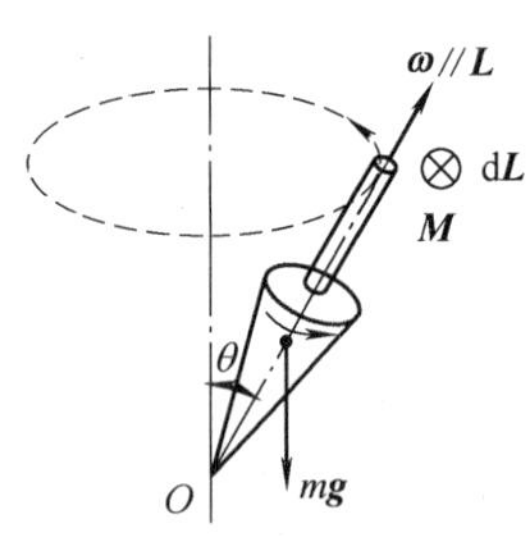

图 12-2 陀螺的进动

由于原子核具有自旋和磁矩，所以它在外磁场中的行为同陀螺在重力场中的行为是完全一样的。设核的角动量为 $\boldsymbol{P}$、磁矩为 $\boldsymbol{\mu}$、外磁场为 $\boldsymbol{B}$，由经典理论可知

$$\frac{\mathrm{d}\boldsymbol{P}}{\mathrm{d}t}=\boldsymbol{\mu}\times\boldsymbol{B} \tag{12-11}$$

由于，$\boldsymbol{\mu}=\gamma\boldsymbol{P}$，所以有

$$\frac{\mathrm{d}\boldsymbol{\mu}}{\mathrm{d}t}=\gamma\boldsymbol{\mu}\times\boldsymbol{B} \tag{12-12}$$

写成分量的形式则为

$$\begin{cases}\dfrac{\mathrm{d}\mu_x}{\mathrm{d}t}=\gamma(\mu_y B_z-\mu_z B_y)\\ \dfrac{\mathrm{d}\mu_y}{\mathrm{d}t}=\gamma(\mu_z B_x-\mu_x B_z)\\ \dfrac{\mathrm{d}\mu_z}{\mathrm{d}t}=\gamma(\mu_x B_y-\mu_y B_x)\end{cases} \tag{12-13}$$

若设稳恒磁场为 $\boldsymbol{B}_0$，且 z 轴沿 $\boldsymbol{B}_0$ 方向，即 $B_x=B_y=0$，$B_z=B_0$，则上式将变为

$$\begin{cases}\dfrac{\mathrm{d}\mu_x}{\mathrm{d}t}=\gamma\mu_y B_0\\ \dfrac{\mathrm{d}\mu_y}{\mathrm{d}t}=-\gamma\mu_x B_0\\ \dfrac{\mathrm{d}\mu_z}{\mathrm{d}t}=0\end{cases} \tag{12-14}$$

由此可见，磁矩分量 μ_z 是一个常数，即磁矩 $\boldsymbol{\mu}$ 在 $\boldsymbol{B}_0$ 方向上的投影将保持不变。将式（12-14）的第一式对 t 求导，并把第二式代入有

$$\frac{\mathrm{d}^2\mu_x}{\mathrm{d}t^2}=\gamma B_0\frac{\mathrm{d}\mu_y}{\mathrm{d}t}=-\gamma^2B_0^2\mu_x$$

或

$$\frac{\mathrm{d}^2\mu_x}{\mathrm{d}t^2}+\gamma^2B_0^2\mu_x=0 \tag{12-15}$$

这是一个简谐运动方程，其解为 $\mu_x=A\cos(\gamma\cdot B_0t+\varphi)$，由式（12-14）第一式得到

$$\mu_y = \frac{1}{\gamma B_0}\frac{d\mu_x}{dt} = -\frac{1}{\gamma B_0}\gamma B_0 A\sin(\gamma B_0 t+\varphi) = -A\sin(\gamma B_0 t+\varphi)$$

以 $\omega_0 = \gamma B_0$ 代入，有

$$\begin{cases}\mu_x = A\cos(\omega_0 t+\varphi)\\ \mu_y = -A\sin(\omega_0 t+\varphi)\\ \mu_L = \sqrt{\mu_x^2+\mu_y^2} = A = 常数\end{cases} \tag{12-16}$$

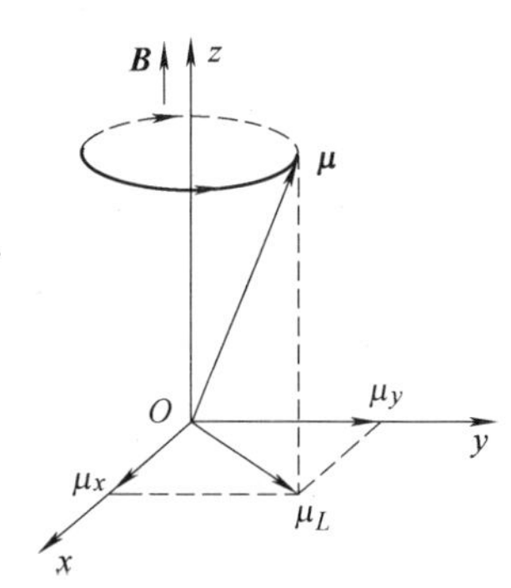

图 12-3　磁矩在外磁场中的进动

由此可知，核磁矩 $\boldsymbol{\mu}$ 在稳恒磁场中的运动特点是：

它围绕外磁场 $\boldsymbol{B}_0$ 作进动，进动的角频率为 $\omega_0 = \gamma B_0$，和 $\boldsymbol{\mu}$ 与 $\boldsymbol{B}_0$ 之间的夹角 θ 无关；它在 xy 平面上的投影 μ_L 是常数；它在外磁场 $\boldsymbol{B}_0$ 方向上的投影 μ_z 为常数。其运动图像如图 12-3 所示。

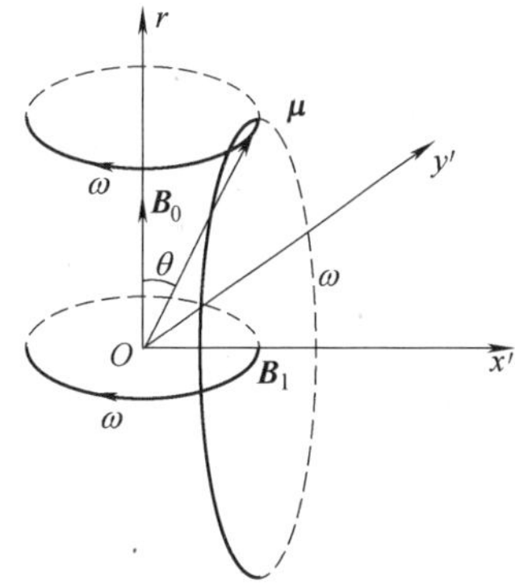

图 12-4　转动坐标系中的磁矩

如果这时再在垂直于 $\boldsymbol{B}_0$ 的平面内加上一个弱的旋转磁场 $\boldsymbol{B}_1$（$B_1 \ll B_0$），$\boldsymbol{B}_1$ 的角频率和转动方向与磁矩 $\boldsymbol{\mu}$ 的进动角频率和进动方向都相同，如图 12-4 所示。这时，核磁矩 $\boldsymbol{\mu}$ 除了受到 $\boldsymbol{B}_0$ 的作用之外，还要受到旋转磁场 $\boldsymbol{B}_1$ 的影响。也就是说 $\boldsymbol{\mu}$ 除了要围绕 $\boldsymbol{B}_0$ 进动之外，还要绕 $\boldsymbol{B}_1$ 进动。所以 μ 与 $\boldsymbol{B}_0$ 之间的夹角 θ 将发生变化。由核磁矩的势能

$$E = -\boldsymbol{\mu}\cdot\boldsymbol{B} = -\mu B_0\cos\theta \tag{12-17}$$

可知，θ 的变化意味着核的能量状态变化。当 θ 值增加时，核要从旋转磁场 $\boldsymbol{B}_1$ 中吸收能量，这就是核磁共振。产生共振的条件为

$$\omega = \omega_0 = \gamma B_0 \tag{12-18}$$

这一结论与量子力学得出的结论完全一致。

如果旋转磁场 $\boldsymbol{B}_1$ 的转动角频率 ω 与核磁矩 μ 的进动角频率 ω_0 不相等，即 $\omega \neq \omega_0$，则角度 θ 的变化不显著。平均说来，θ 角的变化为零。原子核没有吸收磁场的能量，因此就观察不到核磁共振信号。

上面讨论的是单个核的核磁共振。但我们在实验中研究的样品不是单个核磁矩，而是由这些磁矩构成的磁化强度矢量 $\boldsymbol{M}$；另外，我们研究的系统并不是孤立的，而是与周围物质有一定的相互作用。只有全面考虑了这些问题，才能建立起核磁共振的理论。

因为磁化强度矢量 $\boldsymbol{M}$ 是单位体积内核磁矩 $\boldsymbol{\mu}$ 的矢量和，所以有

$$\frac{d\boldsymbol{M}}{dt} = \gamma(\boldsymbol{M}\times\boldsymbol{B}) \tag{12-19}$$

它表明磁化强度矢量 $\boldsymbol{M}$ 围绕着外磁场 $\boldsymbol{B}_0$ 做进动，进动的角频率 $\omega = \gamma B$。现在假定外磁场 $\boldsymbol{B}_0$ 沿着 z 轴方向，再沿着 x 轴方向加上一射频场

$$\boldsymbol{B}_1 = 2B_1\cos(\omega t)\boldsymbol{e}_x \tag{12-20}$$

式中，$\boldsymbol{e}_x$ 为 x 轴上的单位矢量；$2B_1$ 为振幅。这个线偏振磁场可以看做是左旋圆偏振磁场和右旋圆偏振磁场的叠加，如图 12-5 所示。在这两个圆偏振磁场中，只有当圆偏振磁场的旋转方向与进动方向相同时才起作用。所以对于 γ 为正的系统，起作用的是顺时针方向的圆偏振磁场，即

$$M_z = M_0 = \chi_0 H_0 = \chi_0 B_0/\mu_0 \tag{12-21}$$

式中，χ_0 是静磁化率；μ_0 为真空中的磁导率；M_0 是自旋系统与晶格达到热平衡时自旋系统的磁化强度。

原子核系统吸收了射频场能量之后，处于高能态的粒子数目增多，亦使得 $M_z < M_0$，偏离了热平衡状态。由于自旋与晶格的相互作用，晶格将吸收核的能量，使原子核跃迁到低能态而向热平衡过渡。表示这个过渡的特征时间称为纵向弛豫时间，用 T_1 表示（它反映了沿外磁场方向上磁化强度矢量 M_z 恢复到平衡值 M_0 所需时间的大小）。考虑了纵向弛豫作用后，假定 M_z 向平衡值 M_0 过渡的速度与 M_z 偏离 M_0 的程度（$M_0 - M_z$）成正比，即有

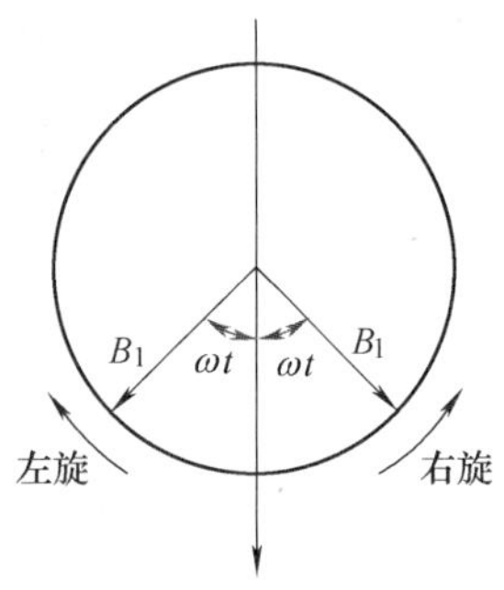

图 12-5　线偏正磁场分解为圆偏振磁场

$$\frac{\mathrm{d}M_z}{\mathrm{d}t} = -\frac{M_z - M_0}{T_1} \tag{12-22}$$

此外，自旋与自旋之间也存在相互作用，M 的横向分量也要由非平衡态时的 M_x 和 M_y 向平衡态时的值 $M_x = M_y = 0$ 过渡，表征这个过程的特征时间为横向弛豫时间，用 T_2 表示。与 M_z 类似，可以假定

$$\begin{cases} \dfrac{\mathrm{d}M_x}{\mathrm{d}t} = -\dfrac{M_x}{T_2} \\ \dfrac{\mathrm{d}M_y}{\mathrm{d}t} = -\dfrac{M_y}{T_2} \end{cases} \tag{12-23}$$

前面分别分析了外磁场和弛豫过程对核磁化强度矢量 $\boldsymbol{M}$ 的作用。当上述两种作用同时存在时，描述核磁共振现象的基本运动方程为

$$\frac{\mathrm{d}\boldsymbol{M}}{\mathrm{d}t} = \gamma(\boldsymbol{M} \times \boldsymbol{B}) - \frac{1}{T_2}(M_x\boldsymbol{i} + M_y\boldsymbol{j}) - \frac{M_z - M_0}{T_1}\boldsymbol{k} \tag{12-24}$$

该方程称为布洛赫方程。式中，$\boldsymbol{i}$、$\boldsymbol{j}$、$\boldsymbol{k}$ 分别是 x、y、z 方向上的单位矢量。

值得注意的是，式中 $\boldsymbol{B}$ 是外磁场 $\boldsymbol{B}_0$ 与线偏振场 $\boldsymbol{B}_1$ 的叠加。其中，$\boldsymbol{B}_0 = B_0\boldsymbol{k}$，$\boldsymbol{B}_1 = B_1\cos(\omega t)\boldsymbol{i} - B_1\sin(\omega t)\boldsymbol{j}$，$\boldsymbol{M} \times \boldsymbol{B}$ 的三个分量是

$$\begin{cases} (M_yB_0 + M_zB_1\sin\omega t)\boldsymbol{i} \\ (M_zB_1\cos\omega t - M_xB_0)\boldsymbol{j} \\ (-M_xB_1\sin\omega t - M_yB_1\cos\omega t)\boldsymbol{k} \end{cases} \tag{12-25}$$

这样布洛赫方程写成分量形式即为

$$\begin{cases} \dfrac{\mathrm{d}M_x}{\mathrm{d}t} = \gamma(M_yB_0 + M_zB_1\sin\omega t) - \dfrac{M_x}{T_2} \\ \dfrac{\mathrm{d}M_y}{\mathrm{d}t} = \gamma(M_zB_1\cos\omega t - M_xB_0) - \dfrac{M_y}{T_2} \\ \dfrac{\mathrm{d}M_z}{\mathrm{d}t} = -\gamma(M_xB_1\sin\omega t + M_yB_1\cos\omega t) - \dfrac{M_z - M_0}{T_1} \end{cases} \tag{12-26}$$

在各种条件下来解布洛赫方程，可以解释各种核磁共振现象。一般来说，布洛赫方程中含有 $\cos\omega t$、$\sin\omega t$ 这些高频振荡项，解起来很麻烦。如果我们能对它作一坐标变换，把它变换到旋转坐标系中去，解起来就容易得多。

如图12-6所示，取新坐标系$x'y'z'$，z'与原来的实验室坐标系中的z重合，旋转磁场$\boldsymbol{B}_1$与x'重合。显然，新坐标系是与旋转磁场以同一频率ω转动的旋转坐标系。

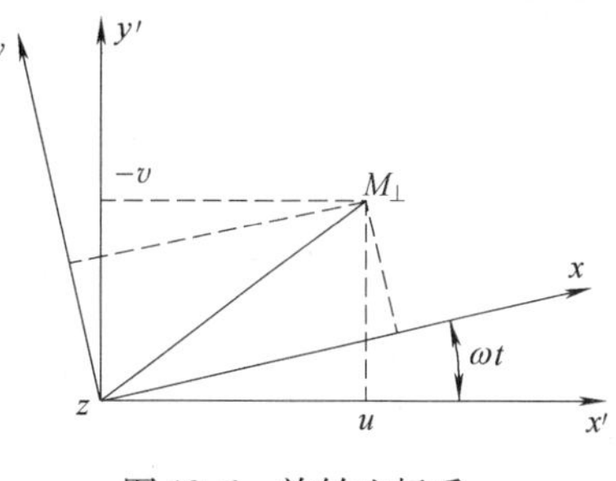

图12-6 旋转坐标系

图中$\boldsymbol{M}_\perp$是$\boldsymbol{M}$在垂直于恒定磁场方向上的分量，即$\boldsymbol{M}$在xy平面内的分量，设u和v是$\boldsymbol{M}_\perp$在x'和y'方向上的分量，则

$$\begin{cases}M_x = u\cos\omega t - v\sin\omega t \\ M_y = -v\cos\omega t - u\sin\omega t\end{cases} \tag{12-27}$$

把它们代入式（12-26）即得

$$\begin{cases}\dfrac{\mathrm{d}u}{\mathrm{d}t} = -(\omega_0-\omega)v - \dfrac{u}{T_2} \\ \dfrac{\mathrm{d}v}{\mathrm{d}t} = (\omega_0-\omega)u - \dfrac{v}{T_2} - \gamma B_1 M_z \\ \dfrac{\mathrm{d}M_z}{\mathrm{d}t} = \dfrac{M_0 - M_z}{T_1} + \gamma B_1 v\end{cases} \tag{12-28}$$

式中$\omega_0=\gamma B_0$。上式表明M_z的变化是v的函数而不是u的函数。而M_z的变化表示核磁化强度矢量的能量变化，所以v的变化反映了系统能量的变化。

从式（12-28）可以看出，它们已经不包括$\cos\omega t$、$\sin\omega t$这些高频振荡项了。但要严格求解仍是相当困难的。通常是根据实验条件来进行简化。如果磁场或频率的变化十分缓慢，则可以认为u、v、M_z都不随时间发生变化，$\dfrac{\mathrm{d}u}{\mathrm{d}t}=0$，$\dfrac{\mathrm{d}v}{\mathrm{d}t}=0$，$\dfrac{\mathrm{d}M_z}{\mathrm{d}t}=0$，即系统达到稳定状态，此时上式的解称为稳态解，即

$$\begin{cases}u = \dfrac{\gamma B_1 T_2^2(\omega_0-\omega)M_0}{1+T_2^2(\omega_0-\omega)^2+\gamma^2B_1^2T_1T_2} \\ v = \dfrac{-\gamma B_1 M_0 T_2}{1+T_2^2(\omega_0-\omega)^2+\gamma^2B_1^2T_1T_2} \\ M_z = \dfrac{[1+T_2^2(\omega_0-\omega)]M_0}{1+T_2^2(\omega_0-\omega)^2+\gamma^2B_1^2T_1T_2}\end{cases} \tag{12-29}$$

根据式（12-29）中前两式可以画出u和v随ω而变化的函数关系曲线。根据曲线知道，当外加旋转磁场$\boldsymbol{B}_1$的角频率ω等于$\boldsymbol{M}$在磁场$\boldsymbol{B}_0$中的进动角频率ω_0时，吸收信号最强，即出现共振吸收现象。

3. 结果分析

由上面得到的布洛赫方程的稳态解可以看出，稳态共振吸收信号有几个重要特点。

当$\omega=\omega_0$时，v值为极大，可以表示为$v_{极大}=\dfrac{\gamma B_1T_2M_0}{1+\gamma^2B_1^2T_1T_2}$，可见，$B_1=\dfrac{1}{\gamma(T_1T_2)^{1/2}}$时，$v$达到最大值$v_{\max}=\dfrac{1}{2}\sqrt{\dfrac{T_2}{T_1}}M_0$，由此表明，吸收信号的最大值并不是要求$B_1$无限的弱，而是要求它有一定的大小。

共振时 $\Delta\omega=\omega_0-\omega=0$，则吸收信号的表示式中包含有 $S=\dfrac{1}{1+\gamma B_1^2T_1T_2}$项，也就是说，$B_1$ 增加时，S 值减小，这意味着自旋系统吸收的能量减少，相当于高能级部分地被饱和，所以人们称 s 为饱和因子。

实际的核磁共振吸收不是只发生在由式（12-7）所决定的单一频率上，而是发生在一定的频率范围内，即谱线有一定的宽度。通常把吸收曲线半高度的宽度所对应的频率间隔称为共振线宽，由于弛豫过程造成的线宽称为本征线宽。外磁场 $\boldsymbol{B}_0$ 不均匀也会使吸收谱线加宽。由式（12-29）可以看出，吸收曲线半宽度为

$$\omega_0-\omega=\frac{1}{T_2(1-\gamma^2B_1^2T_1T_2^{1/2})} \tag{12-30}$$

可见，线宽主要由 T_2 值决定，所以横向弛豫时间是线宽的主要参数。图 12-7a 所示的是 $CuSO_4$、甘油、氟、纯水在不同振荡幅度下信号的变化，并同时表示了在多次共振的状态下前次共振对下次的影响。扫描周期和弛豫时间对共振信号幅度的关系如图 12-7b 所示。

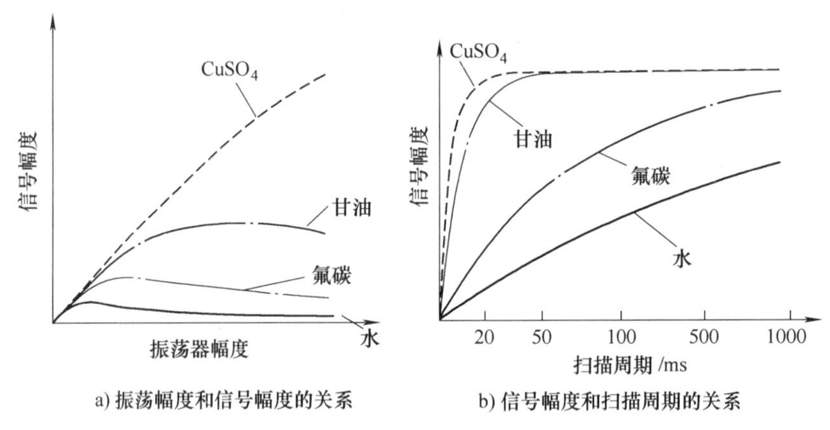

a) 振荡幅度和信号幅度的关系　　b) 信号幅度和扫描周期的关系

图 12-7　共振信号幅度与振荡幅度、扫描周期的关系

【实验仪器】

实验仪器由专业级边限振荡器核磁共振实验仪、信号检测器、匀强磁场组件和观测试剂等四个主体部分组成。

1. 专业级边限振荡器核磁共振实验仪

专业级边限振荡器核磁共振实验仪由边限振荡器、频率计、扫场电源等几个功能部分构成（图 12-8）。

边限振荡器　是处于振荡与不振荡边缘状态的 LC 振荡器（也有翻译为边缘振荡器 marginal oscillator），样品放在振荡线圈中，振荡线圈和样品一起放在磁铁中。当振荡器的振荡频率近似等于共振频率时振荡线圈内射频磁场能量被样品吸收使得振荡器停振，振荡器的振荡输出幅度大幅度下降，从而检测到核磁共振信号。

频率计　可以调节并显示振荡线圈的频率大小和幅度。

扫场电源部分　扫场电源控制共振条件周期性发生以便示波器观察，同时可以减小饱和对信号强度的影响。其中，“扫场控制”的“频率调节”旋钮和“速度调节”旋钮可以改

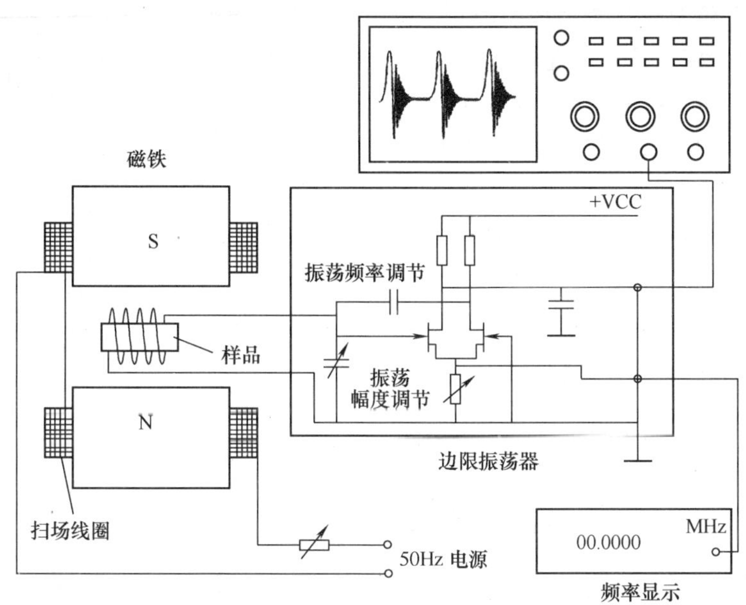

图 12-8　专业级边限振荡器核磁共振实验仪组成原理框图

变扫场电压的频率和单周期速度，如此可观测到共振信号的饱和现象；“相位调节”旋钮可改变扫场信号与共振信号之间的相位关系（必须将“同步信号”输出接到示波器的 CH1 或 CH2 通道时才可以调节相位），“同步信号”输出和共振信号一起可以观察共振信号的李萨如图。

2. 信号检测器

信号检测器是对振荡线圈频率控制和对试件共振信号进行检测和处理装置。

3. 匀强磁场

匀强磁场部分由两块永磁铁形成了一个恒定的磁场，该磁场为试剂核共振的主体。另外，匀强磁场中还由一个扫场线圈，通过改变扫场线圈的频率等可以提供一个叠加到恒定磁场上的旋进磁场。

4. 观测试剂

观测试剂共有六种，分别为 1% 浓度的硫酸铜、1% 浓度的三氯化铁、1% 浓度的氯化锰、丙三醇、纯水和氟。前五种用于观测 H 核磁共振，后一种用于观测 F 核磁共振。

除了以上四个部分外，还需要一台双踪示波器，用于观测共振信号波形（学校自备）。

【实验内容】

1. 观察水中 H 核的共振信号

用红黑连线将实验仪的“扫场输出”与匀强磁场组件的“扫场输入”对应连接起来；用短 Q9 线将信号检测器左侧板的“探头接口”与匀强磁场组件的“探头” Q9 连接；将信号检测器的“共振信号”连接到示波器的“CH2”通道；将实验仪的“同步信号”连接到示波器的“外触发”接口。

打开电源，将 1% 的 $CuSO_4$ 样品放入“试剂探头”插孔内（需保证试剂已经放入到插孔的底部），此时样品就处于磁场的中心位置。调节振荡幅度在 150～250 之间。调节振荡线圈的频率的粗调旋钮，让频率逐步增大（或减小），当观测到有共振信号出现后，再改用细调旋钮，直到出现最佳的三峰等间隔为止。

当共振频率略高于振荡频率时，共振磁场低于磁铁磁场时，共振信号如图 12-9a 所示；相反，共振磁场高于磁铁磁场时共振信号如图 12-9b。当振荡频率等于共振率时，共振信号如图 12-9a，此时称为三峰等间隔。此时实验仪显示的频率即为 H 的共振频率。

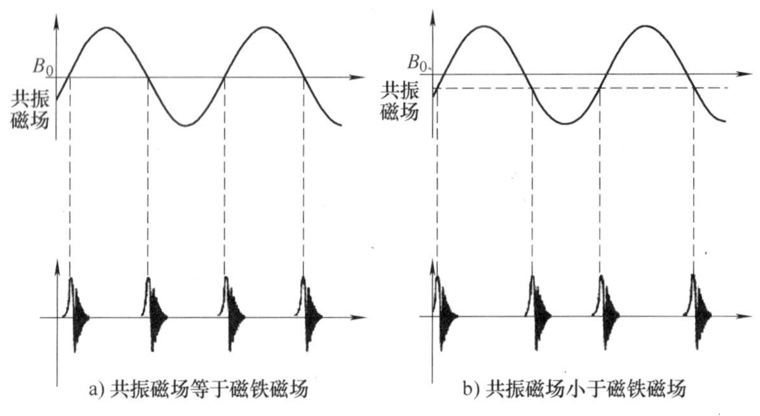

图 12-9　共振磁场与磁铁磁场之间的关系图

2. 测量 H 的 g 因子、旋磁比 γ、核磁矩 μ

按照上述第 1 项实验的连接方法和调节方法，先以 1% 的 $CuSO_4$ 样品为测试试剂，记录共振频率于表 12-1 中。

表 12-1　不同试剂测量的 H 核的 g 因子、旋磁比 γ 和核磁矩 μ

试剂类别	共振频率 ν_0	振荡幅度	g 因子	旋磁比 γ	核磁矩 μ
硫酸铜					
三氯化铁					
氯化锰					
丙三醇					
纯水					

由式（12-8）可得

$$g=\frac{\nu_0/B_0}{\mu_N/h}=\frac{\gamma/2\pi}{\mu_N/h}$$

由此可计算 H 核的 g 因子和旋磁比 γ。再根据式（12-1）和式（12-2），并参考附表（表 12-2），可得到核磁矩 μ。

表 12-2　附表

元　　素	丰度/%	自旋素 I	回旋频率/($MHz\cdot T^{-1}$)
^{1}H	99.9	1/2	42.577
^{19}F	100	1/2	40.055

普朗克常数 $h=6.626\times10^{-34}J\cdot S$

更换其他实验样品，调节其共振频率，记录实验数据于表12-1中。

需要注意的是，要观测到纯水的共振信号，应将振荡幅度调节到足够低（最好小于100mV），其他的试剂振荡幅度可调到150～250mV。

3. 改变振荡器振荡幅度观察H核的饱和现象

依次将表12-3中的试剂放入试剂插孔内，调节振荡频率，使之出现合适的共振信号，然后改变振荡器幅度，从示波器上读出共振信号幅度，记录于表12-3中（表12-3中的振荡幅度只是参考值，实验中可以根据实际显示的数值进行记录），并得到各种试剂的共振信号幅度和振荡器幅度的关系曲线，和图12-7a曲线进行比较。

饱和现象是指共振信号的幅度达到最大的过程。

表12-3 振荡器振荡幅度和共振信号幅度关系表

振荡幅度/V		0.06	0.1	0.15	0.2	0.25	0.3
	试剂类别						
共振信号幅度（V）	硫酸铜						
	三氯化铁						
	氯化锰						
	丙三醇						
	纯水						

注意：在调节振荡幅度的时候，振荡频率也会发生一定变化，这就需要随时调整振荡频率，使得共振信号一直处于最佳位置。

4. 改变扫场频率观察H核的饱和现象

以纯水试剂为观测样品（也可以用其他试剂），调节振荡频率，使之出现合适的共振信号。然后开始调节扫场电源的扫场频率和扫场速度，并观察共振信号的幅度随扫场频率增减的变化关系。了解变频扫场对饱和效应的影响（用长余辉示波器或数字记忆示波器更便于观察变频扫场的饱和现象）。

5. 观察F核磁共振信号，测量F的g因子、旋磁比γ、核磁矩μ

将氟样品放入匀强磁场组件的试剂插孔中，调节振荡幅度在0.1～1.0mV之间。然后按照H核的共振信号调节方法（第2项实验）调出共振信号，并调节至三峰等间隔。记录共振频率，并计算F的g因子、旋磁比γ及核磁矩μ。

通过改变振荡幅度和扫场频率，观测F共振信号的饱和现象。

【注意事项】

1. 均匀磁场组件内部为强磁铁，不得将铁磁物质置于均匀磁场内部。
2. 实验试剂的使用要轻拿轻放，避免损坏。
3. 均匀磁场组件上的螺钉不得随意拧动，否则将影响实验效果。

【思考题】

1. 实验过程中，当B_1在共振频率附近时，随着扫描频率的增加，共振图像会发生怎样的变化？
2. 试验中，当装有试剂的探头处于磁场中的不同位置时，共振图像有不同吗？为什么？

【参考文献】

[1] 成都世纪中科仪器有限公司 . ZKY- HG-Ⅱ专业级边限振荡器核磁共振实验仪实验指导说明书 .

[2] 高立模 . 近代物理实验 [M]. 天津：南开大学出版社，2006.

[3] 褚圣麟 . 原子物理学 [M]. 北京：高等教育出版社，1979.

实验 13 光磁共振

【引 言】

20 世纪 50 年代初期，A · Kastler 等人研发光抽运（Optical Pumping）技术，1966 年，由于在这方面的贡献而荣获诺贝尔物理学奖。光抽运是用圆偏光束激发气态原子的方法以打破原子在所研究的能级间玻耳兹曼热平衡分布，形成所需的布居数差，从而在低浓度的条件下提高了共振强度。在相应频率的射频场激励下，可观察到磁共振信号。在探测磁共振信号方面，不直接探测原子对射频量子的发射或吸收，而是采用光探测的方法，探测原子对光量子的发射吸收。由于光量子的能量比射频量高七八个数量级，所以探测信号的灵敏度得以提高。气体原子塞曼子能级间的磁共振信号非常弱，用磁共振的方法难于观察，应用光抽运、光探测的方法既保持了磁共振分辨率高的优点，同时将探测灵敏度提高了几个以至十几个数量级。此方法一方面可用于基础物理研究，另一方面在量子频标、精确测定磁场等问题上都有很大的实际应用价值。

【实验目的】

1. 加深对原子超精细结构、光跃迁及磁共振的理解。
2. 测定铷原子超精细结构塞曼子能级的郎德因子。

【实验原理】

1. 铷（Rb）原子基态及最低激发态的能级

实验研究的对象是铷的气态自由原子。铷是碱金属原子，在紧束缚的满壳层外只有一个电子。铷的价电子处于第五壳层，主量子数 $n=5$。主量子数为 n 的电子，其轨道量子数 $L=0, 1, \cdots\cdots, n-1$。基态的 $L=0$，最低激发态的 $L=1$。电子还具有自旋，电子自旋量子数 $S=1/2$。

由于电子的自旋与轨道运动的相互作用（即 L—S 耦合）而发生能级分裂，称为精细结构。电子轨道角动量 P_L 与其自旋角动量 P_S 的合成电子的总角动量 $P_J=P_L+P_S$。原子能级的精细结构用总角动量量子数 J 来标记，$J=L+S, L+S-1, \cdots, |L-S|$. 对于基态，$L=0$ 和 $S=1/2$，因此 Rb 基态只有 $J=1/2$。其标记为 $5^2S_{1/2}$。铷原子最低激发态是 $5^2P_{3/2}$ 及 $5^2P_{1/2}$。$5^2P_{1/2}$态的 $J=1/2$，$5^2P_{3/2}$态的 $J=3/2$。$5P$ 与 $5S$ 能级之间产生的跃迁是铷原子主线系的第 1 条线，为双线。它在铷灯光谱中强度是很大的。$5^2P_{1/2}\to 5^2S_{1/2}$跃迁产生波长为 7947.6Å 的 D_1 谱线，$5^2P_{3/2}\to 5^2S_{1/2}$跃迁产生波长 7800Å 的 D_2 谱线。

原子的价电子在 L-S 耦合中，其总角动量 P_J 与电子总磁矩 μ_J 的关系为

$$\mu_J = -g_J \frac{\mathrm{e}}{2m} P_J \tag{13-1}$$

$$g_J = 1 + \frac{J(J+1) - L(L+1) + S(S+1)}{2J(J+1)} \tag{13-2}$$

式中，g_J 是郎德因子；J 是电子总角动量量子数；L 是电子的轨道量子数；S 是电子自旋量子数。

核具有自旋和磁矩。核磁矩与上述电子总磁矩之间相互作用造成能级的附加分裂。这附加分裂称为超精细结构。铷的两种同位素的自旋量子数 I 是不同的。核自旋角动量 P_I 与电子总角动量 P_J 耦合成原子的总角动量 P_F，有 $P_F = P_J + P_I$。J-I 耦合形成超精细结构能级，由 F 量子数标记，$F = I + J$、…，$|I - J|$。Rb^{87} 的 $I = 3/2$，它的基态 $J = 1/2$，具有 $F = 2$ 和 $F = 1$ 两个状态。Rb^{85} 的 $I = 5/2$，它的基态 $J = 1/2$，具有 $F = 3$ 和 $F = 2$ 两个状态。

整个原子的总角动量 P_F 与总磁矩 μ_F 之间的关系可写为

$$\mu_F = -g_F \frac{e}{2m} P_F \tag{13-3}$$

其中的 g_F 因子可按类似于求 g_J 因子的方法算出。考虑到核磁矩比电子磁矩小约 3 个数量级，μ_F 实际上为 μ_J 在 P_F 方向上的投影，从而得

$$g_F = g_j \frac{F(F+1) + J(J+1) - I(I+1)}{2F(F+1)} \tag{13-4}$$

式中，g_F 是对应于 μ_F 与 P_F 关系的郎德因子。以上所述都是没有外磁场条件下的情况。

如果处在外磁场 B 中，由于总磁矩 μ_F 与磁场 B 的相互作用，超精细结构中的各能级进一步发生塞曼分裂形成塞曼子能级。用磁量子数 M_F 来表示，则 $M_F = F, F-1, \cdots, -F$，即分裂成 $2F+1$ 个子能级，其间距相等。μ_F 与 B 的相互作用能量为

$$E = -\mu_F B = g_F \frac{\mathrm{e}}{2m} P_F B = g_F \frac{\mathrm{e}}{2m} M_F (h/2\pi) B = g_F M_F \mu_B B \tag{13-5}$$

式中，μ_B 为玻耳磁子。各相邻塞曼子能级的能量差为

$$\Delta E = g_F \mu_B B \tag{13-6}$$

可以看出 ΔE 与 B 成正比。当外磁场为零时，各塞曼子能级将重新简并为原来能级。

2. 圆偏振光对铷原子的激发与光抽运效应

一定频率的光可引起原子能级之间的跃迁。气态 Rb^{87} 原子受 δ^+ 左旋圆偏振光照射时，遵守光跃迁选择定则 $\Delta F = 0, \pm 1$，$\Delta M_F = +1$。在由 $5^2S_{1/2}$ 能级到 $5^2P_{1/2}$ 能级的激发跃迁中，由于 δ^+ 光子的角动量为 $+h/2\pi$，只能产生 $\Delta M_F = +1$ 的跃迁。基态 $M_F = +2$ 子能级上原子若吸收光子就将跃迁到 $M_F = +3$ 的状态，但 $5^2P_{1/2}$ 各自能级最高为 $M_F = +2$。因此基态中 $M_F = +2$ 子能级上的粒子就不能跃迁，换言之，其跃迁几率为零。由于 $D_1\delta^+$ 的激发而跃迁到激发态 $5^2P_{1/2}$ 的粒子可以通过自发辐射退激回到基态。

由 $5^2P_{1/2}$ 到 $5^2S_{1/2}$ 的向下跃迁（发射光子）中，$\Delta M_F = 0, \pm 1$ 的各跃迁都是有可能的。

当原子经历无辐射跃迁过程从 $5^2P_{1/2}$ 回到 $5^2S_{1/2}$ 时，则原子返回基态各子能级的概率相等，这样经过若干循环之后，基态 $m_F = +2$ 子能级上的原子数就会大大增加，即大量原子被“抽运”到基态的 $m_F = +2$ 的子能级上。这就是光抽运效应。

各子能级上原子数的这种不均匀分布叫做偏极化，光抽运的目的就是要造成偏极化，有

了偏极化就可以在子能级之间得到较强的磁共振信号。

经过多次上下跃迁，基态中的 $M_F = +2$ 子能级上的原子数只增不减，这样就增大了原子布居数的差别。这种非平衡分布称为原子数偏极化。光抽运的目的就是要造成基态能级中的偏极化，实现了偏极化就可以在子能级之间进行磁共振跃迁实验了。

3. 弛豫过程

在热平衡条件下，任意两个能级 E_1 和 E_2 上的粒子数之比都服从玻耳兹曼分布 $N_2/N_1 = e^{-\Delta E/k}$，式中 $\Delta E = E_2 - E_1$ 是两个能级之差，N_1、N_2 分别是两个能级 E_1、E_2 上的原子数目，k 是玻耳兹曼常数。由于能量差极小，近似地可以认为各子能级上的粒子数是相等的。光抽运增大了粒子布居数的差别，使系统处于非热平衡分布状态。

系统由非热平衡分布状态趋向于平衡分布状态的过程称为弛豫过程。促使系统趋向平衡的机制是原子之间以及原子与其他物质之间的相互作用。在实验过程中要保持原子分布有较大的偏极化程度，就要尽量减少返回玻耳兹曼分布的趋势。但铷原子与容器壁的碰撞以及铷原子之间的碰撞都导致铷原子恢复到热平衡分布，失去光抽运所造成的碰撞（偏极化）。铷原子与磁性很弱的原子碰撞，对铷原子状态的扰动极小，不影响原子分布的偏极化。因此在铷样品泡中冲入 10Torr（托）㊀的氮气，它的密度比铷蒸气原子的密度大 6 个数量级，这样可减少铷原子与容器以及与其他铷原子的碰撞机会，从而保持铷原子分布的高度偏极化。此外，处于 $5^2P_{1/2}$ 的原子须与缓冲气体分子碰撞多次才能发生能量转移，由于所发生的过程主要是无辐射跃迁，所以返回到基态中八个塞曼子能级的几率均等，因此缓冲气体分子还有利于粒子更快地被抽运到 $M_F = +2$ 子能级的过程。

4. 塞曼子能级之间的磁共振

因光抽运而使 $\mathrm{R_b^{87}}$ 原子分布偏极化达到饱和以后，铷蒸气不再吸收 δ^+ 光，从而使透过铷样品泡的 δ^+ 光增强。这时，在垂直于产生塞曼分裂的磁场 B 的方向加一频率为 ν 的射频磁场，当 ν 和 B 之间满足磁共振条件时，在塞曼子能级之间产生感应跃迁，称为磁共振。

$$h\nu = g_F \mu_B B \tag{13-7}$$

跃迁遵守选择定则 $\Delta F = 0$，$\Delta M_F = \pm 1$ 原子将从 $M_F = +2$ 的子能级向下跃迁到各子能级上，即大量原子由 $M_F = +2$ 的能级跃迁 $M_F = +1$，以后又跃迁到 $M_F = 0$，-1，-2 等各子能级上。这样，磁共振破坏了原子分布的偏极化，而同时，原子又继续吸收入射的 δ^+ 光而进行新的抽运，透过样品泡的光就变弱了。随着抽运过程的进行，粒子又从 $M_F = -2$，-1，0，$+1$ 各能级被抽运到 $M_F = +2$ 的子能级上。随着粒子数的偏极化，透射再次变强。光抽运与感应磁共振跃迁达到一个动态平衡。光跃迁速率比磁共振跃迁速度大几个数量级，因此光抽运与磁共振的过程就可以连续地进行下去。$\mathrm{Rb^{85}}$ 也有类似的情况，只是 δ^+ 光将 $\mathrm{Rb^{85}}$ 抽运到基态 $M_F = +3$ 的子能级上，在磁共振时又跳回到 $M_F = +2$，$+1$，0，-1，-2，-3 等能级上。

射频（场）频率 ν 和外磁场（产生塞曼分裂的）B 两者可以固定一个，改变另一个以满足磁共振条件式（13-7）。改变频率称为扫频法（磁场固定），改变磁场称为扫场法（频率固定）。本实验装置是采用扫场法。

㊀ Torr 是非法定计量单位，1Torr = 133. 322Pa。——编辑注

5. 光探测

投射到铷样品泡上的δ^+光，一方面起光抽运作用，另一方面，透射光的强弱变化反映样品物质的光抽运过程和磁共振过程的信息，用δ^+光照射铷样品，并探测透过样品泡的光强，就实现了光抽运—磁共振—光探测。在探测过程中射频（10^6Hz）光子的信息转换成了频率高的光频（10^{14}Hz）光子的信息，这就使信号功率提高了8个数量级。

样品中Rb^{85}和Rb^{87}都存在，都能被δ^+光抽运而产生磁共振。为了分辨是Rb^{85}还是Rb^{85}参与磁共振，可以根据它们的与偏极化有关能态的g_F因子的不同加以区分。对于Rb^{85}，由基态中$F=3$态的g_F因子可知$V_0/B_0=\mu_B g_F/h=0.467$MHz/Gs；对于$Rb^{87}$，由基态中$F=2$态的$g_F$因子可知$V_0/B_0=0.700$MHz/Gs。

【实验仪器】

实验采用DH807A型光磁共振实验装置，由主体单元（铷光谱灯、准直透镜、吸收池、聚光镜、光电探测器及亥姆霍兹线圈）、电源、辅助源、射频信号发生器、示波器组成。

1. 主体单元

主体单元是该实验装置的核心（如图13-1所示），由铷光谱灯、准直透镜、吸收池、聚光镜、光电探测器及亥姆霍兹线圈组成。

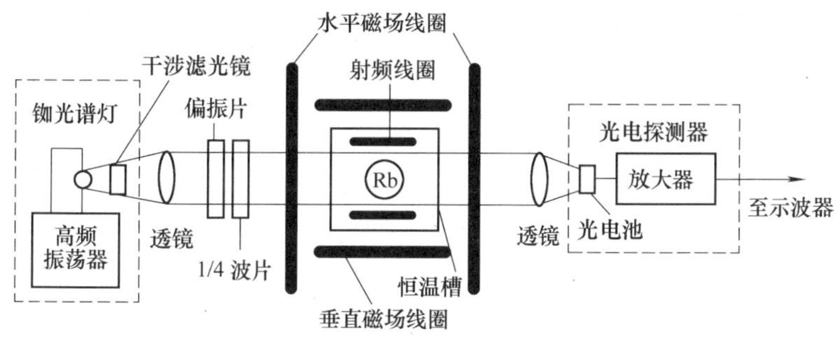

图13-1 主体单元示意图

天然铷和惰性缓冲气体被充在一个直径约52mm的玻璃泡内，该铷泡两侧对称放置着一对小射频线圈，它为铷原子跃迁提供射频磁场。这个铷吸收泡和射频线圈都置于圆柱形恒温槽内，称它为“吸收池”。槽内温度约在55℃左右。吸收池放置在两对亥姆霍兹线圈的中心。小的一对线圈产生的磁场用来抵消地磁场的垂直分量；大的一对线圈有两个绕组，一组为水平直流磁场线圈，它使铷原子的超精细能级产生塞曼分裂，另一组为扫场线圈，它使直流磁场上叠加一个调制磁场。铷光谱灯作为抽运光源。光路上有两个透镜，一个为准直透镜，一个为聚光透镜，两透镜的焦距为77mm，它们使铷灯发出的光平行通过吸收泡，然后再汇聚到光电池上。干涉滤光镜（装在铷光谱灯的口上）从铷光谱中选出光（$\lambda=794.8$nm）。偏振片和1/4波片（和准直透镜装在一起）使光成为左旋圆偏振光。偏振光对基态超精细塞曼能级有不同的跃迁几率，可以在这些能级间造成较大的粒子数差。当加上某一频率的射频磁场时，将产生光磁共振。在共振区的光强由于铷原子的吸收而减弱。通过光电转换，可以从终端的光电探测器上得到这个信号。经放大可从示波器上显示出来。

铷光谱灯是一种高频气体放电灯，它由高频振荡器、控温装置和铷灯泡组成。铷灯泡放置在高频振荡回路的电感线圈中，在高频电磁场的激励下产生无极放电而发光。整个振荡器连同铷灯泡放在同一恒温槽内，温度控制在90℃左右。高频振荡器频率约为65MHz。

光电探测器接收透射光强度变化，并把光信号转换成电信号。接收部分采用硅光电池。放大器倍数大于100。

2. 电源

电源为主体单元提供三组直流电源，第Ⅰ路是0~1A可调稳流电源，为水平磁场提供电流。第Ⅱ路是0~0.5A可调稳流电源，为垂直磁场提供电流。第Ⅲ路是24V/2A稳压电源，为铷光谱灯、控温电路、扫场提供工作电压。

3. 辅助源

辅助源为主体单元提供三角波、方波扫场信号及温度控制电路等。并设有“外接扫描”插座，可接SBR—1型示波器的扫描输出，将其锯齿扫描经电阻分压及电流放大，作为扫场信号源代替机内扫场信号，辅助源与主体单元由24线电缆连接。

4. 射频信号发生器

本实验装置中的射频信号发生器为通用仪器，可以选配，频率范围为100KHz~1MHz，输出功率在50Ω负载上不小于0.5W。并且输出幅度要可调节。射频信号发生器是为吸收池中的小射频线圈提供射频电流，使其产生射频磁场，激发铷原子产生共振跃迁。

【实验内容】

1. 仪器的调节

（1）在装置加电之前，先进行主体单元光路的机械调整。再用指南针确定地磁场方向，主体装置的光轴要与地磁场水平方向相平行。用指南针确定水平场线圈、竖直场线圈及扫场线圈产生的各磁场方向与地磁场水平和垂直方向的关系，并作详细记录。

（2）将“垂直场”、“水平场”、“扫场幅度”旋钮调至最小，按下辅助源的池温开关，接通电源开关。开射频信号发生器、示波器电源。电源接通约30min后，铷光谱灯点燃并发出紫红色光，池温灯亮，吸收池正常工作，实验装置进入工作状态。

（3）主体装置的光学元件应调成等高共轴。调整准直透镜以得到较好的平行光束，通过铷样品泡并射到聚光透镜上。铷灯因不是点光源，不能得到一个完全平行的光束，但仔细调节，再通过聚光透镜即可使铷灯到光电池上的总光量为最大，便可得到良好的信号。

（4）调节偏振片及1/4波片，使1/4波片的光轴与偏振光偏振方向的夹角为π/4，以获得圆偏振光。写出调节步骤和观察到的现象。

2. 光抽运信号的观察

扫场方式选择“方波”，调大扫场幅度。再将指南针置于吸收池上边，设置扫场方向与地磁场方向相反，然后拿开指南针。预置垂直场电流为0.07A左右。用来抵消地磁场分量。然后旋转偏振片的角度、调节扫场幅度及垂直场大小和方向，使光抽运信号幅度最大。再仔细调节光路聚焦，使光抽运信号幅度最大。

铷样品泡开始加上方波扫场的一瞬间，基态中各塞曼子能级上的粒子数接近热平衡，即各子能级上的粒子数大致相等，因此这一瞬间有总粒子数7/8的粒子在吸收δ^+光，对光的吸收最强。随着粒子逐渐被抽运到$M_F=+2$子能级上，能吸收δ^+的光粒子数减少，透过铷样品泡的光逐渐增强。当抽运到$M_F=+2$子能级上的粒子数达到饱和时，透过铷样品泡的光达到最大且不再变化。当磁场扫过零（指水平方向的总磁场为零）然后反向时，各塞曼子能级跟随着发生简并随即再分裂。能级简并时铷的子分布由于碰撞等导致自旋方向混杂而失去了偏极化，所以重新分裂后各塞曼子能级上的粒子数又近似相等，对 δ^+ 光的吸收又达到最大值，这样就观察到了光抽运信号，如图 13-2 所示。

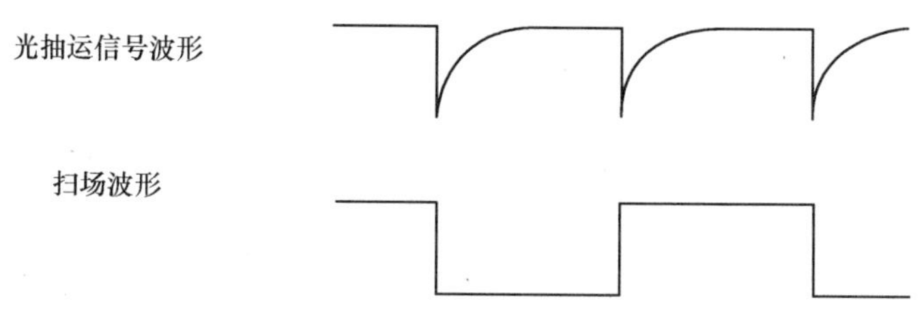

图 13-2 方波扫场时的光抽运信号

3. 磁共振信号的观察

扫场方式选择“三角波”，将水平场电流预置为 0.7A 左右，并使水平磁场方向与地磁场水平分量和扫场方向相同（由指南针判断）。垂直场的大小和偏振镜的角度保持前面的状态不变。调节射频信号发生器，频率可以观察到共振信号如图 13-3 所示，对应波形，可读出频率 ν_1 及对应的水平场电流 I。再按动水平场方向开关，使水平场方向与地磁场水平分量和扫场方向相反。同样可以得到 ν_2。这样水平磁场所对应的频率为 $\nu=(\nu_1+\nu_2)/2$，即排除了地磁场水平分量及扫场直流分量的影响。

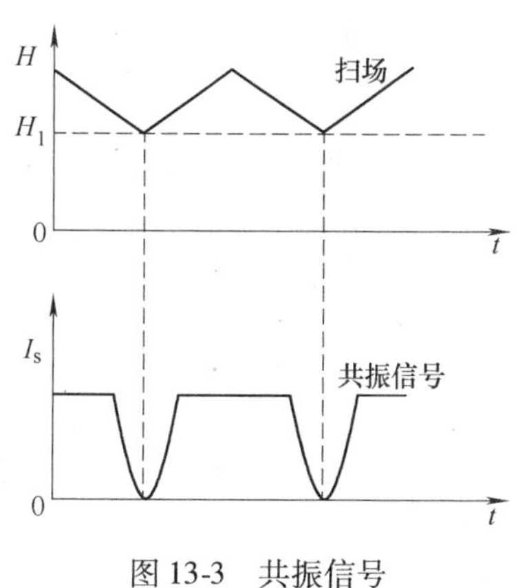

图 13-3 共振信号

用三角波扫场法观察磁共振信号时，当磁场 B_0 值与射频频率 ν_0 满足共振条件式（13-7）时，铷原子分布的偏极化被破坏，产生新的光抽运。因此，对于确定的频率，改变磁场值可以获得 Rb^{87} 或 Rb^{85} 的磁共振，可得到磁共振信号的图像。对于确定的磁场值（例如三角波中的某一场值），改变频率同样可以获得 Rb^{87} 或 Rb^{85} 的磁共振。实验中要求在选择适当频率（600kHz）及场强的条件下，观察铷原子两种同位素的共振信号并详细记录所有参量。

4. 测量 g_F 因子

为了研究原子的超精细结构，测准 g_F 因子是很有用的。我们用的亥姆霍兹线圈轴线中心处的磁感强度为

$$B=\frac{16\pi N}{5^{\frac{3}{2}}\ r}I\times10^{-7} \tag{13-8}$$

式中，N 为线圈匝数；r 为线圈有效半径（m）；I 为直流电流（A）；B 为磁感应强度（T）。式（13-7）中，普朗克常量 $h=6.626\times10^{-34}$ J·s，玻尔磁子 $\mu_B=9.274\times10^{-24}$ J/T。利用式（13-7）和式（13-8）两式可以测出 g_F 因子值。要注意，引起塞曼能级分裂的磁场是水平方向的总磁场（地磁场的竖直分量已抵消），可视为 $B=B_{水平}+B_{地}+B_{扫}$，而 $B_{地}$、$B_{扫}$ 的直流部分和可能还有的其他杂散磁场都难以测定。这样给直接测量 g_F 因子带来困难，但只要参考霍尔效应实验中用过的换向方法，就不难解决了。测量 g_F 因子实验的步骤自己拟定。由实

验测量的结果计算出 R_b^{87} 或 R_b^{85} 的 g_F 因子值，计算理论值并与测量值进行比较。

5. 选作（实验步骤自拟）

（1）分析观察到的现象，设法估计光抽运时间常数。

（2）测出重庆地磁场的竖直分量、水平分量及重庆地磁倾角。

【注意事项】

1. 在实验过程中应注意区分 R_b^{87}、R_b^{85} 的共振谱线，当水平磁场不变时，频率高的为 R_b^{87} 共振谱线，频率低的为 R_b^{85} 的共振谱线。当射频频率不变时，水平磁场大的为 R_b^{85} 的共振谱线，水平磁场小的为 R_b^{87} 的共振谱线。

2. 在精确测量时，为避免吸收池加热丝所产生的剩余磁场影响测量的准确性，可短时间断掉池温电源。

3. 为避免光线（特别是 50Hz 的灯光）影响信号幅度及线型，必要时主体单元应当罩上遮光罩。

4. 在实验过程中，本装置主体单元一定要避开其他带有铁磁性物体，强电磁场及大功率电源线。

5. “外接扫描”是以 SB—1 型示波器“扫描输出”电压为参考的。

【思考题】

1. 分析观察到的现象，设法估计光抽运时间常数。
2. 测出本地地磁场的竖直分量、水平分量及本地地磁倾角。

【参考文献】

[1] 褚圣麟. 原子物理学 [M]. 北京：高等教育出版社，1979.

[2] 陈杨骎，龚顺生. 光抽运技术——一种物理学的实验方法 [J]. 物理，1981，10(10).

[3] Reuben Benumof. Amer [J]. Phys.，1965.

[4] 龚顺生. 双共振实验 [J]. 物理实验，1981.

[5] 赵汝光，等. 关于光泵磁共振实验中的几个问题 [J]. 物理实验，1986.

[6] 熊正烨，吴奕初，郑裕芳. 光磁共振实验中测量 gF 值方法的改进 [J]. 物理实验，2000，20(1).

[7] 吴思诚，王祖铨. 近代物理实验 [M]. 2 版. 北京：北京大学出版社，1999.

[8] 林木欣. 近代物理实验教程 [M]. 北京：科学出版社，1999.

[9] 北京大华无线电仪器厂. DH807A 型光磁共振实验装置 技术说明书.

实验 14 电子顺磁共振

【引 言】

电子自旋的概念是 Pauli 在 1924 年首先提出的。1925 年，S. A. Goudsmit 和 G. Uhlenbeck 用它来解释某种元素的光谱精细结构获得成功，Stern 和 Gerl aok 也以实验直接证明了电子自旋磁矩的存在。电子自旋共振（Electron Spin Resonance，ESR）又称电子顺磁共振（Electron Paramagnetic Resonance，EPR）。EPR 于 1944 年由前苏联的柴伏依斯基首先发现，已被成功地应用于顺磁物质的研究，目前在化学、物理、生物和医学等各方面都获得了极其广泛的应用。EPR是一种重要的近代物理实验技术，除了用于基础理论研究外，它还在许多生产行业的质量控制和检测方面得到了很好的应用。

【实验目的】

1. 了解电子顺磁共振的原理。
2. 掌握FD-ESR-II型电子顺磁共振谱仪的调节和使用方法。
3. 利用电子顺磁共振谱仪测量DPPH的g因子。

【实验原理】

电子的自旋运动产生自旋磁矩。自旋磁矩与自旋角动量之间的关系为

$$\mu = -gP(\mu_B/\hbar) = \gamma P \tag{14-1}$$

式中，g为朗德因子；μ_B为玻尔磁子，$\mu_B = e\hbar/2m_e$；P为电子自旋角动量；$\gamma = -g(\mu_B/\hbar)$为旋磁比。

当电子磁矩$\boldsymbol{\mu}$处于外恒定磁场$\boldsymbol{B}$（假设沿z轴）中时，电子磁矩与外磁场发生相互作用，相互作用能为

$$E = -\boldsymbol{\mu} \cdot \boldsymbol{B} = -\mu_z B = -mg\mu_B B \tag{14-2}$$

式中，m为磁量子数，对于自由电子，m取1/2、-1/2。

可见，外磁场导致原来简并的原子态发生塞曼能级分裂，如图14-1所示，相邻能级能量间隔为

$$\Delta E = g\mu_B B = \gamma\hbar B \tag{14-3}$$

相邻能级能量间隔与外磁场磁感应强度成正比。此时若沿垂直磁场方向施加一交变的磁场，当交变磁场的能量子

$$\hbar\omega = \Delta E = \gamma\hbar B = g\mu_B B \tag{14-4}$$

时，原子在相邻塞曼能级之间发生共振跃迁，对入射的交变磁场产生强烈吸收，此即为电子自旋共振。通过测量共振频率ω和对应的外磁场B，可计算原子的g因子

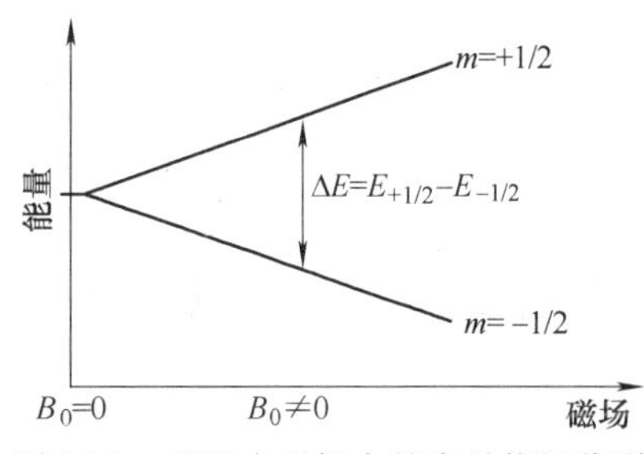

图14-1 磁矩在磁场中的塞曼能级分裂

$$g = \hbar\omega/\mu_B B \tag{14-5}$$

由原子物理可知，若原子磁矩完全由电子自旋磁矩贡献，则$g=2$；反之，若原子磁矩完全由电子的轨道磁矩所贡献，则$g=1$；若自旋和轨道磁矩两者都有贡献，则g的值介于1和2之间。通过g因子的测量可以判断电子运动的情况，进而可以得知关于原子结构的信息。为满足共振条件$\hbar\omega = \Delta E = \gamma\hbar B$，可采用扫场法（见图14-2）和扫频法，本实验采用扫场法。

微波源频率固定（9.37GHz），连续改变外磁场的磁感应强度，当满足共振条件式（14-4）时发生电子自旋共振。

通过调节励磁线圈的直流电流，改变恒定磁场的大小，当恒定磁场$B_0 = 2\pi\nu/\gamma$时，共振吸收信号等间距排列。此时对应的恒定磁感应强度即为共振条件方程中所对应的磁场强度。利用特斯拉计测量该磁感应强度代入共振方程可得g因子的值。

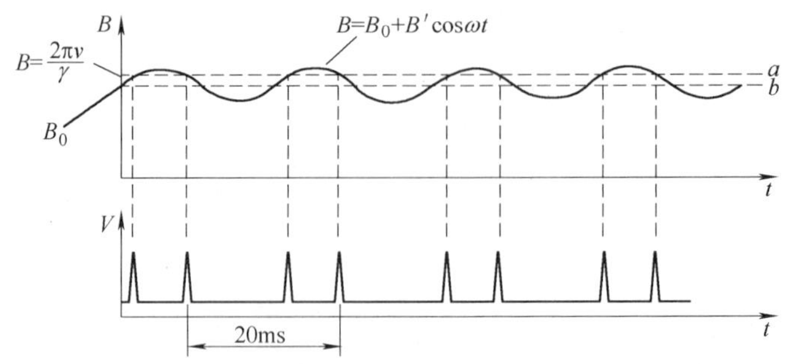

图 14-2 扫场法检测共振信号

本实验采用的样品为 DPPH（二苯基苦酸基联氨），其分子结构如图 14-3 所示，它的第二个氮原子上存在一个未成对的电子，我们观察到的共振信号就是源于这类电子。

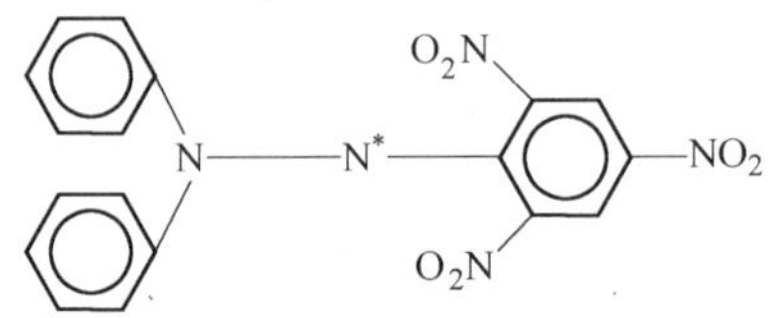

图 14-3 DPPH 分子结构图

【实验仪器】

FD-ESR-II 电子顺磁共振仪（图 14-4）。

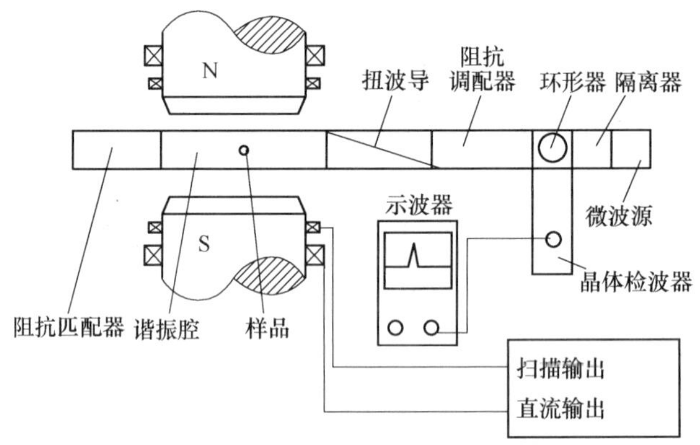

图 14-4 FD-ESR-II 电子顺磁共振仪构成图

1. 微波源（图 14-5）

微波源由体效应管、变容二极管、频率调节组成，用于输出频率为 9. 37GHz 的微波。

2. 隔离器（图 14-6）

特点：具有单向传输功能，减少反射波对微波源的干扰。

图 14-5 微波源

图 14-6 隔离器

1 输入，2 输出，基本无衰减；

2 输入，1 输出，有极大的衰减。

3. 环形器（图 14-7）

环形器具有定向传输功能。

1 输入，2 输出无衰减，3 输出衰减 >30db；

2 输入，3 输出无衰减，1 输出衰减 >30db；

3 输入，1 输出无衰减，2 输出衰减 >30db。

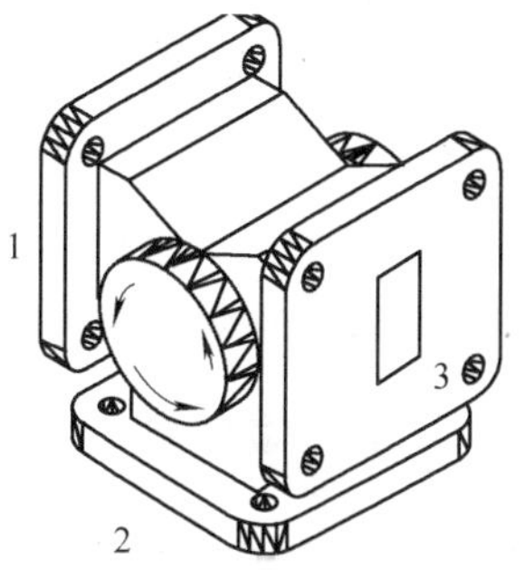

图 14-7 环形器

4. 晶体检波器（图 14-8）

测量时要反复调节波导终端的短路活塞的位置以及输入前端三个螺钉的穿伸度，使检波电流达到最大值，以获得较高的测量灵敏度。

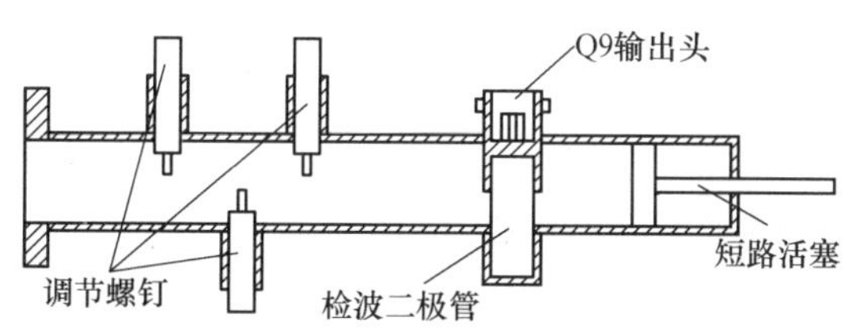

图 14-8 晶体检波器

5. 阻抗调配器

它的主要作用是改变微波系统的负载状态。在本实验中主要作用是观察吸收、色散信号。

6. 谐振腔（图 14-9）

通过调节可变短路调节器的位置，使微波在谐振腔内形成驻波，得到最强的电子顺磁共振信号。

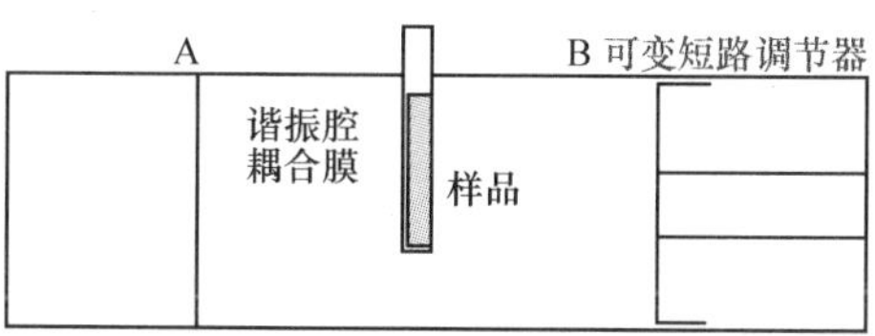

图 14-9 谐振腔

FD-ESR-II 电子顺磁共振仪前面板如图 14-10 所示。

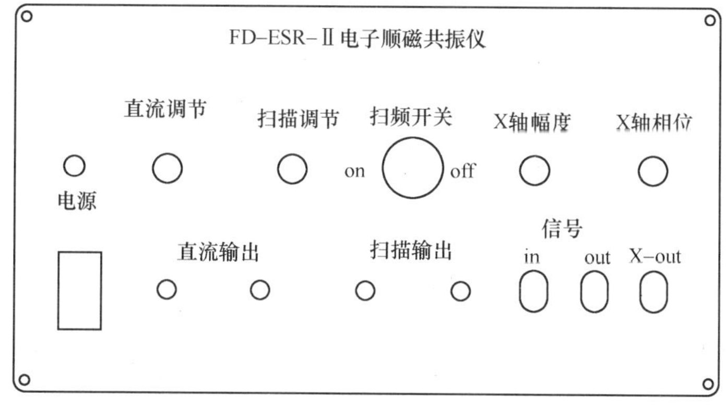

图 14-10 FD-ESR-II 电子顺磁共振仪前面板

直流输出：此输出端将会输出 0 ~ 600mA 的电流，通过直流调节电位器来改变输出电流的大小，使用时连接到一组线圈的接线柱上。

扫描输出：此输出端将会输出 0 ~ 1000mA 的交流电流，其大小由扫描调节电位器来改变，使用时连接到一组线圈的接线柱上。

扫频开关：用来改变扫描信号的频率。

in 与 out：此两个接头是一组放大器的输入和输出端，放大倍数为 10 倍，in 端为放大器的输入端，out 端为放大器的输出端。

X-out：此输出端为一组正弦波的输出端，X 轴幅度为正弦波的幅度调节电位器，X 轴相位为正弦波的相位调节电位器。

【实验内容】

1. 微波系统的连接（图 14-11）

(1) 将微波源上的连接线连到主机后面板上的 5 芯插座上。

(2) 将微波源与隔离器相接（按箭头方向连接）。

(3) 将隔离器的另一端与环型器中的 I 端相连。

(4) 将扭波导与环型器中的 II 端相接。

(5) 将环型器中的 III 端与检波器相接。

(6) 将扭波导的另一端与直波导的一端连接。

(7) 将直波导的另一端与短路活塞相接。

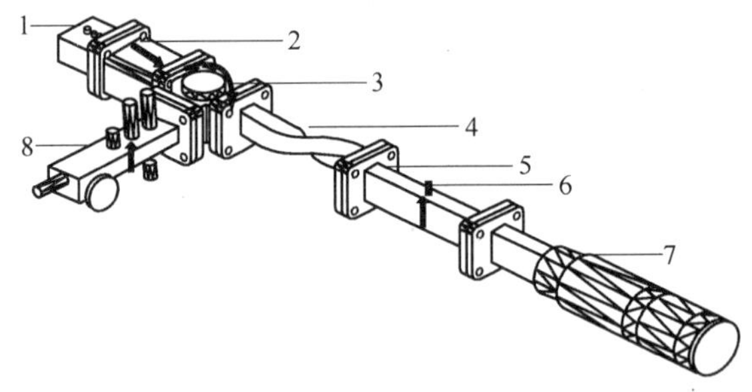

图 14-11 微波系统装配图

1—微波源 2—隔离器 3—环型器 4—扭波导 5—直波导 6—样品 7—短路活塞 8—检波器

连线方法：

① 通过连接线将主机上的扫描输出端接到磁铁的一端。

② 将主机上的直流输出端连接在磁铁的另一端。

③ 通过 Q9 连接线将检波器的输出连到示波器上。

④ 将微波源与主机相连。

2. DPPH 顺磁共振谱线的观测

(1) 将装有 DPPH 样品的试管放入微波系统的样品插孔中。

(2) 按照系统电路连接图连接系统各组成部分之间的通信电缆和电源线。

(3) 打开电源开关，调节短路活塞，直流输出，调出共振吸收波形。

(4) 调节直流调节电位器，使得共振吸收信号等间距。

(5) 然后调节阻抗调配器上的旋钮观察吸收波形和色散波形。

(6) 用特斯拉计测定磁铁磁感应强度 B，反复测量三次取平均值，根据共振频率 ω 和 B

计算 DPPH 的 g 因子。在用特斯拉计测量磁场之间先将其调零。

（7）将主机的 X-out 利用 Q9 连接线连接至示波器的 CH1 通道，将示波器的 X－Y 按钮按下，即可观察到李萨如图形，调节主机的 X 轴幅度和 X 轴相位旋钮以及阻抗调配器的旋钮，观察图形的变化。系统连接图如图 4-12 所示。

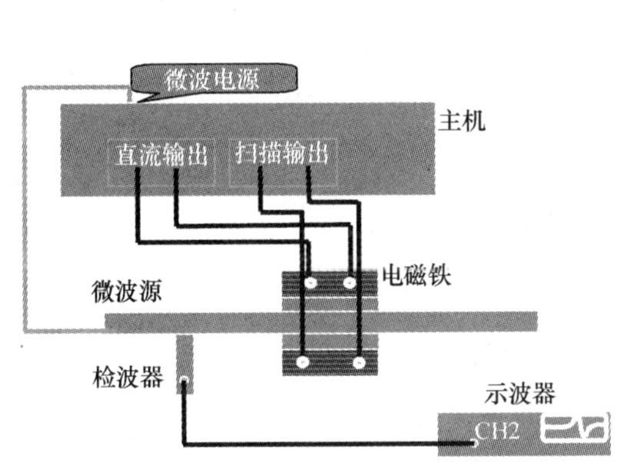

图 14-12　系统连线图 1

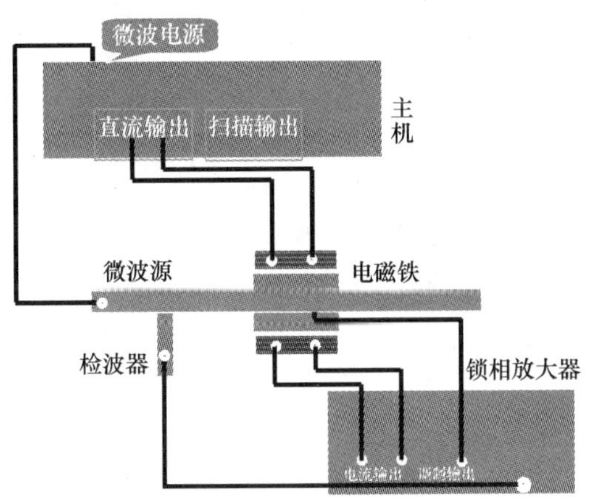

图 14-13　系统连线图 2

3. 利用计算机记录 DPPH 的吸收曲线

（1）检波器的输出接到示波器上。

（2）连接在主机扫描输出上的信号线换到锁相放大器上的电流输出端。

（3）锁相放大器上的调制输出接在高频线圈（在谐振腔的两侧）的输入端。

（4）调节锁相放大器上调制幅度为最大，输入/手调开关打在手调上，通过改变主机上的直流输出的大小，观察示波器，可以看到幅度为 1～2mV 左右的正弦波。

（5）在示波器上出现正弦波后，将此信号送到锁相放大器上的 IN 端把灵敏度开关打到最灵敏档（5mV）上，把积分时间开关打在最短时间（10ms）上，指针摆动的幅度最大，积分时间最短，信号看得最明显。

（6）将锁相放大器上的输入/手调开关打在输入上，点击软件上的运行按钮，即可看出实验采样到的数据与图形。

（7）实验数据采集完后，可对实验的数据及图形进行保存或打印。系统连接图如图 14-13所示。

【注意事项】

1. 由于仪器的样品是使用玻璃管封装，故在放置样品的时候，要谨防玻璃管折断后破碎。

2. 本实验在操作的过程中，要严格按照说明书上说明的操作步骤去做实验，实验中的每一步都需要细心地完成。

3. 样品位置和腔长调整不要用力过大、过猛，防止损坏。

4. 保护特斯拉计的探头防止挤压磕碰，用后不要拔下探头。

5. 实验完毕后，应将仪器上所有电位器都旋到零位，以防止下次开机时的冲击电流将电位器损坏。

【思考题】

1. 从理论上讲，产生磁共振需要加哪几个磁场？它们的作用是什么？
2. 顺磁共振信号的强度受哪些因素影响？如何提高信号强度？
3. 本实验为何采用微波波段作为信号源？

【参考文献】

[1] 吴思诚，王祖铨．近代物理实验［M］.2 版．北京：北京大学出版社，1995.
[2] 杨福家．原子物理学［M］. 北京：高等教育出版社，2008.
[3] 王正行．近代物理学［M］. 北京：北京大学出版社，1995.
[4] 上海复旦天欣科教仪器公司．FD-ESR-II 电子顺磁共振仪实验指导书．

第3章　光、激光与光谱

实验15　光速的测量

【引　言】

从16世纪伽利略第一次尝试测量光速以来，各个时期人们都采用当时最先进的技术来测量光速。现在，光在一定时间内走过的距离已经成为一切长度测量的单位标准，即“米的长度等于真空中光在1/299792458秒的时间间隔中所传播的距离。”光速也已直接用于距离测量，并在国民经济建设和国防事业上大显身手。光的速度又与天文学密切相关，光速还是物理学中一个重要的基本常量，许多其他常量都与它相关，例如光谱学中的里德堡常量，电子学中真空磁导率与真空电导率之间的关系，普朗克黑体辐射公式中的第一辐射常量，第二辐射常量，质子、中子、电子、μ子等基本粒子的质量等常量都与光速 c 相关。正因为如此，巨大的魅力把科学工作者牢牢地吸引到这个课题上来，并埋头于提高光速测量精度的事业中。本实验分别采用光拍法和位相法两种方法进行光速测量，并对其测量精度作出比较。

实验15.1　光拍法测量光速

【实验目的】

1. 理解光拍频的概念。
2. 掌握光拍法测光速的技术。

【实验原理】

1. 光拍的产生和传播

根据振动叠加原理，频差较小、速度相同的二同向传播的简谐波相叠加即形成拍。考虑频率分别为 f_1 和 f_2（频差 $\Delta f = f_1 - f_2$ 较小）的光束（为简化讨论，我们假定它们具有相同的振幅）：

$$E_1 = E\cos(\omega_1 t - k_1 x + \varphi_1) \tag{15-1}$$

$$E_2 = E\cos(\omega_2 t - k_2 x + \varphi_2) \tag{15-2}$$

它们的叠加

$$\begin{aligned} E_s &= E_1 + E_2 \\ &= 2E\cos\left[\frac{\omega_1 - \omega_2}{2}\left(t - \frac{x}{c}\right) + \frac{\varphi_1 - \varphi_2}{2}\right] \times \cos\left[\frac{\omega_1 + \omega_2}{2}\left(t - \frac{x}{c}\right) + \frac{\varphi_1 + \varphi_2}{2}\right] \end{aligned} \tag{15-3}$$

是角频率为$\frac{\omega_1+\omega_2}{2}$、振幅为

$$A=2E\cos\left[\frac{\omega_1-\omega_2}{2}\left(t-\frac{x}{c}\right)+\frac{\varphi_1-\varphi_2}{2}\right] \tag{15-4}$$

$$2E\cos\left[\frac{\omega_1-\omega_2}{2}\left(t-\frac{x}{c}\right)+\frac{\varphi_1-\varphi_2}{2}\right]$$

的前进波。注意到 E_s 的振幅以频率 $\Delta f=\frac{\omega_1-\omega_2}{4\pi}$周期地变化，所以我们称它为拍频波，$\Delta f$ 就是拍频。光拍频波的形成如图 15-1 所示。

[包络]

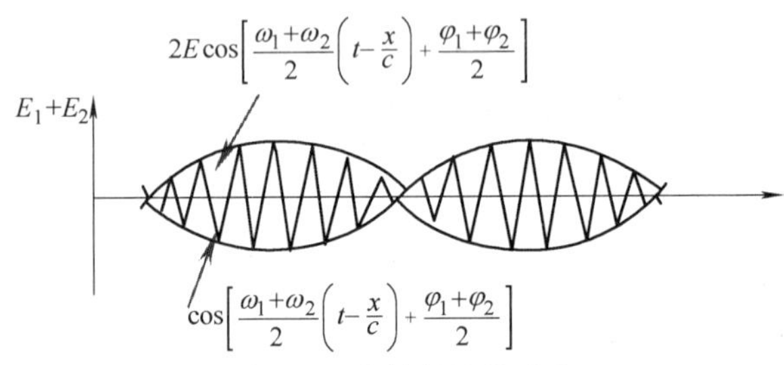

图 15-1 光拍频波的形成

我们用光电检测器接收这个拍频波。因为光检测器的光敏面上光照反应所产生的光电流系光强（即电场强度的平方）所引起，故光电流为

$$i_0=gE_s^2 \tag{15-5}$$

式中，g 为接收器的光电转换常数。把式（15-3）代入式（15-5），同时注意：由于光频甚高（$f_o>10^{14}$ Hz），所以光敏面来不及反映频率如此之高的光强变化，迄今仅能反映频率 10^8 Hz 左右的光强变化，并产生光电流；将 i_0 对时间积分，并取对光检测器的响应时间 t 的平均值。结果，i_0 积分中高频项为零，只留下常数项和缓变项，即

$$\bar{i}_0=\frac{1}{\tau}\int_\tau i_0\cdot dt=gE^2\left\{1+\cos\left[\Delta\omega\left(t-\frac{x}{c}\right)+\Delta\varphi\right]\right\} \tag{15-6}$$

其中，$\Delta\omega$ 是与 Δf 相应的角频率，$\Delta\varphi=\varphi_1-\varphi_2$ 为初相。可见光检测器输出的光电流包含有直流和光拍信号两种成分。滤去直流成分，即得频率为拍频 Δf、位相与初相和空间位置有关的输出光拍信号。

图 15-2 是光拍信号 i_0 在某一时刻的空间分布，如果接收电路将直流成分滤掉，即得纯粹的拍频信号在空间的分布。这就是说处在不同空间位置的光检测器，在同一时刻有不同位相的光电流输出。这就提示我们可以用比较相位的方法间接地决定光速。

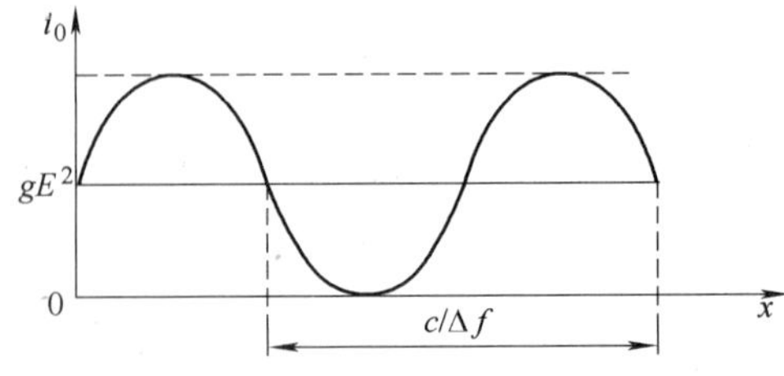

图 15-2 光拍的空间分布

事实上，由式（15-6）可知，光拍频的同位相诸点有如下关系：

$$\Delta\omega\frac{x}{c}=2n\pi \quad 或 \quad x=\frac{nc}{\Delta f} \tag{15-7}$$

式中，n 为整数，两相邻同相点的距离 $\lambda_S=\frac{c}{nf}$，即相当于拍频波的波长。测定了 λ_S 和光拍频 Δf，即可确定光速 c。

2. 相拍二光束的获得

光拍频波要求相拍二光束具有一定的频差。使激光束产生固定频移的办法很多。一种最常用的办法是使超声与光波互相作用。超声（弹性波）在介质中传播，引起介质光折射率发生周期性变化，就成为一位相光栅。这就使入射的激光束发生了与声频有关的频移。

利用声光相互作用产生频移的方法有二。一是行波法。在声光介质的与声源（压电换能器）相对的端面上敷以吸声材料，防止声反射，以保证只有声行波通过，如图 15-3 所示。互相作用的结果，激光束产生对称多级衍射。第 l 级衍射光的角频率为 $\omega_l=\omega_0+l\cdot\Omega$。其中，$\omega_0$ 为入射光的角频率，Ω 为声角频率，衍射级 $l=\pm1、\pm2\cdots$，如其中 +1 级衍射光频为 $\omega_0+1\cdot\Omega$，衍射角为 $\alpha=\frac{\lambda}{\lambda_S}$，$\lambda$ 和 λ_S 分别为介质中的光和声的波长。通过仔细的光路调节，我们可使 +1 与零级二光束平行叠加，产生频差为 Ω 的光拍频波。

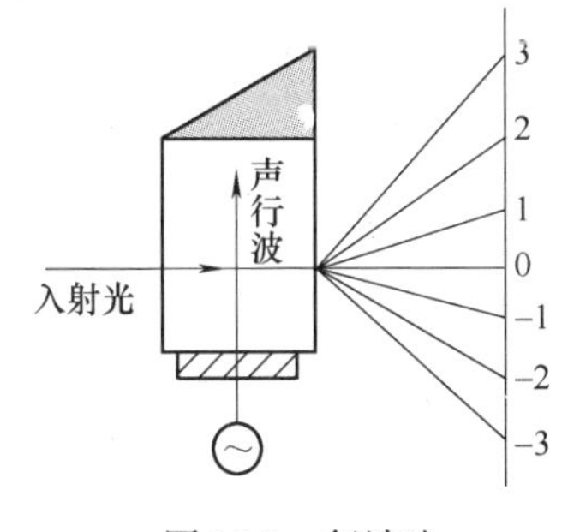

图 15-3　行波法

另一种是驻波法，如图 15-4 所示。利用声波的反射，使介质中存在驻波声场（相应于介质传声的厚度为半声波长的整数倍的情况）。它也产生 1 级对称衍射，而且衍射光比行波法时强得多（衍射效率高），第 l 级的衍射光频为

$$\omega_{lm}=\omega_0+(l+2m)\Omega \tag{15-8}$$

其中，l，$m=0$，±1，$\pm2\cdots$可见，在同一级衍射光束内就含有许多不同频率的光波的叠加（当然强度不相同），因此用不到光路的调节就能获得拍频波。例如选取第一级，由 $m=0$ 和 -1 的两种频率成分叠加得到拍频为 2Ω 的拍频波。

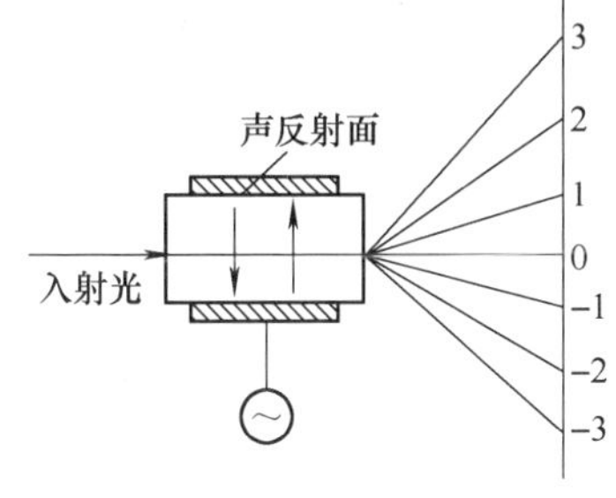

图 15-4　驻波法

比较两种方法，显然驻波法有利，我们就作此选择。

【实验仪器】

本实验采用 LM2000C 光速测量仪。

1. 主要技术指标（表 15-1）

表 15-1　LM2000C 光速测量仪主要技术指标

仪器全长	拍频波频率	拍频波波长	可变光程	连续移相范围	移动尺	最小读数	测量精度
0.785 * 0.235m	150MHz	2m	0 ~ 2.4m	0 ~ 2π	2 根	0.1mm	≤0.5%（2π）

2. LM2000C 光速测量仪外形结构（图 15-5）

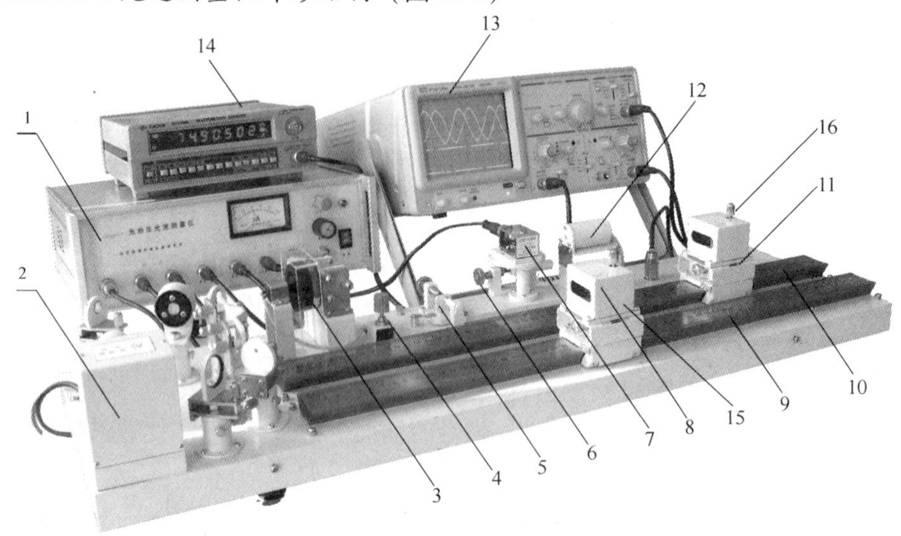

图 15-5 LM2000C 光速测量仪外形结构图

1—电路控制箱 2—光电接收盒 3—斩光器 4—斩光器转速控制旋钮 5—手调旋钮 1 6—手调旋钮 2 7—声光器件 8—棱镜小车 B 9—导轨 B 10—导轨 A 11—棱镜小车 A 12—半导体激光器 13—示波器（自备件） 14—频率计（自备件） 15—新款 LM2000C 的此处有个棱镜小车横向移动手轮 16—棱镜小车俯仰手轮

3. LM2000C 光速测量仪光学系统示意图（图 15-6）

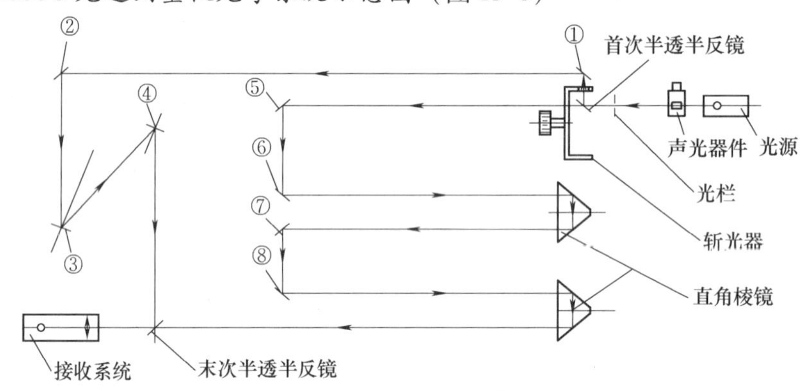

图 15-6 光学系统示意图

①②③④—内（近）光路全反光镜 ⑤⑥⑦⑧—外（远）光路全反光镜

4. LM2000C 光速测量仪光电接收系统框图（见图 15-7）

注：关于混频的介绍请参见“下面【实验内容】的 2. 差频法测相位”。

【实验内容】

1. 双光束位相比较法测拍频波长

用位相法测拍频波的波长，须经过很多电路，必然会产生附加相移。

我们以主控振荡器的输出端作为位相参考原点来说明电路稳定性对波长测量的影响。参见图 15-8，ϕ_1、ϕ_2分别表示发射系统和接收系统产生的相移，ϕ_3、ϕ_4分别表示混频电路Ⅱ和Ⅰ产生的相移，ϕ 为光在测线上往返传输产生的相移。由图看出，基准信号 u_1到达测相系

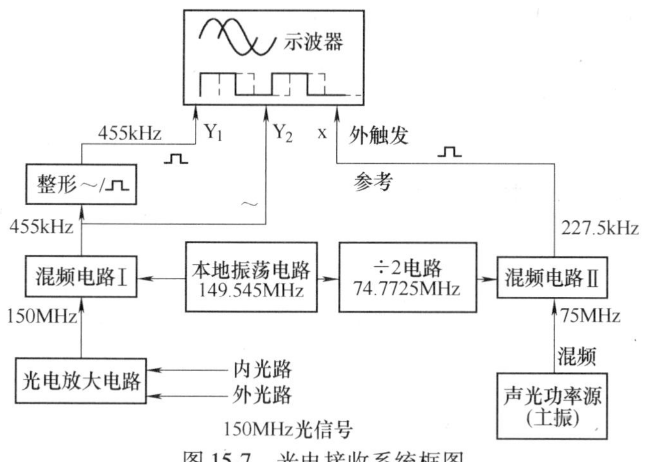

图 15-7 光电接收系统框图

统之前位相移动了 ϕ_4，而被测信号 u_2在到达测相系统之前的相移为 $\phi_1+\phi_2+\phi_3+\phi$，这样和 u_1之间的位相差为 $\phi_1+\phi_2+\phi_3-\phi_4+\phi=\phi'+\phi$，其中 ϕ'与电路的稳定性及信号的强度有关。如果在测量过程中 ϕ'的变化很小以致可以忽略，则反射镜在相距为半波长的两点间移动时，ϕ'对波长测量的影响可以被抵消掉；但如果 ϕ'的变化不可忽略，显然会给波长的测量带来误差。

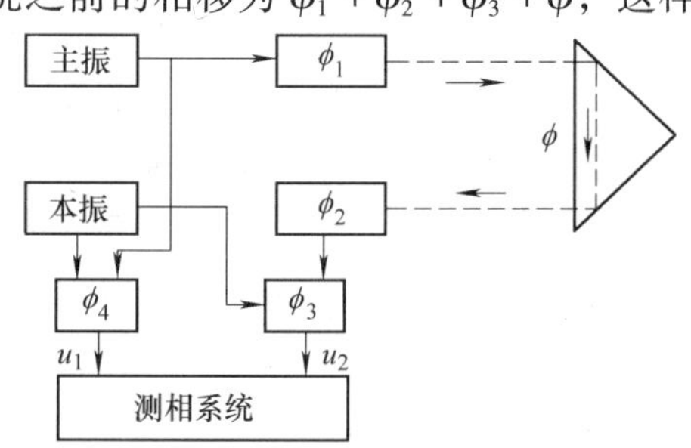

图 15-8 电路系统的附加相移

设置一个由电机带动的斩光器，使从声光器件射出来的光在某一时刻（t_0）只射向内光路，而在另一时刻（t_{0+1}）只射向外光路，周而复始。同一时刻在示波器上显示的要么是内光路的拍频波，要么是外光路的拍频波。由于示波管的荧光粉的余辉和人眼的记忆作用，看起来两个拍频重叠显示在一起。两路光在很短的时间间隔内交替经过同一套电路系统，相互间的相位差仅与两路光的光程差有关，消除了电路附加相移的影响。

2. *差频法测相位*

在实际测相过程中，当信号频率很高时，测相系统的稳定性、工作速度以及电路分布参量造成的附加相移等因素都会直接影响测相精度，对电路的制造工艺要求也较苛刻，因此，高频下测相困难较大。例如，BX21 型数字式位相计中测相双稳电路的开关时间是 40ns 左右，如果所输入的被测信号频率为 100MHz，则信号周期 $T=1/f=10\text{ns}$，比电路的开关时间要短，可以想象，此时电路根本来不及动作。为使电路正常工作，就必须大大提高其工作速度。为了避免高频下测相的困难，人们通常采用差频的办法，把待测高频信号转化为中、低频信号处理。这样做的好处是易于理解的，因为两信号之间位相差的测量实际上被转化为两信号过零的时间差的测量，而降低信号频率 f 则意味着拉长了与待测的位相差 ϕ 相对应的时间差。下面证明差频前后两信号之间的位相差保持不变。

我们知道，将两频率不同的正弦波同时作用于一个非线性元件（如二极管、三极管）时，其输出端包含有两个信号的差频成分。非线性元件对输入信号 X 的响应可以表示为

$$y(x)=A_0+A_1x+A_2x^2+\cdots \tag{15-9}$$

忽略上式中的高次项，我们将看到二次项产生混频效应。

设基准高频信号为

$$u_1 = U_{10}\cos(\omega t + \phi_0) \tag{15-10}$$

被测高频信号为

$$u_2 = U_{20}\cos(\omega t + \phi_0 + \phi) \tag{15-11}$$

现在我们引入一个本振高频信号

$$u' = U_0'\cos(\omega' t + \phi_0') \tag{15-12}$$

式（15-10）～式（15-12）中，ϕ_0为基准高频信号的初位相，ϕ_0'为本振高频信号的初位相，ϕ 为调制波在测线上往返一次产生的相移量。将式（15-11）和式（15-12）代入式（15-9）有（略去高次项）

$$y(u_2 + u') \approx A_0 + A_1 u_2 + A_1 u' + A_2 u_2^2 + A_2 u'^2 + 2A_2 u_2 u' \tag{15-13}$$

展开交叉项

$$\begin{aligned} 2A_2 u_2 u' &\approx 2A_2 U_{20} U_0' \cos(\omega t + \phi_0 + \phi)\cos(\omega' t + \phi_0') \\ &= A_2 U_{20} U_0' \{\cos[(\omega + \omega')t + (\phi_0 + \phi_0') + \phi] + \cos[(\omega - \omega')t + (\phi_0 - \phi_0') + \phi]\} \end{aligned} \tag{15-14}$$

由上面推导可以看出，当两个不同频率的正弦信号同时作用于一个非线性元件时，在其输出端除了可以得到原来两种频率的基波信号以及它们的二次和高次谐波之外，还可以得到差频以及和频信号，其中差频信号很容易和其他的高频成分或直流成分分开。同样的推导，基准高频信号 u_1与本振高频信号 u'混频，其差频项为

$$A_2 U_{10} U_0' \cos[(\omega - \omega')t + (\phi_0 - \phi_0')] \tag{15-15}$$

为了便于比较，我们把这两个差频项写在一起。

基准信号与本振信号混频后所得差频信号为

$$A_2 U_{10} U_0' \cos[(\omega - \omega')t + (\phi_0 - \phi_0')] \tag{15-16}$$

被测信号与本振信号混频后所得差频信号为

$$A_2 U_{20} U_0' \cos[(\omega - \omega')t + (\phi_0 - \phi_0') + \phi] \tag{15-17}$$

比较以上两式可见，当基准信号、被测信号分别与本振信号混频后，所得到的两个差频信号之间的位相差仍保持为 ϕ。

本实验就是利用差频检相的方法，将 150MHz 的高频基准信号和高频被测信号分别与本机振荡器产生的f =149.545MHz 的高频振荡信号混频，得到频率为 455kHz、位相差依然为 ϕ 的低频信号，然后送到示波器或位相计中去比相，如图 15-9 所示。

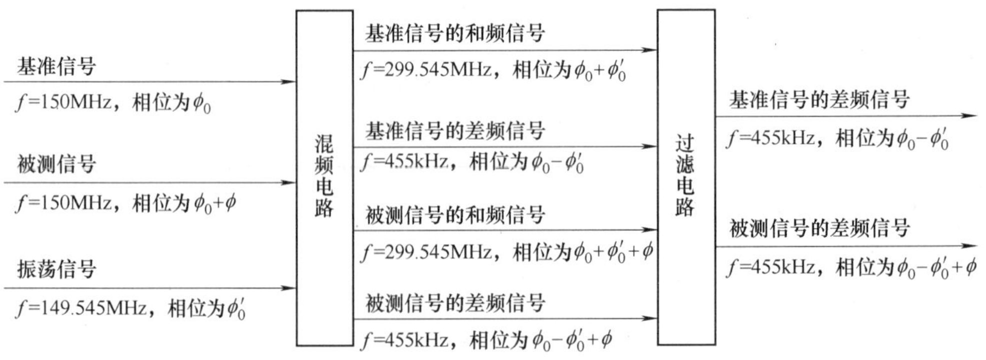

图 15-9　差频检相

【实验步骤】

1. 预热

电子仪器都有一个温飘问题，光速仪的声光功率源、晶振和频率计须预热半小时再进行测量。在这期间可以进行线路连接、光路调整、示波器调整等工作。因为由斩光器分出了内外两路光，所以在示波器上的曲线有些微抖，这是正常的。

2. 连接

图 15-10 是电路控制箱的面板。请按表 15-2 将电路控制箱与 LM2000C 光学平台或其他仪器连接。

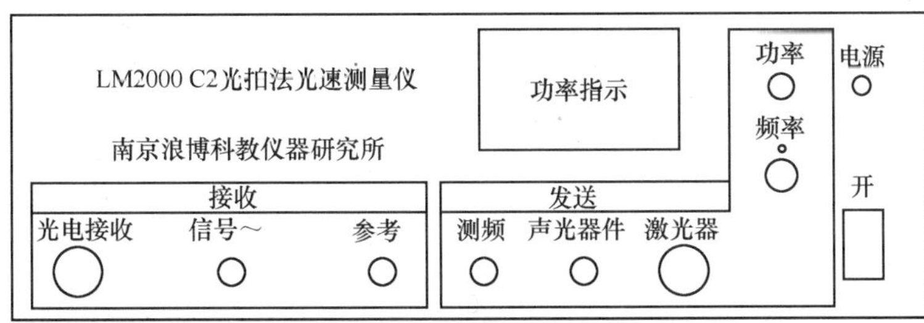

图 15-10　电路控制箱面板

表 15-2　电路控制箱面板连接顺序

序号	电路控制箱面板	光学平台/频率计/示波器	连线类型（电路控制箱—光学平台/其他测量仪器）
1	光电接收	光学平台上的光电接收盒	4 芯航空插头——由光电接收盒引出
2	信号（∽）	示波器的通道 1	Q9——Q9
3	参考	示波器的同步触发端	Q9——Q9
4	测频	频率计	Q9——Q9
5	声光器件	光学平台上的声光器件	莲花插头——Q9
6	激光器	光学平台上的激光器	3 芯航空插头——3 芯航空插头

注意：电路控制箱面板上的功率指示表头中，读数值乘以 10 就是毫瓦数（即满量程是 1000mW）。

3. 调节电路控制箱面板上的“频率”和“功率”旋钮，使示波器上的图形清晰，稳定（频率大约在 75MHz ±0. 02MHz 左右，功率指示一般在满量程的 60% ~100%）。

4. 调节声光器件平台的手调旋钮 2，使激光器发出的光束垂直射入声光器件晶体，产生 Raman-Nath 衍射（可用一白屏置于声光器件的光出射端以观察 Raman-Nath 衍射现象），这时应明确观察到 0 级光和左右两个（以上）强度对称的衍射光斑，然后调节手调旋钮 1，使某个 1 级衍射光正好进入斩光器。

5. 内光路调节：调节光路上的平面反射镜，使内光程的光打在光电接收器入光孔的中心。

6. 外光路调节：在内光路调节完成的前提下，调节外光路上的平面反射镜，使棱镜小车 A/B 在整个导轨上来回移动时，外光路的光也始终保持在光电接收器入光孔的中心。

7. 反复进行步骤（5）和（6），直至示波器上的两条曲线清晰、稳定、幅值相等。注意调节斩光器的转速要适中。过快，则示波器上两路波形会左右晃动；过慢，则示波器上两路波形会闪烁，引起眼睛观看的不适；另外各光学器件的光轴设定在平台表面上方 62.5mm 的高度，调节时注意保持才不致调节困难。

8. 记下频率计上的读数f，在步骤（8）和（9）中应随时注意f，如发生变化，应立即调节声光功率源面板上的“频率”旋钮，保持f在整个实验过程中的稳定。

9. 利用千分尺将棱镜小车 A 定位于导轨 A 最左端某处（比如 5mm 处），这个起始值记为 Da（0）；同样，从导轨 B 最左端开始运动棱镜小车 B，当示波器上的两条正弦波完全重合时，记下棱镜小车 B 在导轨 B 上的读数，反复重合 5 次，取这 5 次的平均值，记为 Db（0）。

10. 将棱镜小车 A 定位于导轨 A 右端某处（比如 535mm 处，这是为了计算方便），这个值记为 Da（2π）；将棱镜小车 B 向右移动，当示波器上的两条正弦波再次完全重合时，记下棱镜小车 B 在导轨 B 上的读数，反复重合 5 次，取这 5 次的平均值，记为 Db（2π）。

11. 将上述各值填入表 15-3，计算出光速 V。

表 15-3 实验数据记录表

次数	Da（0）	Da（2π）	Db（0）	Db（2π）	f	$V=2*f*[2*(Db(2\pi)-Db(0))+2*(Da(2\pi)-Da(0))]$	误差
1							%
2							%
3							%

* 光在真空中的传播速度为 2.99792×10^{8} m/s。

【注意事项】

1. 调节内、外光路时要求两光束在同一水平面内沿主轴从各镜中心反射传播。由于用眼睛直接看不清光线在各透镜中的具体位置，可用一白色小纸片挡在透镜前，这样方便直接准确地看到光线是否从各透镜中心反射。

2. 实验要求滑块 A、B 在滑动时，光线应该固定在两滑块中心某一位置，这就要通过调节各透镜来达到要求效果。调节时可以把两滑块放至平板最右端，然后调节透镜使光线达到滑块中心位置，然后再缓慢向左移动滑块，看光线是否移动。这样调节时相对要比把滑块放左端容易。

3. 实验要求内、外光线都要通过光电接收器中心小孔。内光路调节相对容易，而外光路则不易调节。若通过调节透镜外光线仍无法完整的通过，可以适当通过调节滑块的高度来达到目的。

4. 调节各个透镜的螺旋时，应该轻缓。因为透镜上螺旋的细小变化对光路的变化都影响很大。

5. 从实验结果可以发现频率对实验数据有一定影响。从实验数据可以看出随着频率的细小增大，两正弦波重合的位置也相对右移。因为千分尺的长度一定，所以正弦波重合位置一定不能太靠右也不能太靠左。频率一定要求维持在 75MHz ±0.02MHz。

【思考题】

通过实验，你认为实验误差产生的原因有哪些？有什么方法来减小误差？

【参考文献】

[1] 曹尔第．近代物理实验［M］．上海：华东师范大学出版社，1992.

[2] 林木欣．近代物理实验［M］．广州：广东教育出版社，1994.

[3] 吴思诚，王祖铨．近代物理实验［M］．2 版．北京：北京大学出版社，1995.

[4] 母国光等．光学：第十四章［M］．北京：人民教育出版社，1981.

[5] 沙振舜，黄润生．新编近代物理实验．南京：南京大学出版社，2002.

[6] 南京浪博科教仪器研究所．LM2000C 光拍法光速测量仪使用说明书/实验指导书．2000.

实验 15.2　位相法测光速

【实验目的】

1. 掌握一种新颖的光速测量方法。
2. 了解和掌握光调制的一般性原理和基本技术。

【实验原理】

1. 利用波长和频率测速度

物理学告诉我们，任何波的波长是一个周期内波传播的距离。波的频率是 1s 内发生了多少次周期振动，用波长乘频率得 1 秒钟内波传播的距离，即波速

$$c = \lambda \cdot f \tag{15-18}$$

图 15-11 中，第 1 列波在 1s 内经历 3 个周期，第 2 列波在 1s 内经历 1 个周期，在 1s 内二列传播相同距离，所以波速相同，仅仅第 2 列波的波长是第 1 列的 3 倍。

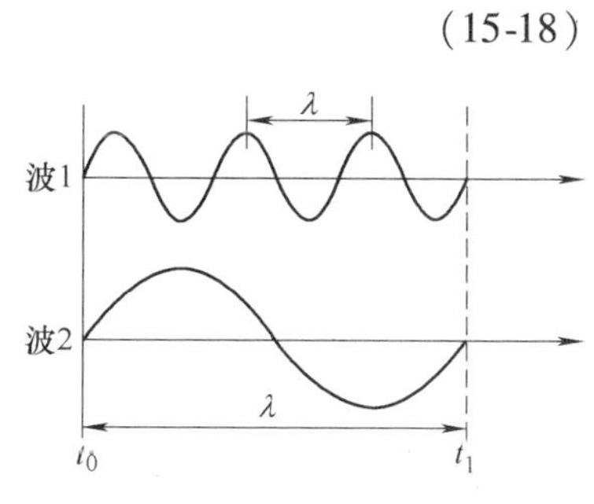

图 15-11　两列不同的波

利用这种方法，很容易测得声波的传播速度。但直接用来测量光波的传播速度，还存在很多技术上的困难，主要是光的频率高达 10^{14}Hz，目前的光电接收器中无法响应频率如此高的光强变化，迄今仅能响应频率在 10^{8}Hz 左右的光强变化并产生相应的光电流。

2. 利用调制波波长和频率测速度

如果直接测量河中水流的速度有困难，可以采用一种方法，周期性地向河中投放小木块（f），再设法测量出相邻两小木块间的距离（λ），则依据公式（15-18）即可算出水流的速度来。

周期性地向河中投放小木块，为的是在水流上作一特殊标记。我们也可以在光波上一些特殊标记，称作调制。调制波的频率可以比光波的频率低很多，就可以用常规器件未接收。与木块的移动速度就是水流流动的速度一样，调制波的传播速度就是光波传播的速度。调制

波的频率可以用频率计精确的测定，所以测量光速就转化为如何测量调制波的波长，然后利用式（15-18）即可算得光传播的速度。

3. 位相法测定调制波的波长

波长为 0.65μm 的载波，其强度受频率为 f 的正弦型调制波的调制，表达式

$$I = I_0\left[1 + m\cos 2\pi f\left(t - \frac{x}{c}\right)\right] \tag{15-19}$$

式中，m 为调制度；$\cos 2\pi f(t - x/c)$ 为光在测线上传播的过程中，其强度的变化犹如一个频率为 f 的正弦波以光速 c 沿 x 方向传播，我们称这个波为调制波。调制波在传播过程中其位相是以 2π 为周期变化的。设测线上两点 A 和 B 的位置坐标分别为 x_1 和 x_2，当这两点之间的距离为调制波波长 λ 的整数倍时，该两点间的位相差为

$$\varphi_1 - \varphi_2 = \frac{2\pi}{\lambda}(x_1 - x_2) = 2n\pi \tag{15-20}$$

式中 n 为整数。反过来，如果我们能在光的传播路径中找到调制波的等位相点，并准确测量它们之间的距离，那么这距离一定是波长的整数倍。

设调制波由 A 点出发，经时间 t 后传播到 A' 点，AA' 之间的距离为 $2D$，则 A' 点相对于 A 点的相移为 $\phi = \omega t = 2\pi f t$，见图 15-12a。然而用一台测相系统对 AA' 间的这个相移量进行直接测量是不可能的。为了解决这个问题，较方便的办法是在 AA' 的中点 B 设置一个反射器，由 A 点发出的调制波经反射器反射返回 A 点，由图 15-12b 显见，光线由 $A \to B \to A$ 所走过的光程亦为 $2D$，而且在 A 点，反射波的位相落后 $\phi = \omega t$。如果我们以发射波作为参考信号（以下称之为基准信号），将它与反射波（以下称之为被测信号）分别输入到位相计的两个输入端，则由位相计可以直接读出基准信号和被测信号之间的位相差。当反射镜相对于 B 点的位置前后移动半个波长时，这个位相差的数值改变 2π。因此只要前后移动反射镜，相继找到在位相计中读数相同的两点，该两点之间的距离即为半个波长。

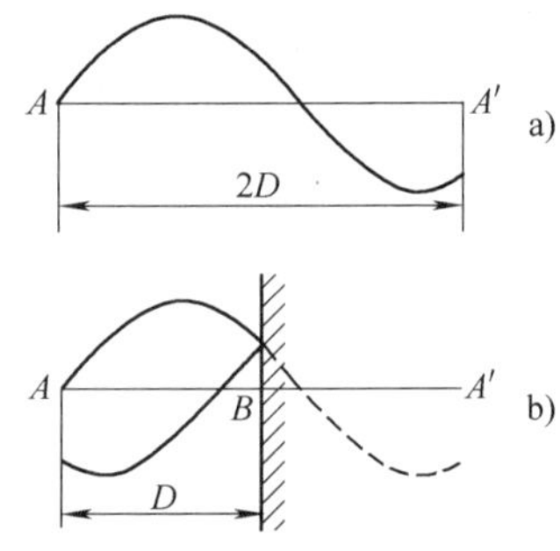

图 15-12　位相法测波长原理图

调制波的频率可由数字式频率计精确地测定，由 $c = \lambda \cdot f$ 可以获得光速值。

4. 差频法测位相

在实际测相过程中，当信号频率很高时，测相系统的稳定性、工作速度以及电路分布参量造成的附加相移等因素都会直接影响测相精度，对电路的制造工艺要求也较苛刻，因此高频下测相困难较大。例如，BX21 型数字式位相计中检相双稳电路的开关时间是 40ns 左右，如果所输入的被测信号频率为 100MHz，则信号周期 $T = 1/f = 10\text{ns}$，比电路的开关时间要短，可以想象，此时电路根本来不及动作。为使电路正常工作，就必须大大提高其工作速度。为了避免高频下测相的困难，人们通常采用差频的办法，把待测高频信号转化为中、低频信号处理。这样做的好处是易于理解的，因为两信号之间位相差的测量实际上被转化为两信号过零的时间差的测量，而降低信号频率 f 则意味着拉长了与待测的位相差 ϕ 相对应的时间差。下面证明差频前后两信号之间的位相差保持不变。

我们知道，将两频率不同的正弦波同时作用于一个非线性元件（如二极管、三极管）时，其输出端包含有两个信号的差频成分。非线性元件对输入信号 X 的响应可以表示为

$$y(x)=A_0+A_1x+A_2x^2+\cdots \tag{15-21}$$

忽略上式中的高次项，我们将看到二次项产生混频效应。

设基准高频信号为

$$u_1=U_{10}\cos(\omega t+\phi_0) \tag{15-22}$$

被测高频信号为

$$u_2=U_{20}\cos(\omega t+\phi_0+\phi) \tag{15-23}$$

现在我们引入一个本振高频信号

$$u'=U_0'\cos(\omega' t+\phi_0') \tag{15-24}$$

式（15-22）~式（15-24）中，ϕ_0为基准高频信号的初位相；ϕ_0'为本振高频信号的初位相；ϕ为调制波在测线上往返一次产生的相移量。将式（15-23）和式（15-24）代入式（15-21）有（略去高次项）

$$y(u_2+u')\approx A_0+A_1u_2+A_1u'+A_2u_2^2+A_2u'^2+2A_2u_2u' \tag{15-25}$$

展开交叉项

$$\begin{aligned}2A_2u_2u'&\approx 2A_2U_{20}U_0'\cos(\omega t+\phi_0+\phi)\cos(\omega' t+\phi_0')\\&=A_2U_{20}U_0'\{\cos[(\omega+\omega')t+(\phi_0+\phi_0')+\phi]+\cos[(\omega-\omega')t+(\phi_0-\phi_0')+\phi]\}\end{aligned} \tag{15-26}$$

由上面推导可以看出，当两个不同频率的正弦信号同时作用于一个非线性元件时，在其输出端除了可以得到原来两种频率的基波信号以及它们的二次和高次谐波之外，还可以得到差频以及和频信号，其中差频信号很容易和其他的高频成分或直流成分分开。同样的推导，基准高频信号u_1与本振高频信号u'混频，其差频项为

$$A_2U_{10}U_0'\cos[(\omega-\omega')t+(\phi_0-\phi_0')] \tag{15-27}$$

为了便于比较，我们把这两个差频项写在一起：

基准信号与本振信号混频后所得差频信号为

$$A_2U_{10}U_0'\cos[(\omega-\omega')t+(\phi_0-\phi_0')] \tag{15-28}$$

被测信号与本振信号混频后所得差频信号为

$$A_2U_{20}U_0'\cos[(\omega-\omega')t+(\phi_0-\phi_0')+\phi] \tag{15-29}$$

比较以上两式可见，当基准信号、被测信号分别与本振信号混频后，所得到的两个差频信号之间的位相差仍保持为ϕ。

本实验就是利用差频检相的方法，将$f=100$MHz 的高频基准信号和高频被测信号分别与本机振荡器产生的高频振荡信号混频，得到两个频率为455kHz、位相差依然为ϕ低频信号，然后送到位相计中去比相。

位相法测光速实验装置方框图如图 15-13 所示，图中的混频Ⅰ用以获得低频基准信号，混频Ⅱ用以获得低频被测信号。低频被测信号的幅度由示波器或电压表指示。

5. 数字测相

可以用数字测相的方法来检测“基准”和“被测”这两路同频正弦信号之间的位相差ϕ，如图 15-14 所示。

我们用

$$u_1=U_{10}\cos\omega_L t \tag{15-30}$$

和

$$u_2=U_{20}\cos(\omega_L t+\phi) \tag{15-31}$$

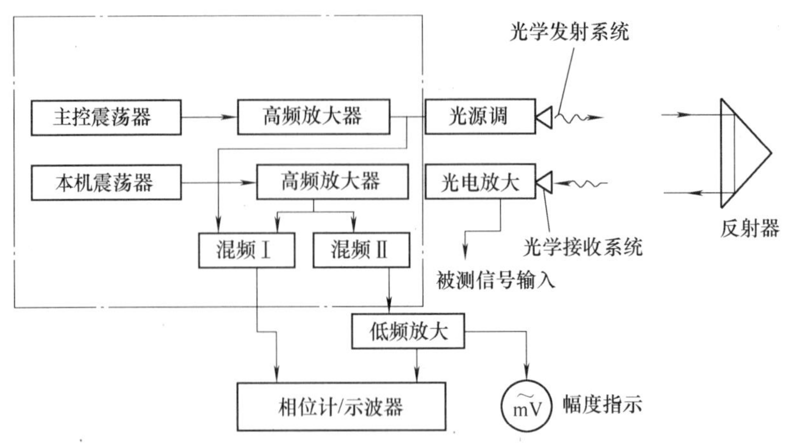

图 15-13 位相法测光速实验装置方框图

分别代表差频后的低频基准信号和低频被测信号。将 u_1 和 u_2 分别送入通道Ⅰ和通道Ⅱ，进行限幅放大，整形成为方波和 u_1' 和 u_2'。然后令这两路方波信号去启闭检相双稳，使检相双稳输出一列频率与两待测信号相同、宽度等于两信号过零的时间差（因而也正比于两信号之间的位相差 ϕ）的矩形脉冲 u。将此矩形脉冲积分（在电路上即是令其通过一个平滑滤波器）得到

$$\bar{u} = \frac{1}{T}\int_0^T u\mathrm{d}t = \frac{1}{2\pi}\int_0^{2\pi} u\mathrm{d}(\omega_L t) = \frac{1}{2\pi}\int_0^{\phi} u\mathrm{d}(\omega_L t) = \frac{u}{2\pi}\phi \tag{15-32}$$

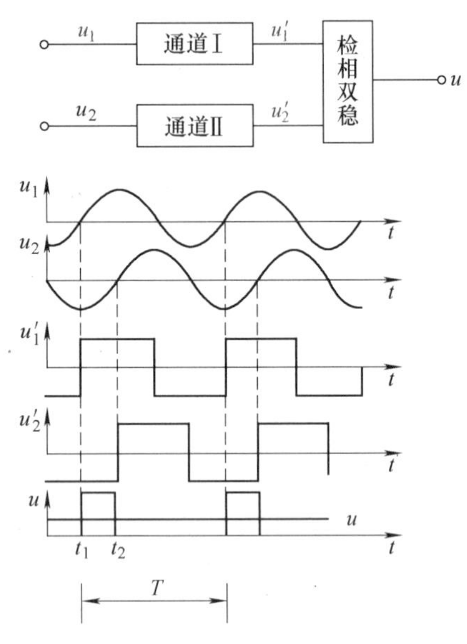

图 15-14 数字测相电路方框图及各点波形

式中 u 为矩形脉冲的幅度，其值为一常数。由式(15-32) 可见，u_1'检相双稳输出的矩形脉冲的直流分量（我们称之为模拟直流电压）与待测的位相差 ϕ 有一一对应的关系。BX21 型数字式位相计，是将这个模拟直流电压通过一个模数转换系统换算成相应的位相值，以角度数值用数码管显示出来。因此我们可以由位相计读数直接得到两个信号之间的位相差的读数。

6. 示波器测相

(1) 单踪示波器法

将示波器的扫描同步方式选择在外触发同步，极性为 + 或 -，“参考”相位信号接至外触发同步输入端，“信号”相位信号接至 Y 轴的输入端，调节“触发”电平，使波形稳定；调节 Y 轴增益，使有一个适合的波幅：调节“时基”，使在屏上只显示一个完整的波形，并尽可能地展开，如一个波形在 X 方向展开为 10 大格，即 10 大格代表为 360°，每 1 大格为 36°，可以估读至 0.1 大格，即 3.6°。

开始测量时，记住波形某特征点的起始位置，移动棱镜小车，波形移动，移动 1 大格即

表示参考相位与信号相位之间的相位差变化了 36°。

有些示波器无法将一个完整的波形正好调至 10 大格，此时可以按下式求得参考相位与信号相位的变化量（参见图 15-15）：

$$\Delta\phi = \frac{r}{r_0} \cdot 360° \tag{15-33}$$

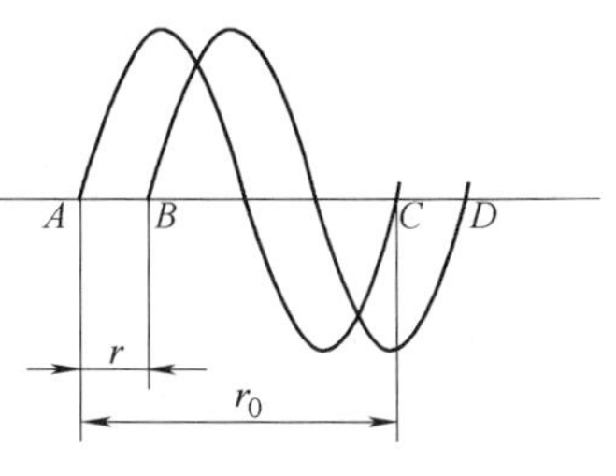

图 15-15　示波器测相位

（2）双踪示波器法

将“参考”相位信号接至 Y1 通道输入端，“信号”相位信号接至 Y2 通道，并用 Y1 通道触发扫描，显示方式为“断续”。（如采用“交替”会怎样？）

与单踪示波法操作一样，调节 Y 轴输入“增益”档，调节“时基”档，使在屏幕上显示一个完整的大小适合的波形。

（3）数字示波器法

数字示波器具有光标卡尺测量功能，移动光标，很容易进行 T 和 ΔT 测量，然后按

$$\Delta\phi = \frac{\Delta T}{T} \cdot 360° \tag{15-34}$$

求得相位变化量。比数屏幕上格子的精度要高得多。信号线连接等操作同上。

【实验仪器】

LM2000A 光速仪图 15-16 全长 0.8M，由光学电路箱、收发透镜组、棱镜小车、带标尺导轨等组成。

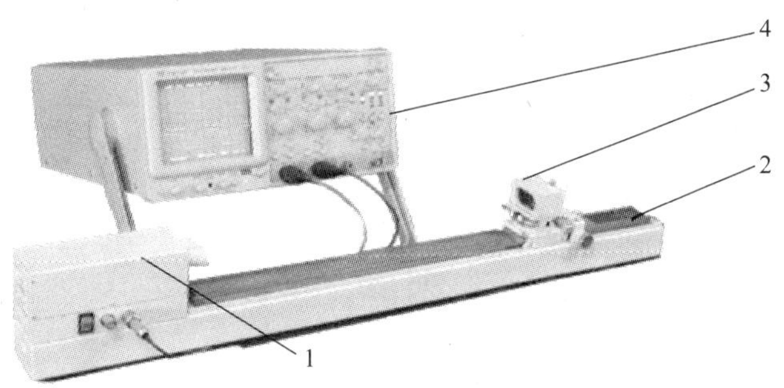

图 15-16　LM2000A 光速仪

1—光学电路箱　2—带刻度尺燕尾导轨　3—带游标反射棱镜小车　4—示波器/相位计（自备件）

该仪器可变光程为 0 ~ 1m；移动尺最小读数为 0.1 mm；调制频率为 100MHz；测量精度≤1%（数字示波器测相）或≤2%（通用示波器测相）。

1. 光学电路箱

光学电路箱采用整体结构，稳定可靠，端面安装有收发透镜组，内置收、发电子线路板。侧面有二排 Q9 插座，参见图 15-17。Q9 座输出的是将收、发正弦波信号经整形后的方波信号，为的是便于用示波器来测量相位差。

2. 棱镜小车

棱镜小车上有供调节棱镜左右转动和俯仰的两只调节把手。由直角棱镜的入射光与出射光的相互关系可以知道，其实左右调节时对光线的出射方向不起什么作用，在仪器上加此左

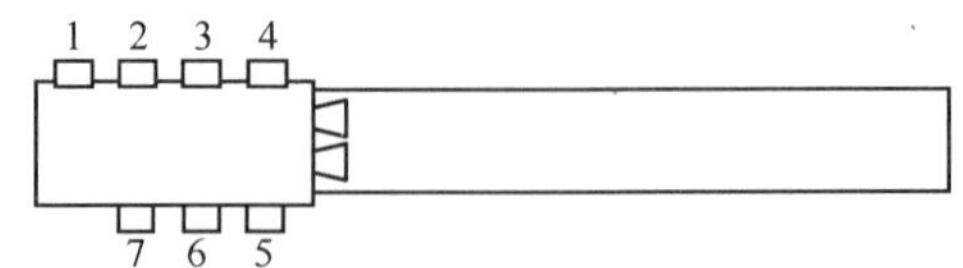

图 15-17　Q9 座接线图

1、2—发送基准信号（5V 方波）　3—调制信号输入（模拟通信用）

4—测频　5、6—接收测相信号（5V 方波）　7—接收信号电平（0.4～0.6V）

右调节装置，只是为了加深对直角棱镜转向特性的理解。

在棱镜小车上有一只游标，使用方法与游标卡尺相同，通过游标可以读至 0.1mm，可进一步熟悉游标卡尺的使用。

3. 光源和光学发射系统

采用 GaAs 发光二极管作为光源。这是一种半导体光源，当发光二极管上注入一定的电流时，在 p－n 结两侧的 p 区和 n 区分别有电子和空穴的注入，这些非平衡载流子在复合过程中将发射波长为 0.65um 的光，此即上文所说的载波。用机内主控振荡器产生的 100MHz 正弦振荡电压信号控制加在发光二极管上的注入电流。当信号电压升高时注入电流增大，电子和空穴复合的机会增加而发出较强的光；当信号电压下降时注入电流减小、复合过程减弱，所发出的光强度也相应减弱。用这种方法实现对光强的直接调制。图 15-18 是发射、接收光学系统的原理图。发光管的发光点 S 位于物镜 L_1 的焦点上。

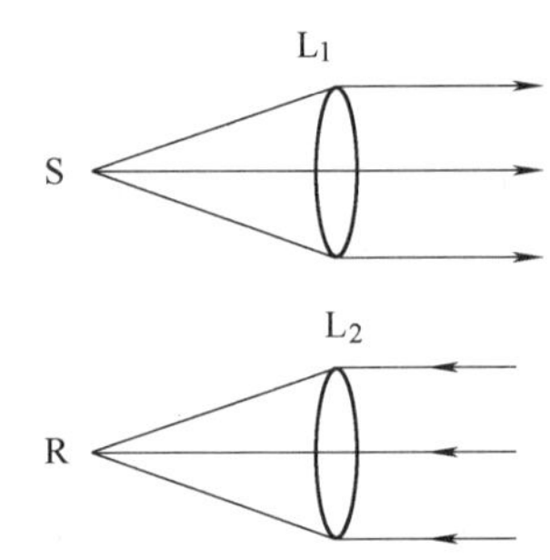

图 15-18　收、发光学系统原理图

4. 光学接收系统

用硅光电二极管作为光电转换元件，该光电二极管的光敏面位于接收物镜 L_2 的焦点 R 上，见图 15-18。光电二极管所产生的光电流的大小随载波的强度而变化。因此在负载上可以得到与调制波频率相同的电压信号，即被测信号。被测信号的位相对于基准信号落后了 $\phi=\omega t$，t 为往返一个测程所用的时间。

【实验内容】

1. 预热

电子仪器都有一个温飘问题，光速仪和频率计须预热半小时再进行测量。在这期间可以进行线路连接、光路调整、示波器调整和定标等工作。

2. 光路调整

先把棱镜小车移近收发透镜处，用移小纸片挡在接收物镜管前，观察光斑位置是否居中，调节棱镜小车上的把手，使光斑尽可能居中，将小车移至最远端，观察光斑位置有无变化，并作相应调整，达到小车前后移动时，光斑位置变化最小。

3. 示波器定标

按前述的示波器测相方法将示波器调整至有一个适合的测相波形。

4. 测量光速

由频率、波长乘积来测定光速的原理和方法前面已经作了说明。在实际测量时主要任务是如何测得调制波的波长，其测量精度决定了光速值的测量精度。一般可采用等距测量法和等相位测量法来测量调制波的波长。在测量时要注意两点，一是实验值要取多次多点测量的平均值；二是我们所测得的是光在大气中的传播速度，为了得到光在真空中传播速度，要精密地测定空气折射率后作相应修正。

（1）测调制频率，为了匹配好，尽量用频率计附带的高频电缆线。调制波是用温补晶体振荡器产生的，频率稳定度很容易达到 10^{-6}，所以在预热后正式测量前测一次就可以了。

（2）等距测 λ 法

在导轨上任取若干个等间隔点（见图15-19），它们的坐标分别为 x_0，x_1，x_2，x_3，$\cdots x_i$。

$$x_1 - x_0 = D_1,\quad x_2 - x_0 = D_2,\quad \cdots,\quad x_i - x_0 = D_i$$

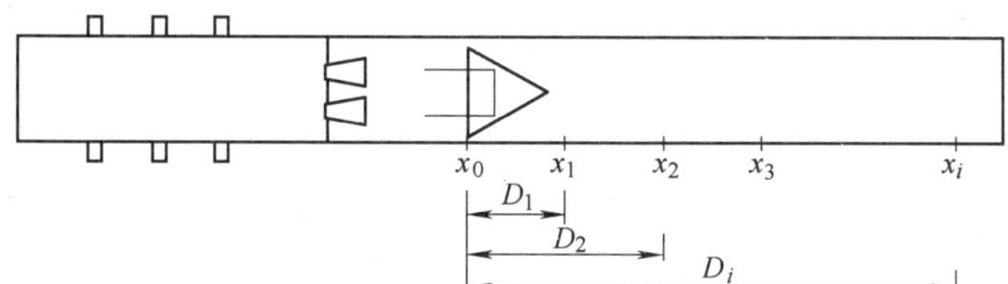

图15-19　根据相移量与反射镜距离之间的关系测定光速

移动棱镜小车，由示波器或相位计依次读取与距离 D_1，D_2，$\cdots$相对应的相移量 ϕ_i。

D_i与 ϕ_i间有

$$\frac{\phi_i}{2\pi} = \frac{2D_i}{\lambda}\qquad \lambda = \frac{2\pi}{\phi_i}\cdot 2D_i$$

求得 λ 后，利用 $c=\lambda f$，得到光速 c。

也可用作图法，以 ϕ 为横坐标、D 为纵坐标，作 D-ϕ 直线，则该直线斜率的 $4\pi f$ 倍即为光速 c。

为了减小由于电路系统附加相移量的变化给位相测量带来的误差，同样应采取 $x_0 - x_1 - x_0$ 及 $x_0 - x_2 - x_0$等顺序进行测量。

操作时移动棱镜小车要快、准，如果两次 x_0位置时的读数值相差0.1度以上，须重测。

（3）等相位测 λ

在示波器上或相位计上取若干个整度数的相位点，如36°、72°、108°等；在导轨上任取一点为 x_0，并在示波器上找出信号相位波形上一特征点作为相位差0°位，拉动棱镜，至某个整相位数时停，迅速读取此时的距离值作为 x_1，并尽快将棱镜返回至0°处，再读取一次 x_0，并要求两次0°时的距离读数误差不要超过1mm，否则须重测。

依次读取相移量 ϕ_i对应的 D_i值，由

$$\lambda = \frac{2\pi}{\phi_i}\cdot 2D_i$$

计算光速值 c。

可以看到，等相位测 λ 法比等距离测 λ 法有较高的测量精度。

【注意事项】

1. 模拟通信收发器使用说明

SO2000 模拟通信发送器、模拟通信接收器以光为载波介质，通过调制和检测信号来演示光通信的基本原理。它可分别配属于 SO2000 声光效应实验仪和 LM2000A 光速测量仪。以下介绍针仪对于 LM2000A 光速测量仪。

（1）连接

所有连接线都是双 Q9 头的信号线。

模拟通信发送器　一根连接线连接“示波器”插口和示波器的一路通道；一根连接线连接“调制”插口和 LM2000A 光速测量仪的“调制”插口。

模拟通信接收器　一根连接线连接“示波器”插口和 LM2000A 光速测量仪的“测相”插口；“光电池”插口不用。

LM2000A 光速测量仪　除以上连线外，再用一根双 Q9 头的信号线连接备用的“测相”插口和示波器的一路通道。

（2）面板介绍

① 模拟通信发送器的“选曲”开关　有两种音乐信号可以调制到光载波上，用此开关选择。

② 模拟通信发送器的“喇叭”开关　用于控制是否监听发送器发送的音频信号。

模拟通信接收器的“音量”旋钮　模拟通信接收器检测出信号后会重放出来，用此旋钮来控制重放音量的大小。

（3）使用

① 接好线，打开所有的电源开关。

② 仔细调节光路，确保光从发射孔发出后准确地由入射孔返回，调节模拟通信接收器的“音量”旋钮，此时，模拟通信接收器应重放出发送器发出的音乐。

③ 可以在示波器上分别观察接收器和发送器的信号波形。请注意，这两路信号的频率相差很大，不可能同时观察它们。

④ 阻挡全部或部分光路，注意接收器接收信号的变化。

2. 影响测量准确度和精度的几个问题

用位相法测量光速的原理很简单，但是为了充分发挥仪器的性能、提高测量的准确度和精度，必须对各种可能的误差来源做到心中有数。下面就这个问题作一些讨论。

由式（15-18）可知

$$\frac{\Delta c}{c}=\sqrt{\left(\frac{\Delta\lambda}{\lambda}\right)^2+\left(\frac{\Delta f}{f}\right)^2} \tag{15-35}$$

式中，$\Delta f/f$ 为频率的测量误差。由于电路中采用了石英晶体振荡器，其频率稳定度为 $10^{-6}\sim10^{-7}$，故本实验中光速测量的误差主要来源于波长测量的误差。下面我们将看到，仪器中所选用的光源的位相一致性好坏、仪器电路部分的稳定性、信号强度的大小以及米尺准确度、噪声等诸因素都直接影响波长测量的准确度和精度。

（1）电路稳定性

我们以主控振荡器的输出端作为位相参考原点来说明电路稳定性对波长测量的影响。参见图 15-20，ϕ_1、ϕ_2分别表示发射系统和接收系统产生的相移，ϕ_3、ϕ_4分别表示混频电路Ⅱ和Ⅰ产生的相移，ϕ 为光在测线上往返传输产生的相移。由图看出，基准信号 u_1 到达测相系统前位相移动了 ϕ_4，而被测信号 u_2 在到达测相系统前的相移为 $\phi_1 + \phi_2 + \phi_3 + \phi$。这样和 u_1 之间的位相差为 $\phi_1 + \phi_2 + \phi_3 - \phi_4 + \phi = \phi' + \phi$。其中 ϕ' 与电路的稳定性及信号的强度有关。如果在测量过程中 ϕ' 的变化很小以致可以忽略，则反射镜在相距为半波长的两点间移动时，ϕ' 对波长测量的影响可以被抵消掉；但如果 ϕ' 的变化不可忽略，显然会给波长的测量带来误差。

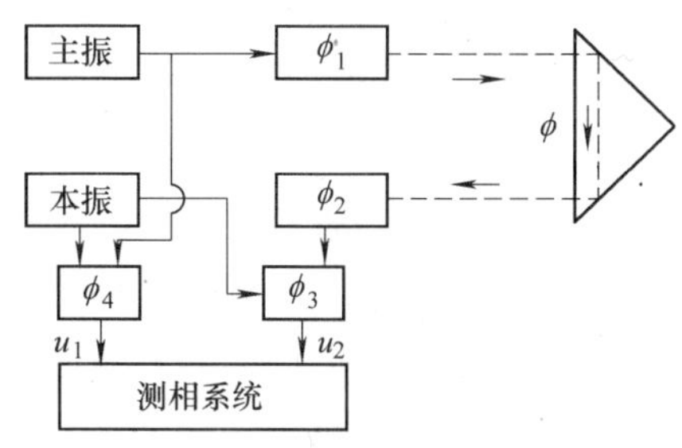

图 15-20　电路系统的附加相移

设反射镜处于位置 B_1 时 u_1 和 u_2 之间的位相差为

$$\Delta\phi_{B1} = \phi'_{B1} + \phi \tag{15-36}$$

反射镜处于位置 B_2 时，u_2 与 u_1 之间的位相差为

$$\Delta\phi_{B2} = \phi'_{B2} + \phi + 2\pi \tag{15-37}$$

那么，由于 $\phi'_{B1} \neq \phi'_{B2}$ 而给波长带来的测量误差为（$\phi'_{B1} - \phi'_{B2}$）/2π。若在测量过程中被测信号强度始终保持不变，则的变化主要来自电路的不稳定因素。然后，电路不稳定造成的 ϕ' 变化是较缓慢的。在这种情况下，只要测量所用的时间足够短，就可以把 ϕ' 的缓慢变化作线性近似，按照图 15-21 中 B_1-B_2-B_1 的顺序读取位相值，以两次 B_1 点位置的平均值作为起点测量波长。用这种方法可以减小由于电路不稳定给波长测量带来的误差。（为什么？）

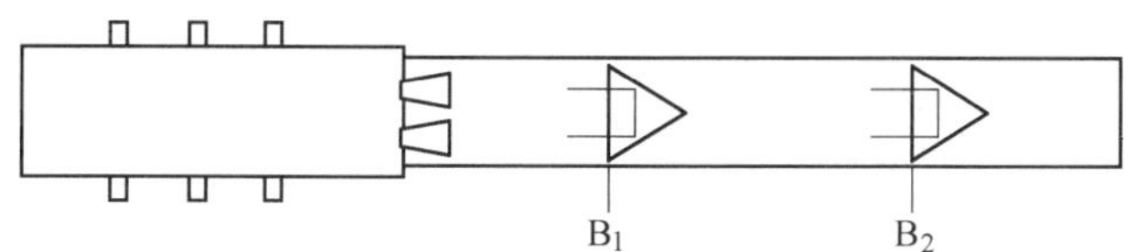

图 15-21　消除随时间作线性变化的系统误差

（2）幅度误差

上面谈到 ϕ' 与信号强度有关，这是因为被测信号强度不同时，图 15-20 所示的电路系统产生的相移量 ϕ_1、ϕ_2、ϕ_3 可能不同，因而 ϕ' 发生变化。通常把被测信号强度不同给位相测量带来的误差称为幅相误差。

（3）照准误差

本仪器采用的 GaAs 发光二极管并非是点光源而是成像在物镜焦面上的一个面光源。由于光源有一定的线度，故发光面上各点通过物镜而发出的平行光有一定的发散角 θ。图 15-22 示意地画出了光源有一定线度时的情形，图中 d 为面光源的直径，L 为物镜的直径，f 为物镜的焦距。由图看出 $\theta = d/f$。经过距离 D 后，发射光斑的直径 $MN = L + \theta D$。比如，设反射器处于位置 B_1 时所截获的光束是由发光面上 a 点发出来的光，反射器处于位置 B_2 时所截获的光束是由 b 点

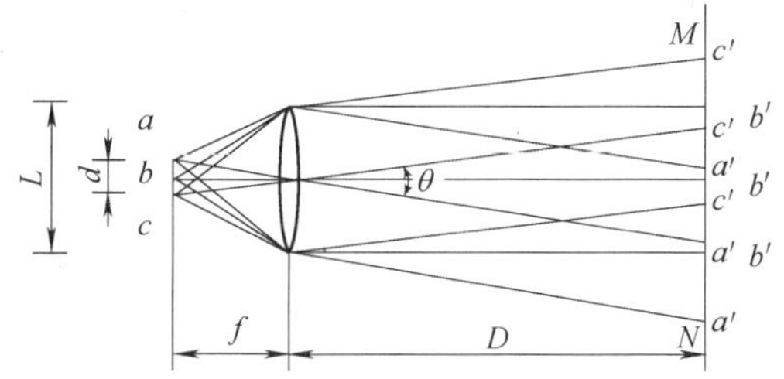

图 15-22　不正确照准引起的测相误差

发出的光；又设发光管上各点的位相不相同，在接通调制电流后，只要 b 点的发光时间相对于 a 点的发光时间有 67ps 的延迟，就会给波长的测量来接近 2cm 的误差（$c \cdot t = 3 \times 10^{10} \times 67 \times 10^{-12} \approx 2.0$）。我们把由于采用发射光束中不同的位置进行测量而给波长的误差称为照准误差。

为了提高测量的准确度，应该在测量过程中进行细心的“照准”，也就是说尽可能截取同一光束进行测量，从而把照准误差限制到最小。

（4）米尺的准确度和读数误差

本实验装置中所用的钢尺准确度为 0.01%。

（5）噪声

我们知道噪声是无规则的，因而它的影响是随机的。信噪比的随机变化会给相测量带来偶然误差。提高信噪比以及进行多次测量，可以减小噪声的影响，从而提高测量精度。

【思考题】

1. 通过实验观察，你认为波长测量的主要误差来源是什么？为提高测量精度需做哪些改进？

2. 本实验所测定的是 100MHz 调制波的波长和频率，能否把实验装置改成直接发射频率为 100MHz 的无线电波并对它的波长和进行绝对测量？为什么？

3. 如何将光速仪改成测距仪？

【参考文献】

[1] 曹尔第. 近代物理实验 [M]. 上海：华东师范大学出版社，1992.

[2] 林木欣. 近代物理实验 [M]. 广州：广东教育出版社，1994.

[3] 吴思诚，王祖铨. 近代物理实验 [M]. 2 版. 北京：北京大学出版社，1995.

[4] 南京浪博科教仪器研究所. LM2000A1 光速测量仪使用说明书/实验指导书. 2000.

实验 16　黑 体 辐 射

【引　言】

1790 年皮克泰（M. A. Pictet）认识到了热辐射问题，1800 年赫谢耳（F. W. Herschel）发现了红外线。1850 年，梅隆尼（M. Melloni）提出在热辐射中存在可见光部分。1860 年基尔霍夫从理论上导入了辐射本领、吸收本领和黑体概念，证明了一切物体的热辐射本领和吸收本领之比等于同一温度下黑体的辐射本领，黑体的辐射本领只由温度决定。他于 1861 年进一步指出，在一定温度下用不透光的壁包围起来的空腔中的热辐射等同于黑体的热辐射。1879 年，斯特藩（J. Stefan）从实验中总结出了物体热辐射的总能量与物体热力学温度四次方成正比的结论。1884 年，玻耳兹曼对上述结论给出了严格的理论证明。1888 年，韦伯（F. Weber）提出了波长与热力学温度之积是一定的，维恩（W. Wien）从理论上进行了证明。黑体辐射实验是量子理论的实验基础，本实验通过对黑体辐射的研究，测定黑体辐射的光谱分布，验证普朗克辐射定律，验证斯特藩-玻耳兹曼定律，验证维恩位移定律，正确认识物质热辐射的量子特性，为进一步学习、研究量子力学打下坚实的基础。

【实验目的】

1. 掌握和了解黑体辐射的光谱分布——普朗克辐射定律。
2. 掌握和了解黑体辐射的积分辐射——斯特藩玻尔兹曼定律。
3. 掌握和了解维恩位移定律。

【实验原理】

黑体是指能够完全吸收所有外来辐射的物体，处于热平衡时，黑体吸收的能量等于辐射的能量，由于黑体具有最大的吸收本领，因而黑体也就具有最大的辐射本领。这种辐射是一种温度辐射，辐射的光谱分布只与辐射体的温度有关，而与辐射方向及周围环境无关。一般辐射体其辐射本领和吸收本领都小于黑体，并且辐射能力不仅与温度有关，而且与表面材料的性质有关。实验中对于辐射能力小于黑体，但辐射的光谱分布与黑体相同的辐射体称为灰体。由于标准黑体的价格昂贵，本实验用钨丝作为辐射体，通过一定修正替代黑体进行辐射测量及理论验证。

1. 黑体辐射的光谱分布

19 世纪末，许多著名的科学家（包括诺贝尔奖获得者）对于黑体辐射进行了大量实验研究和理论分析，实验测出黑体的辐射能量在不同温度下与辐射波长的关系曲线如图 16-1 所示。

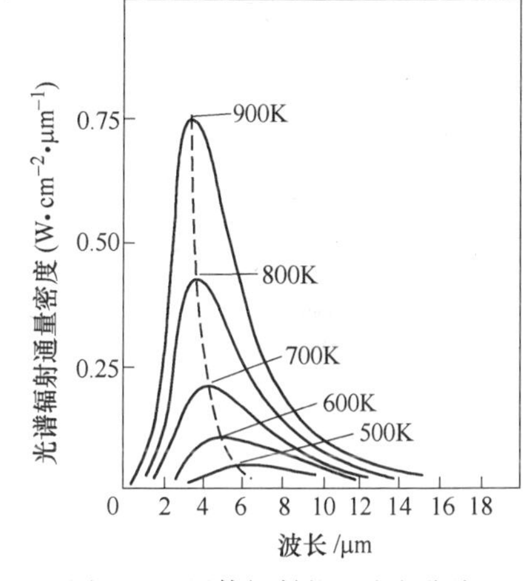

图 16-1　黑体辐射能量分布曲线

对于此分布曲线的理论分析，历史上曾引起了一场巨大的风波，从而导致物理世界图像的根本变革。维恩试图用热力学的理论并加上一些特定的假设得出一个分布公式——维恩公式。这个分布公式在短波部分与实验结果符合较好，而长波部分偏离较大。瑞利和金斯利用经典电动力学和统计物理学也得出了一个分布公式，他们得出的公式在长波部分与实验结果符合较好，而在短波部分则完全不符。因此经典理论遭到了严重失败，物理学历史上出现了一个变革的转折点。普朗克研究这个问题时，本着从实际出发，并大胆引入了一个史无前例的特殊假设：一个原子只能吸收或者发射不连续的一份一份的能量，这个能量份额正比于它的振荡频率。并且这样的能量份额值必须是能量单元 $h\nu$ 的整数倍，即能量子的整数倍。h 即是普朗克常数。由此得到了黑体辐射的光谱分布辐射度公式：

$$E_{\lambda T}=\frac{c_1}{\lambda^5\left(e^{\frac{c_2}{\lambda T}}-1\right)}(\mathrm{W}\cdot\mathrm{m}^{-2}) \tag{16-1}$$

式中，第一辐射常数 $c_1=2\pi hc^2=3.74\times10^{-16}\mathrm{W}\cdot\mathrm{m}^2$；第二辐射常数 $c_2=hc/k=1.4388\times10^{-2}\mathrm{m}\cdot\mathrm{K}$。

黑体光谱辐射亮度由下式给出

$$L_{\lambda T}=\frac{E_{\lambda T}}{\pi}(\mathrm{W}\cdot\mathrm{sr}^{-1}\cdot\mathrm{m}^{-2}) \tag{16-2}$$

2. 黑体的积分辐射——斯特藩-玻耳兹曼定律

斯特藩和玻耳兹曼先后（1879 年）从实验和理论上得出黑体的总辐射通量与黑体的热力学温度 T 的四次方成正比，即

$$E_T = \int_0^\infty E_{\lambda T}\mathrm{d}\lambda = \delta \cdot T^4 \ (\mathrm{W \cdot m^{-2}}) \tag{16-3}$$

式中，T 为黑体的热力学温度；δ 为斯特藩-玻耳兹曼常数，其值

$$\delta = \frac{2\pi^5 k^4}{15h^3c^2} = 5.6705 \times 10^{-8} (\mathrm{W \cdot m^{-2} \cdot K^{-4}}) \tag{16-4}$$

式中，k 为玻耳兹曼常数；h 为普朗克常量；c 为光速。

由于黑体辐射是各向相同的，所以其辐射亮度与辐射度的关系为

$$L = E_T/\pi \tag{16-5}$$

于是，斯特藩-玻耳兹曼定律的辐射亮度表达式为

$$L = \delta T^4/\pi (\mathrm{W \cdot sr^{-1} \cdot m^{-2}}) \tag{16-6}$$

3. 维恩位移定律

诺贝尔物理学奖获得者维恩于 1893 年通过实验与理论分析，得到光谱亮度的最大值的波长 $\lambda_{\max}$ 与黑体的热力学温度 T 成反比，即

$$\lambda_{\max} = A/T \tag{16-7}$$

式中，A 为常数，$A = 2.896 \times 10^{-3}$（m · K）。

光谱亮度的最大值为

$$L_{\max} = 4.10T^5 \times 10^{-6} (\mathrm{W \cdot sr^{-1} \cdot m^{-3} \cdot K^{-5}})$$

随温度的升高，绝对黑体光谱亮度的最大值的波长向短波方向移动。

4. 黑体修正

本实验用溴钨灯的钨丝作为辐射体，由于钨丝灯是一种选择性的辐射体，与标准黑体的辐射光谱有一定的偏差，因此必须进行一定的修正。钨丝灯辐射光谱是连续光谱，其总辐射本领 R_T 由下式给出：

$$R_T = \varepsilon_T \sigma T^4 \tag{16-8}$$

式中，ε_T 为钨丝的温度为 T 时的总辐射系数，其值为该温度下钨丝的辐射强度与绝对黑体的辐射强度之比，即

$$\varepsilon_T = R_T/E_T \tag{16-9}$$

钨丝灯的辐射光谱分布为

$$R_{\lambda T} = \frac{c_1 \varepsilon_{\lambda T}}{\lambda^5 (e^{\frac{c_2}{\lambda T}} - 1)} \tag{16-10}$$

通过钨丝灯的辐射系数及测得的钨丝灯辐射光谱，用以上公式即可将钨丝灯的辐射光谱修正为绝对黑体的辐射光谱，从而进行黑体辐射定律的验证。

本实验通过计算机自动扫描系统和黑体辐射自动处理软件，可对系统扫描的谱线进行传递修正以及黑体修正，并给定同一色温下的绝对黑体的辐射谱线，以便进行比较验证。溴钨灯的工作电流与色温对应关系如表 16-1 所示。

表 16-1　溴钨灯的工作电流与色温的对应关系

电流/A	色温/K	电流/A	色温/K
1.40	2220	2.00	2600
1.50	2330	2.10	2680
1.60	2380	2.20	2770
1.70	2450	2.30	2860
1.80	2500	2.50	2940
1.90	2550		

【实验仪器】

WGH-10 型黑体实验装置，由光栅单色仪、接收单元、扫描系统、电子放大器、A/D 采集单元、电压可调的稳压溴钨灯光源、计算机及输出设备组成。该设备集光学、精密机械、电子学、计算机技术于一体，光路图如图 16-2 所示。

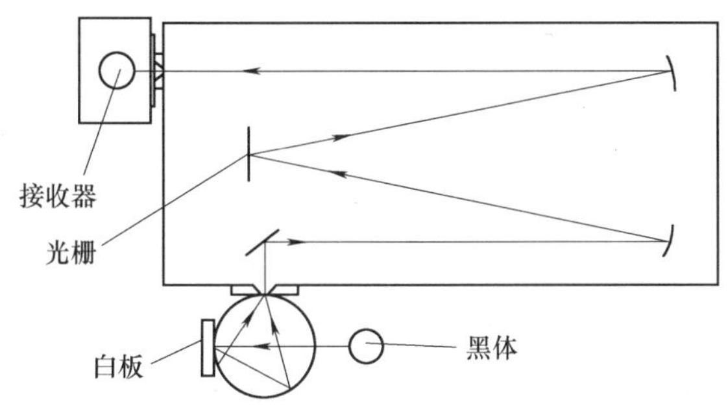

图 16-2　黑体辐射实验光路图

【实验内容】

1. 打开黑体辐射实验系统电控箱电源及溴钨灯电源开关。
2. 打开显示器电源开关及计算机电源开关启动计算机。
3. 双击“黑体”图标，进入黑体辐射系统软件主界面，设置：“工作方式”—“模式”为“能量”，“间隔”为“2nm”；“工作范围”—“起始波长”为“800.0nm”，“终止波长”为“2500.0nm”，“最大值”为“10000.0”、“最小值”为“0.0”。“传递函数”框为缺选，“修正为黑体”为缺选。
4. 调节溴钨灯工作电流为 2.50A，即色温为 2940K，点击“单程”计算传递函数。
5. 选中并点击“传递函数”、“修正为黑体”。
6. 点击黑体扫描记录溴钨灯光源在传递函数修正和黑体修正后的全谱存于寄存器 -1 内。
7. 改变溴钨灯工作电流，在表 16-1 中任选 5 个电流值，分别进行黑体扫描记录，输入相应的参数并分别存于 5 个寄存器内。
8. 分别对各个寄存器内的数据进行归一化。
9. 验证普朗克辐射定律（取五个点）。

10. 验证斯特藩-玻耳兹曼定律。
11. 验证维恩位移定律。
12. 将以上所测辐射曲线与绝对黑体的理论曲线进行比较并分析之。

【实验数据及数据处理】

1. 验证普朗克辐射定律（取五个点）

I	T	λ/nm	$E_{\lambda T}$（理）	$E_{\lambda T}$（实）	η
2.50	2940	961.1	2828.4		
2.30	2860	1018.7	2467.4		
2.20	2770	1006.1	2095.4		
2.00	2600	1086.2	1529.8		
1.90	2550	1078.1	1381.2		

2. 验证斯特藩-玻耳兹曼定律

T	2940	2860	2770	2600	2550
E_T	3.9143	3.5290	3.0782	2.3570	2.1827
T^4(10^{13})	7.4712	6.6909	5.8873	4.5698	4.2283
σ（10^{-14}）					
$\overline{\sigma}$					
σ（理）	5.670				
η					

3. 验证维恩位移定律

λ_{max}/nm	961.1	1017.8	1008.8	1058.3	1113.2
T（K）	2940	2860	2770	2600	2550
A					
$\overline{A}$					
A（理）	2.896				
η					

【注意事项】

1. 应先打开黑体实验装置，再运行程序，否则程序将报告硬件未准备好。

2. 实验结束前，应先用检索功能将当前波长检索到800nm，使机械系统受力最小，然后关闭应用程序，最后关闭黑体实验装置和溴钨灯。

3. 调整狭缝时请注意调整范围（1~2.5mm），不可过大或过小，以免造成对狭缝的损坏。

4. 实验测得的数据是相对值。

【思考题】

1. 实验为何能用溴钨灯进行黑体辐射测量并进行黑体辐射定律验证？

2. 实验数据处理中为何要对数据进行归一化处理？
3. 实验中使用的光谱分布辐射度与辐射能量密度有何关系？

【参考文献】

[1] 汪志诚. 热力学统计物理 [M]. 4 版. 北京：高等教育出版社，2008.
[2] 黄昆. 固体物理学 [M]. 北京：高等教育出版社，1979.
[3] 天津港东编. WGH-10 型黑体实验装置说明书. 2009.

实验 17　氢原子光谱及里德伯常量的测量

【引　言】

20 世纪上半世纪中对氢原子光谱的种种研究在量子论的发展中多次起过重要作用。1913 年玻尔建立了半经典的氢原子理论，成功地解释了包括巴耳末线系在内的氢光谱的规律。事实上氢的每一谱线都不是一条单独的线，换言之，都具有精细结构，不过用普通的光谱仪器难以分析，因而被当做单独一条而已。这一事实意味着氢原子的每一能级都具有精细结构。1916 年索末菲考虑到氢原子中电子在椭圆轨道上近日点的速度已经接近光速，他根据相对论力学修正了玻尔的理论，得到了氢原子能级精细结构的精确公式，但这仍是一个半经典理论的结果。1925 年薛定谔建立了波动力学（即量子力学中的薛定谔方程），重新解释了玻尔理论所得到的氢原子能级。不久，海森伯和约丹（1926 年）根据相对论性薛定谔方程推得一个比索末菲所得的在理论基础上更加坚实的结果；将这结果与托马斯（1926 年）推得的电子自旋轨道相互作用的结果合并起来，也得到了精确的氢原子能级精细结构公式。尽管如此，根据该公式所得巴耳末系第一条的（理论）精细结构与不断发展着的精密测量中所得实验结果相比，仍有约百分之几的微小差异。1947 年蓝姆和李瑟福用射频波谱学方法进一步肯定了氢原子第二能级中轨道角动量为零的一个能级确实比上述精确公式所预言的高出 1057MHz（乘以普朗克常量即得相应的能量值），这就是有名的蓝姆移动。直到 1949 年，利用量子电动力学理论将电子与电磁场的相互作用考虑在内，这一事实才得到了解释，成为量子电动力学的一项重要实验根据。

【实验目的】

1. 观察氢原子的可见光谱。
2. 了解读谱仪的结构，掌握读谱仪的调节与使用方法。
3. 通过测量氢原子可见光谱线的波长，验证巴耳末公式。
4. 测定氢原子的里德伯常量。

【实验原理】

1. 氢原子光谱线公式

在可见光区中氢的谱线可以用巴耳末的经验公式（1885 年）来表示，即

$$\lambda = \lambda_0 \frac{n^2}{n^2 - 4} \tag{17-1}$$

式中，n 为整数 3，4，5，…。通常这些氢谱线为巴耳末线系。为了更清楚地表明谱线分布的规律，将式（17-1）改写作

$$\frac{1}{\lambda}=\frac{4}{\lambda_0}\left(\frac{1}{4}-\frac{1}{n^2}\right)=R_{\mathrm{H}}\left(\frac{1}{2^2}-\frac{1}{n^2}\right) \tag{17-2}$$

式中，R_{H}称为氢的里德伯常量。上右侧的整数 2 换成 1，3，4，…，可得氢的其他线系。以这些经验公式为基础，玻尔建立了氢原子的理论（玻尔模型），并从而解释了气体放电时的发光过程。根据玻尔理论，每条谱线对应于原子从一个能级跃迁到另一个能级所发射的光子。按照这个模型得到巴耳末线系的理论公式为

$$\frac{1}{\lambda}=\frac{1}{(4\pi\varepsilon_0)^2}\frac{2\pi^2me^4}{h^3c\left(1+\frac{m}{M}\right)}\left(\frac{1}{2^2}-\frac{1}{n^2}\right) \tag{17-3}$$

式中，ε_0 为真空中介电常数；h 为普朗克常量；c 为光速；e 为电子电荷；m 为电子质量；M 为氢核的质量。这样，不仅给予巴耳末的经验公式以物理解释，而且里德伯常量和许多基本物理常量联系起来了，即

$$R_{\mathrm{H}}=R_{\infty}\left(1+\frac{m}{M}\right)^{-1} \tag{17-4}$$

其中，R_{∞} 为将核的质量视为 ∞（即假定核固定不动）时的里德伯常量，即

$$R_{\infty}=\frac{1}{(4\pi\varepsilon_0)^2}\frac{2\pi^2me^4}{h^3c} \tag{17-5}$$

比较式（17-2）和式（17-3），可以看出它们在形式上是一样的。因此，式（17-3）和实验结果的符合程度成为检验玻尔理论正确性的重要依据之一。实验表明，式（17-3）与实验数据的符合程度是相当高的。当然，就其对理论发展的作用来讲，验证式（17-3）在目前的科学研究不再是个问题。但是，由于里德伯常量的测定比起一般的基本物理常量来可以达到更高的精度，因而，成为调准基本物理常量值的重要依据之一，占有重要的地位。目前的公认值为

$$R_{\infty}=(10973731.534\pm0.013)\,\mathrm{m}^{-1}$$

设 m_{p} 为质子的质量，则

$$m/m_{\mathrm{p}}=(5446170.13\pm0.11)\times10^{-10}$$

代入式（17-4）中可得

$$R_{\mathrm{H}}=(10967758.306\pm0.013)\,\mathrm{m}^{-1}$$

氢原子光谱系如表 17-1 所示。

表 17-1 氢原子光谱系

k	1	2	3	4	5	6
n	2、3、…	3、4…	4、5、…	5、6、…	6、7、…	7、8、…
谱系名	赖曼	巴耳末	帕邢	布喇开	普芳德	…
区段	紫外	可见	红外	红外	远红外	…
极限波长/nm (k^2/R_{H})	91.13	364.51	820.14	1.458×10^3	2.278×10^3	…

2. 曲线拟合法

在式（17-2）和式（17-3）中，不同的 k 对应不同的线系，不同的 n 对应同一线系中不同的谱线。注意到谱线位置的测量值是相对的，所以必须用已知波长的谱线作为基准。在本实验中的基准是氦氖灯的谱线。实验方法是先分别通过目镜观察氦氖谱线和氢谱线，然后用读数显微镜测出氢红谱线（波长为 λ_H）及其两侧近邻的（已知波长分别为 λ_1 和 λ_2）氦氖谱线的位置 y_1、y_H 和 y_2。假定波长与位置间呈线性关系，由下面的式（17-6）可算出 λ_H 的计算值 λ'_H，如图 17-1 所示。

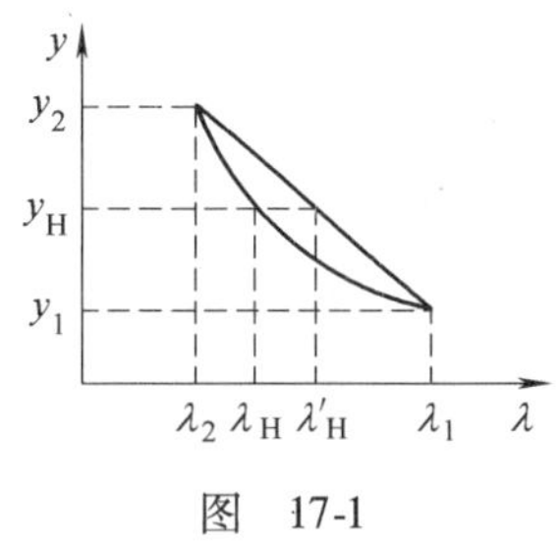

图　17-1

$$\lambda'_H = \lambda_1 - \frac{y_H - y_1}{y_2 - y_1}(\lambda_1 - \lambda_2) \qquad (17\text{-}6)$$

很明显，由式（17-6）求出的波长是不准确的，因为实际上光谱线的波长和位置并不成线性关系。假定谱线位置与波长间满足

$$y = \frac{B}{\lambda - \lambda_0} + A \qquad (17\text{-}7)$$

如果知道 A、B、λ_0 三个常数，则位置 y 与波长就一一对应。为决定这三个常数，要采用最小二乘法。其基本思想是选取常数使得由式（17-7）决定的曲线离已知点的距离最近，如图 17-2 所示。计算机拟合曲线的步骤是：

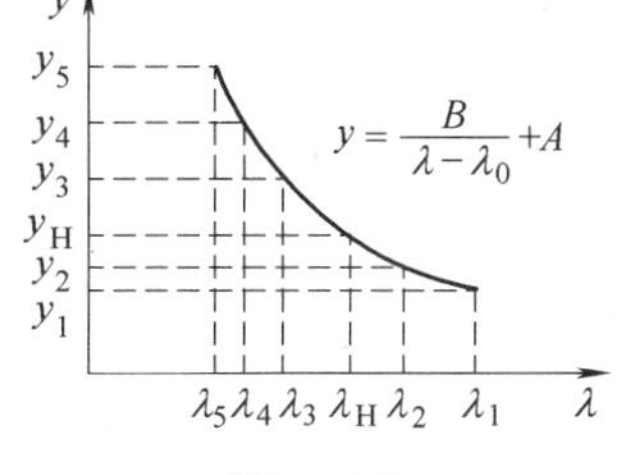

图　17-2

（1）预先设定某一 λ_0 值。

（2）根据实验数据 y_i 和 λ_i（$i = 1$、2、3、4、5），计算中间变量 $x_i = 1/(\lambda_i - \lambda_0)$。

（3）对 y_i 和 x_i 作线性回归，求出系数 B 及常数 A，同时求出

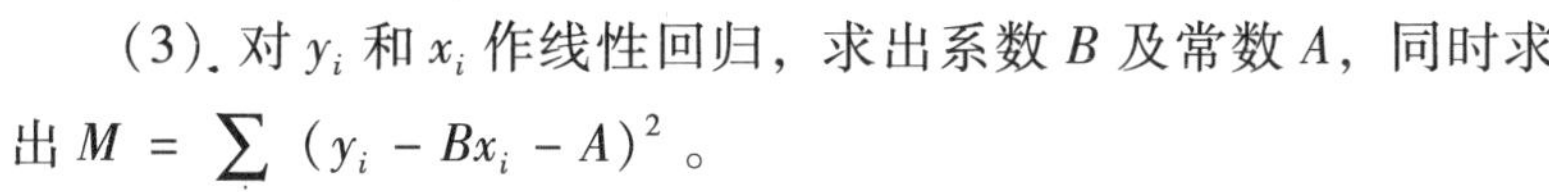

$M = \sum_i (y_i - Bx_i - A)^2$。

（4）对不同的 λ_0 值重复上述步骤，比较所得的 M 值，最后用逐次逼近法求出一个 $\lambda_0 = \lambda_c$，使 M 取最小值。

（5）$y = \dfrac{B}{\lambda - \lambda_c} + A$ 即为所求函数。

根据棱镜色散参数及摄谱仪结构参数进行具体的计算表明，在可见光范围内，当 $\lambda_1 - \lambda_5 \leqslant 80\text{nm}$ 时，拟合过程本身所产生的附加误差不大于位置读数偏差 0.001mm 所对应的误差分量，也就是说拟合方法本身所产生的附加误差可以忽略不计。

【实验仪器】

实验器材有 WPL-2 型读谱仪、氢灯、氦氖灯、会聚透镜。

WPL-2 型读谱仪装置简图如图 17-3 所示。

读谱仪是由棱镜摄谱仪改进设计而成。它是利用棱镜分光来观察光谱的光学仪器。其结构大致可以分为三部分：平行光管系统、色散系统、接收系统。

（1）平行光管系统　平行光管系统包括入射狭缝和入射物镜。入射物镜的作用是使入射狭缝发出的光线变成平行光，所以入射狭缝应放在入射物镜的焦平面上。

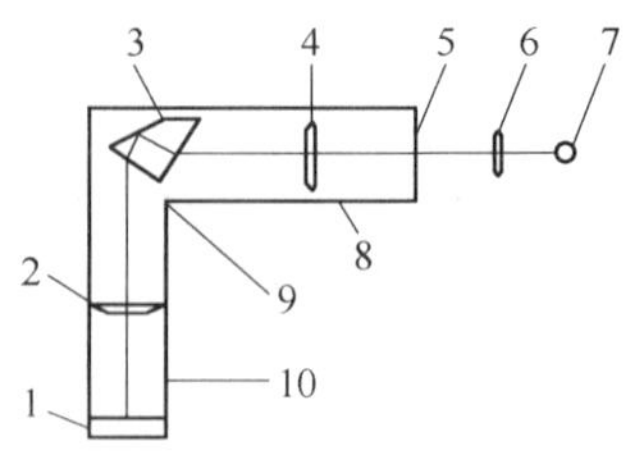

图 17-3 WPL-2 型读谱仪装置简图

1—目镜 2—出射物镜 3—恒偏向棱镜 4—入射物镜 5—入射狭缝 6—会聚透镜 7—光源 8—平行光管系统 9—色散系统 10—接收系统

(2) 色散系统 色散系统实际上就是一个恒偏向棱镜，如图 17-4 所示。它的作用是将光束分解，使不同波长的单色光束沿不同的方向射出。符合最小偏向角条件的单色光，其入射光束和出射光束的夹角为 90°。

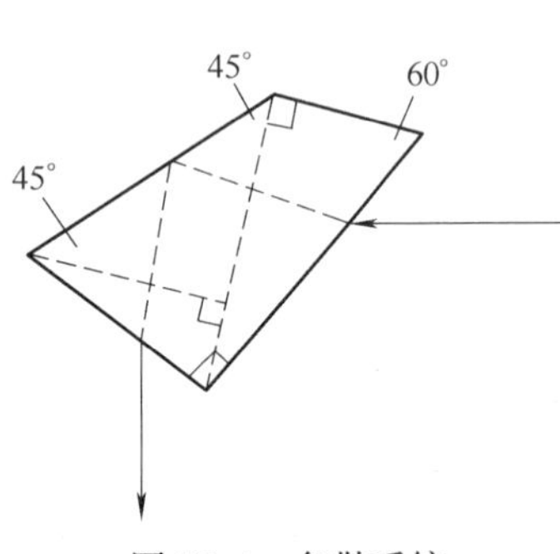

图 17-4 色散系统

(3) 接收系统 接收系统由出射物镜及放在该物镜焦平面上的目镜组成。不同方向的单色光束经出射物镜聚焦，在其焦平面上得到连续或不连续的依照波长次序排列的入射狭缝的单色像，即光谱。读不同位置处的谱线时，可以使用水平方向左右移动的手轮、丝杠、滑块、导轨和支架，还包括读出目镜位置用的标尺和 100 分度的手轮刻度。手轮转一圈，目镜平移 1mm，每分度 0.01mm，要求估读到 0.1 分度。目镜内的叉丝用来对准被测谱线的中心。

【实验内容】

1. 中心波长调节。中心波长调节就是棱镜位置调节。为了在读谱时能将在可见光范围内的氢谱线清晰读出，则要将固定波长的谱线置于看谱管的中间，称为中心波长，使之与看谱管视场内的小指针对齐。本实验的中心波长采用汞谱中 435.8nm 谱线。点燃汞灯，打开狭缝，移动会聚透镜，使汞灯成像在狭缝上。旋转波长鼓轮，当波长鼓轮转到 435 刻线时，调整恒偏棱镜的位置，在看谱管视场内小指针尖端指在 435.8nm 时压紧恒偏向棱镜（此步骤实验室已调好）。

2. 观察氦氖光谱。点燃氦氖灯，调整会聚透镜的位置，聚焦于狭缝附近，调整灯位置，使灯像与狭缝重合。从测目镜中观察氦氖谱线，调整会聚透镜的位置使谱线最清晰。

3. 转动测微目镜鼓轮，使主尺位于 5mm 附近。微调测微目镜倾角，使十字叉丝交点位于红光谱区。

4. 把氦氖灯换成氢灯，调节测微目镜倾角使氢红线清晰，把十字叉丝交点对准氢红线。

5. 再换成氦氖灯，依次记录氢红线左侧 1、2 谱线（波长 λ_1、λ_2 已知，见表 17-2）位置 y_1、y_2。谱线位置如图 17-5 所示（注意：测位置时使鼓轮从左向右沿一个方向转动，以消除空程差）。

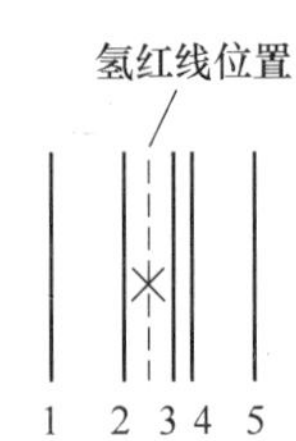

图 17-5 氦氖灯谱线位置

6. 再换成氢灯，测出氢红线位置 y_H（此时测 y_H，就是为防止鼓轮倒转）。

7. 再换成氦氖灯，依次记录氢红线右侧 3、4、5 谱线（波长 λ_3、λ_4、λ_5 已知，见表 17-2）位置 y_3、y_4、y_5。

8. 重复测量三次。把测量结果填入表 17-2 中。

表　17-2

	序号	波长 λ/nm	位置 y/mm		
			第　一　次	第　二　次	第　三　次
氦氖谱线	1	667.8276			
	2	659.8953			
	3	653.2880			
	4	650.6530			
	5	640.2250			
氢红谱线	位置 y_{Hi}/mm				
	波长 λ_{Hi}/nm				
	$\overline{\lambda}_H$				

（1）利用计算机算出氢红线波长 λ_{H1}、λ_{H2}、λ_{H3}。求出平均值 $\overline{\lambda}_H$，填入表 17-2 中。

（2）求真空中氢红线的波长 $\lambda_H = n\overline{\lambda}_H$（空气的折射率 $n = 1.00028$）。

（3）求里德伯常数。把 λ_H 代入式

$$\frac{1}{\lambda_H} = R_H\left(\frac{1}{2^2} - \frac{1}{3^2}\right)$$

求得 $R_{H实}$，并与公认值 $R_H = (10967758.306 \pm 0.013)\,m^{-1}$ 相比较，并求出相对误差。

【注意事项】

1. 摄谱仪是贵重精密仪器，使用时必须小心爱护。特别是狭缝，实验室已调好，不宜再动。仪器不用时，要随时关闭遮光板和装上底片匣，以保护狭缝和防尘。

2. 调节光源时，必须按安全操作规程进行。

【思考题】

1. 在可见光范围内可以观察到几条氢原子谱线（已知可见光的波长范围是 455 ~780nm）？
2. 为什么测位置时要使鼓轮从左向右沿一个方向转动？
3. 对氦氖谱线位置的测定在本实验中起什么作用？

实验 18　原子吸收光谱的测量

【引　言】

原子吸收光谱法又称原子吸收分光光度分析法（Atom Absorption Spectroscopy）。于 20 世纪 50 年代由澳大利亚物理学家瓦尔什（A. Walsh）提出，并在 60 年代发展起来的一种金属元素分析方法。它是基于含待测组分的原子蒸气对自己光源辐射出来的待测元素的特征谱

线（或光波）的吸收作用来进行定量分析的。由于原子吸收分光光度计中所用空心阴极灯的专属性很强，因此，一般不会发射那些与待测金属元素相近的谱线，所以，原子吸收分光光度法的选择性高，干扰较少且易克服。而且在一定的实验条件下，原子蒸气中的基态原子数比激发态原子数多得多，故测定的是大部分的基态原子，这就使得该法测定的灵敏度较高。由此可见，原子吸收分光光度法是特效性、准确性和灵敏度都很好的一种金属元素定量分析法。

【实验目的】

1. 掌握原子吸收分光光度法分析金属元素的工作原理。
2. 掌握原子吸收分光光度计的实验技术。

【实验原理】

原子光谱是由于其价电子在不同能级间发生跃迁而产生的。当原子受到外界能量的激发时，根据能量的不同，其价电子会跃迁到不同的能级上。电子从基态跃迁到能量最低的第一激发态时要吸收一定的能量，同时由于其不稳定，会在很短的时间内跃迁回基态，并以光波的形式辐射出同样的能量。这种谱线称为共振发射线（简称共振线）；使电子从基态跃迁到第一激发态所产生的吸收谱线称为共振吸收线（亦称共振线）。

根据 $\Delta E=h\nu$ 可知，各种元素的原子结构及其外层电子排布的不同，则核外电子从基态受激发而跃迁到其第一激发态所需要的能量也不同，同样，再跃迁回基态时所发射的光波频率即元素的共振线也就不同，所以，这种共振线就是所谓的元素的特征谱线。加之从基态跃迁到第一激发态的直接跃迁最易发生，因此，对于大多数的元素来说，共振线就是元素的灵敏线。

在原子吸收分析中，就是利用处于基态的待测原子蒸气对从光源辐射的共振线的吸收来进行的。

吸收定律与谱线轮廓：

让不同频率的光（入射光强度为 $I_{0\nu}$）通过待测元素的原子蒸气，则有一部分光将被吸收，其透光强度 I_ν 与原子蒸气的宽度 L（即火焰的宽度）的关系，同有色溶液吸收入射光的情况类似，遵从 Lembert 定律：

$$A=\lg I_{0\nu}/I_\nu=K_\nu\cdot L \tag{18-1}$$

其中，K_ν 为吸光系数，所以有

$$I_\nu=I_{0\nu}\cdot \mathrm{e}^{-K_\nu\cdot L} \tag{18-2}$$

吸光系数 K_ν将随光源频率的变化而变化。

这种情况可称为原子蒸气在特征频率 ν_0处有吸收线。若将 K_ν随 ν 的变化关系作图则可得图 18-1b。原子从基态跃迁到激发态所吸收的谱线并不是绝对单色的几何线，而是具有一定的宽度，常称为谱线的轮廓（形状）。此时可用吸收线的半宽度（$\Delta\nu$）来表示吸收线的轮廓。图中，ν_0称为中心频率，$\Delta\nu$ 为吸收线半宽度（0.001 ~0.005Å）。当然，共振发射线也有一定的谱线宽度，不过要小得多（0.0005 ~0.002Å）

在原子吸收分析中，常将原子蒸气所吸收的全部能量称为积分吸收，即吸收线下所包括的整个面积。依据经典色散理论，积分吸收与原子蒸气中基态原子的密度有如下关系：

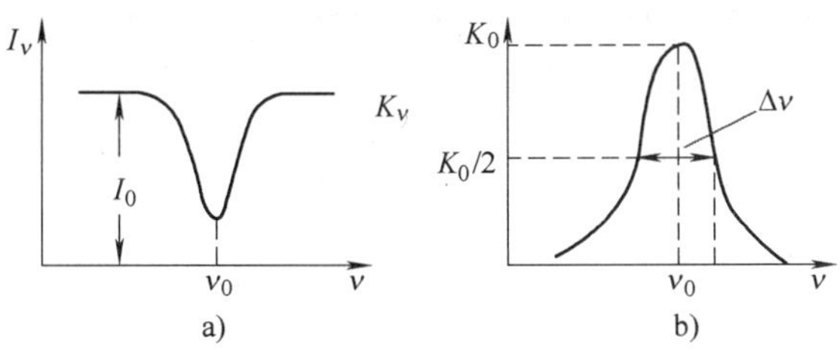

图 18-1　a）吸收强度与频率关系，b）谱线轮廓

$$\int K_\nu \mathrm{d}\nu = (e^2/mc) \cdot N_0 \cdot f \tag{18-3}$$

式中，e 为电子电荷；m 为电子质量；c 为光速；N_0为单位体积的原子蒸气中吸收辐射的基态原子数，即原子密度；f 为振子强度（代表每个原子中能够吸收或发射特定频率光的平均电子数，通常可视为定值）。

式（18-3）表明，积分吸收与单位体积原子蒸气中吸收辐射的原子数成简单的线性关系，它是原子吸收分析法的一个重要理论基础。因此，若能测定积分值，即可计算出待测元素的原子密度，从而使原子吸收分析法成为一种绝对测量法。但要测得半宽度为 0.001 ~ 0.005Å 的吸收线的积分值是相当困难的。所以，直到 1955 年才由 A. Walsh 提出解决的办法。即：以锐线光源（能发射半宽度很窄的发射线的光源）来测量谱线的峰值吸收，并以峰值吸收值来代表吸收线的积分值。

根据光源发射线半宽度 $\Delta\nu_e$小于吸收线的半宽度 $\Delta\nu_a$的条件，经过数学推导与数学上的处理，可得到吸光度与原子蒸气中待测元素的基态原子数存在线性关系，即

$$A = kN_0L \tag{18-4}$$

为实现峰值吸收的测量，除要求光源的发射线半宽度 $\Delta\nu_e < \Delta\nu_a$外，还必须使发射线的中心频率（$\nu_0$）恰好与吸收线的中心频率（$\nu_0$）相重合。这就是为什么在测定时需要一个用待测元素的材料制成的锐线光源作为特征谱线发射源的原因。

在原子吸收分析仪中，常用火焰原子化法把试液进行原子化，且其温度一般小于 3000K。在这个温度下，虽有部分试液原子可能被激发为激发态原子，但大部分的试液原子是处于基态。也就是说，在原子蒸气中既有激发态原子也有基态原子，且两状态的原子数之比在一定的温度下是一个相对确定的值，它们的比例关系可用玻尔兹曼（Boltzmann）方程式来表示，即

$$N_j/N_0 = (P_j/P_0)\mathrm{e}^{-(E_j-E_0)/kT} \tag{18-5}$$

式中，N_j与 N_0分别为激发态和基态原子数；P_j与 P_0分别为激发态和基态能级的统计权重；k 为玻尔兹曼常数；T 为热力学温度。

对共振吸收线来说，电子从基态跃迁到第一激发态，则 $E_0=0$，所以

$$N_j/N_0 = (P_j/P_0)\mathrm{e}^{-E_j/kT} = (P_j/P_0)\mathrm{e}^{-h\nu/kT} \tag{18-6}$$

在原子光谱法中，对于一定波长的谱线，P_j/P_0和 E_j均为定值，因此，只要 T 值确定，则 N_j/N_0即为可知。

由于火焰原子化法中的火焰温度一般都小于 3000K，且大多数共振线的频率均小于 6000Å，因此，多数元素的 N_j/N_0都较小（$<1\%$），所以，在火焰中激发态的原子数远远小

于基态原子数，故而可以用 N_0 代替吸收发射线的原子总数。但在实际工作中测定的是待测组分的浓度，而此浓度又与待测元素吸收辐射的原子总数成正比，因而，在一定的温度和一定的火焰宽度（L）条件下，待测试液对特征谱线的吸收程度（吸光度 A）与待测组分的浓度 C 的关系符合比耳定律：

$$A = K'C \tag{18-7}$$

所以，原子吸收分析法可通过测量试液的吸光度即可确定待测元素的含量。

【实验仪器】

1. 原子吸收光谱仪的基本组成

原子吸收光谱仪（图 18-2）有以下几个最基本的组成部分：光源、原子化器、单色器和检测器。

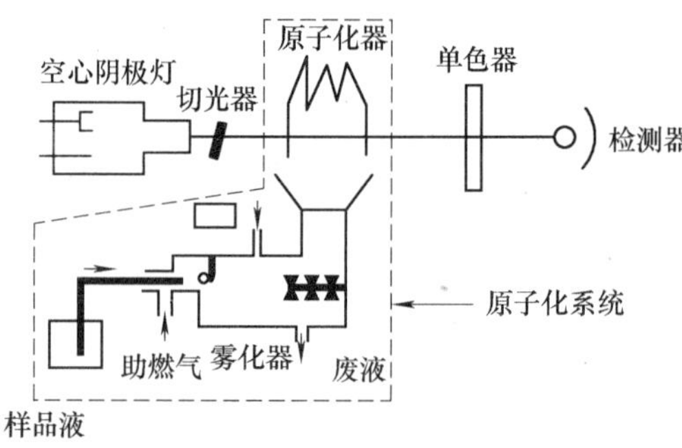

图 18-2 原子吸收光谱仪结构示意图

（1）光源

提供含有待测元素的特征辐射光谱。常见的有空芯阴极灯、无极放电灯和高强度空芯阴极灯。

优良的光源应具有下列的性能：

① 使用寿命长，一般要求达到 5000mA·h。

② 发射的共振线强度高。

③ 共振线宽度窄。

④ 背景强度低，低于特征共振辐射强度的 1%。

⑤ 稳定性好，预热 30min 后，在 30min 内，漂移应小于 1%。

（2）原子化器

在原子吸收光谱分析将样品中被分析元素成转化成基态自由原子，是原子吸收光谱仪中最重要和最关键的部件，是直接决定仪器分析灵敏度的关键因素。常用的原子化器有火焰原子化器、石墨炉原子化器和低温原子化器。

（3）单色器

目前商品原子吸收光谱仪普遍采用光栅单色器。单色器由入射狭缝、准直镜、光栅、成像物镜和出口狭缝组成。单色器的作用是将待测元素的共振线分出而把其他波长的谱线隔掉，仅让共振线通过出射狭缝照射到光电倍增管上。

（4）检测器

光谱仪器中，检测器用来完成光电信号的转换，即将光信号转化成电信号。原子吸收光谱仪通常是采用光电倍增管准确地将光强测出，转换成电信号。元素灯发出的光谱线被待测元素的基态原子吸收后，经单色器分选出特征的光谱线，送入光电倍增管中，将光信号转变为电信号，此信号经前置放大和交流放大后，进入解调器进行同步检波，得到一个和输入信号成正比的直流信号。再把直流信号进行对数转换、标尺扩展，最后用读数器读数或记录。

2. 原子吸收光谱仪系统框图（图 18-3）

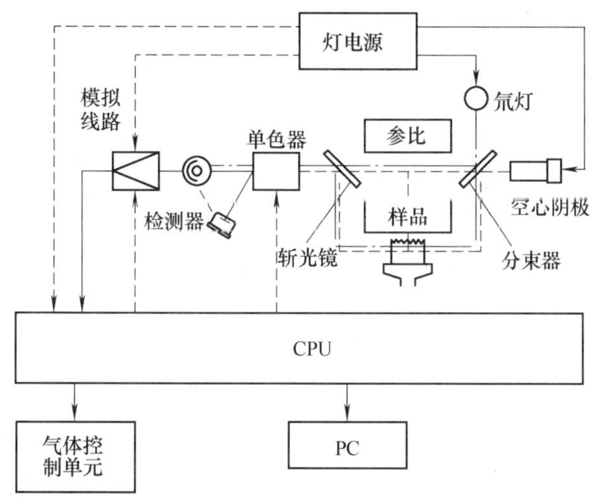

图 18-3　原子吸收光谱仪系统框图

3. 原子吸收光谱仪光学系统

从空心阴极灯和氘灯发射的光，通过半透半反镜分成样品光束和参比光束。从空心阴极灯和氘灯结合成的样品光束，通过原子化部分时被原子或共存物质背景所吸收，然后通过单色器进入到检测器。参比光束通过的空间没有被样品吸收，直接通过单色器进入到检测器。

样品和参比光束在进入单色器前，由斩光镜的选择交替被检测，得到交替接收的信号之间的差，从而可以降低基线的漂移。由于使用的是斩光镜，因此样品光束和参比光束没有光通量的损失。

单色器是 Czerny-Turner 型高分辨率单色器。通过旋转衍射光栅，可以实现波长的选择，把待测元素的光谱与其他光谱分开。

波长选择采用马达直接驱动机构全自动进行。所有的光学元件，通过石英窗板的屏蔽与外界空气隔离，不受尘土和腐蚀性气体的侵害。

【实验内容】

1. 检查仪器各部分是否正常。
2. 装上待测元素的空心阴极灯。
3. 打开总电源。
4. 打开光度计的电源。
5. 打开计算机。
6. 待光度计自检完毕后，点击 WinAAS 软件，从元素周期表上选择待测元素，调节好空心阴极灯位置，将灯电流调到规定值。

7. 选择狭缝宽度，调节波长。

8. 调节燃烧器高度。

9. 启动空气压缩机，打开乙炔钢瓶总阀，将分压调至0.08～0.15 MPa，点燃火焰，调节能量。

10. 选择测量条件与分析条件。

11. 进行标准曲线和样品的测量。

12. 计算分析结果。

【注意事项】

1. 乙炔为易燃、易爆气体，必须严格按照操作步骤进行。在点燃乙炔火焰之前，应先开空气，后开乙炔；结束或暂停实验时，应先关乙炔，后关空气。必须切记以保障安全。

2. 乙炔钢瓶为左旋开启，开瓶时，出口处不准有人，要慢开启，不能过猛，否则冲击气流会使温度过高，易引起燃烧或爆炸。开瓶时，阀门不要充分打开，旋开不应超过1.5转。

【参考文献】

[1] 邓勃，迟锡增，刘明钟，李玉珍．应用原子吸收与原子荧光光谱分析［M］．北京：化学工业出版社，2003.

[2] 邱德仁．原子吸收光谱分析［M］．上海：复旦大学出版社，2002.

[3] 孙汉文．原子光谱学与痕量分析研究［M］．保定：河北大学出版社，2001.

[4] 孙汉文．原子光谱分析［M］．北京：高等教育出版社，2002.

[5] 武汉大学．分析化学［M］．北京：高等教育出版社，1990.

[6] 清华大学教学软件库．原子吸收光谱法

[7] 岛津公司编．原子吸收分光光度计 AA-6300（P/N 206-51800）使用说明书．2002.

【附录】测定条件的选择

商品原子吸收仪中预先存在资料库中各元素的分析条件通常都是厂商用标准溶液得到的或从文献中搜集到的针对某一特定基体样品的分析条件，一般来说不能作为自己实际测定样品的最优条件使用，只可作为选择分析条件的参考，因为测定某一试样的最佳条件未必对测定另一试样中同一元素也适用。根据实际情况，可参照附录中的火焰原子吸收分析测定条件表和火焰发射分析线波长表（此二表位于本［附录］后）。在进行原子吸收光谱测定时，为了获得灵敏、重现性好和准确的结果，应对测定条件进行优选。

1. 仪器工作条件的选择

（1）分析线　一个元素若有多条分析线，通常采用最灵敏线，但也要根据样品中被测元素的含量来选择。例如测定钴时，为了得到最高灵敏度，应使用240.7nm谱线，但要得到较高精度，而且钴的含量较高时，最好使用较强的352.7nm谱线。也要考虑干扰问题。如测定铅时，为了克服短波区域的背景吸收和噪声，不使用217.0nm灵敏线而用283.3nm谱线。

（2）光谱通带　它是指单色仪出口狭缝包含波长的范围。$\Delta\lambda = D \cdot S$，$\Delta\lambda$ 为通带，D 为线色散率倒数，S 为出口狭缝宽度。狭缝宽度直接影响光谱通带宽度与检测器接受的能

量。选择通带宽度是以吸收线附近无干扰谱线存在并能够分开最靠近的非共振线为原则，适当放宽狭缝宽度，以增加检测的能量，提高信噪比和测定的稳定性。过小的光谱通带使可利用的光强度减弱，不利于测定。合适的狭缝宽度由实验确定。测定每一种元素都需选择它合适的通带，对谱线复杂的元素（如铁、钴、镍等）就要采用较窄的通带，否则会使工作曲线线性范围变窄。不引起吸光度减小的最大狭缝宽度即为应选取的合适的狭缝宽度。

（3）灯电流　空心阴极灯的发射特征与灯电流有关，一般要预热 10 ~ 30min 才能达到稳定的输出。灯电流小，发射线半峰宽窄，放电不稳定，光谱输出强度小，灵敏度高。灯电流大，发射线强度大，发射谱线变宽，但谱线轮廓变坏，导致灵敏度下降，信噪比大，灯寿命缩短。因此，必须选择合适的灯电流。选择灯电流的一般原则是，在保证有足够强且稳定的光强输出条件下，尽量使用较低的工作电流。通常以空心阴极灯上标明的最大灯电流的一半至三分之二为工作电流。

（4）对光　在调节燃烧头时，使其缝口正好在光束的中央，升高或降低燃烧器，使光束正好在缝口上方。点燃火焰，吸入标准溶液，对燃烧器再进行调节，直到获得最大吸光度。

2. 原子化条件的选择

（1）火焰类型和火焰特性

① 火焰类型

在火焰原子化法中，火焰类型和特性是影响原子化效率的主要因素。原子吸收测定中最常用的火焰是乙炔-空气火焰，此外，应用较多的是氢-空气火焰和乙炔-氧化亚氮高温火焰。乙炔-空气火焰燃烧稳定，重现性好，噪声低，燃烧速度不是很大，温度足够高（约2300℃），对大多数元素有足够的灵敏度。氢-空气火焰是氧化性火焰，燃烧速度较乙炔-空气火焰高，但温度较低（约 2050℃），优点是背景发射较弱，透射性能好。乙炔-氧化亚氮火焰的特点是火焰温度高（约 2955℃），而燃烧速度并不快，是目前应用较广泛的一种高温火焰，用它可测定 70 多种元素。

② 火焰特性　火焰中燃烧气体由燃气与助燃气混合组成。不同种类火焰，其性质各不相同。应该根据测定需要，选择合适种类的火焰，通常使用空气-乙炔气火焰。通过绘制吸光度-燃气、助燃气流量曲线，选出最佳的助燃气和燃气流量。一般空气-乙炔火焰的流量在 3∶1 到 4∶1 之间。贫燃火焰（助燃比 1∶4 ~ 6）为清晰不发亮蓝焰，适于不易生成氧化物的元素的测定。富燃火焰（助燃比 1.2 ~ 1.5∶4）发亮，还原性比较强，适合于易生成氧化物的元素的测定。

（2）燃烧器高度　在火焰中进行原子化的过程是一种极为复杂的反应过程。不同元素在火焰中形成的基态原子的最佳浓度区域高度不同，因而灵敏度也不同，选择燃烧器高度以使光束从原子浓度最大的区域通过。燃烧器高度影响测定灵敏度、稳定性和干扰程度。一般地讲，约在燃烧器狭缝口上方 2 ~ 5mm 附近处火焰具有最大的基态原子密度，灵敏度最高。但对于不同测定元素和不同性质的火焰而有所不同。最佳的燃烧器高度，可通过绘制吸光度-燃烧器高度曲线来优选。

（3）程序升温的条件选择　在石墨炉原子化法中，应合理选择干燥、灰化、原子化及除残温度与时间。

① 干燥阶段　干燥条件直接影响分析结果的重现性。干燥温度应稍低于溶剂沸点，以

防止试液飞溅，又应有较快的蒸干速度。条件选择是否得当可以用蒸馏水或者空白溶液进行检查。干燥时间可以调节，并和干燥温度相配合。

② 灰化阶段　在保证被测元素没有损失的前提下应尽可能使用较高的灰化温度。一般来说，较低的灰化温度和较短的灰化时间有利于减少待测元素的损失。对中、高温元素，使用较高的灰化温度不易发生损失；而对低温元素，因为它较易损失，所以不能用提高灰化温度的方法来降低干扰。

③ 原子化阶段　原子化温度的选择原则是，选用达到最大吸收信号的最低温度作为原子化温度，这样可以延长石墨管的使用寿命。但是原子化温度过低，除了造成峰值灵敏度降低外，重现性也将受到影响。原子化时间是应以保证完全原子化为准。

④ 除残阶段　除残的目的是为了消除残留物产生的记忆效应，除残温度应高于原子化温度。一些石墨管材料的纯度不够，特别是分析一些常见元素时，空白值较高。如果在测定前不进行热排除，即使不加样品，原子化阶段也会出现吸收信号，将影响测定。可以按通常加热程序进行“空烧”处理石墨管，“空烧”时的原子化温度随测定吸光度时进样量的变化而变化，达到最满意时吸光度的进样量即为应选择的进样量。分析时使用的温度要高。

3. 进样量选择

进样量过小，吸收信号弱，不便于测量；进样量过大，在火焰原子化法中，对火焰产生冷却效应，在石墨炉原子化法中，会增加除残的困难。在实际工作中，应测定吸光度随进样量的变化，达到最满意的吸光度的进样量，即为应选择的进样量。

火焰原子吸收分析测定条件表

元　素	波长/nm	L233/mA	L2433/mA	狭缝/nm	火焰类型	流量/(l/min)	燃烧器高度/mm
Ag	328.1	10	10/400	0.7	空气-乙炔	2.2	7
Al	309.3	10	10/600	0.7	氧化亚氮-乙炔	7.0	11
As (H)	193.7	12	12/500	0.7	空气-乙炔	2.0	<HVG-1>
Au	242.8	10	10/400	0.7	空气-乙炔	1.8	7
B	249.7	16	10/500	0.2	氧化亚氮-乙炔	7.7	11
Ba	553.5	16	12/600	0.2	氧化亚氮-乙炔	6.7	11
Be	234.9	16	10/600	0.7	氧化亚氮-乙炔	7.0	11
Bi (H)	223.1	10	10/300	0.7	空气-乙炔	2.0	<HVG-1>
Bi	223.1	10	10/300	0.7	空气-乙炔	2.2	7
Ca (1)	422.7	10	10/600	0.7	空气-乙炔	2.0	7
Ca (2)	422.7	10	10/600	0.7	氧化亚氮-乙炔	6.5	11
Cd	228.8	8	8/100	0.7	空气-乙炔	1.8	7
Co	240.7	12	12/400	0.2	空气-乙炔	1.6	7
Cr	357.9	10	10/600	0.7	空气-乙炔	2.8	9
Cs	852.1	16		0.7	空气-乙炔	1.8	7
Cu	324.8	6	10/500	0.7	空气-乙炔	1.8	7
Dy	421.2	14	15/600	0.2	氧化亚氮-乙炔	7.0	11
Er	400.8	14	15/500	0.7	氧化亚氮-乙炔	7.0	11

（续）

元　素	波长/nm	L233/mA	L2433/mA	狭缝/nm	火焰类型	流量/(l/min)	燃烧器高度/mm
Eu	459.4	14	10/600	0.7	氧化亚氮-乙炔	7.0	11
Fe	248.3	12	12/400	0.2	空气-乙炔	2.2	9
Ga	287.4	4	4/400	0.2	空气-乙炔	1.8	7
Gd	368.4	12		0.2	氧化亚氮-乙炔	7.0	11
Ge	265.2	18	20/500	0.2	氧化亚氮-乙炔	7.8	11
Hf	307.3	24	20/600	0.2	氧化亚氮-乙炔	7.0	11
Hg	253.7	4		0.7	用汞冷蒸气技术		
Ho	410.4	14	10/600	0.2	氧化亚氮-乙炔	7.0	11
Ir	208.8	20		0.2	空气-乙炔	2.2	7
K	766.5	10	8/600	0.7	空气-乙炔	2.0	7
La	550.1	18	18/600	0.7	氧化亚氮-乙炔	7.5	11
Li	670.8	8	8/500	0.7	空气-乙炔	1.8	7
Lu	360.0	14		0.7	氧化亚氮-乙炔	7.0	11
Mg	285.2	8	8/500	0.7	空气-乙炔	1.8	7
Mn	279.5	10	10/600	0.2	空气-乙炔	2.0	7
Mo	313.3	10	10/500	0.7	氧化亚氮-乙炔	7.0	11
Na	589.0	12	8/600	0.2	空气-乙炔	1.8	7
Nb	334.9	24		0.2	氧化亚氮-乙炔	7.0	11
Ni	232.0	12	10/400	0.2	空气-乙炔	1.6	7
Os	290.9	14		0.2	氧化亚氮-乙炔	7.0	11
Pb (1)	217.0	12	8/300	0.7	空气-乙炔	2.0	7
Pb (2)	283.3	10	8/300	0.7	空气-乙炔	2.0	7
Pd	247.6	10	10/300	0.7	空气-乙炔	1.8	7
Pr	495.1	14		0.7	氧化亚氮-乙炔	7.0	11
Pt	265.9	14	10/300	0.7	空气-乙炔	1.8	7
Rb	780.0	14		0.2	空气-乙炔	1.8	7
Re	346.0	20		0.2	氧化亚氮-乙炔	7.0	11
Ru	349.9	20	20/600	0.2	空气-乙炔	1.8	7
Sb (H)	217.6	13	15/500	0.7	空气-乙炔	2.0	<HVG－1>
Sb	217.6	13	15/500	0.7	空气-乙炔	2.0	7
Sc	391.2	10		0.2	氧化亚氮-乙炔	7.0	11
Se (H)	196.0	23	15/300	0.7	空气-乙炔	2.0	<HVG－1>
Se	196.0	23	15/300	0.7	氩－氢	[3.7]	15
Si	251.6	15	10/500	0.7	氧化亚氮-乙炔	7.7	11
Sm	429.7	14	15/600	0.2	氧化亚氮-乙炔	7.0	11
Sn (H)	286.3	10	20/500	0.7	空气-乙炔	2.0	<HVG－1>

（续）

元　素	波长/nm	L233/mA	L2433/mA	狭缝/nm	火焰类型	流量/(l/min)	燃烧器高度/mm
Sn (1)	224.6	10	20/500	0.7	空气-乙炔	3.0	9
Sn (2)	286.3	10	20/500	0.7	空气-乙炔	3.0	9
Sn (3)	224.6	10	20/500	0.7	氧化亚氮-乙炔	6.8	11
Sn (4)	286.3	10	20/500	0.7	氧化亚氮-乙炔	6.8	11
Sr	460.7	8	6/500	0.7	空气-乙炔	1.8	7
Ta	271.5	18		0.2	氧化亚氮-乙炔	7.0	11
Tb	432.6	10		0.2	氧化亚氮-乙炔	7.0	11
Te (H)	214.3	14	15/400	0.2	空气-乙炔	2.0	<HVG-1>
Te	214.3	14	15/400	0.2	空气-乙炔	1.8	7
Ti	364.3	12	10/600	0.7	氧化亚氮-乙炔	7.8	11
Tl	276.8	6		0.7	空气-乙炔	1.8	7
V	318.4	10	10/600	0.7	氧化亚氮-乙炔	7.5	11
W	255.1	24		0.2	氧化亚氮-乙炔	7.7	11
Y	410.2	14	10/600	0.7	氧化亚氮-乙炔	7.5	11
Yb	398.8	10	5/200	0.7	氧化亚氮-乙炔	7.5	11
Zn	213.9	8	10/300	0.7	空气-乙炔	2.0	7
Zr	360.1	18		0.2	氧化亚氮-乙炔	7.5	11

注：1. 多数测定参数作为标准分析参数已经保存在程序中，但这些参数的优化要依据样品的性质。（如果测定单个元素可以看作标准条件。因此，如果测定中有许多条件，软件中包括了其中之一。）

2. <HVG-1>表示采用特殊附件 Hydride Vapor Generator 氢化物发生装置测定。

火焰发射分析线波长表

元　素	波长/nm	元　素	波长/nm	元　素	波长/nm
Ag	328.1	Hf	531.2	Re	346.1
Al	396.2	Hg	253.7	Rh	343.5
As	193.7	In	451.1	Ru	372.8
Au	267.6	Ho	410.4	Sc	402.4
B	518.0	Ir	550.0	Si	251.6
Ba	455.4	K	766.5	Sm	476.0
Be	234.9	La	442.0	Sn	317.5
Bi	306.8	Li	670.8	Sr	460.7
Ca	422.7	Lu	451.9	Ta	474.0
Cd	326.1	Mg	285.2	Tb	534.0
Ce	494.0	Mn	403.3	Te	486.6
Co	345.4	Mo	390.3	Ti	334.9
Cr	425.4	Na	589.0	Th	492.0
Cs	455.5	Nb	405.9	Tl	377.6
Cu	324.8	Nd	492.5	U	544.8
Dy	404.6	Ni	352.5	V	437.9
Er	400.8	Os	442.1	W	430.2
Eu	459.4	Pb	405.8	Y	597.2
Fe	372.0	Pd	363.5	Yb	398.8
Ga	417.2	Pr	495.1	Zn	636.2
Gd	622.0	Pt	265.9	Zr	360.1
Ge	265.1	Rb	794.8		

实验19　脉冲固体激光器的运行调试及参数测定

【引　言】

相比于其他激光器，固体激光器具有输出能量大、峰值功率高、器件结构紧凑、便于光纤耦合等优点。在固体激光器中，ND^{3+}：YAG是固体激光器中的典型代表，是最成熟最成功的固体激光器之一，得到广泛的使用。通常该激光器都是在调Q或锁模的情况下运行，也称为动态运行。但在动态运转之前，应先保证静态运行良好，使工作物质、谐振腔、泵浦系统和冷却系统均正常工作。

【实验目的】

1. 了解固体激光器的工作原理和基本组成。
2. 学习固体激光器的装配和优化调试方法。
3. 掌握固体激光器的主要性能及基本技术参数的测试方法。
4. 学会横模选择方法。

【实验原理】

1. 固体激光器的基本组成和原理

目前的激光器主要包括工作物质、谐振腔和泵浦系统三个基本组成部分。其中，工作物质（或增益介质）是激光器的核心，它在吸收外界能量后，形成粒子数反转，是激光产生的物质基础。谐振腔是激光器的重要部件，它提供正反馈，使光束多次通过增益介质，从而获得大的增益，此外它还对输出激光的模式、功率、光束发散角等产生重大影响。泵浦系统则是为工作物质提供能量，实现其粒子数反转。下面逐项说明各部分的工作原理。

（1）工作物质

工作物质以固体形态存在的激光器则为固体激光器。通常将能产生激光的粒子掺于固体基质中。工作物质的物理、化学性能（如机械强度、热稳定性等）主要由基质材料决定，而光谱特性则主要由发光粒子的能级结构决定，同时也受基质材料的影响。固体工作物质中，发光粒子都是金属离子，称之为激活离子。典型的固体工作物质有红宝石、Nd^{3+}：YAG晶体、钕玻璃、掺钛蓝宝石等。本实验选用Nd^{3+}：YAG晶体作为工作物质。

Nd^{3+}：YAG晶体，即掺钕钇铝石榴石，是一种淡紫色的人工晶体，以钇铝石榴石（分子式为$Y_3Al_5O_{12}$）晶体为基质，掺杂适量的三价稀土元素钕离子而形成。YAG晶体具有良好的导热性能和很大的硬度，利于激光器连续工作或高重复频率运转。Nd^{3+}是激活离子，掺杂后，Nd^{3+}置换了YAG中的部分钇离子，一般掺杂浓度为1%。从提高物质的增益来看，钕离子浓度应越大越好，但是由于Nd^{3+}半径大于Y^{3+}的半径，将Nd^{3+}掺入YAG中有结构上的困难，其浓度过大会造成质量上的缺陷。

Nd^{3+}：YAG晶体中Nd^{3+}的能级图及其相应的跃迁如图19-1所示。$^4I_{9/2}$是钕离子的基态，当处于该能级的钕离子吸收了泵浦光光子后就可以跃迁到$^4F_{3/2}$及其以上的高能级上，如$^4F_{5/2}$、$^2H_{9/2}$、$^4F_{7/2}$等能级，然后通过无辐射跃迁迅速跃迁到亚稳态能级$^4F_{3/2}$（寿命为

0.23ms)；处于$^4F_{3/2}$能级的 Nd^{3+} 离子向下能级跃迁并辐射光子。其中几率最大的是$^4F_{3/2}$至$^4I_{11/2}$的跃迁（波长为1064nm），其次是$^4F_{3/2}$至$^4I_{9/2}$的跃迁（波长为946nm），$^4F_{3/2}$至$^4I_{13/2}$的跃迁几率最小（波长为1322nm）。由图19-1可知，$^4F_{3/2}$至$^4I_{11/2}$的跃迁属于四能级系统，由于$^4I_{11/2}$能级位于集居数很少的基态之上，因此只需很低的泵浦能量就能实现激光振荡，所以 Nd^{3+}：YAG 激光器的振荡波长通常为1064nm；$^4F_{3/2}$至$^4I_{13/2}$跃迁虽然也属于四能级系统，但跃迁几率小，只在设法抑制1064nm激光的情况下，才能产生1319nm的激光；$^4F_{3/2}$至$^4I_{9/2}$跃迁属于三能级系统，室温下难以产生激光。

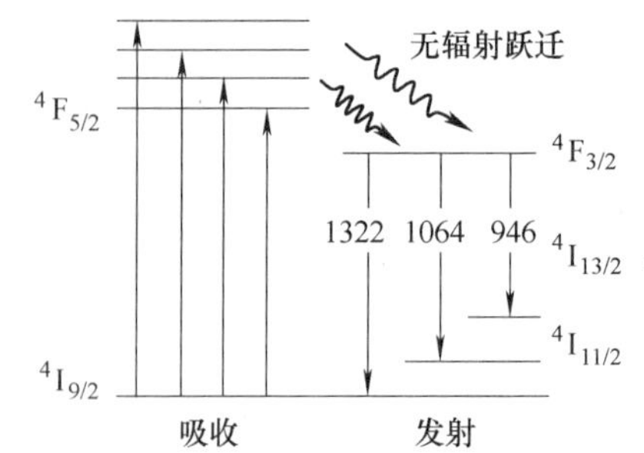

图19-1 与激光运转相关的钕离子能级图

Nd^{3+}：YAG的荧光效率很高（大于99.5%），它是目前最实用的激光晶体，可以连续、准连续又可脉冲工作，既能做成中小功率和微片激光器，又能做成千瓦级高功率固体激光加工机，并且还能以调Q、锁模等多种方式工作。

为了获得更高的单程增益，降低阈值和减小发散角，激光棒可做得稍长些。为了泵浦均匀和获得较高的散热性能，激光棒可做得细些。一般情况下棒的长度与直径的比为10：1～20：1之间选取为宜。通常，Nd^{3+}：YAG晶体被加工成ϕ6mm、长80mm左右的棒状，两端磨成光学平面，平面法线与棒轴有一个小角度，面上镀有增透膜。棒的侧面为毛玻璃面，以防止寄生振荡。

（2）谐振腔

激光谐振腔通常由相对的两个球面或平面镜构成的。典型的谐振腔结构有平平腔、平凹腔、凹凸腔、共焦腔等。本实验选用平凹腔，由一个平面镜和一个凹面镜构成。凹面镜做全反镜，镀1064nm全反膜，平面镜做输出镜，镀1064nm部分反射部分透射膜。在这种腔中光束的束腰出现在平面镜上，平凹腔的一种特殊情况是半共心谐振腔，平面镜大约位于球面镜的曲率中心。在所有谐振腔结构中，接近半共心谐振腔的对准稳定性是最好的。

（3）泵浦系统

泵浦系统的作用是为工作物质达到粒子数反转分布提供必要的能量，并控制激光器按使用要求正常运转。它主要由泵浦光源、聚光腔和电气系统组成。常用的泵浦光源有弧光放电灯、半导体激光器等。其中氙灯和氪灯不仅辐射强度和辐射效率高，而且具有较宽的发射谱带，并与 Nd^{3+}：YAG等的吸收谱有较好的匹配，所以被普遍使用。通常脉冲激光器选用氙灯，连续激光器则选用氪灯。

为有效利用泵浦灯的能量，通常将氙灯或氪灯做成和YAG棒长度相近的直管形，并把灯和棒放在一个空心椭圆柱聚光腔内（如图19-2所示）。灯和棒分别处在椭圆柱的一条焦线上，这样，氙灯发出的每条光线都汇聚到激光棒上。为了增加反射率，聚光腔通常镀了一层金膜。

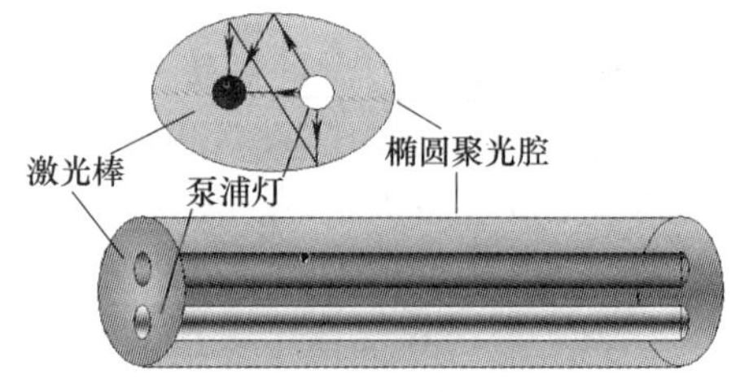

图19-2 聚光腔示意图

电气系统主要包括用电容作为储能器的放电电

路，以及储能电容的充电电路和氙灯的触发、预燃电路。一般来说，YAG 激光器都具有电光或声光调 Q 等功能，因此还包括相应的驱动控制电路。上述电路在运行时有严格的时间关系，因此实际上组成一个完整的电源电路。

2. 静态激光的弛豫振荡现象

激光器在不调 Q 或锁模的情况下运行称为静态运行。对静态运行的脉冲 YAG 激光器，如果用示波器来观察其脉冲，通常会发现它是由一连串不规则的尖峰脉冲组成，如图 19-3 所示。而且光泵越强，脉冲个数越多，但其包络的峰值增加不多，这种现象叫做弛豫振荡。

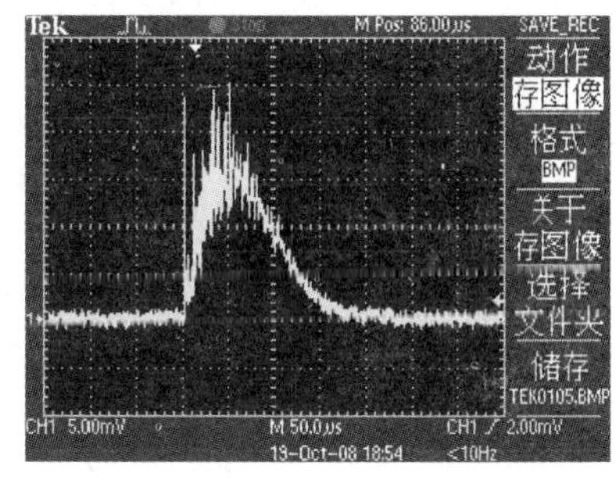

图 19-3　静态激光弛豫振荡现象

产生弛豫振荡的主要原因是：当激光器达到阈值时，产生激光，使谐振腔内的光能密度增加。由于增益饱和效应，光能密度的增加将导致粒子反转数降低，到低于阈值时，激光发射就停止。然而泵浦光尚未熄灭，光泵抽运使粒子反转数又增加，超过阈值时，产生第二个激光脉冲。如此不断重复，便形成了一系列小的尖峰脉冲。

3. 横模选择原理

激光的模式是指电磁场在谐振腔内形成的稳定分布，包括横向和纵向两方面。相应的模式选择技术分为两类：一是限制振荡频率的单纵模选取；二是选取单横模。如前所述，腔内电磁场在垂直于其传播方向（一般标记为 Z 轴）的平面（X-Y 面）内存在的稳定的场分布，这种场分布称为横模。激光器的横模种类很多，如图 19-4 所示。低阶的模式节点少，能量更集中；而高阶模式则节点多，分布更弥散一些。通常选取横模技术就是使激光器处于单横模 TEM_{00} 状态运转，抑制各高阶模振荡。横模选择方法可分为两类：一类是改变谐振腔的结构和参数，使得各模式衍射损耗形成较大差别，提高谐振腔的选模性能；另一类是在一定的谐振腔内插入附加的选模元件来提高选模性能。本实验采用第二类选模方法，以小孔光阑法选模。

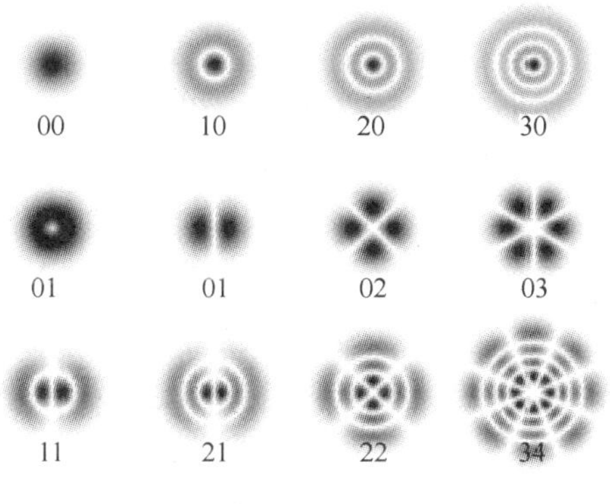

图 19-4　激光的横模

采用小孔光阑作为选模元件插入腔内是固体激光器中常用的选模方法。由于高阶横模的束腰比基模的大，如果光阑的孔径选择得适当，就可以将高阶横模的光束遮住一部分，而基模则可顺利通过。

另外，由衍射理论可知，腔内插入小孔光阑相当于减小腔镜的横截面积，即减小了腔的菲涅耳数，因而各阶模的衍射损耗加大，但损耗程度不同，只要小孔光阑的孔径选择适当，便可选出基模。

【实验仪器】

1. 仪器

Nd^{3+}：YAG 激光器系统，LD 激光器，小孔光阑，示波器，热释电能量探头；连续光电探头；脉冲光电探头，感光相纸。

2. 基本装置图（图 19-5）

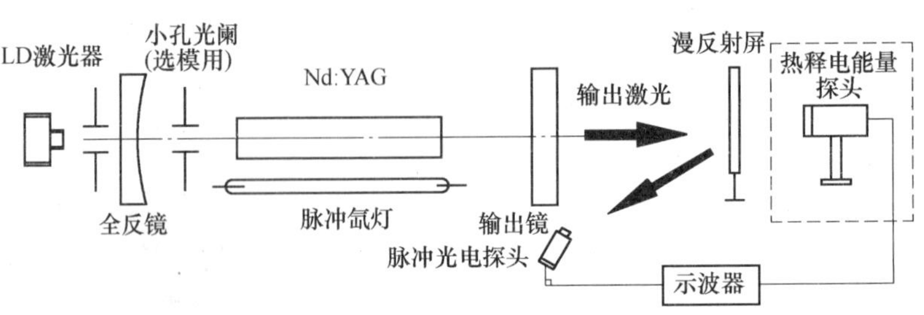

图 19-5 固体激光器的装调及选模装置图

【实验内容】

1. 准备工作

（1）安全检查。检查 Nd^{3+}：YAG 固体激光器实验器件与装置（如工作物质 Nd^{3+}：YAG 激光棒和聚光腔）的完好性、是否存在缺损；光学谐振腔前、后腔腔镜类型及透射率与反射率是否符合要求；激光电源的安全性和循环水的清洁及存量等。

（2）清洁工作。用脱脂棉沾酒精将所选的激光棒和脉冲氙灯擦拭干净，保持聚光腔的清洁。并用镜头纸将所选的光学谐振腔全反镜和部分反射镜擦拭干净。

（3）聚光腔安装。将激光棒和氙灯分别安放在椭圆柱面聚光腔的两条焦线位置上后，以相关器件封闭聚光腔。

（4）谐振腔安装。将全反镜和部分反射镜分别装在光学调整架上，确定使前、后腔镜相互平行，注意应使两镜的镀膜面相对。

2. 系统准直

（1）准直光调节。将半导体激光器放置于光学导轨上末端，打开半导体激光器的电源，调节半导体激光器，确保其发出的光束与导轨平行，并且处于导轨中心线的正上方。其做法是：在导轨上来回拖动小孔光阑并仔细调试半导体激光器，当光阑垂直于导轨且在任一位置时激光束都能够全部穿过光阑的同一个小孔，则说明准直光已经调好。

（2）腔镜调节。调节两腔镜架和聚光腔架，使半导体激光器发出的光束尽量通过两腔镜和激光棒的中心，并使腔镜的反射光点均落回小孔。

（3）在进行 Nd^{3+}：YAG 固体激光器激光产生与输出实验之前，应关闭半导体激光器。

3. 激光运行优化

接好电气系统及水冷系统，检查无误后开启水冷系统，稍等几秒开启电气系统。逐渐加大工作电压，直到有激光输出。这一点可以由指示纸片接收，看到绿色光斑时表示有激光输出。微调腔镜，调节腔长，直至输出的激光在感光相纸上打出圆整均匀的亮斑为止。

4. 参数测量

（1）阈值电压。逐渐减小注入电压，直至有激光产生的临界点，记录该注入电压，即为激光产生的阈值电压。

（2）氙灯脉宽。用连续光电探头和示波器测量脉冲氙灯的脉宽。观察脉冲氙灯脉宽的量级。

（3）激光脉宽及弛豫振荡观察。用脉冲光电探头和示波器测量静态激光的脉宽，观察弛豫振荡现象。记录不同注入电压所对应的输出激光的脉宽，观察静态激光的量级。

（4）激光能量探测。用热释电探头和示波器测量输出激光的能量。记录不同注入电压下激光输出能量值，并绘制注入电压—输出能量关系曲线，计算转换效率。

（5）根据公式（峰值功率 = 输出能量/脉宽）计算不同注入电压下的输出激光的峰值功率。

（6）在全反镜和聚光腔之间插入小孔光阑，微调腔镜，适当改变小孔光阑的位置，选出基横模。

【注意事项】

1. 相关实验区域及实验设备在实验之前已有规定，请参与实验的人员不要随意走动和乱动与该实验无关的器材、设备。明确实验内容，一切操作按规定步骤和注意事项进行。

2. 在清洁擦拭、安装实验用工作物质与光学器件时，特别注意不能用手指直接触摸其镀膜面（如 Nd^{3+}：YAG 棒前后端面、全反镜和部分反射镜镀膜面），应戴指套进行相关操作，避免镀膜面的损坏。并妥善放置 Nd^{3+}：YAG 棒与相关光学器件。

3. 在安装 Nd^{3+}：YAG 棒、脉冲氙灯，封闭聚光腔和装卡前、后腔腔镜时，应考虑产生的应力对器件的损伤，既要密封、牢固又不宜过紧。

4. 在调节两腔镜架和聚光腔架时，应注意所用调整架的俯仰、位置等旋钮均为精密微调器件，不宜用力过大，以免损伤器件。

5. 前、后腔镜的光学中心与几何中心可能不重合，须以适当的方法找出正确的光学中心，并通过此中心用 He - Ne 激光器作准直。

6. 电气系统的安装中要注意电线接头与器件的连接，连接时不宜使线头暴露于接口外，避免人员触电危险。

7. 水冷系统开启后，在实验过程中时刻注意聚光腔和水箱的水嘴接口处是否有漏水现象。如果发现漏水应立即关闭电源，及时采取措施堵漏，避免漏水造成的激光电源器件短路和人员触电危险。

8. 在 Nd^{3+}：YAG 固体激光器实验系统接电工作后，特别注意不要在激光输出镜一端直视激光输出，避免 Nd^{3+}：YAG 固体激光器输出基波 1064nm 的激光对眼部造成永久性失明损伤。并摘除手表、金属饰物等能产生光线反射的物体，在实验操作时避免激光反射对实验人员及他人的伤害。

9. 注意观察输出激光光斑的圆整均匀性，若有比较明显的强点出现，立即停止实验系统工作，检查 Nd^{3+}：YAG 棒端面和光学器件上是否存在杂质，若有杂质应及时清理。

10. 明确激光电源表头和检测设备显示屏读数，避免造成测试和记录误差。

【思考题】

1. 把小孔、半导体激光光束调整到包括导轨中心线的垂面内且与导轨面平行有什么好处？你是如何调整的？不这样调整是否可以？为什么？

2. 简要叙述脉冲固体激光器输出的静态激光的输出特性（输出能量、脉宽、峰值功率等）。

3. 在激光器的实际应用中，基横模的选取有什么具体意义和应用？

【参考文献】

[1] 周炳琨．激光原理［M］. 北京：国防工业出版社，2009.
[2] 阎吉祥．激光原理技术及应用［M］. 北京：北京理工大学出版社，2006.
[3] 刘敬海，徐荣甫．激光器件与技术［M］. 北京：北京理工大学出版社，1995.
[4] 马养武，陈钰清．激光器件［M］. 杭州：浙江大学出版社，1994.
[5] 蓝信钜．激光器件与技术［M］. 武汉：华中理工大学出版社，1991.

实验 20　电光调 Q 实验

【引　言】

调 Q 技术的发展和应用是激光发展史上的一个重要突破。一般的固体脉冲激光器输出的光脉冲持续时间为几百 μs 甚至几 ms，其峰值功率也只有 kW 级水平，因此，压缩脉宽、增大峰值功率一直是激光技术所需解决的重要课题。调 Q 技术就是为了适应这种要求而发展起来的。

【实验目的】

1. 理解电光调 Q 的基本原理。
2. 了解退压式电光调 Q 的原理及方法。
3. 学会电光 Q 开关实验装置的调试。
4. 掌握相关技术参数的测试方法。

【实验原理】

1. 调 Q 基本概念

在激光技术中，品质因数 Q 是衡量光学谐振腔质量的基本参数，反映了腔内损耗的大小。其定义为

$$Q=2\pi\nu_0\frac{\text{腔内贮存的激光能量}}{\text{每秒钟损耗的激光能量}}=\omega_0\frac{E}{-\mathrm{d}E/\mathrm{d}t} \tag{20-1}$$

即品质因数 Q 是腔内贮存的能量与每秒钟损耗的能量之比。其中 ν_0 为激光的中心频率，对应 ω_0 为中心圆频率。如用 E 表示腔内贮存的激光能量，γ 为光在腔内走一个单程能量的损耗率，那么光在这一单程中对应的损耗能量为 γE。用 L 表示腔长、n 为折射率、c 为光速。则光在腔内走一个单程所需要时间为 nL/c。光在腔内每秒钟损耗的能量为$\dfrac{\gamma E}{nL/c}$，因此 Q 值又可表示为

$$Q=2\pi\nu_0\frac{E}{\gamma Ec/nL}=\frac{2\pi nL}{\lambda_0\gamma} \tag{20-2}$$

式中，$\lambda_0=c/\nu_0$ 为真空中激光的波长。可见，Q 值与损耗率 γ 总是成反比变化的，即损耗大 Q 值就低；损耗小 Q 值就高。

固体激光器由于存在弛豫振荡现象，产生了功率在阈值附近起伏的尖峰脉冲序列，即使提高泵浦能量也只能增加小尖峰脉冲数量而不能增加瞬时功率，从而阻碍了激光脉冲峰值功

率的提高。一个可行的方法是调节谐振腔的损耗。如果在泵浦开始时提高谐振腔内的损耗，即提高振荡阈值，则振荡不能形成，而激光工作物质上能级的粒子数会大量积累。当积累到最大值（饱和值时），突然减小腔内损耗，Q 值突增。这时，腔内会像雪崩一样以极快的速度建立起极强的振荡，在短时间内反转粒子数大量被消耗，转变为腔内的光能量，并在透反镜端耦合输出一个极强的激光脉冲。在这个过程中，弛豫振荡一般是不会发生的（如果调 Q 器件设计及调整得不好也会导致多脉冲出现），所以，输出光脉冲脉宽窄，峰值功率高。通常把这种光脉冲称为巨脉冲。

前述的调节腔内的损耗的技术即是调 Q 技术，也称为 Q 突变技术或 Q 开关技术。谐振腔的损耗 γ 一般包括多种损耗，即

$$\gamma = \alpha_1 + \alpha_2 + \alpha_3 + \alpha_4 + \alpha_5 \tag{20-3}$$

其中，α_1 为反射损耗；α_2 为吸收损耗；α_3 为衍射损耗；α_4 为散射损耗；α_5 为输出损耗。用不同的方法去控制不同的损耗，就形成了不同的 Q 技术。如控制反射损耗 α_1 的有转镜调 Q 技术、电光调 Q 技术；控制吸收损耗 α_2 的有可饱和染料调 Q 技术；控制衍射损耗 α_3 的有声光调 Q 技术；控制输出损耗 α_5 的有透射式调 Q 技术。

图 20-1 为脉冲泵浦的调 Q 激光器产生激光巨脉冲的时间过程。

在 $t = t_0$、泵浦灯脉冲快要结束时，腔内损耗 γ 有一个突变（即打开 Q 开关），粒子数反转达最大，腔内增益大于腔内损耗，开始形成激光振荡，在极短的时间内输出一个强脉冲，其峰值出现在 $\Delta N = \Delta N_{th}$ 时。

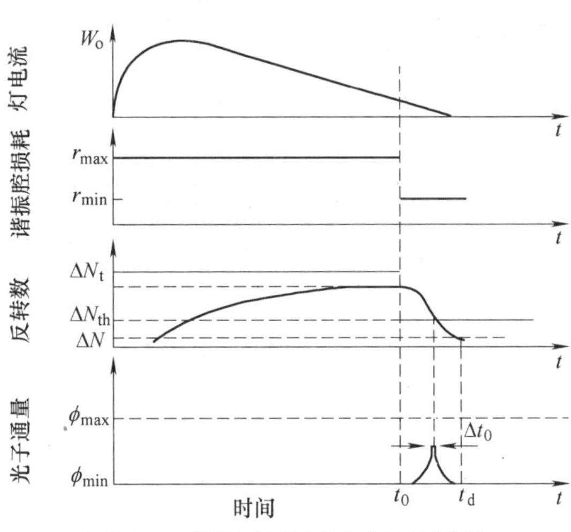

图 20-1 激光巨脉冲产生的时间关系

2. 纵向加压 KD*P 晶体 Q 开关原理

在调 Q 技术中，使用最广泛的是利用晶体的电光效应制成的 Q 开关。其优点是：开关速度快，所获得激光脉冲峰值功率高，可达几兆瓦（MW）至吉瓦（GW）；脉冲宽度窄，一般可达几纳秒（ns）至几十纳秒；器件的效率高，动态效率可达 1%；器件输出功率稳定性较好；产生激光时间控制精度高；便于与其他仪器联动；而且器件可以在高重复频率下工作。目前广泛使用的 Q 开关晶体包括 KD*P 和 $LiNbO_3$，它们电光系数大，损伤阈值高。其中 KD*P 晶体容易潮解，需要放在密封盒内使用。下面以 KD*P 为例予以说明。

（1）KD*P 晶体的纵向电光效应　KD*P 晶体属于四方晶系 42m 晶类，光轴 C 与主轴 z 重合。未加电场时，在主轴坐标系中，其折射率椭球方程为

$$\frac{x^2 + y^2}{n_o^2} + \frac{z^2}{n_e^2} = 1 \tag{20-4}$$

其中，n_o、n_e 分别为寻常光和异常光的折射率。加电场后，由于晶体的对称性，42m 晶类只有 γ_{63}、γ_{41} 两个独立的线性电光系数。γ_{63} 是电场方向平行于光轴的电光系数，γ_{41} 是电场方向垂直于光轴的电光系数。外电场下 KD*P 晶体的折射率椭球变为

$$\frac{x^2+y^2}{n_o^2}+\frac{z^2}{n_e^2}+2\gamma_{41}(E_x yz+E_y xz)+2\gamma_{63}E_Z xy=1 \tag{20-5}$$

当只在 KD*P 晶体光轴（z 方向）施加电场时，折射率椭球变为

$$\frac{x^2+y^2}{n_o^2}+\frac{z^2}{n_e^2}+2\gamma_{63}E_z xy=1 \tag{20-6}$$

经坐标变换，可求出此时在三个感应主轴上的主折射率

$$\begin{aligned} n_{x'} &= n_o-\frac{1}{2}n_o^3\gamma_{63}E_z \\ n_{y'} &= n_o+\frac{1}{2}n_o^3\gamma_{63}E_z \\ n_{z'} &= n_e \end{aligned} \tag{20-7}$$

上式表明，在 E_z 作用下 KD*P 变为双轴晶体，折射率椭球的 xy 截面由圆变为椭圆，椭圆的长短轴方向 x' 与 y' 相对于原光轴 x、y 转了 45°，转角大小与外加电场大小无关，长、短半轴的长度即 $n_{y'}$ 和 $n_{x'}$。由上式可看出它们的大小与 E_z 呈线性关系，电场反向时长短轴互换，见图 20-2。

当光沿 KD*P 光轴 z 方向传播时，在感应主轴 x' 与 y' 两方向偏振的光波分量，由于此时晶体在这两者方向上的折射率不同，经过长度为 l 的晶体后产生位相差

$$\delta=\frac{2\pi}{\lambda}(n_{y'}-n_{x'})l=\frac{2\pi}{\lambda}\gamma_{63}V_z \tag{20-8}$$

式中，$V_z=E_z l$ 为加在晶体 z 向两端的直流电压。使两个分量产生 $\pi/2$ 位相差所需电压称为“$\lambda/4$ 电压”，以 $V_{\pi/2}$ 或 $V_{\lambda/4}$ 表示，由式（20-8）得

$$V_{\pi/2}=\frac{\lambda}{4n_0^3\gamma_{63}} \tag{20-9}$$

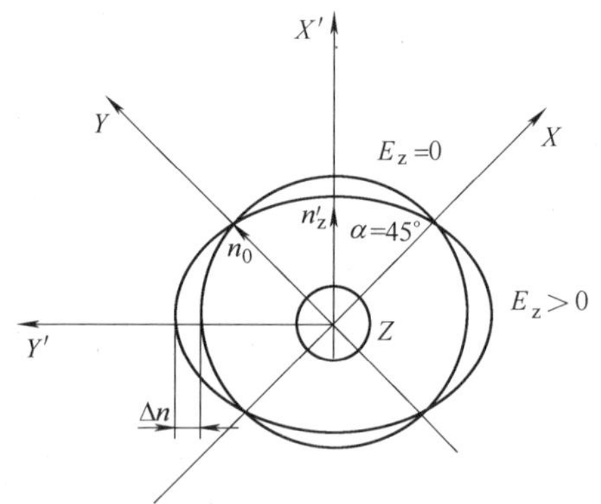

图 20-2　KD*Pγ_{63} 纵向效应

KD*P 的光电系数 $\gamma_{63}=23.6\times10^{-12}$m/V，对于 $\lambda=1.0\mu$m、KD*P 晶体的 $V_{\pi/2}=4000$V 左右。

（2）带起偏器的 KD*P 电光 Q 开关原理　带起偏振器的 KD*P 电光 Q 开关是一种发展较早、应用较广泛的电光晶体调 Q 装置，其特点是利用一个偏振器兼作起偏和检偏，偏振器可采用方解石格兰—傅克棱镜，也可用介质膜偏振片。装置如图 20-3 所示，通常采用纵向加压方式。

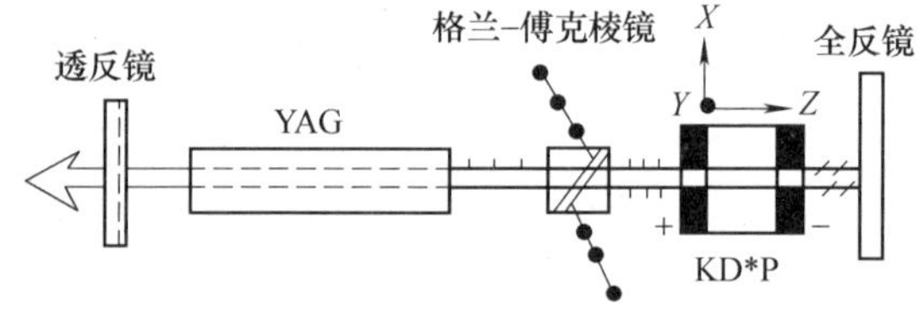

图 20-3　带起偏器的调 Q 激光器装置原理图

带起偏器的 KD*P 电光 Q 开关工作过程：YAG 棒在氙灯的激励下产生无规则偏振光，通过偏振器后成为线偏振光，假设起偏方向与 KD*P 晶体的晶轴 x（或 y）方向一致。然后在 KD*P 上施加一个 $V_{\pi/2}$ 的电场。由于电光效应产生的电感应主轴 x' 和 y' 与入射偏振方向成 45°角。这时调制晶体起到了一个 1/4 波片的作用，即线偏振光通过晶体后产生了 $\pi/2$ 的位相差，往返一次则总位相差为 π，对应偏振面旋转了 90°，不能再通过偏振器，此时由偏振器和 KD*P 晶体组成的电光开关处于关闭状态，谐振腔的 Q 值很低，不能形成激光振荡。

在电光开关关闭期间，氙灯一直在对YAG棒进行泵浦，工作物质中亚稳态粒子数便得到足够的积累，当粒子反转数达到最大时，突然撤去调制晶体上的1/4波长电压，即电光开关迅速被打开，沿谐振腔轴线方向传播的激光可自由通过调制晶体，而其偏振状态不发生任何变化，这时谐振腔处于Q值状态，形成雪崩式激光发射。

【实验仪器】

1. 仪器

示波器、热释电能量探头、连续光电探头、脉冲光电探头。

2. 本实验采用的电光调Q实验装置如图20-4所示。

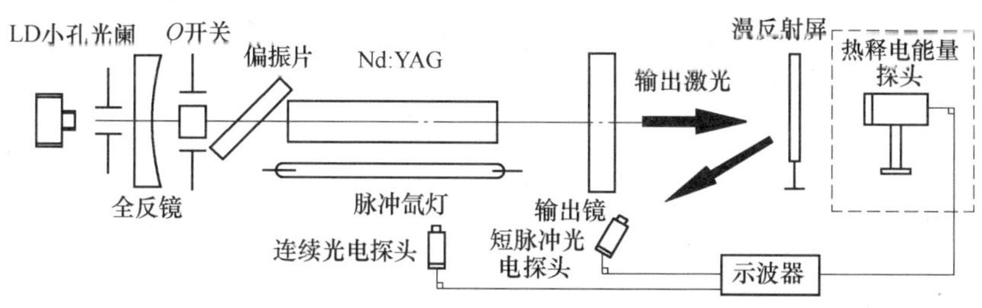

图20-4　电光调Q实验装置图

【实验内容及步骤】

1. 准直调节：用LD激光束调整激光器各光学元件的高低水平位置，使各光学元件的对称中心基本位于同一直线上。再调整各光学元件的俯仰方位，使介质膜反射镜、偏振器、电光晶体的通过面与激光工作物质端面相互平行。

2. 静态输出。启动电源，在不加$\lambda/4$晶体电压情况下，反复调整两块谐振腔片，使激光输出最强。此时不加调Q元件的激光输出称为为静态激光，而加调Q元件的激光输出为动态激光或巨脉冲激光。

3. 关门实验：给电光晶体加上核定的$\lambda/4$电压，转动KD^*P晶体，充电并打激光，反复微调电光晶体，直到其x、y轴与偏振器的起偏方向平行。同时适当微调$V_{\lambda/4}$电压，直到激光器完全不能振荡为止。此即说明电光Q开关已处于光闭状态（低Q值状态）。

4. 接通电光晶体的退压电路，打动态激光，微调氙灯开始泵浦至退去$V_{\lambda/4}$电压之间的延迟时间电位器，一面观察激光强弱，一面微调延迟电位器旋钮，直到激光输出最强。改变脉冲泵浦能量，用能量计分别测量几组静、动态输出能量。并计算出在一泵浦能量下的动态与静态激光输出能量之比，用η表示，称为动静比。即

$$\eta=\frac{\text{动态激光能量}}{\text{静态激光能量}}$$

5. 观测或照相记录激光波形。用强流管或光电二极管接收激光，并用100MHz以上的宽带示波器（因动态激光脉冲宽度一般为几到几十纳米）观察激光波形。根据下式计算激光脉冲的峰值功率：

$$P_0=\frac{\text{单脉冲能量}\ E}{\text{脉冲半功率点间宽度}\ \Delta T}$$

【思考题】

1. 为什么调 Q 时，增大激光器的腔内损耗的同时能使用上能级粒子反转数积累增加？试加以说明。

2. 根据图 20-1 试述改变退压延迟时间 t_0 和加在晶体上的电压值 $V_{\lambda/4}$，为什么会影响调 Q 激光器的输出？

【参考文献】

［1］周炳琨．激光原理［M］．北京：国防工业出版社，2009.

［2］阎吉祥．激光原理技术及应用［M］．北京：北京理工大学出版社，2006.

［3］刘敬海，徐荣甫．激光器件与技术［M］．北京：北京理工大学出版社，1995.

［4］马养武，陈钰清．激光器件［M］．杭州：浙江大学出版社，1994.

［5］蓝信钜．激光器件与技术［M］．武汉：华中理工大学出版社，1991.

实验 21　被动调 Q 实验

【引　言】

某些物质对光的吸收表现出饱和吸收特性，由此可以实现对激光腔内增益的调制，即被动调 Q。相对于主动调 Q，被动调 Q 不需要电机或电源，也没有任何复杂的机械装置，仅是依靠饱和吸收体对光的非线性吸收来实现调 Q，因此它具有结构简单、体积小、重量轻、使用操作简便、维修少、经济耐用等优点。

【实验目的】

1. 掌握被动调 Q 的原理及方法。
2. 了解 Cr^{4+}：YAG 晶体调 Q 激光器装置，掌握其测试方法。
3. 了解被动调 Q 开关性能参数对激光参数对输出特性的影响。

【实验原理】

主动调 Q（如电光调 Q、声光调 Q、转镜调 Q）是通过外加信号来控制 Q 开关来调节腔的损耗，从而获得巨脉冲。它们需要相应的控制机构，如电源、电机或复杂的机械装置。有没有更简单易行的调 Q 方法呢？回答是肯定的，被动调 Q 就是其中之一。被动 Q 开关是利用某些物质对光的可饱和吸收效应自动实现激光器的 Q 调节的。用作被动 Q 开关的材料通称为可饱和吸收体，它们通常是一些有机染料和某些晶体。自从出现了染料 Q 开关以后，人们把需要外加信号控制的 Q 开关（如转镜、电光或声光 Q 开关）称为“主动 Q 开关”，把染料这类无需外加控制的 Q 开关成为“被动 Q 开关”。

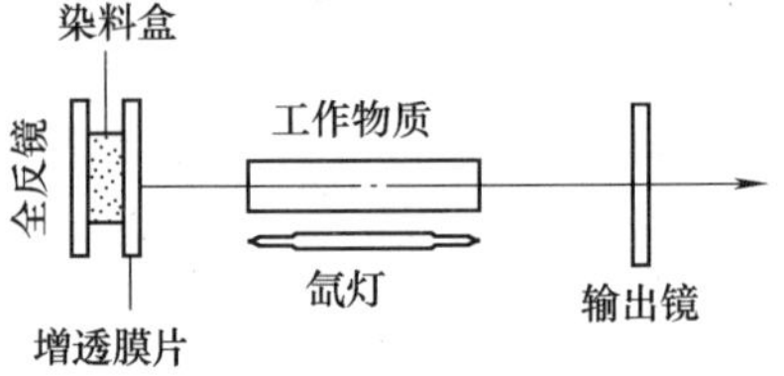

图 21-1　染料盒 Q 开关激光器

如图 21-1 所示，用一个简单的染料盒作 Q 开关的激光器，它不需要电源或者复杂的机械装置，它的结构简单、体积小、重量轻、使用操作简便、维修少、经济耐用，由于这些优点，使其已广泛应用在军用激光器和一些科研用激光器中。

1. 饱和吸收体的吸收特性

可饱和吸收体对光的饱和吸收效应表现为其吸收系数 α 随入射光强 I 的增加而下降，其一般关系式为

$$\alpha = \frac{\alpha_0}{1 + (I/I_s)} \tag{21-1}$$

式中，α_0 是吸收体在弱光强（$I \approx 0$）时的吸收系数；I_s 称为饱和光强，在 $I = I_s$ 时 α 减小到 $\alpha_0/2$，认为此时吸收体开始“漂白”，即吸收微弱，对入射光是“透明”的。

对于光学上薄的可饱和吸收体，饱和光强可表示为

$$I_s = h\nu / \sigma_s \tau_s \tag{21-2}$$

式中，σ_s 为吸收中心的截面；τ_s 为受激态的有效寿命。可见 I_s 由各吸收体的固有特性决定，是表征可饱和吸收体吸收饱和效应强弱的重要参量。

可饱和吸收体的“漂白”过程是基于光谱跃迁的饱和。若 N_2、N_1 分别表示简化的两能级系统的吸收体上、下能级的粒子数密度，σ 为吸收截面，则 $\alpha = \sigma(N_1 - N_2)$，可见 α 不仅与特定的能级跃迁有关，还与两能级粒子数密度差有关，当被动 Q 开关的材料一选定，对激光中心频率而言，α 就只是入射光强的函数。

吸收系数随光强增加而下降的特性，更直观地表现为透过率的增大。若可饱和吸收体的厚度为 d，则由朗伯-比尔定律

$$T = e^{-\alpha d} \tag{21-3}$$

以及式（21-1）可计算出透射率的变化，图 21-2 给出了某染料的透射率与光强的非线性关系。对应于 α 弱光透过率 T_0，是设计被动 Q 开关的主要参数，T_0 可直接在分光光度计上测出。

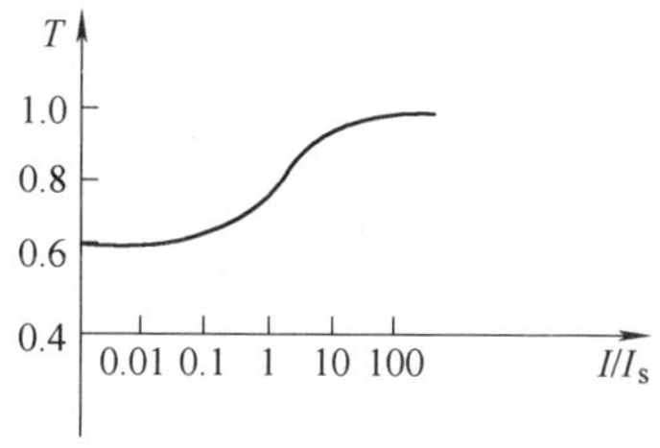

图 21-2　染料透过率与入射光强的非线形变化律

2. 被动调 Q 激光器的工作过程

在谐振腔中，光泵开始作用时，可饱和吸收体对工作物质发出的较弱的荧光有很强的吸收，相当于在腔内引进很大的损耗，Q 值很低，腔内不能形成激光振荡，工作物质处于储能状态。此时可供吸收的光子较少，$N_1 - N_2 \approx N_1$，故 $T \approx T_0$。在光泵继续作用下，工作物质的荧光发射变强，吸收体基态的粒子数密度开始明显减少，因此 T 增大，激光强度的增长又导致吸收体加速透明，当光强增大到与 I_s 可比较后，由于吸收饱和作用，激光强度增加更快，吸收体终于完全饱和，腔的损耗处于最低状态，而工作物质积累的反转粒子数大大超过此时的阈值，于是激光器输出一个巨脉冲。值得注意的是，形成巨脉冲之后若氙灯继续泵浦，则有可能形成第二个甚至第三个乃至更多激光脉冲。优良的被动 Q 开关材料应当对激光波长有强烈的可饱和吸收特性，其吸收带宽 $\Delta\nu$ 要尽量窄，而且应具有良好的光化学稳定性。作

为例子，图 21-3 和图 21-4 给出了调 Q 前后激光脉宽波形图。前者大约为 100μs，后者大约 50ns。

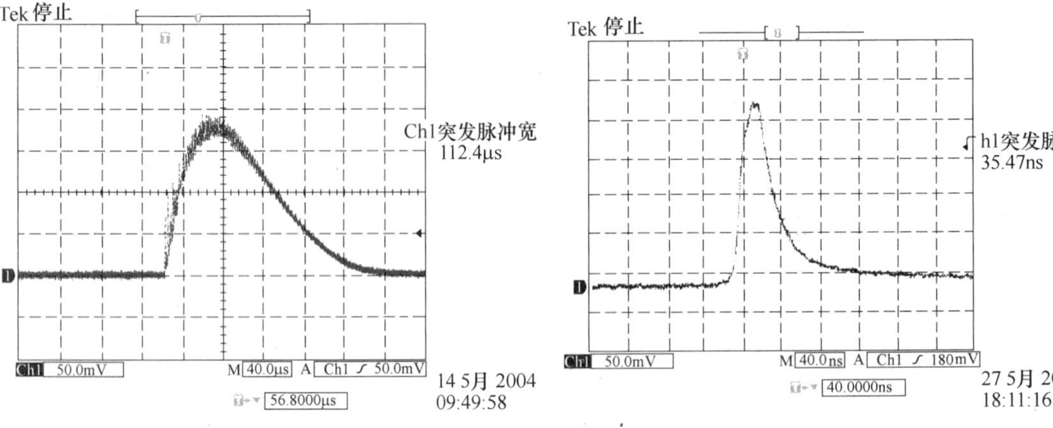

图 21-3 调 Q 前的激光静态脉宽波形图　　图 21-4 Cr^{4+}：YAG 晶体被动调 Q 后波形图

【实验仪器】

1. 仪器

示波器或光点检流计、热释电能探头、连续光电探头、脉冲光电探头。

2. 本实验采用的被动调 Q 装置如图 21-5 所示。

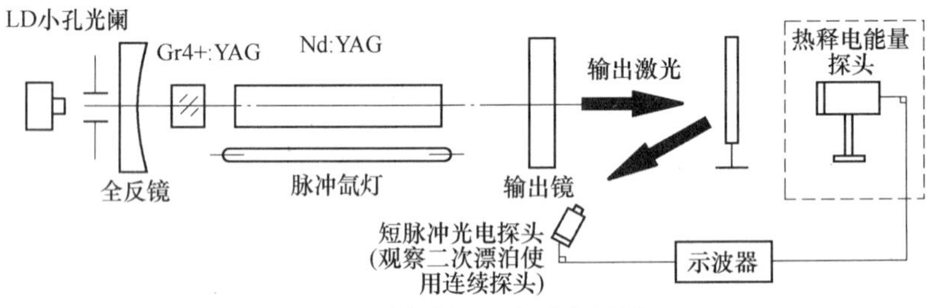

图 21-5 被动调 Q 实验装置图

【实验内容及步骤】

1. 谐振腔的准直调整

（1）粗调　调整准直用半导体激光器，使其光束与光具座表面平行，调整聚光腔支架，使半导体光束能平行穿过激光棒。调整两个反射镜 R_1，R_2，将它们的反射像均调到与 Nd^{3+}：YAG 棒端面反射像重合。

（2）精调　遮挡半导体激光光束，将 R_2 连同其调整支架移出光路。打开光学测角仪照明灯，观察测角仪的分划板，调节聚光器支架及 R_2 的支架，使分划板上 R_1 的反射像与 Nd^{3+}：YAG 的端面反射像重合。将 R_2 放回光路，将其反射像调整到与 R_1 的反射像重合，调好后遮盖测角仪的物镜口。

2. 测量 Nd^{3+}：YAG 激光器的静态工作特性

将能量计的探测头放入输出端光路，使其灵敏接收面正对半导体激光光束。用示波器或光点检流计来测量光强。下面以光点检流计为例说明测量过程。

（1）测量静态输入能量 E_{in} 和输出能量 E_{out}　充电电压从较低水平开始工作，观察光点检流计有无激光输出指示，若有，读出检流计光点偏转格数，若无，逐步提高充电电压直到有激光输出为止。然后间隔提高充电电压 4～5 次（每一电压下工作 3 次），记下工作电压及检流计光点偏转格数。利用 $E_{in}=\frac{1}{2}CV^2$ 和 E_{out} = 检流计示出格数/能量计标定格值，将上面结果换算出来，其中 C 为泵灯电源的充电电容，本仪器取 100μF。

（2）绘出 E_{out}-E_{in} 曲线　从图线上测算出实验用激光器的效率 η_s 及静态阈值。

3. 测量、观察 Cr^{4+}：YAG 染料，调 Q Nd^{3+}：YAG 激光器的动态工作特性

（1）测量动态阈值 E_{th} 及单个巨脉冲输出能 E_{out}　将选定的 Cr^{4+}：YAG 染料片放入谐振腔内，利用半导体激光调整 Q 开关支架，使晶体的反射光点移到稍微偏离 YAG 棒的反射点处。从静态阈值开始逐步提高充电电压，直到检流计光点移动，这时的充电电压 V_{th} 称为激光器的动态阈值电压，对应的输入能量即为动态阈值 E_{th}，亦称单峰阈值。记录 V_{th} 及检流计的光点偏移格数，换算出 E_{th} 和 E_{out}。

（2）观测或照相记录激光波形　用短脉冲光电探头和示波器测动态激光脉宽。根据下式计算激光脉冲的峰值功率：

$$p_0=\frac{\text{单脉冲能量 } E}{\text{脉冲半功率点间宽度 } \Delta T}$$

（3）绘制动态 E_{out}-E_{in} 曲线，并与静态输出特性做比较分析，计算出实验用 Cr^{4+}：YAG 晶体调 Q 激光器单脉冲阈值处的动静比，它是评价调 Q 激光器性能的指标之一。

【思考题】

1. 观察多脉冲现象，分析其产生原因。
2. 在谐振腔内传播的激光存在哪几种损耗？分析其产生原因。
3. 简述调 Q 的几种方式，并说明其各自的优缺点。
4. 分析激光器在工作前为什么要最先开启冷却系统。

【参考文献】

[1] 周炳琨. 激光原理 [M]. 北京：国防工业出版社，2009.
[2] 阎吉祥. 激光原理技术及应用 [M]. 北京：北京理工大学出版社，2006.
[3] 刘敬海，徐荣甫. 激光器件与技术 [M]. 北京：北京理工大学出版社，1995.
[4] 马养武，陈钰清. 激光器件 [M]. 杭州：浙江大学出版社，1994.
[5] 蓝信钜. 激光器件与技术 [M]. 武汉：华中理工大学出版社，1991.

实验 22　激光在晶体中的倍频

【引　言】

激光出现之前，人们对光学的认识局限于线性光学，主要表现为光束在空间或介质中的传播是独立的，光束之间不互相影响，光的振动频率不会改变，介质的基本光学参数（如

折射率、吸收系数等）是常数，与光强没有关系。激光出现后，光与物质的相互作用出现了崭新的内容，如激光入射到介质后会有新的频率的光出射，各光束之间相互影响，能量可互相传递，介质的基本光学参数是光强的函数等，这些现象被称为非线性光学现象。其中最常见最简单的现象是倍频现象，也叫二次谐波的产生，即频率为 ω 的光入射到晶体后会产生频率为 2ω 的光。

【实验目的】

1. 了解激光倍频的原理和意义。
2. 了解角度匹配的原理及调节方法。
3. 掌握 KTP 晶体的匹配类型及匹配角度。
4. 了解 KTP 晶体匹配角的计算方法。
5. 掌握倍频效率的测量方法及倍频效率随注入能量的变化规律。

【实验原理】

1. 非线性光学基本原理

光与物质相互作用的全过程，可分为光作用于物质、光电场引起物质极化形成极化场以及极化场作为新的辐射源向外辐射光波的两个分过程。

原子是由原子核和核外电子构成，或说由原子实与价电子组成。当频率为 ω 的光入射介质后，光电场会引起介质中原子的极化，即负电中心相对于正电中心发生位移 r 形成电偶极矩

$$\boldsymbol{m} = \mathrm{e}\boldsymbol{r} \tag{22-1}$$

其中，e 是负电中心的电荷量，我们定义单位体积内原子偶极矩的总和为极化强度矢量 $\boldsymbol{P}$，即

$$\boldsymbol{P} = N\boldsymbol{m} \tag{22-2}$$

式中，N 是单位体积内的原子数。极化强度矢量和入射场的关系式为

$$\boldsymbol{P} = \chi^{(1)} : \boldsymbol{E} + \chi^{(2)} : \boldsymbol{EE} + \chi^{(3)} : \boldsymbol{EEE} + \cdots \tag{22-3}$$

其中，$\chi^{(1)}$、$\chi^{(2)}$、$\chi^{(3)}$…分别称为线性极化率、二级非线性极化率、三级非线性极化率……一般情况下它们是张量，$\chi^{(n+1)}$ 比 $\chi^{(n)}$ 小七到八个数量级，所以阶次越高越难以观察到。对于入射光 $E = E_0\sin\omega t$，显然其光电场是交变的，所以极化强度也是变化的。根据电磁理论，变化的极化场可作为新的辐射源——偶极振子向外辐射电磁波，即新的光波。在入射光的电场比较小时（远远小于原子内的场强），$\chi^{(2)}$、$\chi^{(3)}$ 等对应项极小可以忽略掉，因此 P 与 E 为线性关系：$P = \chi^{(1)}E$。新的光波与入射光具有相同的频率。这就是通常的线性光学现象。但当入射光的电场较强时，非线性现象也不同程度地表现出来。新的光波中不仅含有入射的基波频率，还有二次谐波、三次谐波等频率产生，形成能量转移，频率变换。传统的热辐射或放电光源通常只能得到在 $10\mathrm{W/cm^2 \cdot nm}$ 以下的单色功率密度，只能观察到线性光学现象。激光出现后，聚焦后的单色功率密度很容易达 $10^{11}\mathrm{W/cm^2 nm}$ 以上，这就是只有在高强度的激光出现以后，非线性光学才得到迅速发展的原因。

2. 二阶非线性光学效应

虽然许多介质都可产生非线性效应，但具有中心对称结构的某些晶体和各向同性介质（如液体、气体）只能产生奇数次非线性效应。这一点可以从式（22-3）看出：当外电场反向时式

(22-3) 应保持不变，因此偶级项为零。要观测二阶非线性效应只能在具有非中心对称的一些晶体中进行，如 KDP（或 KD^*P）、$LiNO_3$ 晶体等。设有下列两波同时入射到介质中：

$$\begin{aligned} E_1 &= A_1\cos(\omega_1 t + k_1 z) \\ E_2 &= A_2\cos(\omega_2 t + k_2 z) \end{aligned} \tag{22-4}$$

介质产生的极化强度应为二列光波的叠加，有

$$\begin{aligned} P &= \chi^{(2)}[A_1\cos(\omega_1 t + k_1 z) + A_2\cos(\omega_2 t + k_2 z)]^2 \\ &= \chi^{(2)}[A_1^2\cos^2(\omega_1 t + k_1 z) + A_2^2\cos^2(\omega_2 t + k_2 z) + 2A_1A_2\cos(\omega_1 t + k_1 z)\cos(\omega_2 t + k_2 z)] \end{aligned} \tag{22-5}$$

经推导，二阶非线性极化波应包含下面几种不同频率成分：

$$P_{2\omega_1} = \frac{\chi^{(2)}}{2} A_1^2\cos[2(\omega_1 t + k_1 z)] \tag{22-6}$$

$$P_{2\omega_2} = \frac{\chi^{(2)}}{2} A_2^2\cos[2(\omega_2 t + k_2 z)] \tag{22-7}$$

$$P_{\omega_1+\omega_2} = \chi^{(2)}A_1A_2\cos[(\omega_1+\omega_2)t + (k_1+k_2)z] \tag{22-8}$$

$$P_{\omega_1-\omega_2} = \chi^{(2)}A_1A_2\cos[(\omega_1-\omega_2)t + (k_1-k_2)z] \tag{22-9}$$

$$P_0 = \frac{\chi^{(2)}}{2}(A_1^2 + A_2^2) \tag{22-10}$$

上面五项中，式 (22-6) 和式 (22-7) 称为倍频效应，出射光频率为 $2\omega_1$、$2\omega_2$，是入射光频率的两倍；式 (22-8) 是合频，出射光频率为 $\omega_1+\omega_2$，是两入射光频率之和；式 (22-9) 是差频，出射光频率为 $\omega_1-\omega_2$，是两入射光频率之差，通常用作参量振荡；式 (22-10) 则称为光学整流，会产生一个直流电场。当只有一种频率为 ω 的光入射介质时（相当于上式中 $\omega_1=\omega_2=\omega$），那么二级非线性效应就只有除基频外的一种频率（2ω）的光波产生，称为二倍频或二次谐波。在二级非线性效应中，二倍频又是最基本、应用最广泛的一种技术。第一个非线性效应实验就是在第一台红宝石激光器问世后不久，利用红宝石 649.3nm 激光在石英晶体中观察到紫外倍频激光。

3. 非线性极化系数

非线性极化系数是决定非线性极化强度大小的一个重要物理量。在线性关系 $P=\chi^{(1)}E$ 中，对各向同性介质，$\chi^{(1)}$ 是只与外电场大小有关而与方向无关的常量；对各向异性介质，$\chi^{(1)}$ 不仅与电场大小有关，而且与方向有关。在一般情况下，它是一个二阶张量，有 9 个矩阵元 d_{ij}，每个矩阵元称为线性极化系数。在非线性关系 $P=\chi^{(2)}E^2$ 中，$\chi^{(2)}$ 是三阶张量，在三维直角坐标系中有 27 个分量。考虑到非线性极化系数的对称性，某些矩阵元是相同的，独立的矩阵元实际只有 18 个分量。对于倍频，二阶极化可写为

$$\begin{pmatrix} P_x \\ P_y \\ P_y \end{pmatrix} = \begin{pmatrix} d_{11}\cdots d_{16} \\ d_{21}\cdots d_{26} \\ d_{31}\cdots d_{36} \end{pmatrix} \begin{pmatrix} E_x^2 \\ E_y^2 \\ E_z^2 \\ 2E_yE_z \\ 2E_zE_x \\ 2E_xE_y \end{pmatrix} \tag{22-11}$$

P 和 E 的下角标 x、y、z 表示它们在三个不同方向上的分量，实际上各种非线性晶体都有特殊的对称性，就像晶体的电光系数矩阵一样，有些 d_{ij} 值为零，有些相等，有些相反。因此无对称中心晶体的 d_{ij}，独立的分量数目仅是有限的几个。例如对 KDP（或 KD*P）晶体，有

$$d_{ij}=\begin{pmatrix}0&0&0&d_{14}&0&0\\0&0&0&0&d_{25}&0\\0&0&0&0&0&d_{36}\end{pmatrix} \tag{22-12}$$

其中 $d_{14}=d_{25}$，在一定条件下，还可以有 $d_{14}=d_{36}$。又如铌酸锂晶体，有

$$d_{ij}=\begin{pmatrix}0&0&0&0&d_{15}&-d_{22}\\-d_{22}&d_{22}&0&d_{15}&0&0\\d_{31}&d_{31}&d_{33}&0&0&0\end{pmatrix} \tag{22-13}$$

其中 $d_{31}=d_{15}$。它们的具体数值可以查阅有关资料。作为功能材料，我们总是希望选取 d_{ij} 值大、性能稳定可靠又经济实惠的晶体材料。

4. 相位匹配及实现方法

（1）位相匹配　实验证明，对于具有特定偏振方向的线偏振光，只有以某一特定角度入射晶体时，才能获得良好的倍频效果，而以其他角度入射时，则倍频效果很差，甚至完全不出倍频光。倍频转换效率 η 定义为倍频与基频光功率之比 $P(2\omega)/P(\omega)$，经理论推导可得

$$\eta=\frac{\sin^2(L\cdot\Delta k/2)}{L\cdot\Delta k/2}d\cdot L^2E_\omega^2 \tag{22-14}$$

其中，L 是倍频晶体的通光长度，$\Delta k=2k_1-k_2$ 称为波矢适配，d 是非线性系数，η 与 $L\cdot\Delta k/2$ 关系曲线如图 22-1 所示。

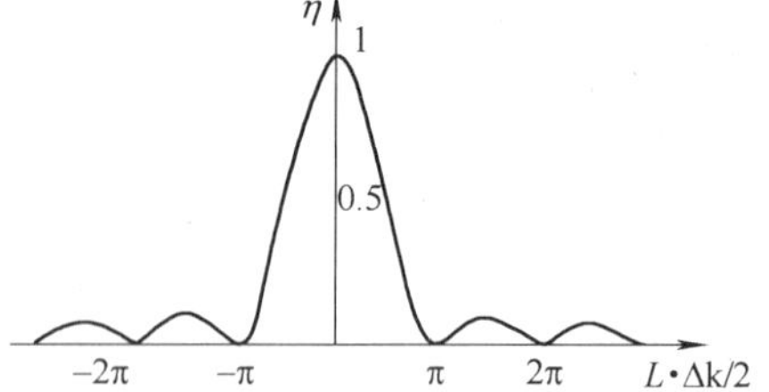

图 22-1　倍频效率与 $L\cdot\Delta k/2$ 的关系

由图 22-1 可看出，要获得最大的转换效率，就要使 $L\cdot\Delta k/2=0$，即 $\Delta k=0$。因为

$$\Delta k=2k_1-k_2=\frac{4\pi}{\lambda_1}(n^\omega-n^{2\omega}) \tag{22-15}$$

式中，n^ω 和 $n^{2\omega}$ 分别为晶体对基频光和倍频光的折射率。所以 $\Delta k=0$ 就要求

$$n^\omega=n^{2\omega} \tag{22-16}$$

也就是只有当基频光和倍频光的折射率相等时，才能产生好的倍频效果，式（22-16）是提高倍频效率的必要条件，称作相位匹配条件。

式（22-16）本质上是要求基频光和倍频光在晶体中的传播速度相等，从而使基频光在晶体中沿途各点激发的倍频光传播到出射面时，都具有相同的相位，这样可相互干涉增强，达到好的倍频效果。否则将会相互削弱，甚至抵消。

（2）相位匹配的实现方法　由于一般介质存在正常色散，即高频光的折射率大于低频光的折射率，如 $n^{2\omega}-n^\omega$ 大约为 10^{-2} 数量级，$\Delta k\neq0$。但对于各向异性的晶体，由于存在双折射，可以利用不同偏振光间的折射率关系，寻找到相位匹配条件，实现 $\Delta k=0$。此方法常用于负单轴晶体。图 22-2 中画出了晶体中基频光和倍频光的两种不同偏振态折射率面间的关系。图中实线球面为基频光折射率面，虚线球面为基频光折射率面，球面为 o 光折射率

面，椭球面为 e 光折射率面，z 轴为光轴。

折射率面的定义：从球心引出的每一条矢径到达面上某点的长度，表示晶体以此矢径为波法线方向的光波的折射率大小。实现相位匹配条件的方法之一是寻找实面和虚面交点位置，从而得到通过此交点的矢径与光轴的夹角。图中看到，基频光中 o 光的折射率可以和倍频光中 e 光的折射率相等，所以当光波沿着与光轴成 θ_m 角方向传播时，即可实现相位匹配，θ_m 叫做相位匹配角，θ_m 可从下式中计算得出：

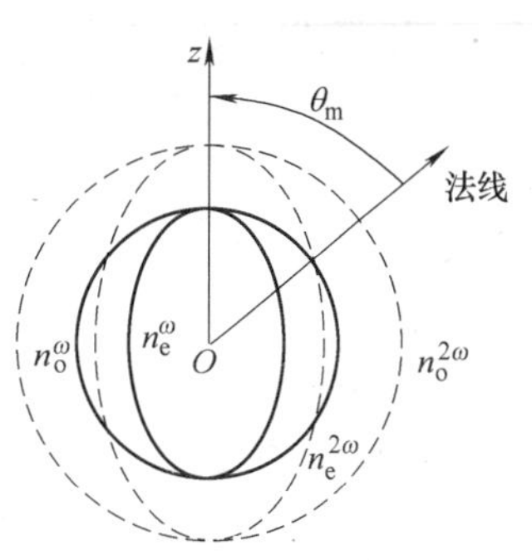

图 22-2　负单轴晶折射率椭球

$$\sin^2\theta_m=\frac{(n_o^{\omega})^{-2}-(n_o^{2\omega})^{-2}}{(n_e^{2\omega})^{-2}-(n_o^{2\omega})^{-2}}\tag{22-17}$$

式中各数据可通过查表获得。表 22-1 列出几种常用的数值。

表 22-1　相位匹配角

晶　体	$\lambda/\mu m$	n_o	n_e	θ_m
铌酸锂	1.06	2.231	2.150	87°
	0.53	2.320	2.230	
碘酸锂	1.06	1.860	1.719	29°30′
	0.53	1.901	1.750	
KD*P	1.06	1.495	1.455	30°57′
	0.53	1.507	1.467	

需要说明的是，相位匹配角是指在晶体中基频光相对于晶体光轴 z 方向的夹角，而不是与入射面法线的夹角。为了减少反射损失和便于调节，实验中一般总希望让基频光正入射晶体表面。所以加工倍频晶体时，须按一定方向切割晶体，以使晶体法线方向和光轴方向成 θ_m。

以上所述，是入射光以一定角度入射晶体，通过晶体的双折射，由折射率的变化来补偿正常色散而实现相位匹配的，这称为角度相位匹配。角度相位匹配又可分为两类。第一类是入射同一种线偏振光，负单轴晶体将两个 e 光光子转变为一个倍频的 o 光光子。第二类是入射光中同时含有 o 光和 e 光两种线偏振光，负单轴晶体将两个不同的光子变为倍频的 e 光光子，正单轴晶体变为一个倍频的 o 光光子。见表 22-2。

表 22-2　单轴晶体的相位匹配条件

晶体种类	第一类相位匹配		第二类相位匹配	
	偏振性质	相位匹配条件	偏振性质	相位匹配条件
正单轴	e + e→o	$n_e^{\omega}(\theta_m)=n_o^{2\omega}$	o + e→o	$\frac{1}{2}[n_o^{\omega}+n_e^{\omega}(\theta_m)]=n_o^{2\omega}$
负单轴	o + o→e	$n_o^{\omega}=n_e^{2\omega}(\theta_m)$	e + o→e	$\frac{1}{2}[n_e^{\omega}(\theta_m)+n_o^{\omega}]=n_e^{2\omega}(\theta_m)$

本实验用的是正双轴 KTP（磷酸氧钛钾 $KTiOPO_4$）第二类相位匹配。

相位匹配的方法除了前述的角度匹配外，还有温度匹配，这里不作细述。

在影响倍频效率的诸因素中，除前述的比较重要的三方面外，还需考虑到晶体的有效长

度 L_s 和模式状况。图 22-3 为晶体中基频光和倍频光振幅随距离的变化。如果晶体过长，例如$L>L_s$时，会造成倍频效率饱和；晶体过短，例如 $L<L_s$，则转换效率比较低。L_s 的大小基本给出了倍频技术中应该使用的晶体长度。模式的不同也影响转换效率，如高阶横模，方向性差，偏离光传播方向的光会偏离相位匹配角。所以在不降低入射光功率的情况下，以选用基横模或低阶横模为宜。

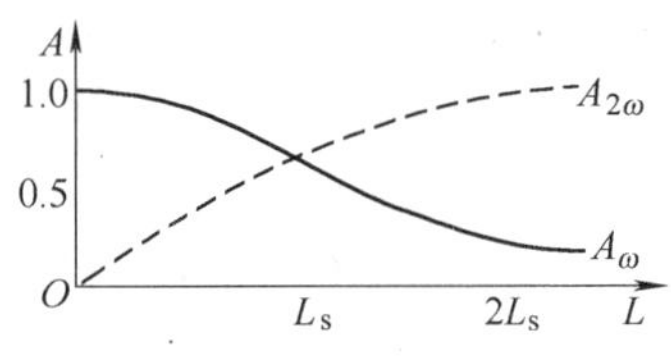

图 22-3 晶体中基频光和倍频光振幅随距离的变化

5. 倍频光的脉冲宽度和谱线宽度

通过对倍频光脉冲宽度 t 和相对线宽 ν 的观测，还可看到脉冲宽度和谱线宽度都比基频光变窄的现象。这是由于倍频光强与入射基频光强的平方成比例的缘故。图 22-4 中，假设在 $t=t_0$时，基频和倍频光具有相同的极大值。基频光在 t_1 和 t_1'时，功率为峰值的 1/2，脉冲宽度 $\Delta t=t_1-t_1'$。而在相同的时间间隔内，倍频光的功率却为峰值的 1/4，倍频光的半值宽度 $t_2'-t_2<t_1'-t_1$，即脉冲宽度变窄。同样道理可得知倍频后的谱线宽度也会变窄。

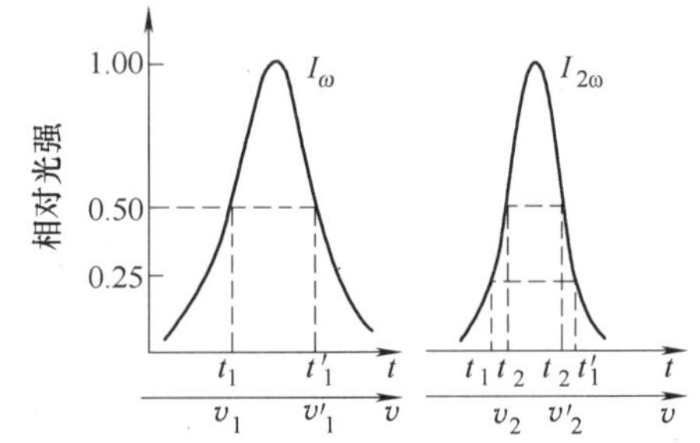

图 22-4 基频光与倍频光的脉宽的比较

由于一般调 Q 脉冲激光器输出功率比较高，通常采用腔外倍频。这种方法虽不如腔内倍频效率高，但装置简单，便于调整和测量。本实验就是采用了腔外倍频的装置结构。

【实验仪器】

本实验采用的装置如图 22-5 所示。实验仪器有示波器、热释电能量探头、连续光电探头、脉冲光电探头。

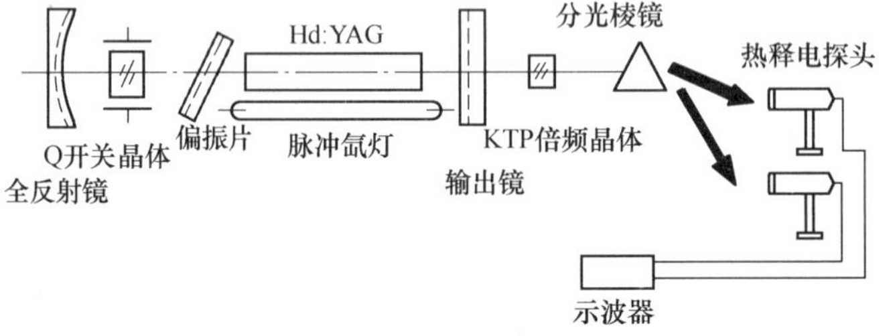

图 22-5 激光在晶体的倍频实验装置

【实验内容及步骤】

1. 调整激光器出射光方向，使其和基座导轨同方向并与轨上各光学器件处于等高的水平方向，这样便于接收调节。检测 YAG 激光器输出光功率是否正常，微调 YAG 放大器基座，与激光器保持共轴，使输出功率最佳。对 1. 06μm 不可见的红外激光除可用能量计准确测定其能量值外，还可用烧斑纸对光的有无和能量的大小进行粗略检查。

2. 将倍频晶体、平面分光镜、能量计放置在同一水平高度上。

3. 转动倍频晶体，使 1. 06μm 的基频光以不同角度入射于晶体（可在已知的 θ 理论值附近 ±20°范围内）。每 0. 5°改变一次，测出倍频光的能量与入射角的对应关系，画出 $I_{2\omega}$-θ 曲线，求出最佳 θ 值，并与理论值作比较。从光强的变化中也可看出，当倍频光由弱的圆环或散开的光斑缩为一耀眼的光点时，即达到了最佳匹配状态。在我们对某一波长的激光进行能量测量时，要注意将待测激光与其他波长的激光及闪光灯的荧光彻底分离开，防止后者中有部分光也同时进入能量计而影响到测量的准确。鉴于光束的发散，能量计与倍频晶体一般保持在 10cm 处。在测量的过程中，能量计放置的角度也会随着出射光方向的改变稍有变化。

4. 将倍频晶体固定在最佳倍频位置。用能量计分别测出 1.0μm 的输入光强及 0.53μm 的倍频光强，计算出倍频效率 $\eta = I_{2\omega}/I\omega$，反复测三遍，取平均结果。

5. 改变 YAG 激光器电源电压，即改变 1.06μm 基频输入光强。用能量计测出倍频光强随基频光强的关系曲线 $I_{2\omega} - I_{\omega}$，用取对数的方法证明 $I_{2\omega} \propto I_{\omega}^2$。

【思考题】

1. 欲获得 0.35μm 的紫外光，为何采用 1.06μm 和 0.53μm 两种频率相加的和频的方法，而不是直接用 1.06μm 光的三倍频方法？

2. 如何知道本实验的倍频为第一类相位匹配？若改用第二类相位匹配，应如何做？

【参考文献】

[1] 周炳琨. 激光原理 [M]. 北京：国防工业出版社，2009.
[2] 沈元镶. 非线性光学原理 [M]. 北京：科学出版社，1987.
[3] 刘敬海，徐荣甫. 激光器件与技术 [M]. 北京：北京理工大学出版社，1995.
[4] 马养武，陈钰清. 激光器件 [M]. 杭州：浙江大学出版社，1994.
[5] 李淳飞. 非线性光学 [M]. 哈尔滨：哈尔滨工业大学出版社，2005.

实验23 微波的光学特性研究

【引 言】

微波波长从 1m 到 0.1mm，其频率范围从 300MHz～3000GHz，是无线电波中波长最短的电磁波。微波波长介于一般无线电波与光波之间，因此微波有似光性，它不仅具有无线电波的性质，还具有光波的性质，即具有光的直射传播、反射、折射、衍射、干涉等现象。由于微波的波长比光波的波长在量级上大 10000 倍左右，因此用微波进行波动实验将比光学方法更简便和直观。

【实验目的】

1. 了解微波产生的基本原理以及传播和接收等基本特性。
2. 观测微波干涉、衍射、偏振等实验现象。
3. 观测模拟晶体的微波布拉格衍射现象。

【实验原理】

1. 微波的产生

随着微波固态器件的发展，在教学中采用固态微波源代替速调管振荡器已成为趋势。体效应振荡器是将体效应管等部件装于金属谐振腔中构成。该电路是采用一谐振腔作为体效应管的外电路，体效应管安装于谐振腔的下底，通过引线接在电源阳极（电压为12V左右），电源阴极接在谐振腔腔体上。构成体效应振荡器的二极管，其工作原理是基于多数载流子在单一半导体材料内的运动来产生微波振荡。体效应管是垂直于水平面放置的，所以电磁波电场矢量方向垂直水平面。腔体上底中心插入一圆柱调谐杆，通过改变调谐杆插入腔体内的深度来改变电容效应，从而改变工作频率。图23-1为振荡器剖面结构及相应的机械调频等效电路示意图。

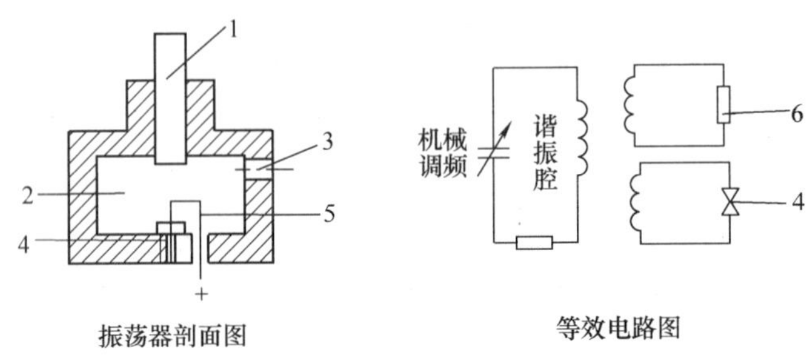

图23-1　体效应振荡器

1—调谐杆　2—谐振腔　3—输出孔　4—体效应管　5—偏压引线　6—负载

体效应振荡器经微波三厘米固态信号电源供电，使得体效应管内的载流子在半导体材料内运动，产生微波，经调谐杆调制到所要产生的频率。产生的微波经过衰减器（可以调节输出功率）由发射喇叭向空间发射（发射信号电矢量的偏振方向垂直于水平面）。微波碰到载物台上的选件，将在空间上重新分布。接收喇叭通过短波导管与放在谐振腔中的检波二极管连接，可以检测微波在 φ 平面分布，检波二极管将微波转化为电信号，通过A/D转化，由液晶显示器显示。

2. 微波的光学特性实验

（1）微波的反射实验　电磁波在传播过程中遇到绝大部分的障碍物要发生反射，而微波的波长较一般电磁波短，所以更具方向性。如当微波在传播过程中，碰到一金属板反射，则同样遵循和光线一样的反射定律，即反射线在入射线与法线所决定的平面内，反射角等于入射角。

（2）微波的单缝衍射实验　当一平面微波入射到一宽度和波长可比拟的一狭缝时，在缝后就要发生如光波一般的衍射现象。同样中央零级最强，也最宽，在中央的两侧衍射波强度将迅速减小。根据光的单缝衍射公式推导可知，如为一维衍射，微波单缝衍射图样的强度分布规律也为

$$I = I_0 \frac{\sin^2\mu}{\mu^2},\ \mu = \frac{\pi a \sin\varphi}{\lambda} \tag{23-1}$$

式中，I_0 是中央主极大中心的微波强度；a 为单缝的宽度；λ 是微波的波长；φ 为衍射角。一般可通过测量衍射屏上从中央向两边微波强度变化验证该公式。同时与光的单缝衍射一样，当

$$a\sin\varphi = \pm k\lambda \qquad (k = 1,2,3,4\cdots) \tag{23-2}$$

时，相应的 φ 角位置衍射度强度为零。如测出衍射强度分布如图23-2所示，则可依据第1

级衍射最小值所对应的 φ 角度，利用公式（23-2），求出微波波长 λ。

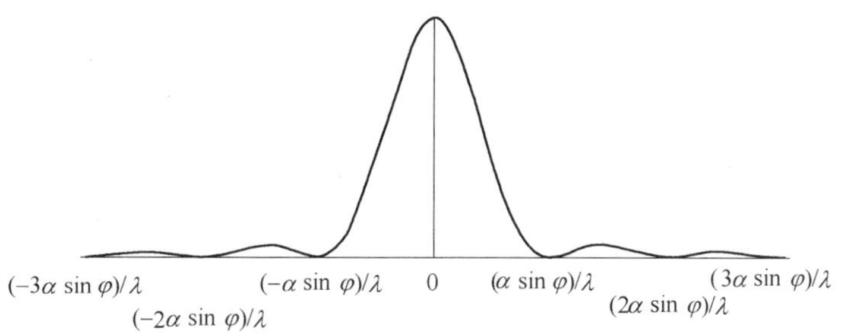

图 23-2　单缝衍射强度分布

（3）微波的双缝干涉实验　当一平面波垂直入射到一金属板的两条狭缝上时，狭缝就成为次级波波源。由两缝发出的次级波是相干波，因此在金属板的背后面空间中，将产生干涉现象。当然，波通过每个缝都有衍射现象。因此实验将是衍射和干涉两者结合的结果。为了只研究主要来自两缝中央衍射波相互干涉的结果，令双缝的缝宽 a 接近 λ，例如 $\lambda=3.2\text{cm}$，$a=4\text{cm}$。当两缝之间的间隔 b 较大时，干涉强度受单缝衍射的影响小，当 b 较小时，干涉强度受单缝衍射影响大。干涉加强的角度为

$$\varphi=\sin^{-1}\left(\frac{k\cdot\lambda}{a+b}\right)\qquad(k=1,2,3\cdots)\tag{23-3}$$

干涉减弱的角度为

$$\varphi=\sin^{-1}\left(\frac{2k+1}{2}\cdot\frac{\lambda}{a+b}\right)\qquad(k=1,2,3\cdots)\tag{23-4}$$

（4）微波的迈克尔逊干涉实验

在微波前进的方向上放置一个与波传播方向成45°角的半透射半反射的分束板（图 23-3）。将入射波分成一束向金属板 A 传播，另一束向金属板 B 传播。由于 A、B 金属板的全反射作用，两列波再回到半透射半反射的分束板，汇合后到达微波接收器处。这两束微波同频率，在接收器处将发生干涉，干涉叠加的强度由两束波的程差（即位相差）决定。当两波的相位差为 $2k\pi$（$k=\pm1,\ \pm2,\ \pm3,\ \cdots$）时，干涉加强；当两波的相位差为 $(2k+1)\pi$ 时，则干涉最弱。若 A、B 板中的一块板固定，另一块板可沿着微波传播方向前后移动，当微波接收信号从极小（或极大）值到又一次极小（或极大）值，则反射板移动了 $\frac{\lambda}{2}$ 距离。由这个距离就可求得微波波长。

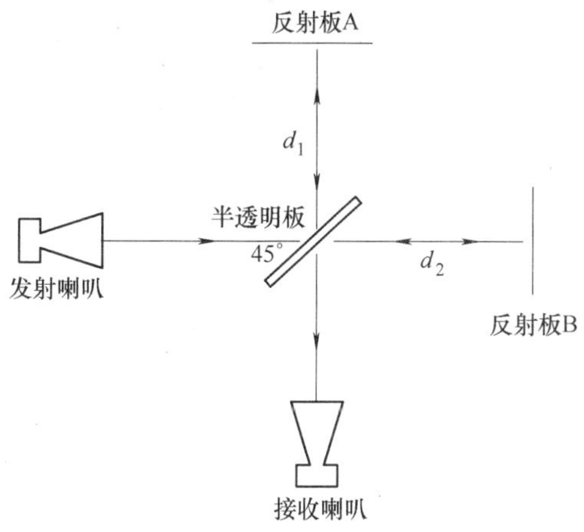

图 23-3　迈克尔逊干涉原理示意图

（5）微波的偏振实验　电磁波是横波，它的电场强度矢量 $\boldsymbol{E}$ 和波的传播方向垂直。如果 $\boldsymbol{E}$ 始终在垂直于传播方向的平面内一确定方向变化，这样的横电磁波叫线极化波，在光学中也叫偏振光。如一线极化电磁波以能量强度 I_0 发射，而由于接收器的方向性较强（只

能吸收某一方向的线极化电磁波），相当于一光学偏振片，如图 23-4 所示。发射的微波电场强度矢量 $\boldsymbol{E}$ 如在 P_1 方向，经接收方向为 P_2 的接收器后（发射器与接收器类似起偏器和检偏器），其强度 $I=I_0\cos^2\alpha$，其中 α 为 P_1 和 P_2 的夹角。这就是光学中的马吕斯（Malus）定律，在微波测量中同样适用。

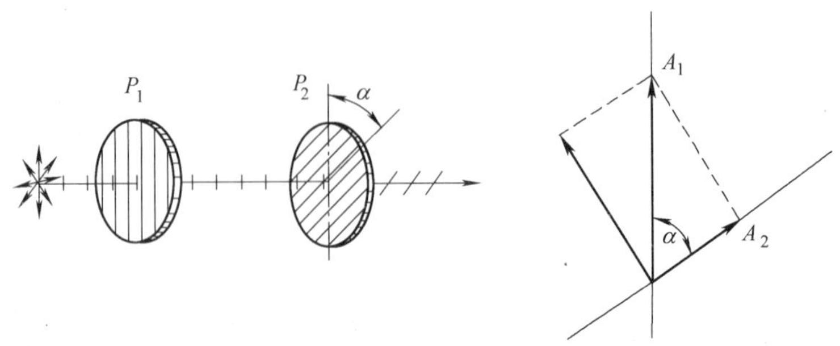

图 23-4　光学中的马吕斯定律

（6）模拟晶体的布拉格衍射实验　布拉格衍射是用 X 射线研究微观晶体结构的一种方法。因为 X 射线的波长与晶体的晶格常数同数量级，所以一般采用 X 射线研究微观晶体的结构。而在此用微波模拟 X 射线，照射到放大的晶体模型上，产生的衍射现象与 X 射线对晶体的布拉格衍射现象与计算结果都基本相似。所以通过此实验对加深理解微观晶体的布拉格衍射实验方法是十分直观的。

固体物质一般分晶体与非晶体两大类，晶体又分单晶与多晶。组成晶体的原子或分子按一定规律在空间周期性排列，而多晶体是由许多单晶体的晶粒组成。其中最简单的晶体结构如图 23-5 所示，在直角坐标中沿 X、Y、Z 三个方向，原子在空间依序重复排列，形成简单的立方点阵。组成晶体的原子可以看作处在晶体的晶面上，而晶体的晶面有许多不同的取向。如图 23-5 左方为最简单的立方点阵，右方表示的就是一般最重要也是最常用的三种晶面。这三种晶面分别为（100）面、（110）面、（111）面，圆括号中的三个数字称为晶面指数。一般而言，晶面指数为$(n_1n_2n_3)$的晶面族，其相邻的两个晶面间距 $d=a/\sqrt{n_1^2+n_2^2+n_3^2}$。显然其中（100）面的间距 d 等于晶格常数 a；相邻的两个（110）面的晶面间距 $d=a/\sqrt{2}$；而相邻两个（111）面的晶面间距 $d=a/\sqrt{3}$。实际上还有许许多多更复杂的取法形成其他取向的晶面族。因微波的波长可在几厘米，所以可用一些铝制的小球模拟微观原子，制作晶体模型。具体方法是将金属小球用细线串联在空间有规律地排列，形成如同晶体的简单立方点阵。各小球间距 d 设置为 4cm（与微波波长同数量级）左右。当如同光波的微波入射到该模拟晶体结构的三维空间点阵时，因为每一个晶面相当于一个镜面，入射微波遵守反射定律，反射角等于入射角，如图 23-6 所示。而从间距为 d 的相邻两个晶面反射的两束波的程差为 $2d\sin\alpha$，其中 α 为入射波与晶面的夹角。显然，只是当满足

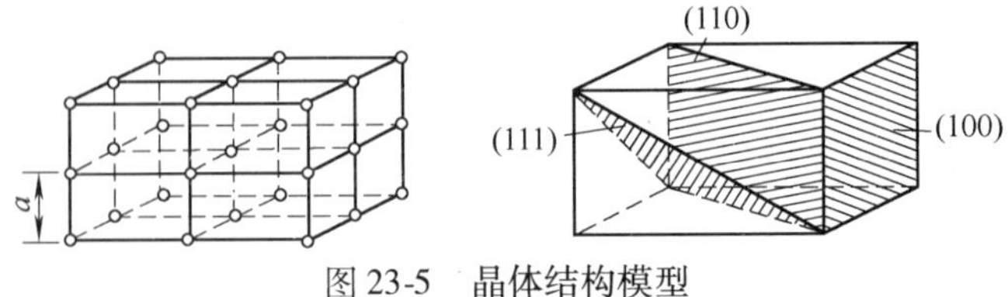

图 23-5　晶体结构模型

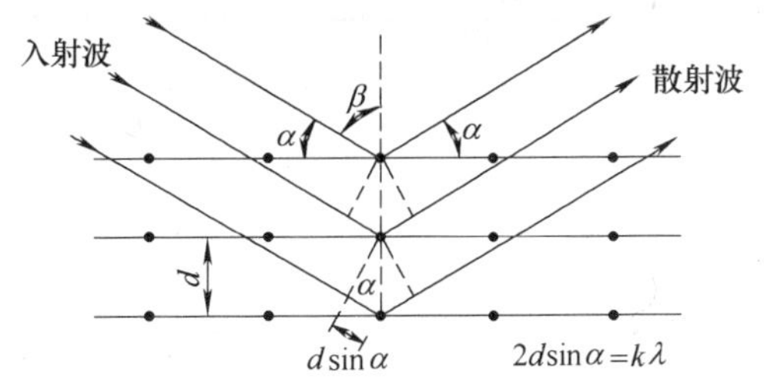

图 23-6　布拉格衍射

$$2d\sin\alpha = k\lambda, \qquad (k = 1,2,3,\cdots) \tag{23-5}$$

时，出现干涉极大。方程（23-5）称为晶体衍射的布拉格公式。

如果改用通常使用的入射角 β 表示，则（23-5）式为

$$2d\cos\beta = k\lambda, \qquad (k = 1,2,3\cdots) \tag{23-6}$$

【实验仪器】

本实验采用杭州大华仪器公司生产的 DHMS－1 型微波光学综合实验仪一套，包括三厘米微波信号源、固态微波振荡器、衰减器、隔离器、发射喇叭、接收喇叭、检波器、检波信号数显器、可旋转载物平台和支架，以及实验用附件（反射板、分束板、单缝板、双缝板、晶体模型、读数机构等）。

【实验内容】

1. 微波源基本特性观测

旋转调谐杆旋钮，改变频率，观察输入电流变化，了解固态微波信号源工作原理；改变接收喇叭短波导管处的负载与晶体检波器之间的距离，观察阻抗不匹配对输出功率的影响；也可改变频率，固定负载与晶体检波器之间的距离，观测频率的变化对输出功率的影响。

2. 微波的反射

将金属板平面安装在一支座上，安装时板平面法线应与支座圆座上指示线方向一致。将该支座放置在载物台上时，支座圆座上指示线指示在载物小平台 0°位置。这意味着小平台零度方向即是金属反射板法线方向。转动小平台，使固定臂指针指在某一角度处，这角度读数就是入射角，然后转动活动臂在液晶显示器上找到一最大值，此时活动臂上的指针所指的小平台刻度就是反射角。如果此时电表指示太大或太小，应调整衰减器、固态振荡器或晶体检波器，使表头指示接近满量程。做此项实验，入射角最好取 30°～65°，因为入射角太大接收喇叭有可能直接接收入射波，同时应注意系统的调整和周围环境的影响。将实验测得的反射角数值记入表 23-1。

表 23-1　微波反射实验数据记录表

入射角/(°)	30	32	34	36	38	40	…	64
反射角/(°)								

3. 微波的单缝衍射

按需要调整单缝衍射板的缝宽。将单缝衍射板安置在支座上时，应使衍射板平面与支座

圆座上指示线一致，将该支座放置在载物台上时，支座圆座上指示线应指示在载物小平台90°位置。转动小平台使固定臂的指针在小平台的180°处。此时相当于微波从单缝衍射板法线方向入射。这时让活动臂置小平台 0°处，调整信号使电表指示接近满度，然后在单缝的两侧，每改变衍射角 2°读取一次表头读数，并记入表 23-2，然后就可以画出单缝衍射强度与衍射角度的关系曲线。并根据微波衍射强度一级极小角度和缝宽 α，计算微波波长 λ 和其百分误差。

表 23-2 微波的单缝衍射实验数据记录表

$\varphi/(°)$	0	2	4	6	8	…	50
$U_{左}/\mathrm{mV}$							
$U_{右}/\mathrm{mV}$							

4. 微波的双缝干涉

按需要调整双缝干涉板的缝宽。将双缝干涉板安置在支座上时，应使双缝板平面与支座圆座上指示线一致，将该支座放置在载物台上时，支座圆座上指示线应指示在载物小平台90°位置。转动小平台使固定臂的指针在小平台的180°处，此时相当于微波从双缝干涉板法线方向入射。这时让活动臂置于小平台 0°处，调整信号使电表指示接近满度，然后在双缝的两侧，每改变衍射角 1°读取一次液晶显示器的读数，并记入表 23-3，然后就可以画出双缝干涉强度与角度的关系曲线。并根据微波衍射强度一级极小角度和缝宽 a，计算微波波长 λ 和其百分误差。

表 23-3 微波的双缝干涉实验数据记录表

$\varphi/(°)$	0	1	2	3	4	5	6	7	8	9	10	11	12	13	14	15	16
$U_{左}/\mathrm{mV}$																	
$U_{右}/\mathrm{mV}$																	
$\varphi/(°)$	17	18	19	20	21	22	23	24	25	26	27	28	29	30	31	32	33
$U_{左}/\mathrm{mV}$																	
$U_{右}/\mathrm{mV}$																	
$\varphi/(°)$	34	35	36	37	38	39	40	41	42	43	44	45	46	47	48	49	50
$U_{左}/\mathrm{mV}$																	
$U_{右}/\mathrm{mV}$																	

5. 微波的偏振干涉实验

按实验要求调整喇叭口面相互平行正对共轴。为了避免小平台的影响，可以松开平台中心三个十字槽螺钉，把工作台放下。做实验时还应尽量减少周围环境的影响。调整信号使电表指示接近满度，然后旋转接收喇叭短波导的轴承环（相当于偏转接收器方向），每隔 5°记录微安表头的读数。直至90°。就可得到一组微波强度与偏振角度关系数据，验证马吕斯定律。实验数据记入表 23-4。

表 23-4　微波的偏振干涉实验数据记录表

两喇叭夹角/(°)	0	10	20	30	40	50	60	70	80	90
接收微波强度/入射微波强度理论值（%）	100	96.98	83.3	75.0	58.68	41.32	25.0	11.7	3.0	0
接收微波强度/入射微波强度实验值（%）										

6. 迈克尔逊干涉实验

在微波前进的方向上放置一半透明板，使半透明板与反射方向呈45°角（如图 23-3 所示）。按实验要求如图安置固定反射板、可移动反射板、接收喇叭。使固定反射板固定在大平台上，并使其法线与接收喇叭的轴线一致。可移动反射板装在一旋转读数机构上后，将该可移动读数机构固定在大平台上，并使其法线与反射喇叭的轴心一致，然后移动旋转读数机构上的手柄，使可移反射板移动，测出出现 $n+1$ 个微波强度极小值对应的可移反射板的移动距离 L。根据迈克尔逊干涉中波长满足的关系式 $\lambda=\frac{2L}{n}$，代入 n 和 L 后，可测量微波波长。

最小点读数/mm							

7. 布拉格衍射

实验中两个喇叭口的安置同反射实验一样。模拟晶体球应用模片调得上下应成为一方形点阵，各金属球点阵间距相同。模拟晶片架上的中心孔插在一专用支架上，将支架放至平台上时，应让晶体的中心轴与转动轴重合，并使所研究的晶面（100）法线正对小平台上的零刻度线。为了避免两喇叭之间波的直接入射，入射角 β 取值范围最好在 30°到 60°之间，寻找一级衍射极大的角位置，从而模拟布拉格衍射现象，并验证布拉格衍射极值条件。将实验数据记入表 23-5。

表 23-5　布拉格衍射实验数据记录表

入射角/(°)	30	33	36	39	42	45	48	…	60
反射角/(°)									
U/mV									

【实验内容扩展】

利用微波分光仪还可以进行电磁波的线极化、圆极化和椭圆极化实验，通过三种极化波的产生、检测，可以了解电波极化的概念；同时可以进行圆极化波反射和折射、左旋/右旋特性实验；利用迈克尔逊干涉原理可以进行无损介质介电常数测定实验；光学中的布儒斯特角、法布里-珀罗干涉仪、劳埃德镜、棱镜的折射等也可在微波波段得到再现；还可以进行设计性实验，例如微波法湿度的测定。

【思考题】

1. 各实验内容误差主要影响是什么？

2. 金属是一种良好的微波反射器，其他物质的反射特性如何？是否有部分能量透过这些物质还是被吸收了？比较导体与非导体的反射特性。

3. 在实验中使发射器和接收器与角度计中心之间的距离相等有什么好处？

4. 假如预先不知道晶体中晶面的方向，是否会增加实验的复杂性？又该如何定位这些晶面？

【参考文献】

[1] 杭州大华仪器制造有限公司提供的《DHMS-1 微波光学综合实验仪实验讲义》.

实验 24　热辐射成像

【引　言】

热辐射是 19 世纪发展起来的新学科，至 19 世纪末，该领域的研究达到顶峰，以至于量子论这个婴儿注定要从这里诞生。黑体辐射实验是量子论得以建立的关键性实验之一，也是高校物理实验教学中的一个重要实验。物体由于具有温度而向外辐射电磁波的现象称为热辐射。热辐射的光谱是连续谱，波长覆盖范围理论上可从 0 到∞，而一般的热辐射主要靠波长较长的可见光和红外线。物体在向外辐射的同时，还将吸收从其他物体辐射的能量，且物体辐射或吸收的能量与它的温度、表面积、黑度等因素有关。

【实验目的】

1. 研究物体的辐射面、辐射体温度对物体辐射能力大小的影响，并分析原因。

2. 测量改变测试点与辐射体距离时，物体辐射强度 P 和距离 s 以及距离的平方 s^2 的关系，并描绘 P-s^2 曲线。

3. 依据维恩位移定律，测绘物体辐射能量与波长的关系图。

4. 测量不同物体的防辐射能力，你能够从中得到哪些启发？（选做）

5. 了解红外成像原理，根据热辐射原理测量发热物体的形貌（红外成像）。

【实验原理】

热辐射的真正研究是从基尔霍夫（G. R. Kirchhoff）开始的。1859 年他从理论上导入了辐出度、吸收比和黑体概念，他利用热力学第二定律证明了一切物体的辐出度 $r(\lambda,T)$ 与吸收比 $\alpha(\lambda,T)$ 成正比，比值仅与波长 λ 和温度 T 有关，其数学表达式为

$$\frac{r(\lambda,T)}{\alpha(\lambda,T)}=F(\lambda,T) \tag{24-1}$$

式中，$F(\lambda,T)$是一个与物质无关的普适函数。在 1861 年他进一步指出，在一定温度下用不透光的壁包围起来的空腔中的热辐射等同于黑体的热辐射。1879 年，斯特藩（J. Stefan）从实验中总结出了黑体辐射的辐射本领 R 与物体热力学温度 T 四次方成正比的结论；1884 年，玻耳兹曼对上述结论给出了严格的理论证明，其数学表达式为

$$R_T=\sigma T^4 \tag{24-2}$$

此即斯特藩-玻耳兹曼定律，其中 $\sigma=5.673\times10^{-12}\mathrm{W/(cm^2\cdot K^4)}$ 为玻耳兹曼常数。

1888 年韦伯（H. F. Weber）提出了波长与热力学温度之积是一定的，1893 年维恩（Wilhelmwien）从理论上进行了证明，其数学表达式为

$$\lambda_{\max} T = b \tag{24-3}$$

式中 $b = 2.8978 \times 10^{-3}\text{m} \cdot \text{K}$ 为一普适常数。此式表明，随着温度的升高，绝对黑体辐射亮度的最大值的波长向短波方向移动，即维恩位移定律。

图 24-1 显示了黑体不同色温的辐射亮度随波长的变化曲线，峰值波长 $\lambda_{\max}$ 与它的热力学温度 T 成反比。1896 年维恩推导出黑体辐射谱的函数形式

$$r_{(\lambda,T)} = \frac{\alpha c^2}{\lambda^5} e^{-\beta c/\lambda T} \tag{24-4}$$

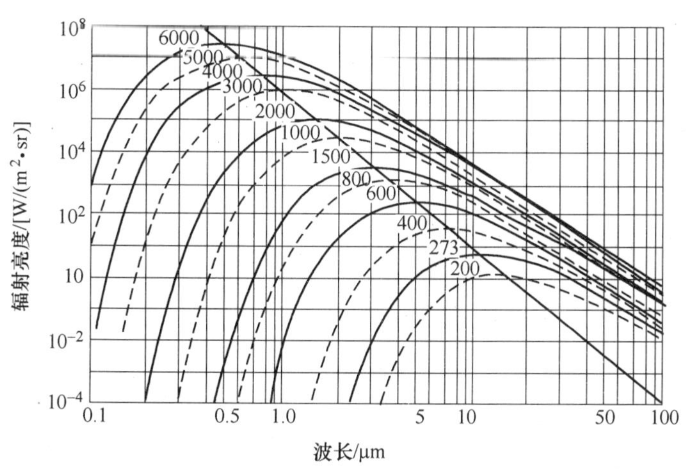

图 24-1　辐射亮度与波长的关系

式中，α、β 为常数。该公式与实验数据比较，在短波区域符合得很好，但在长波部分出现系统偏差。为表彰维恩在热辐射研究方面的卓越贡献，1911 年授予他诺贝尔物理学奖。

1900 年，英国物理学家瑞利（Lord Rayleigh）从能量按自由度均分定律出发，推出了黑体辐射的能量分布公式

$$r_{(\lambda,T)} = \frac{2\pi c}{\lambda^4} kT \tag{24-5}$$

该公式被称为瑞利·金斯公式，公式在长波部分与实验数据较相符，但在短波部分却出现了无穷值，而实验结果是趋于零。这部分严重地背离，被称为“紫外灾难”。

1900 年德国物理学家普朗克（M. Planck）在总结前人工作的基础上，采用内插法将适用于短波的维恩公式和适用于长波的瑞利·金斯公式衔接起来，得到了在所有波段都与实验数据符合得很好的黑体辐射公式

$$r_{(\lambda,T)} = \frac{c_1}{\lambda^5} \cdot \frac{1}{e^{c_2/\lambda T} - 1} \tag{24-6}$$

式中 c_1、c_2 均为常数，但该公式的理论依据尚不清楚。

这一研究的结果促使普朗克进一步去探索该公式所蕴含的更深刻的物理本质。他发现如果作如下“量子”假设：对一定频率 ν 的电磁辐射，物体只能以 $h\nu$ 为单位吸收或发射它，也就是说，吸收或发射电磁辐射只能以“量子”的方式进行，每个“量子”的能量为 $E =$

$h\nu$，称之为能量子。式中 h 是一个用实验来确定的比例系数，被称之为普朗克常量，它的数值是 $6.626075\times10^{-34}\mathrm{J}\cdot\mathrm{s}$。式（24-6）中的 c_1、c_2 可表述为 $c_1=2\pi hc^2$、$c_2=ch/k$，它们均与普朗克常量相关，分别被称为第一辐射常量和第二辐射常量。

【实验仪器】

DHRH-1 测试仪、黑体辐射测试架、红外成像测试架、红外热辐射传感器、半自动扫描平台、光学导轨（60cm）、计算机软件以及专用连接线等。

【实验内容】

1. 物体温度以及物体表面对物体辐射能力的影响。

（1）将黑体热辐射测试架，红外传感器安装在光学导轨上，调整红外热辐射传感器的高度，使其正对模拟黑体（辐射体）中心，然后再调整黑体辐射测试架和红外热辐射传感器的距离为一较合适的距离，并通过光具座上的紧固螺钉锁紧。

（2）将黑体热辐射测试架上的加热电流输入端口和控温传感器端口分别通过专用连接线和 DHRH-1 测试仪面板上的相应端口相连；用专用连接线将红外传感器和 DHRH-1 面板上的专用接口相连（图 24-2）。检查连线，确认无误后，开通电源，对辐射体进行加热。

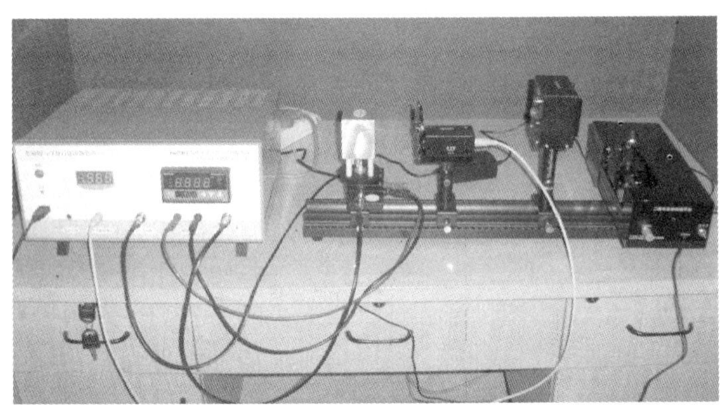

图 24-2 实验连接图一

（3）将不同温度时的辐射强度记入表 24-1 中，并绘制温度-辐射强度曲线图。

表 24-1 黑体温度与辐射强度记录表

温度 t/℃	20	25	30	…	80
辐射强度 I_e/(W/sr)					

注意：本实验可以动态测量，也可以静态测量。静态测量时要设定不同的控制温度，具体如何设置温度见控温表说明书。静态测量时，由于控温需要时间，用时较长，故做此实验时建议采用动态测量。

（4）将红外辐射传感器移开，控温表设置在 60℃，待温度控制好后，将红外辐射传感器移至靠近辐射体处，转动辐射体（辐射体较热，请戴上手套进行旋转，以免烫伤）测量不同辐射表面上的辐射强度（实验时，保证热辐射传感器与待测辐射面距离相同，便于分析和比较），记入表 24-2。

表 24-2 黑体表面与辐射强度记录表

黑 体 面	黑 面	粗 糙 面	光面 1	光面 2（带孔）
辐射强度 I_e/(W/sr)				

注意：光面 2 上有通光孔，实验时可以分析光照对实验的影响。

（5）黑体温度与辐射强度微机测量

用计算机动态采集黑体温度与辐射强度之间的关系时，先按照步骤 2 连好线，然后把黑体热辐射测试架上的测温传感器 PT100II 连至测试仪面板上的“PT100 传感器 II”，用 USB 电缆连接电脑与测试仪面板上的 USB 接口，见图 24-2。

具体实验界面的操作以及实验案例详见安装软件上的帮助文档。

2. 探究黑体辐射和距离的关系

（1）按照上述实验的步骤（2）把线连接好，连线图同图 24-2。

（2）将黑体热辐射测试架紧固在光学导轨左端某处，红外传感器探头紧贴对准辐射体中心，稍微调整辐射体和红外传感器的位置，直至红外辐射传感器底座上的刻线对准光学导轨标尺上的一整刻度，并以此刻度为两者之间距离零点。

（3）将红外传感器移至导轨另一端，并将辐射体的黑面转动到正对红外传感器。

（4）将控温表头设置在 80℃，待温度控制稳定后，移动红外传感器的位置，每移动一定的距离后，记录测得的辐射强度，并记录在表 24-3 中，绘制辐射强度-距离图以及辐射强度-距离的平方图，即 P-S 和 P-S^2 图。

表 24-3 黑体辐射与距离关系记录表

距离 s/mm	400	380	…	0
辐射强度 I_e/(W/sr)				

（5）分析绘制的图形，你能从中得出什么结论，黑体辐射是否具有类似光强和距离的平方成反比的规律？

注意：实验过程中，辐射体温度较高，禁止触摸，以免烫伤。

3. 依据维恩位移定律，测绘物体辐射强度 P 与波长的关系图

（1）按第 1 项实验的方法，测量不同温度时辐射体辐射强度和辐射体温度的关系并记录。

（2）根据式（24-3），求出不同温度时的 λ_{max}。

（3）根据不同温度下的辐射强度和对应的 λ_{max}，描绘 P-λ_{max} 曲线图。

（4）分析所描绘图形，并说明原因。

*4. 测量不同物体的防辐射能力（选做）

（1）分别测量在辐射体和红外辐射传感器之间放入物体板之前和之后辐射强度的变化。

（2）放入不同的物体板时，辐射体的辐射强度有何变化？分析原因。你能得出哪种物

质的防辐射能力较好？从中你可以得到什么启发？

5. 红外成像实验（使用计算机）

（1）将红外成像测试架放置在导轨左边，半自动扫描平台放置在导轨右边，将红外成像测试架上的加热输入端口和传感器端口分别通过专用连线同测试仪面板上的相应端口相连；将红外传感器安装在半自动扫描平台上，并用专用连接线将红外辐射传感器和面板上的输入接口相连，用 USB 连接线将测试仪与电脑连接起来，如图 24-3 所示。

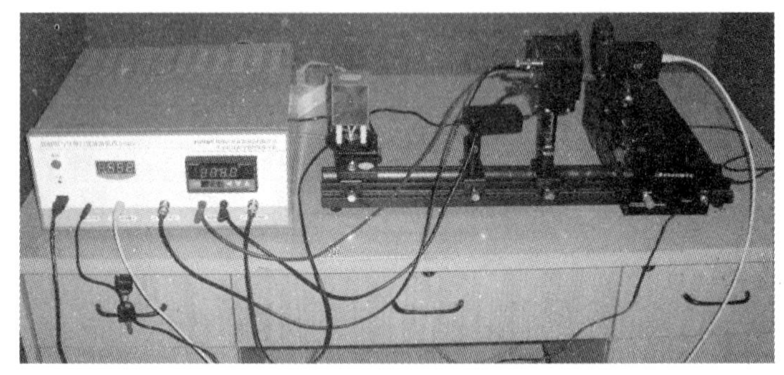

图 24-3　实验连接图二

（2）将一红外成像体放置在红外成像测试架上，设定温度控制器控温温度为 60℃或 70℃等，检查连线，确认无误后，开通电源，对红外成像体进行加热。

（3）温度控制稳定后，将红外成像测试架向半自动扫描平台移近，使成像物体尽可能接近热辐射传感器（不能紧贴，防止高温烫坏传感器测试面板）。

（4）起动扫描电动机，开启采集器，采集成像物体横向辐射强度数据；手动调节红外成像测试架的纵向位置（每次向上移动相同坐标距离，调节杆上有刻度），再次开启电动机，采集成像物体横向辐射强度数据；电脑上将会显示全部的采集数据点以及成像图。软件具体操作详见软件界面上的帮助文档。

【注意事项】

1. 实验过程中，当辐射体温度很高时，禁止触摸辐射体，以免烫伤。
2. 测量不同辐射表面对辐射强度影响时，辐射温度不要设置太高，转动辐射体时，应戴手套。
3. 实验过程中，计算机在采集数据时不要触摸测试架，以免造成对传感器的干扰。
4. 辐射体的光面 1 光洁程度较高，应避免受损。

【思考题】

需要测量的是红外光辐射出射度，但采集卡采集到的只能是电压信号。应该如何给传感器定标呢？

【参考文献】

[1] DHRH-1 热辐射与红外扫描成像装置实验指导书.
[2] 安毓敏，刘继芳，李庆辉. 光电子技术 [M]. 2 版. 北京：电子工业出版社，2007.

实验 25　振动喇曼光谱的研究

【引　言】

光照射介质时，除被介质吸收、反射和透射外，总有一部分被散射。散射光按频率可分成三类：第一类，散射光的频率与入射光的频率基本相同，频率变化小于 3×10^{5}Hz，或者说波数变化小于 10^{-5}cm^{-1}，这类散射通常称为瑞利（Rayleigh）散射；第二类，散射光频率与入射光频率有较大差别，频率变化大于 3×10^{10}Hz，或者说波数变化大于 1cm^{-1}，这类散射就是所谓喇曼（Raman）散射；第三类，散射光频率与入射光频率差介于上述二者之间的散射被称为布里渊（Brillouin）散射。从散射光的光强看，瑞利散射的光强最大，一般都在入射光强的 10^{-3}左右，常规喇曼散射的光强是最弱的，一般小于入射光强的 10^{-6}。

用光电方法记录的某一样品的振动喇曼光谱如图 25-1 所示。设$\bar{v}_0$是入射光的波数，$\bar{v}$ 是散射光的波数，散射光与入射光的波数差定义为 $\Delta\bar{v}=\bar{v}-\bar{v}_0$。那么，对于喇曼散射谱，$\Delta\bar{v}<0$ 的散射光线称为红伴线或斯托克斯（Stokes）线；$\Delta\bar{v}>0$ 的散射线称为紫伴线或反斯托克斯（anti-Stokes）线。

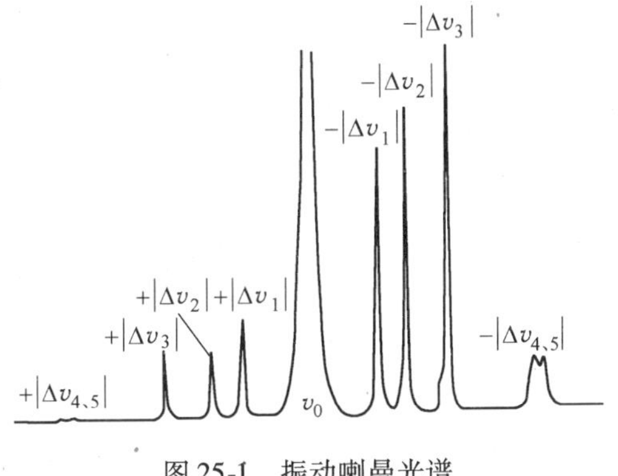

图 25-1　振动喇曼光谱

喇曼光谱在外观上有三个明显的特征：第一，对同一样品，同一喇曼线的波数差 $\Delta\bar{v}$ 与入射光波长无关；其次，在以波数为变量的喇曼光谱图上，如果以入射光波数为中心点，则斯托克斯线和反斯托克斯线对称地分裂在入射光的两边；第三，斯托克斯线的强度一般都大于反斯托克斯线的强度。喇曼光谱的上述特点是散射体内部结构和运动状态的反映，也是喇曼散射固有机制的体现。

喇曼散射现象在实验上首先由印度科学家喇曼（C. V. Raman）和前苏联科学家曼杰斯塔姆（л·и·мандепь－щгам）分别在 1928 年发现。由于喇曼散射强度很弱，早先的喇曼光谱工作主要限于线性喇曼谱，在应用上以结构化学的分析工作居多。但是，20 世纪 60 年代激光技术的出现和接收技术的不断改进，使喇曼光谱突破了原先的局限，获得了迅猛的发展，在实验技术上，迅速地出现了如共振喇曼散射以及高阶喇曼散射、反转喇曼反射、受激喇曼散射和相干反斯托克斯散射等非线性喇曼散射和时间分辨与空间分辨喇曼散射等各种新的光谱技术，由于喇曼光谱技术的发展，凝聚态中的电子波、自旋波和其他元激发所引起的喇曼散射不断被观察到，使之也都成为喇曼光谱的研究对象。至今，喇曼光谱学在化学、物理、地学和生命科学等各个方面已得到日益广泛的应用。

【实验目的】

1. 学会分析一些典型分子的振动喇曼光谱实验。
2. 理解喇曼散射的基本原理。
3. 了解喇曼光谱基本实验技术及其应用。

【实验原理】

1. 喇曼散射的基本原理

在电磁辐射经典理论的基础上讨论光散射问题，就能对光散射的固有机制有一个大致了解。下面我们主要用经典的电偶极辐射理论讨论光散射问题。

（1）电偶极辐射　一个圆频率为 ω 的振荡电偶极矩，不论是物质固有的或由外场感生的，都将辐射频率为 ω 的电磁波。对于如图 25-2 所示的、处在坐标原点的电偶极矩 $\boldsymbol{p}$，在离原点为 r 的地方，当 r 大于光波波长时，由电偶极矩 $\boldsymbol{p}$ 辐射产生的电场强度 $\boldsymbol{E}$ 为

$$\boldsymbol{E}=\frac{\omega^2 p_0 \sin\theta}{c^2}\frac{1}{r}\cos(\omega t-kr)\boldsymbol{e}_E \tag{25-1}$$

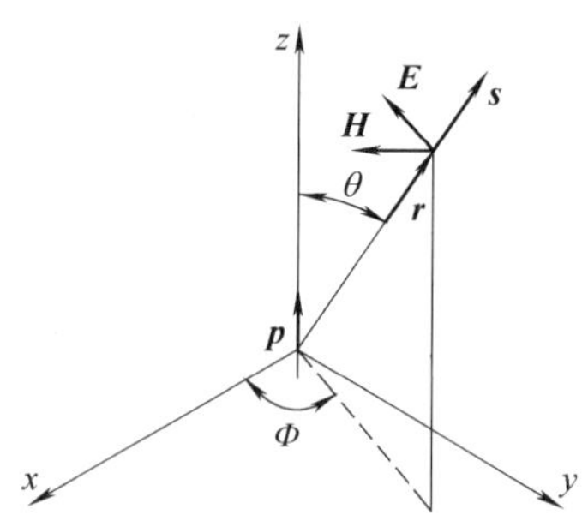

图 25-2　电偶极辐射示意图

式中，p_0是电偶极矩的振幅；c 是真空中的光速；k 是波矢且 $k=\omega/c$；e_E 代表 $\boldsymbol{r}$ 和 $\boldsymbol{p}$ 组成的平面上垂直于 $\boldsymbol{r}$ 方向上的单位矢量；θ 是 $\boldsymbol{r}$ 和 $\boldsymbol{p}$ 的夹角。电偶极矩 $\boldsymbol{p}$ 辐射的能流密度 $\boldsymbol{S}$ 是

$$\boldsymbol{S}=\frac{\omega^4 p_0^2 \sin^2\theta}{4\pi^2 c^3 r^2}\cos^2(\omega t-kr)\boldsymbol{e}_r$$

$\boldsymbol{e}_r$代表 $\boldsymbol{r}$ 方向上的单位矢量。在一个周期内的平均能流密度〈S〉是

$$<\boldsymbol{S}>=\frac{\omega^4 p_0^2}{8\pi c^3 r^2}\sin^2\theta\boldsymbol{e}_r=\frac{2\pi^3\ c\,\bar{v}^4 p_0^2}{r^2}\sin^2\theta\boldsymbol{e}_r \tag{25-2}$$

式中，$\bar{v}=\omega/(2\pi c)$ 是辐射光波的波数。

一束频率为 ω_0的光入射到一个分子上，可以感应产生电偶极矩。在一级近似下，所产生的感应电偶极矩 $\boldsymbol{p}$ 与入射光波电场 $\boldsymbol{E}$ 的关系为

$$\boldsymbol{p}=A\boldsymbol{E} \tag{25-3}$$

一般情况下，$\boldsymbol{p}$ 和 $\boldsymbol{E}$ 不在一个方向上，所以 A 应是一个二阶张量，通常称 A 为极化率张量。

如果频率为 ω_0的入射光波只感生振荡频率为 ω_0的感应电偶极矩，根据前面叙述的偶极辐射观点，该感生电偶极矩当然只辐射与入射光频率 ω_0相同的散射光。但是，如果考虑到分子内部的运动，就会发现感应电偶极矩的振荡频率有异于 ω_0的成分。下面我们详细讨论分子存在内部运动时所产生的感应电偶极矩的辐射。

（2）喇曼散射的机制　分子极化率 A 是分子内部运动坐标的函数。如果分子中的原子由于热运动而在平衡位置附近振动，那么，分子极化率 A 将和分子内部处于平衡状态时的分子极化率不同。A 可用对振动简正坐标 Q 展开的式子表示，A 的某一分量 a_{ij}的泰勒展开式是

$$a_{ij}=(a_{ij})_0+\sum_k\left(\frac{\partial a_{ij}}{\partial Q_k}\right)_0 Q_k+\frac{1}{2}\sum_{k,l}\left(\frac{\partial^2 a_{ij}}{\partial Q_k\partial Q_l}\right)Q_kQ_l \tag{25-4}$$

式中，符号 $(\ )_0$表示括号内的物理量是分子处于平衡状态时的值，Q_k，Q_l，… 是与频率 ω_k，ω_l，…相联系的振动简正坐标，求和遍及全部简正坐标。在下面的讨论中，对上式我们只保留到一级项，并且只讨论某个典型的正则振动模 Q_K，因而式（25-4）便简化为

$$(a_{ij})_k=(aij)_0+(a_{ij})'_kQ_k \tag{25-5}$$

$$(a'_{ij})_k = \left(\frac{\partial a_{ij}}{\partial Q_k}\right)$$

式中，与分量表达式（25-5）对应的张量就是

$$A_k = A_0 + A'_k Q_k \tag{25-6}$$

当分子内部振动不大时，振动可近似认为是简谐的，于是，振动坐标 Q_k 就用下列表达式表示

$$Q_k = Q_{k0}^{\cos(\omega_k t + \Phi_k)}$$

式中，Q_{k0} 表示振动的振幅；ω_k 和 Φ_k 分别是振动的频率和初相位；t 代表时间。把上式代入式（25-5）和式（25-6），分别得

$$(a_{ij})_k = (a_{ij})_0 + (a'_{ij})_k Q^{\cos(\omega_k t + \Phi_k)}$$

$$A_k = A_0 + A'_k Q_{k0}^{\cos(\omega_k t + \Phi_k)}$$

频率为 ω_0 的光波的电场 $\boldsymbol{E}$ 通常写成如下形式：

$$\boldsymbol{E} = \boldsymbol{E}_0 \cos\omega_0 t \tag{25-7}$$

式中，$\boldsymbol{E}_0$ 是电场强度 $\boldsymbol{E}$ 的振幅矢量。从前面的讨论知道，受电场强度为 $\boldsymbol{E}$ 的光波的照射，分子将产生一个感应电偶极矩 $\boldsymbol{p}$。由于我们只讨论某个典型振动 Q_k，把式（25-6）和式（25-7）代入式（25-8）得到由外场 $\boldsymbol{E}$ 感应产生的偶极矩 $\boldsymbol{p}_k$：

$$\begin{aligned} p_k &= A_k \cdot E \\ &= A_0 \cdot E_0 \cos\omega_0 t + A'_k Q_{k0} . E_0 [\cos\omega_0 t \cdot \cos(\omega_k t + \Phi_k)] \\ &= A_0 \cdot E_0 \cos\omega_0 t + \frac{1}{2} A'_k Q_{k0} E_0 \cos[(\omega_0 - \omega_k)t + \Phi_k] + \frac{1}{2} Q_{K0} A'_k E_0 \cos[(\omega_0 + \omega_k)t + \Phi_k] \end{aligned} \tag{25-8}$$

引入符号

$$p_0 = A_0 \cdot E_0 \qquad p_{k0} = \frac{1}{2} Q_{k0} A'_k \cdot E_0 \tag{25-9}$$

$$p_0(\omega_0) = p_0 \cos\omega_0 t \tag{25-10}$$

$$p_0(\omega_0 \mp \omega_k) = p_{k0} \cos[(\omega_0 \mp \omega_k)t + \Phi_k] \tag{25-11}$$

则式（25-8）可改写为

$$\begin{aligned} p_k &= p_0 \cos\omega_0 t + p_{k0} \cos[(\omega_0 - \omega_k)t + \Phi_k] + p_{k0} \cos[(\omega_0 + \omega_k)t + \Phi_k] \\ &= p_0(\omega_0) + p_k(\omega_0 - \omega_k) + p_k(\omega_0 + \omega_k) \end{aligned} \tag{25-12}$$

从上面的简短讨论中，我们可以清楚地看到：

1）根据经典的电偶极辐射理论，式（25-12）中同时存在的三个感应振荡电偶极矩 $p_0(\omega_0)$ 和 $p_0(\omega_0 \pm \omega_k)$ 将同时分别产生频率为 ω_0，$\omega_0 - \omega_k$ 和 $\omega_0 + \omega_k$ 的辐射。显然，它们分别对应瑞利、斯托克斯喇曼和反射斯托克斯喇曼散射。

2）从式（25-8）的具体推导过程中可以了解到，喇曼散射过程可以看做一个波的调制过程：频率为 ω_0 的入射光波受到频率为 ω_k 的分子振动的调制，使入射光能量除继续以 ω_0 的频率辐射外，还辐射出差频（$\omega_0 - \omega_k$）及和频（$\omega_0 + \omega_k$）的光，前一种为瑞利散射，后两种为喇曼散射。这一过程可以用图 25-3 形象地表示。

3）注意到辐射强度 I 的表达是 $I = \langle S \rangle / r^2$，把式（25-9）代入式（25-2），就得到喇曼散射强度

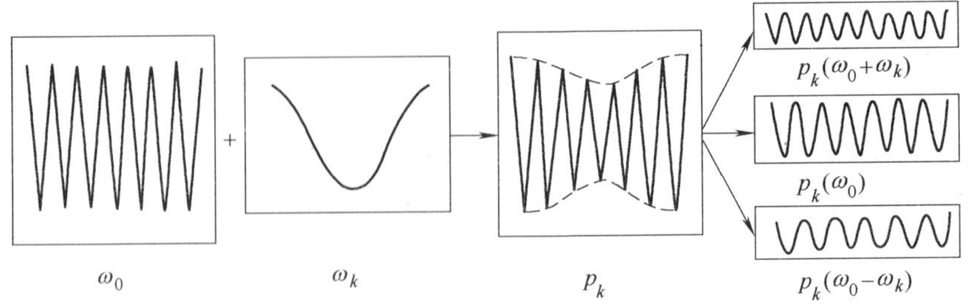

图 25-3 光散射的经典理论调制机制示意图

$$I_k=\left[\frac{<Q_{k0}>(\omega_0\mp\omega_k)^4}{32\pi c^3}\sin^2\theta\right]|A_k'\cdot E_0|^2$$

上式告诉我们，喇曼散射的强度正比于入射光强，并近似地与入射光频率的四次方成正比。

4）由式（25-9）联系到式（25-1）可以推断出：对于空间取向固定的一个分子，感应电偶极矩的取向也是确定的，因而当入射光为偏振光时，散射光也是偏振光。但是要注意，对空间取向不固定的分子或一个随机取向的分子体系，上述推论一般不成立。

5）由于式（25-11）中存在初相位因子 φ_K，因而使得不同分子间的喇曼散射光并不相干，所以对于多分子体系，其喇曼散射总强度是各个分子喇曼散射强度的代数和。当然，基于同一理由，与式（25-10）相联系的不同分子间的瑞利散射光彼此应相干，因而对于多分子体系的瑞利散射强度不能简单地用各个分子的瑞利散射强度相加的办法得到。

6）如果振动 Q_k 可以激发出喇曼散射，就说振动 Q_k 是喇曼活性的（Raman active）。从式（25-9）可以看出，振动 Q_k 为喇曼活性的条件是：微商极化率张量 A_k' 的分量 $(a_{ij}')k$ 至少必须有一个不为零，这个条件也就是喇曼振动的经典选择定则。该定则的具体推算十分繁杂，这里不作进一步的讨论。

与展开式（25-4）中二阶以上的项相联系的喇曼散射分别称为二级、三级、…喇曼散射，我们所处理的是一级（或叫线性）喇曼散射。上面用经典论讨论了一级喇曼散射，使我们对喇曼散射的机制有一个大致的认识，用量子理论讨论光散射现象将对散射机制取得更深一层的认识。下面简单地介绍量子理论关于光散射问题的一些观点和结论，以弥补经典理论讨论中的不足。

学过量子力学的读者都知道，量子力学体系是用波函数描述的，体系所处的能量状态通常是分立的，辐射的产生一般总是伴随着体系状态在不同能级间的跃迁。一个体系在受光照射产生散射光时，体系状态也随着在能级间跃迁。跃迁的概率与跃迁矩阵元成正比，即与

$$\left|\sum_n\frac{<\varphi_f^-|\boldsymbol{e}_0\cdot p|\varphi_n><\varphi_n|\boldsymbol{e}_r\cdot p|\varphi_i>}{\omega_{ni}+\omega_r}+\frac{<\varphi_f|\boldsymbol{e}_r\cdot p|\varphi_n><\varphi|\boldsymbol{e}_0\cdot p|\varphi_i>}{\omega_{ni}-\omega_0}\right| \tag{25-13}$$

成正比，其中 φ_f，φ_n 和 φ_i 分别是末态、中间态和初态的波函数；$\boldsymbol{e}_0$ 和 $\boldsymbol{e}_r$ 是入射光和散射光偏振方向的单位矢量；$\boldsymbol{p}$ 是原子或分子的电偶极矩；$\omega_{ni}=E_i-E_n/h$，E_i 和 E_n 分别是初态、中间态的能量；ω_0 和 ω_r 分别是入射光、散射光的圆频率；求和应遍及所有的中间态。

光散射机制的量子力学解释与经典解释有本质上的差别。图 25-4 是光散射机制半经典

量子解释的一个形象表述。根据这个图，结合式（25-13），我们可以看到光散射物理过程是这样的：频率为 ω_0 的入射光引起体系从初态 i 至末态 f 的跃迁，与此同时，体系辐射频率为 $\omega=\omega_0 \pm \omega_{fi}$ 的散射光。当初态 i 的能级高于末态 f 的能级时产生反斯托克斯喇曼散射；反之，产生斯托克斯喇曼散射；初、末态在同一能级的跃迁产生的散射当然就是所谓瑞利散射。此外，我们还可以看到，体系产生散射而跃迁的过程必须经过中间状态 n，这是光散射和自发辐射的一个重要区别，因为自发辐射过程中不涉及任何中间状态。

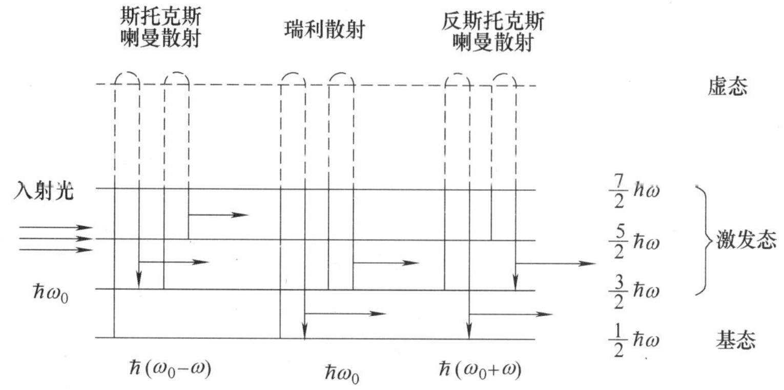

图25-4　光散射的半经典量子解释示意图

其次，既然体系状态分成若干分立的能级，那么对于 N 个分子的体系，其中第 k 个振动能级上的粒子数在平衡状态时遵从玻耳兹曼分布。所以，由该体系产生的喇曼散射其斯托克斯线的光强 $I_{\mathrm{k\cdot s}}$ 和反斯托克斯线光强 $I_{\mathrm{k\cdot as}}$ 必然是不同的。它们分别为

$$I_{\mathrm{k\cdot s}} \propto N/[1-\exp(-h\omega_k/kT)]$$

$$I_{\mathrm{k\cdot as}} \propto N/[\exp(+h\omega_k/kT)-1]$$

二者的强度比是

$$I_{\mathrm{k\cdot s}}/I_{\mathrm{k\cdot as}} \propto \exp(h\omega_k/kT)$$

一般情况下，exp（$h\omega_k/kT$）比1大许多，因此，量子理论正确地说明了斯托克斯线比反斯托克斯线的强度大的问题，而经典理论则不能正确地解释这个现象。

最后，经典理论中提到的振动 Q_k 的喇曼活性问题，在半经典的量子理论中就是体系第 k 个振动的跃迁矩阵元是否为零的问题，这也就是通常所说的量子跃迁选择定则。在量子力学中，从体系波函数和力学量的对称性质就可以直接得到某个振动的具体选择定则，从而决定该振动是否是喇曼活性的，无需像经典理论那样，为判断喇曼活性需经繁杂的计算。

（3）喇曼散射的偏振态和退偏度

1）空间取向确定的分子的散射偏振光：上面已指出，对于某一个空间取向确定的分子，入射光为偏振光所引起的喇曼散射光也是偏振光，但也正如式（25-9）所表明的那样，散射光的偏振方向与入射光偏振方向不一定一致，它们之间的具体关系由微商极化率张量 A_k' 的具体形式决定。

分子的微商极化率张量 A_k' 的具体形式由该分子所属的对称变换性质决定。所谓对称变换是指经该变换所代表的操作（如旋转、反演等）后，分子与自身重合的变换。微商极化率可用矩阵表示，一般情况下，它是实对称矩阵，即 A_k' 的各个分量 $a_{k,il}'$ 均为实数，并且满足

等式 $a'_{k,il}=a'_{k}$，$il0$ 式（25-9）的矩阵形式表示就是

$$\begin{pmatrix} p_{k0,x} \\ p_{k0,y} \\ p_{k0,z} \end{pmatrix} = \frac{1}{2}Q_{k0}\begin{pmatrix} a'_{k,xx} & a'_{k,xy} & a'_{k,xz} \\ a'_{k,yx} & a'_{k,yy} & a'_{k,yz} \\ a'_{k,zx} & a'_{k.zy} & a'_{k,zz} \end{pmatrix}\begin{pmatrix} E_{0x} \\ E_{0y} \\ E_{0z} \end{pmatrix} \tag{25-14}$$

下面以水分子为例，具体说明 A'_k 的具体形式是如何由分子的对称变换性质决定。

水分子的结构和它的振动方式如图 25-5 所示，它的全部对称变换是 4 个，除不动的变换（记作 E）外，有绕 z 轴转 180 度的变换 $c_2(z)$、$x-z$ 平面的镜反射 σxz 和 $y-z$ 平面的镜反射 σyz 由于在这些对称变换下分子与自身重合，反映分子固有性质的微商极矩化率张量应当不变，但是感应电偶极矩 p、振动正则坐标 q 和外电场 E 的各个分量在对称变换下或者不改变符号（记做 -1）、或者不改变符号（记作 $+1$），它们变号的具体情况列于表 25-1。

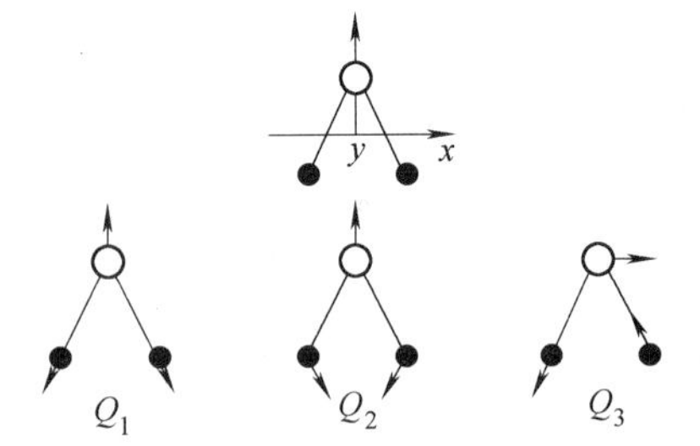

图 25-5　水分子的结构及其振动方式示意图

表 25-1　p，Q_k 和 E 在对称变换下的特征

		E	c_2（z）	σxz	σyz
p	p_x	1	−1	1	−1
	p_y	1	−1	−1	1
	p_z	1	1	1	1
Q_k	Q_1	1	1	1	1
	Q_2	1	1	1	1
	Q_3	1	−1	1	−1
E	E_x	1	−1	1	−1
	E_y	1	−1	−1	1
	E_z	1	1	1	1

根据表 25-1，振动 Q_3 经过三个对称变换后，对应的式（25-14）应分别改写为

$$C_2(z): \begin{pmatrix} -p_{30,x} \\ -p_{30,y} \\ p_{30,z} \end{pmatrix} = \frac{1}{2}Q_3\begin{pmatrix} a'_{3,xx}a'_{3,xy}a'_{3,xz} \\ a'_{3,yx}a'_{3,yy}a'_{3,yz} \\ a'_{3,zx}a'_{3,zy}a'_{3,zz} \end{pmatrix}\begin{pmatrix} E_{ox} \\ E_{oy} \\ -E_{0z} \end{pmatrix}$$

$$\sigma_{xz}: \begin{pmatrix} p_{30,x} \\ -p_{30,y} \\ p_{30,z} \end{pmatrix} = \frac{1}{2}Q_3\begin{pmatrix} a'_{3,xx}a'_{3,xy}a'_{3,xz} \\ a'_{3,yx}a'_{3,yy}a'_{3,yz} \\ a'_{3,zx}a'_{3,zy}a'_{3,zz} \end{pmatrix}\begin{pmatrix} E_{ox} \\ -E_{oy} \\ E_{0z} \end{pmatrix}$$

$$\sigma_{yx}: \begin{pmatrix} -p_{30,x} \\ p_{30,y} \\ p_{30,z} \end{pmatrix} = \frac{1}{2}Q_3\begin{pmatrix} a'_{3,xx}a'_{3,xy}a'_{3,xz} \\ a'_{3,yx}a'_{3,yy}a'_{3,yz} \\ a'_{3,zx}a'_{3,zy}a'_{3,zz} \end{pmatrix}\begin{pmatrix} E_{ox} \\ -E_{oy} \\ -E_{0z} \end{pmatrix}$$

为了对任何 E_x，E_y 和 E_Z 以上第一式都成立，显然必须有

$$a'_3,xx=a'_3,yy=a'_3,zz=a'_3,xy=a'_3,yx=0$$

同理，根据以上第二或第三式显然还必须有

$$a_3', yz = a_3', zy = 0$$

最后我们得到水分子微商极化率 A_3' 的具体形式是

$$A_3' = \begin{pmatrix} 0 & 0 & a_{3,xz}' \\ 0 & 0 & 0 \\ a_{3,zx}' & 0 & 0 \end{pmatrix}$$

据此，式（25-9）的各分量表达式为

$$p_{30}, X = \frac{1}{2}Q_3\ a_3', xzE_{0z}, \quad p_{30}, y = 0, \quad p_{30}, z = \frac{1}{2}Q_3\ a_3', zxE_{0x} \tag{25-15}$$

根据同样的讨论，我们得到 A_1'的表达式和相应于式（25-9）的分量表达式分别为

$$A_1' = \begin{pmatrix} a_{1,xx}' & 0 & 0 \\ 0 & a_{1,yy}' & 0 \\ 0 & 0 & a_{1,zz}' \end{pmatrix}$$

$$p_{10}, x = \frac{1}{2}Q_1\ a_1', xxE_{0x}, \qquad p_{10}, y = \frac{1}{2}Q_1\ a_1', yyE_{0y}$$

$$p_{10}, z = \frac{1}{2}Q_1\ a_1', zzE_{0z}$$

将式（25-15）和以上三式比较，可以具体看到：在同一外场作用下，不同形式的 A_k'将使得所产生的感应电偶极矩不相同。例如对于电场 E_{0y}，振动 Q_3不产生感应电偶极矩，而振动 Q_1将产生感应电偶极矩 p_{10}，y；又如同一外场 E_{0x}，振动 Q_1和 Q_3虽然都产生感应电偶极矩，但是它们的取向是不同的，前者在 z 方向，后者在 x 方向。结合式（25-1），根据感应电偶极矩 p_{k0}的具体形式，我们还可以进一步知道散射光在空间的强度分布。例如，对于振动 Q_3，偏振方向平行于 x 方向的入射光所感生的电偶极矩 p_{30}，z 辐射的散射光在 $x-y$ 平面内观察其光强是均匀的，偏振方向沿 z 轴；在 $x-z$ 平面内观察其光强正比于观察方向与 z 轴夹角 θ 的正弦函数的平方，偏振方向在 $x-z$ 平面内。因此，不同分子或同一分子不同的振动的对称变换性质差别在喇曼散射的偏振强度谱中是反映得很清楚的。因而，通过测量偏振喇曼谱，可以获得分子极其振动的对称性质的信息，有助于区分不同类型的分子和不同的振动方式。

在喇曼散射实验中，为了标志入射光的传播方向、偏振状态和反射光的观察方向及观察时所取的偏振方向，也就是所谓实验的散射组态，国际上通常用如下符号表示：

G1（G2G3）G4

G1 和 G4 分别表示入射光的传播方向和散射光的观察方向；G2 和 G3 分别表示入射光的偏振方向和观察散射光时所取的偏振方向。G1 和 G4 构成的平面称为散射平面，它往往作为一个基准面使用。例如，在测量偏振喇曼谱时，用下列符号标记散射光强度时就是以散射平面作为基准面的：iIs（θ）。

i 和 s 分别表示入射光和反射光的偏振方向相对于散射平面的取向，一般有垂直于散射平面（记作⊥）、平行于散射平面（记作//）和自然光（记作 n）三种状态；θ 是散射光观察方向和入射光传播方向的夹角。作为例子，图 25-6 画出了两种喇曼散射实验的空间配置及其对应的光强表示符号和散射组态符号。

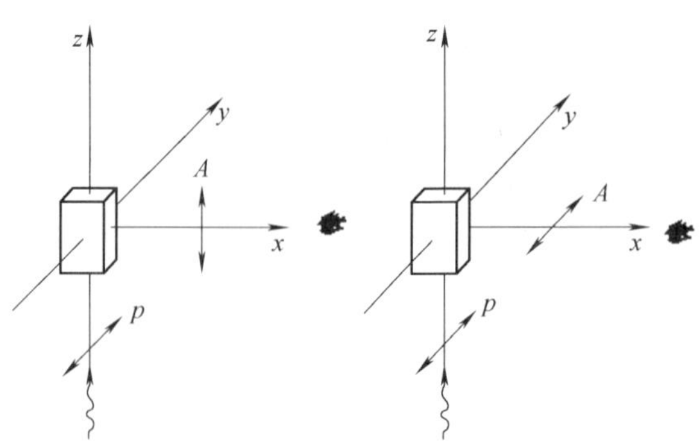

图 25-6　两种散射实验的空间配置图

2）退偏度：上面讨论的喇曼散射的偏振状态是针对一个空间取向固定的分子而言的，一个自由取向的分子引起的喇曼散射的偏振状态与前者有很大差别，一般说来，当平面偏振光入射时，不仅散射光的偏振方向会与入射光不同，而且散射光本身有可能不再是平面偏振光。在实际工作中遇到的散射体总是一个多分子体系，各个分子的取向可能是无规则分布的，例如气体和液体就是这样一种体系。这种体系散射光的偏振状态就与自由取向分子的情况类似。为了描述在入射光偏振状态确定的情况下散射光偏振状态的改变，人们引入了退偏度的概念。当自然光入射时，退偏度用 $P_n(\theta)$ 表示；当平面偏振光入射时，退偏度多采用 $P_\perp(\theta)$ 和 $P_s(\theta)$ 表示（θ 表示观察方向与入射光传播方向的夹角），它们的具体定义分别为

$$P_n(\theta)=\frac{{}^nI_{//}(\theta)}{{}^nI_\perp(\theta)},\quad P_\perp(\theta)=\frac{{}^\perp I_{//}(\theta)}{{}^\perp I_\perp(\theta)},\quad P_s(\theta)=\frac{{}^{//}I_\perp(\theta)}{{}^\perp I_\perp(\theta)}\tag{25-16}$$

显而易见，根据式（25-9）和式（25-1），退偏度可以用微商极化率张量 A' 中各元素 a'_{ij} 二次乘积的空间平均值来表达。对于无规则取向的分子，有

$$\overline{(a'_{xx})^2}=\overline{(a'_{yy})^2}=\overline{(a'_{zz})^2}=\frac{1}{45}(45a^2+4\gamma^2)$$

$$\overline{(a'_{xy})^2}=\overline{(a'_{yz})^2}=\overline{(a'_{zx})^2}=\frac{1}{15}\gamma^2$$

$$\overline{(a'_{xx}a'_{yy})}=\overline{(a'_{yy}a'_{zz})}=\overline{(a'_{zz}a'_{xx})}=\frac{1}{45}(45a^2-2\gamma^2)$$

A'的其他分量的二次乘积的空间平均值为零。上面各等式中的 a 称为平均极化率，是极化率“平均”的一种度量；γ 称为各向异性率，是极化率各向异性的度量。这两个量在坐标移动时均保持不变，它们的具体表达式分别为

$$a=\frac{1}{3}(a'_{xx}+a'_{yy}+a'_{zz})$$

$$\gamma 2=\frac{1}{2}\left[(a'_{xx}+a'_{yy})2+(a'_{yy}+a'_{zz})2+(a'_{xx}+a'_{zz})2+6(a'_{xy})2+6(a'_{yz})2+6(a'_{zx})2\right]$$

对于如图 25-6 所示的散射组态，用微商极化率表达的退偏度分别为

$$P_n\left(\frac{\pi}{2}\right)=\frac{\overline{(a'_{zx})^2}+\overline{(a'_{zy})^2}}{\overline{(a'_{yx})^2}+\overline{(a'_{yy})^2}}=\frac{6\gamma^2}{45a^2+7\gamma^2}$$

$$P_\perp\left(\frac{\pi}{2}\right)=\frac{\overline{(a'_{zy})^2}}{\overline{(a'_{yy})^2}}=\frac{3\gamma^2}{45a^2+4\gamma^2}$$

$$P_s\left(\frac{\pi}{2}\right)=\frac{\overline{(a'_{yz})^{2'}}}{\overline{(a'_{yy})^2}}=\frac{3\gamma^2}{45a^2+4\gamma^2}$$

测量退偏度可以直接判断散射光的偏振状态和振动的对称性。例如，当退偏度 $P_n=(\pi/2)=P_\perp=(\pi/2)$，$P_s=(\pi/2)=0$ 时，说明各向异性率 γ 必等于零，此时的散射光是完全偏振的；当退偏度 $P_\perp=(\pi/2)=P_s=(\pi/2)=3/4$ 和 $P_n=(\pi/2)=6/7$ 时，说明平均极化率必为零，这时的散射光是完全退偏的；当退偏度 $P_s=(\pi/2)$ 和 $P_\perp=(\pi/2)$ 取值在 0 与 3/4 之间和 $0<P_n(\pi/2)<6/7$ 时，散射光就是部分偏振光。由于退偏度与微商极化率相联系，而前面又已指出，微商极化率具体形式由分子及其振动的对称性质决定，例如，假设某振动喇曼线的退偏度为零，则可断定该振动必是对称振动（对称振动的含义参见下一小节的叙述）。

（4）CCl_4（四氯化碳）分子的对称性质和振动喇曼谱

在本实验中，我们选择 CCl_4、C_6H_6（苯）和 C_6H_{12}（环已烷）等作为实验样品。下面以分子结构最简单的 CCl_4 为例，根据前面叙述的原理，简略地介绍它的分子结构及对称性质和振动喇曼光谱之间的联系，为实验提供一个谱图分析的基础。

1）CCl_4 的分子结构及其对称性：CCl_4 分子由一个碳原子和四个氯原子组成，它的结构如图 25-7 所示，四个氯原子位于正四面体的四个顶点，碳原子在正四面体的中心。物体绕其自身的某一轴旋转一定角度、或进行反演（$r\to -r$）、或旋转加反演之后物体又自身重合的处理过程称为操作。对称操作与前面讲到的物体的对称变换在物理上是等价的。CCl_4 分子所具有的旋转和旋转—反演轴列于图 25-8。由该图可以看到，CCl_4 分子的对称操作有 24 个（包括不动操作 E）。这 24 个对称操作分别归属于五种对称素。对称素是物体对称性质的更简洁的表述。CCl_4 分子的五种对称素是：

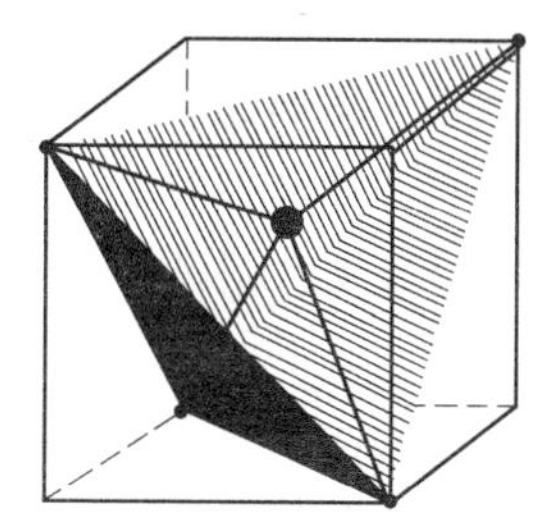

图 25-7　CCl_4 分子结构图

$$\text{E},\quad 3\text{Cm}2,\quad 8\text{C}_3^{\,j\pm},\quad 6\text{iC}_2^{\,p},6\text{iCm}\pm 4,$$

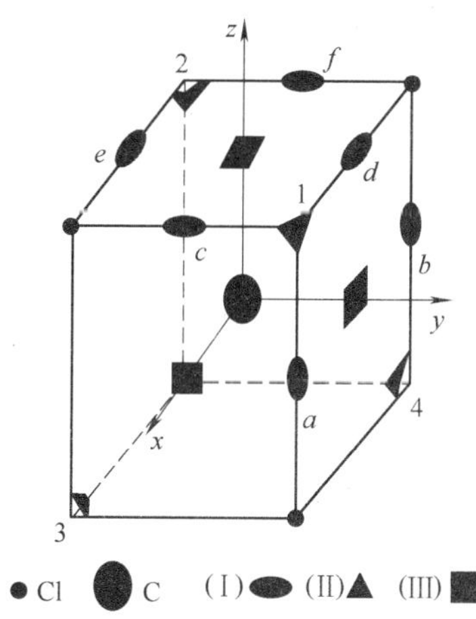

图 25-8　CCl_4 分子对称轴

图例：(I) 为过碳原子、立方体相对棱边中点连线的旋转-反演轴（转角为 $2\pi/2$）；(II) 为过碳原子的体对角线位的旋转轴（转角为 $\pm 2\pi/3$）；(III) 为 x，y，z 旋转轴（转角为 $\pm 2\pi/2$）和旋转-反演轴（转角为 $\pm 2\pi/4$）

上述符号的具体含义是

C_n　旋转轴，下标表示转角为 $2\pi/n$；

i　反演；

m　旋转轴方位是 x，y，z 轴；

j　旋转轴方位在过原点 O 的体对角线方向，$j=1$，2，3，4；

p　旋转轴方位在过原点 O、立方体相对棱边中点联线方向，$p=a$，b，c，d，e，f；+或-，顺时针或逆时针旋转方向。

上面符号前面的阿拉伯数字代表该对称素包含的对称操作数。

ⅤⅥ2）CCl_4分子的振动方式与振动喇曼谱：大家知道，N 个原子构成的分子，当 $N\geqslant3$ 时，有（$3N-6$）个内部振动自由度，因此，CCl_4分子应有 9 个简正振动方式，这 9 个简正振动方式还可以分成四类，如图 25-9 所示。这四类振动根据其反演对称性的不同还有对称振动和反对称振动之分，其中除第Ⅰ类是对称振动外，其余三类都是反对称振动。同一类振动，不管其具体振动方式如何，都有相同的振动能，所以，如果某个分子有Ⅰ类振动，则一般说来，最多只可能有 1 条基本振动喇曼线。当然，如果考虑到振动间耦合引起的微扰，有的谱线分裂成两条，如图 25-1 中最弱的双重线就是由于最强和弱强的两条谱线所对应的振动的耦合造成的微扰，使最弱线分裂成双重线。每类振动所具有的振动方式数目对应于量子力学中能级简并的重数，因此，如果某一类振动有 g 个振动方式，就称为该类振动是 g 重简并的。

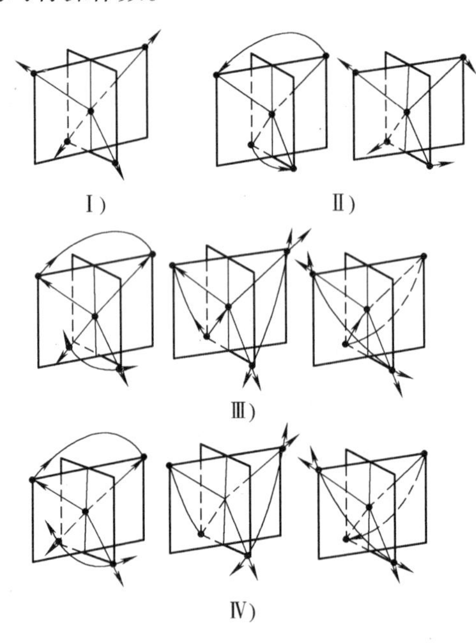

图 25-9　CCl_4 分子的 9 个简正振动方式

根据以上讨论的喇曼光谱基本原理，一方面可以在分析分子结构及其对称性的基础上推测出该分子喇曼光谱的基本概貌，如谱线数目、大致位置、偏振性质和它们的相对强度；另一方面，我们又可以从实验上确切知道谱线的数目和每条线的波数、强度及其对应的振动方式（为此，有时需辅以红外光谱等手段）。上述两个方面工作的结合和对比，使得人们可以利用喇曼光谱获得有关分子的结构和对称性的信息。

在喇曼光谱基本原理的讨论中，除了分子结构和振动方式以外，并没有涉及分子的其他属性，因而可以推出：同一空间结构但原子成分不同的分子，其喇曼光谱的基本面貌应是相同的。人们在实际工作中就利用这一推断，把一个结构未知的分子的喇曼光谱和结构已知的分子的喇曼光谱进行比对，以确定该分子的空间结构及其对称性。当然，结构相同的不同分子其原子、原子间距和原子间相互作用等情况还是可能有很大差别的，因而不同分子的喇曼光谱在细节上还是不同的。每一种分子都有反映其特征的喇曼光谱，因此，利用喇曼光谱也可以鉴别和分析样品的化学成分和结构性质。外界条件的变化对分子结构和运动会产生程度不同的影响，所以喇曼光谱也常被用来研究物质的浓度、温度和压力等。

【实验仪器】

1. 实验仪器：LRS-2 型激光喇曼光谱仪。
2. 仪器操作步骤：
(1) 开启喇曼光谱仪主机电源、激光器电源、计算机电源。
(2) 运行控制软件。
(3) 用不透明的物体挡住狭缝，提取阈值。
(4) 装载样品，调节样品竖直。
(5) 设置实验参数（波长测量范围、采集数据宽度、积分时间等）。
(6) 测量（单程扫描）。
(7) 分析数据。

【实验内容】

1. 基本实验：记录 CCl_4 分子的振动喇曼谱。
2. 选做实验 I：记录 CCl_4 分子的偏振斯托克斯喇曼谱。
3. 选做实验 II：用喇曼光谱识别化学样品。

【参考文献】

[1] 黄润生，沙振舜，唐诗. 近代物理实验 [M]. 南京：南京大学出版社，2008.
[2] 王魁香，韩炜，杜晓波. 新编近代物理实验 [M]. 北京：科学出版社，2007.
[3] 天津港东光学仪器公司提供的实验讲义.

第 4 章　真空材料与低温

实验 26　直流低气压放电现象观察及伏安特性的测量

【引　言】

等离子体作为物质的第四态，在工业、农业、国防、医药卫生等领域获得了越来越广泛的应用，其主要原因在于等离子体具有两个主要特征：同化学的和其他的方法相比，等离子体具有更高的温度和能量密度；等离子体能够产生活性成分，从而引发在常规化学反应中不能或难以实现的物理变化和化学反应。活性成分包括紫外和可见光子、电子、离子、自由基、高反应性的中性成分，如活性原子、受激原子态、活性分子碎片。同其他与之竞争的加工方法相比，工业等离子体工程提供了更有利的工业加工方法，包括更有效和更便宜达到工业相关结果的能力；它还能完成其他方法不能完成的任务，它能在不产生大量不需要的副产品和废料的情况下达到相同目的；并且能在产生很少污染和有毒废物的情况下实现相同目的。

等离子体技术是一个关系国家能源、环境、国防安全的重要技术。在国内，关于等离子体技术的研究和教学远远落后于等离子体技术在工程中的应用，具体体现在很多领域（如微电子、光学镀膜等领域）引进的具有 20 世纪 90 年代国际先进水平的生产线大量使用了等离子体技术，但高等理工学校在人才培养环节中却缺乏关于等离子体理论和实践方面的训练，造成这一现象的主要原因在于等离子体设备价格昂贵，国内生产的等离子体设备通常是科研院所从开展科学研究的角度开发的，价格一般在 15 ~200 万元，而同类进口设备的价格是国产设备价格的 10 倍，因此目前各高等学校的等离子体装置只用于科研和研究生教学，本科生基本上没有机会得到关于等离子体技术应用方面的训练。

直流辉光等离子体教学实验装置在经典直流放电管的基础上加以改进，**工作气体、工作气压、电极距离等影响等离子体的参数均可灵活地加以单独或组合调控，**从而利用该装置可以系统研究等离子体的激发原理和影响因素，不仅可以开设多个验证性实验，而且可以开设研究性实验，以提高学生分析问题的能力。

【实验目的】

1. 观察直流低气压辉光放电等离子体的唯象结构。
2. 测量辉光等离子体的伏安曲线。
3. 理解辉光等离子体的电学特性。

【实验原理】

1. 气体放电

气体放电可以采用多种能量激励形式，如直流、微波、射频等能量形式。其中直流放电因为结构简单、成本低而受到广泛应用。低气压放电可分为三个阶段：暗放电、辉光放电和电弧放电。其中各个阶段的放电在不同的应用领域有广泛的应用。这三个阶段的划分从现象上来看是放电强度的不同，从内在因素来看是其放电电压和放电电流之间存在着显著差异。

直流放电形成辉光等离子体的经典结构如图 26-1 所示。在电气击穿形成等离子体前要经历暗放电阶段，包括本底电离区、饱和区、汤森放电区和电晕放电区。在汤森放电区，当电压继续增加时，可能发生两种放电情况。如果是电源的内阻很高，从而只能提供很小的电流，放电管就拉不出足够的电流击穿气体，放电管仍处于只有很小电晕点的电晕区，或在电极上有明显的刷形电晕放电；如果电源内阻很低，气体就会在击穿电压处击穿，放电将从暗放电区转移到正常辉光放电区。

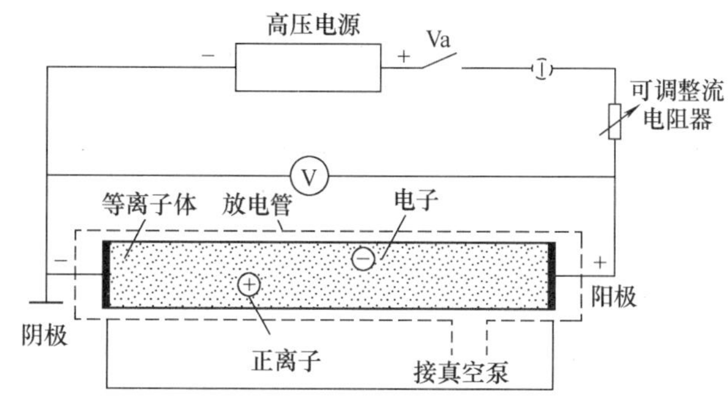

图 26-1　低气压放电管工作原理示意图

正常辉光放电区时的直流低气压放电如图 26-2 所示。从左至右，其可观察到的现象如下：

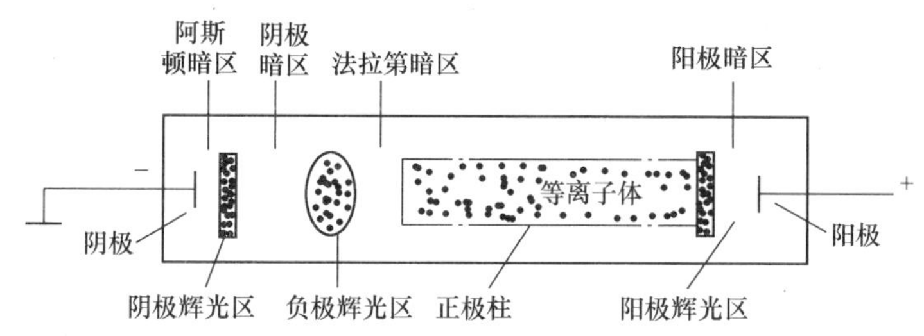

图 26-2　低气压辉光放电现象示意图

阴极　它由导电材料制成，二次电子发射系数 γ 对放电管的工作有很大影响。

阿斯顿（Aston）暗区　紧靠在阴极的右边，是一个有强电场和负空间电荷的薄的区域。它含有慢电子，这些慢电于正处于从阴极出来向前的加速过程中。在这个区域里，电子密度和能量太低，不能激发气体，所以出现了暗区。

阴极辉光区　紧靠在阿斯顿暗区右边。这种辉光在空气放电时通常是微红色或橘黄色，是由于离开阴极表面溅射原子的激发，或外部进入的正离子向阴极移动形成的。这种阴极辉光有一个相当高的离子密度。阴极辉光的轴向长度取决于气体类型和气体压力。阴极辉光有时紧贴在阴极上，并掩盖阿斯顿暗区。

阴极暗区　这是在阴极辉光的右边比较暗的区域，这个区域内有一个中等强度电场，有正的空间电荷和相当高的离子密度。

阴极区　阴极和阴极暗区至负辉光之间的边界之间的区域叫做阴极区。大部分功率消耗在辉光放电的阳极区。在这个区域内。被加速电子的能量高到足以产生电离，使负辉光区和负辉光右面的区域产生雪崩。

负辉光区　紧靠在阴极暗区右边的是负辉光区，在整个放电市它的光强度最亮。负辉光中电场相当低，它通常比阴极辉光长，并在阴极侧最强。在负辉光区内。几乎全部电流由电子运载，电子在阴极区被加速产生电离，在负辉光区产生强激发。

法拉第暗区　这个区紧靠在负辉光区的右边，在这个区域里，由于在负辉光区里的电离和激发作用，电子能量很低，在法拉第暗区中电子数密度由于复合和径向扩散而降低。净空间电荷很低，轴向电场也相当小。

正电柱　正电柱是准中性的，在正电柱中电场很小，一般是1V/cm。这种电场的大小刚好足以在它的阴极端保持所需的电离度。空气中正电柱等离子体是粉红色至蓝色。在不变的压力下，随着放电管长度的增加，阴极正电柱变长。正电柱是一个长的均匀的辉光。除非触发了自发不动的或运动的辉纹，或产生了扰动引发的电离波。

阳极辉光区　阳极辉光区是在正电柱的阳极端的亮区，比正电柱稍强一些，在各种低气压辉光放电中并不总有。它是阳极鞘层的边界。

阳极暗区　阳极暗区在阳极辉光和阳极本身之间，它是阳极鞘层，它有一个负的空间电荷，是在电子从正电柱向阳极运动中引起的，其电场高于正电柱的电场。

2. 气体电击穿理论

汤森放电区在工业上有重要应用，它包括电晕放电和气体的电击穿。因此研究汤森区的放电理论对电晕、辉光等离子体的应用有重要意义。以低气压放电管的工作为例，其原理图如图 26-1 所示。在暗放电区的电流-电压关系如图 26-3 所示。当放电管上的电压超过 C 点后，电流将呈指数律上升。在 C 和 E 之间的指数增长电流区域称为汤森放电区。这一电流增长规律可以用汤森第一电离系数来分析。

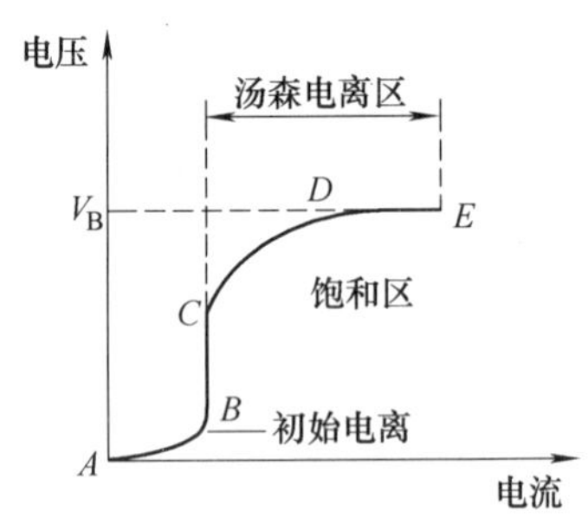

图 26-3　暗放电区电流-电压关系图

(1) 汤森第一电离系数

汤森第一电离系数 α 定义为一个电子沿电场走过 1m 时平均电离碰撞的次数。参数 α 以每米离子电子对数作单位，依据动力学理论，与电离平均自由程有关：

$$\alpha = \frac{1}{\lambda_i} = \frac{\nu_{ei}}{\overline{v}_e} = \frac{n_0 \langle \sigma v \rangle_{ne}}{\overline{v}_e} \tag{26-1}$$

起重要作用的是初始电子由阴极发射，而体积电离无贡献。设阴极每秒每平方米发射出 Γ_{e0} 个电子，在 x 和 $x + \mathrm{d}x$ 之间由于电子碰撞而产生的微分电子通量可由汤森第一电离系数给出

$$\mathrm{d}\Gamma_e = \alpha \Gamma_e \mathrm{d}x \tag{26-2}$$

当电子沿着轴向移动时。如果没有复合或电子损失，从 $x = 0$ 到 x 积分获得总电子通量

$$\int_{\Gamma_{e0}}^{\Gamma_e} \frac{\mathrm{d}\Gamma_e}{\Gamma_e} = \int_0^x \alpha \, \mathrm{d}x \tag{26-3}$$

通常电离平均自由程不是 x 的函数，因而 α 与 x 无关，积分得

$$\Gamma_e = \Gamma_{e0} \mathrm{e}^{\alpha x} \tag{26-4}$$

指数增长的放电电流是来自阴极的初始电子引发的，放电电流密度

$$J_e = \mathrm{e}\Gamma_e = J_{e0} \mathrm{e}^{\alpha x} \tag{26-5}$$

设放电管的截面积是 S，总的放电电流为

$$I_e = I_{e0} \mathrm{e}^{\alpha x} = SJ_{e0} \mathrm{e}^{\alpha x} \tag{26-6}$$

上式表明：在外加电压的两个平行平板电极之间流过的电流，将随平板之间的距离增加而呈指数律地增长。这一规律可进行实验观察并可应用于测定汤森第一电离系数 α。

（2）汤森第一电离系数 α 的解析表达

汤森第一电离系数等于每米电离平均自由程数，因此与电子在轴线上通过大于电离距离 x_i 的几率有关。如果电子的平均自由程为 λ_i，则这样每米的平均自由程数为 $\frac{1}{\lambda_i}$。

设初始电子密度为 n_{e0}，在气体中运动时，将按指数律衰减，从而给出一个电子的自由程大于长度 x_i 的几率

$$\frac{n_e(x)}{n_{e0}} = \exp\left(-\frac{x_i}{\lambda_i}\right) \tag{26-7}$$

汤森第一电离系数是每米电离碰撞的可几数目，是每米平均自由程数乘以电子的自由程大于 x_i 的几率，即

$$\alpha = \frac{1}{\lambda_i} \frac{n_e(x)}{n_{e0}} = \frac{1}{\lambda_i} \exp\left(-\frac{x_i}{\lambda_i}\right) \tag{26-8}$$

将式（26-1）代入上式中得

$$\frac{1}{\lambda_i} = \frac{n_0 \langle \sigma v \rangle_{ne}}{\overline{v}_e} = Ap \tag{26-9}$$

这里 A 是依赖于电子动力学温度和气体种类的常数，p 是气体压强。

$$\alpha = A \quad \exp(-Apx_i) \tag{26-10}$$

在 x_i 距离内，电子能够从电场中获得足够的能量，有效电离电位 $V^* > V_i$，使本底气体电离，V_i 为实际电离电位，如果电子移动的距离为 x_i，则 $V^* \approx Ex_i$，得到

$$\frac{\alpha}{p} = A \quad \exp\left(-\frac{AV^*}{E/p}\right) = A\exp\left(-\frac{C}{E/p}\right) \tag{26-11}$$

这是汤森第一电离电位的标准形式。

式（26-11）表明比值 $\frac{\alpha}{p}$ 仅是电场与压强的比值 $\frac{E}{p}$ 的函数，可写为

$$\frac{\alpha}{p} = f\left(\frac{E}{p}\right) \tag{26-11′}$$

参数 C、A 及有效电位 V^* 之间的关系为

$$C \equiv AV^*$$

常见气体的参数 C、A 如表 26-1 所示。

表 26-1 某些气体的汤森第一电离系数的唯象学常数 A 和 C

气体	A（离子对/(Torr·m)）	C（V/(Torr·m)）
Air	1220	36500
CO_2	2000	46600
H_2	1060	35000
N_2	1060	34200

（3）常数 A、C 和 α/p 的测定

常数 A、C 和比值 α/p 可通过实验的方法进行测定，其理论依据是方程（26-6）。从方程（26-11′）中可以看出，比值$\dfrac{\alpha}{p}$与电场强度 E 有关，因此，测量时应该在恒定电场下进行。在测量时，当平板间的距离增加时，调节极板间的电压维持电场恒定，同时测量电流 I，在 $\log\dfrac{I}{I_0}$和电极距离 d 的半对数图上得到一曲线，对某一范围的压强和电场重复这个过程得到气体的实验数据。

（4）电击穿

二次电子发射系数 γ：$\gamma\equiv$发射电子数/入射的离子或光子数。它是每个入射的离子或光子从阴极上发射出的电子数目。在经典放电管中，汤森区中离子能量一般较低，γ 值在 10^{-2} 或 10^{-3} 量级。

定义：Γ_{ea}为在阳极上所有源产生的电子通量，Γ_{ec}是由阴极出来的总的电子通量，d 为阳极和阴极间的距离，α 为汤森第一电离系数，则

$$\Gamma_{ea}=\Gamma_{ec}e^{\alpha d} \tag{26-12}$$

Γ_{ec}包括两部分，可写为

$$\Gamma_{ec}=\Gamma_{es}+\Gamma_{e0} \tag{26-13}$$

其中，Γ_{es}是来自阴极的二次电子发射的电子通量，Γ_{e0}是由于光发射、本底辐射或另外的过程在阴极上产生的电子通量，在稳态情况下，到达阳极的电子通量 Γ_{ea}等于到达阴极的离子通量 $\Gamma_{ic}=\dfrac{\Gamma_{es}}{\gamma}$和从阴极发射出来的电子通量 Γ_{ec}的和，即

$$\Gamma_{ea}=\frac{\Gamma_{es}}{\gamma}+\Gamma_{ec} \tag{26-14}$$

得到二次发射电子的阴极通量

$$\Gamma_{es}=\gamma\Gamma_{ec}(e^{\alpha d}-1) \tag{26-15}$$

阴极的总的电子通量

$$\Gamma_{ec}=\Gamma_{es}+\Gamma_{e0}=\gamma\Gamma_{ec}(e^{\alpha d}-1)+\Gamma_{e0} \tag{26-16}$$

解得

$$\Gamma_{ec}=\frac{\Gamma_{e0}}{1-\gamma(e^{\alpha d}-1)} \tag{26-17}$$

到达阳极的电子通量为

$$\Gamma_{ea}=\frac{\Gamma_{e0}e^{\alpha d}}{1-\gamma(e^{\alpha d}-1)} \tag{26-18}$$

两边乘以电子电荷得到电流密度

$$j = j_0 \frac{e^{\alpha d}}{1 - \gamma(e^{\alpha d} - 1)} \tag{26-19}$$

（5）汤森判据

在两平板电极之间的气体发生电气击穿时，由式（26-19）给出的两平板之间的电流应无限增长（在击穿电压下，电流可增长 10^4到 10^8倍），该条件可写为

$$1 - \gamma(e^{\alpha d} - 1) = 0 \tag{26-20}$$

或

$$\gamma e^{\alpha d} = \gamma + 1 \tag{26-20'}$$

此为汤森判据。

根据汤森判据和汤森第一电离系数可以求出击穿电压。取汤森判据的自然对数：

$$\ln\left(1 + \frac{1}{\gamma}\right) = \alpha d \tag{26-21}$$

定义击穿电压为 V_b，击穿电场为

$$E_b = \frac{V_b}{d} \tag{26-22}$$

结合汤森第一电离系数，有

$$Apd\exp\left[-\frac{Cpd}{V_b}\right] = \ln\left(1 + \frac{1}{\gamma}\right) \tag{26-23}$$

两边取对数，解得

$$V_b = \frac{Cpd}{\ln\left[Apd/\ln\left(1 + \frac{1}{\gamma}\right)\right]} = f(pd) \tag{26-24}$$

上式表明某一特定气体的击穿电压仅仅依赖于 pd 的乘积，这一现象被称为帕邢（**Paschen**）定律。

将帕邢定律对 pd 进行微分并使微商等于零，得到最小击穿电压发生时的 pd 值：

$$(pd)_{\min} = \frac{e}{A}\ln\left(1 + \frac{1}{\gamma}\right) = \frac{2.718}{A}\ln\left(1 + \frac{1}{\gamma}\right) \tag{26-25}$$

$$V_{b,\min} = e\frac{C}{A}\ln\left(1 + \frac{1}{\gamma}\right) = 2.718\frac{C}{A}\ln\left(1 + \frac{1}{\gamma}\right) \tag{26-26}$$

【实验仪器】

DH2005 型直流辉光放电等离子体装置。

该装置包括可拆卸的气体放电管、测量系统、真空系统、进气系统和水冷系统等部分组成，具有结构合理、调节方便、测量参数多等特点。

【实验内容】

1. 了解直流辉光放电等离子体装置的工作原理，观察直流辉光放电现象，画出示意图，并进行分析。

2. 取 3 个不同的工作气压，测量辉光放电阶段的放电电压、电流，将测量结果填入

表26-2。绘制电压-电流曲线，与理论相对照，自主分析其中的差异，并分析原因。分析工作气压对伏安曲线的影响机制。

表 26-2 电压、电流测量值

电极距离：mm					
工作气压：Pa		工作气压：Pa		工作气压：Pa	
电压/V	电流/mA	电压/V	电流/mA	电压/V	电流/mA

3. 根据放电电压和放电电流的特点，提出电压和电流测量的实验方案，画出电路图。

4. 具体实验步骤如下：

（1）检查仪器的完整性，连接好所有的管路，安装好放电管部件。拧紧放电管固定螺帽。用专用套筒拧紧极板密封螺帽。

（2）将高压输出电源线接至放电管两端的正负极板上，注意此时操作应确保电源在关闭的状态下，所有开关均处于原始状态。

（3）检查水箱里有无冷却水，接通总电源。

（4）打开总电源开关。

（5）关闭转子流量计，打开隔膜阀，并依次接通冷却水电源、真空泵电源，抽取本底真空约5min，接通电阻真空计电源。

（6）打开转子流量计，调节气体流量到一定值，调节隔膜阀，同时调节微调阀将气压稳定在所需工作气压，开高压，并将工作选择打到辉光放电测量。

（7）缓慢调节高压调节旋钮，调节高压大小，同时根据电流值大小，转换不同的电流量程，记录下辉光放电时电压和电流的测量结果，每隔20V记录一组数据，共20组。

（8）将电压、电流测量结果填入表26-2，并绘制电压-电流曲线。

5. 实验数据处理

（1）将所测的电压、电流值记录在表26-2中。

（2）根据表26-2的数据描绘出辉光放电电压-电流曲线。

（3）根据实验数据总结实验结论。

【注意事项】

1. 检查确认设备各部件完好，连接安全（注意接地）。

2. 接通总电源，打开总电源开关旋钮，确认冷却水箱水容量后打开冷却水开关按钮。

3. 打开隔膜阀，确认气路连接规范完好后打开真空泵开关按钮，抽放电管内真空。

4. 打开电阻真空计电源开关，测量此时反应室的压强，抽真空约 15min 使放电管内真空达到所需要求。测量放电管内的本底真空，真空度优于 10Pa。

5. 将高压输出线加在放电管两端。注意：在实验过程中禁止用手去触摸高压电源线以及放电极杆，防止触电。

6. 将功能选择开关打在“放电电流测量”档，开启高压开关按钮，缓慢调节高压调节旋钮，调节到一定的电压时，放电管内将将产生辉光放电现象。

7. 关闭隔膜阀，开启流量计开关，调节一定的流量，给真空室输送工作气源，同时调节微调阀使工作气压达到所需要求。

8. 试验结束时，将高压电源调至 0，关闭高压开关按钮，关闭气路，关闭真空泵，关闭冷却水，关闭总电源，拔掉总电源线。

【思考题】

1. 暗放电区电流的测量应注意什么问题？
2. 阴极与阳极热效应差别显著的原因何在？
3. 工作气压对辉光放电中的电压-电流曲线有何影响？其影响机制是什么？

【参考文献】

[1] 王晓冬，巴德纯，张世伟，等. 真空技术［M］. 北京：冶金工业出版社，2006.
[2] 王魁香，韩炜，杜晓波. 新编近代物理实验［M］. 北京：科学出版社，2007.
[3] 杭州大华仪器有限公司仪实验讲义.

实验 27　直流辉光放电等离子体参数的测量

【引　言】

关于等离子体的介绍，请参见实验 26 的【引言】。

直流辉光等离子体教学实验装置主要由可拆卸的气体放电管、测量系统、真空系统、进气系统和水冷系统等部分组成，具有结构合理、调节方面、测量参数多等特点。

【实验目的】

1. 了解等离子体的性质。
2. 采用 langmuir 双探针测量等离子体参数。

【实验原理】

1. 等离子体参数

等离子体密度　单位体积内（一般以立方厘米为单位）某带电粒子的数目。n_i表示离子浓度，n_e表示电子密度。

等离子体温度　对于平衡态等离子体（高温等离子体）温度是各种粒子热运动的平均

量度；对于非平衡态等离子体（低温等离子体），由于电子、离子可以达到各自的平衡态，故要用双温模型予以描述。一般用 T_i表示离子温度，T_e表示电子温度。

等离子体频率　表示等离子体对电中性破坏的反应快慢，是等离子体振荡集体效应的频率

离子振荡频率　　$\omega_{pi}=\sqrt{n_i e^2/s_0 m_i}$

电子振荡频率　　$\omega_{pe}=\sqrt{n_i e^2/s_0 m_e}$

式中，m_i 和 m_e 分别为离子质量和电子质量。

德拜长度　等离子体内电荷被屏蔽的半径，表示等离子体内能保持的最小尺度。当正负电荷置于等离子体内部时就会在其周围形成一个异号电荷的“鞘层”。德拜长度为

$$\lambda_D=\left(\frac{kT_e}{4me^2}\right)^{\frac{1}{2}}$$

2. 等离子体参数的静电探针诊断原理（见图 27-1、图 27-2、图 27-3）

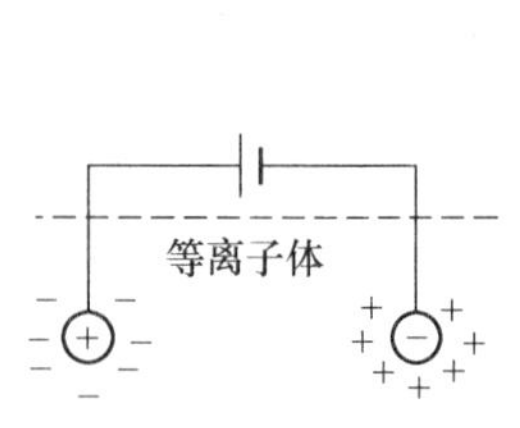

图 27-1　等离子体探针原理

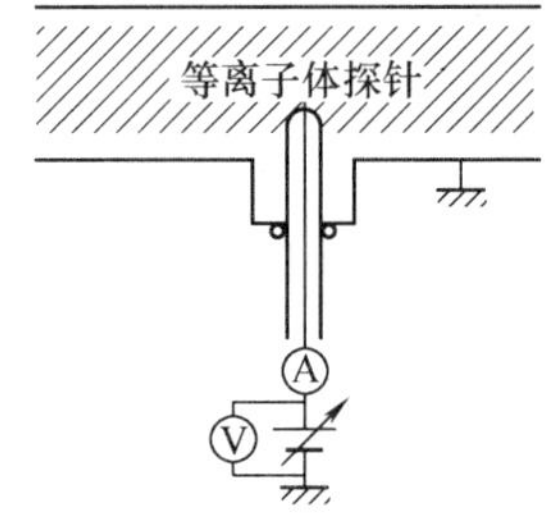

图 27-2　单探针法

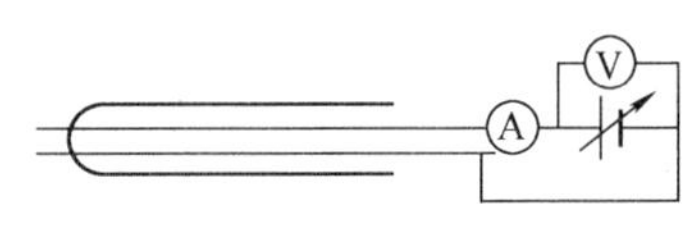

图 27-3　双探针法

假设:

（1）被测空间是电中性的等离子体空间，电子密度 n_e和离子浓度 n_i相等，电子与离子的速度满足麦克斯韦速度分布。

（2）探针周围形成的空间电荷鞘层厚度比探针面积的线度小，这样可忽略边缘效应，近似认为鞘层和探针的面积相等。

（3）电子和正离子的平均自由程比鞘层厚度大，这样可忽略鞘层中粒子碰撞引起的弹性散射、粒子激发和电离。

（4）探针材料与气体不发生化学反应。

（5）探针表面没有热电子和次级电子的发射。

若满足上述假设，则对于插入等离子体的单探针有随机电流

$$I=-eJ_rA_s,\quad J_r=\frac{1}{4}n\overline{U}=\frac{4}{n}\left(\frac{8T_e}{\pi m}\right)^{\frac{1}{2}}$$

根据玻耳兹曼定理，电子密度

$$n=n_0\exp\left(e\frac{V_p-V_s}{kT_e}\right)$$

式中，V_p为探针电位；V_s为等离子体电位。所以，探针电流

$$I = -\frac{en_0}{4}\exp\left(e\frac{V_p - V_s}{kT_e}\right)\left(\frac{8T_e}{\pi m}\right)^{\frac{1}{2}}A_S$$

而对于插入等离子体的双探针，设探针的面积分别为 A_1、A_2；电位为 V_1、V_2；电压 $V = V_1 - V_2 \geqslant 0$。

流过探针 1、2 的离子和电子电流分别为 i_{1+}, i_{1-}，i_{2+}，i_{2-}。对双探针整体为悬浮的，故

$$i_{1+} + i_{1-} + i_{2+} + i_{2-} = 0$$

则从 2 流入 1 的电流为

$$i_{2,1} = i_{2+} + i_{2-} - (i_{1+} + i_{1-}), \quad \frac{I}{2} = i_{2+} + i_{2-} = -(i_{1+} + i_{1-})$$

所以

$$i_{1+} + \frac{I}{2} = i_{1-} = -eA_1 Jr\exp\left(e\frac{V_1 - V_s}{kT_e}\right)$$

$$i_{2+} - \frac{I}{2} = i_{2-} = -eA_2 Jr\exp\left(e\frac{V_2 - V_s}{kT_e}\right)$$

$$\Rightarrow \frac{i_{1+} + \frac{I}{2}}{i_{2+} - \frac{I}{2}} = \frac{A_1}{A_2}\exp\left(\frac{eV}{kT_e}\right)$$

故

$$I = 2i + \frac{\exp\left(\frac{eV}{kT_e}\right) - \exp\left(-\frac{eV}{kT_e}\right)}{\exp\left(\frac{eV}{kT_e}\right) + \exp\left(-\frac{eV}{kT_e}\right)} = 2i + \tanh\left(\frac{eV}{2kT_e}\right)$$

$$\Rightarrow \frac{dI}{dV_{(I=0,V=0)}} = \frac{eI_i}{2kT_e}$$

大致的 I-V 函数关系曲线如图 27-4 所示，由此可知电子温度

$$T_e = \frac{eI_i}{2k\frac{dI}{dV_{(I=0,V=0)}}}$$

等离子体密度

$$n = \frac{I_+}{\sqrt{\frac{kT_e}{m_i}}}$$

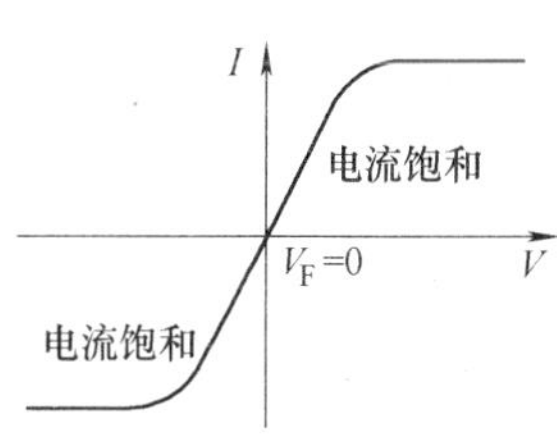

图 27-4　理想双探针曲线

【实验仪器】

DH2005 型 直流辉光放电等离子体装置。

【实验内容】

1. 在电极距离一定的情况下，采用 Langmuir 双探针测量三组探针 I-V 变化数据，其中前两组为直流功率一定、气体不同，后两组为气压一定、功率不同。将所得数据填入表 27-1。

表 27-1 不同条件下 *I-V* 关系数据

电极距离/mm					
功率/W	气压/Pa	功率/W	气压/Pa	功率/W	气压/Pa

2. 绘制出 *I-V* 曲线。由曲线斜率根据上述公式计算出电子温度和等离子体密度，如图 27-5所示。

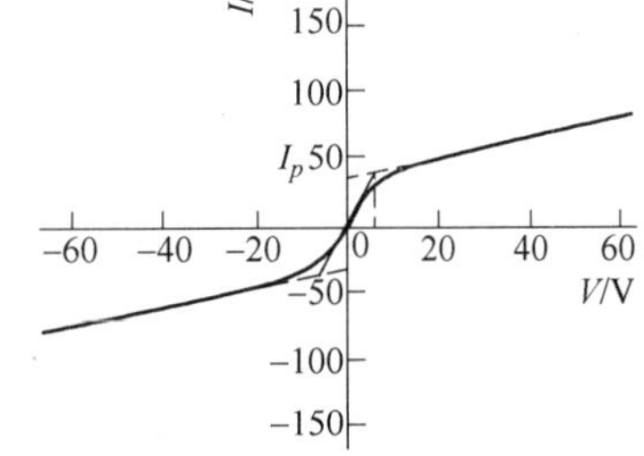

图 27-5 实验中双探针曲线

3. 根据计算结果，分别分析功率和气压对等离子体参数的影响及影响机理。

4. 实验步骤

(1) 按照实验内容的要求，讨论和制定最优的实验测量方案。

(2) 根据实验原理图将双探针与电流表和电压表串联。连接好实验线路。

(3) 插上总电源线，接通总电源开关。打开总电源。

(4) 关闭进气气源流量计旋钮，打开隔膜阀，并依次打开冷却水开关、真空泵电源开关，抽取本底真空，真空泵工作约 5min 后接通电阻真空计电源，测量放电管内真空。

（5）调节气源流量至适当值，同时通过调节隔膜阀和微调阀流量，将气压稳定在所需工作气压 p，将工作选择打到辉光放电测量，缓慢调节高压，调节电压到所需功率。

（6）打开探针电压，缓慢调节电压，根据电流值大小，改变电流测量量程，并依次记录下 V-I 关系数据。

（7）将探针电压调为零，并关闭探针电压，将探针电源输出线反过来与探针电流表和探针电压表串联。

（8）重复上述过程，依次记录 I-V 关系数据。

（9）在其他直流功率和气压下重复上述过程。

【思考题】

1. 探针的形状对测量是否有影响？是如何影响的？
2. 二次以及高次电离对等离子体参数有何影响？
3. 气体种类对等离子体参数有何影响？

【参考文献】

[1] 王魁香，韩炜，杜晓波．新编近代物理实验 [M]．北京：科学出版社，2007.
[2] 黄润生，沙振瞬，唐诗．近代物理实验 [M]．南京：南京大学出版社，2008.
[3] 杭州大华仪器有限公司仪实验讲义．

实验 28　用直流溅射法制备薄膜

【引　言】

IT 产业的发展已经使世界变得日新月异、丰富多彩，使我们的生活更加方便。但是 IT 产业的发展基础是微电子技术的发展与成熟，而支持微电子技术不断发展的元器件主要有半导体集成电路（IC）、超大规模集成电路（ULIC）、存储器、微型驱动器/执行器、微型传感器等。尽管这些元件的工作原理各不相同，但它们有一个共同的研究和发展方向，即向着小型化、高密度集成化的方向发展。迄今为止，计算机 CPU 的工艺尺寸已经达到了 45nm，并且随着科学技术的不断进步，单位功能元件小型化、高密度集成化的发展还将会继续下去。支持微电子产业中元器件的小型化和高密度集成化的重要材料之一就是薄膜材料，其重要工艺为平面工艺。除此之外，新兴的自旋电子学也依赖于薄膜材料的制备及其工艺的提高。

薄膜是人工制作的厚度在 1μm 以下的固体膜，但这并不是一个严格的定义。薄膜一般来说都是制备在一个衬底（玻璃、半导体硅等）上。制备薄膜的方法基本上可分为两大类，即化学方法和物理方法。具体的分类又可细分为物理气相沉积法（PVD）、化学气相沉积法（CVD）、液相生成法、氧化法、扩散法、电镀法、溶胶-凝胶法等。物理气相沉积法包括真空蒸发法、溅射法、激光升华法、分子束外延生长法等薄膜制备方法。

本实验采用直流溅射法制备金属薄膜，实验中，将采用适当的方法制备用于干涉法测量膜厚的金属膜样品。

【实验目的】

1. 使同学直接接触薄膜材料，对薄膜材料有一个直观的感性认识。
2. 了解和学会直流溅射制备金属薄膜的原理和方法。
3. 学会制备干涉法测量膜厚的薄膜样品的方法。

【实验原理】

1. 小型直流溅射仪

SBC-12 型小型直流溅射仪结构如图 28-1 所示。它可以在低真空下进行直流溅射，而且简化了真空系统，只需要用机械泵提供 1～2Pa 的真空度即可，大大缩短了实验时间。

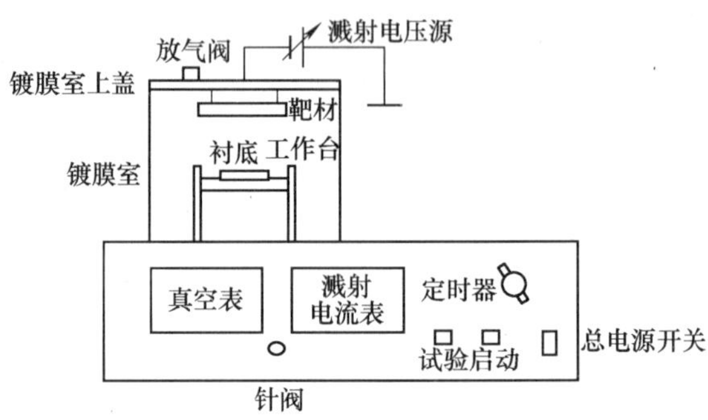

图 28-1 SBC-12 型小型直流溅射仪结构

2. 直流溅射制备金属薄膜

溅射是指荷能粒子轰击固体表面（靶材），使固体表面的原子（或分子）从表面射出的现象。这些从固体表面射出的粒子大多呈原子状态，称之为被溅射原子。常用的轰击靶材表面的荷能粒子为惰性气体粒子（如氩气离子）和其快速中性粒子，称之为溅射粒子。

溅射粒子轰击靶材，从而使靶材表面的原子离开靶材表面成为被溅射原子，被溅射原子沉积到衬底上就形成了薄膜。所以这种薄膜制备技术被称为溅射法。根据溅射粒子获得能量的方式不同，溅射法可分为直流溅射法和射频溅射法；根据设备是否利用了磁场，又可分为磁控溅射法和非磁控溅射法；再者根据沉积薄膜的过程中是否存在反应气体，还可以分为反应溅射法和非反应溅射法。

溅射法基于荷能粒子轰击靶材时的溅射效应，而整个溅射过程都是建立在辉光放电基础之上的，即溅射粒子都是来源于气体放电。不同的溅射方法所采用的辉光放电方式有所不同。直流溅射法利用的是直流电压产生的辉光放电；射频溅射法是利用射频电磁场产生辉光放电；磁控溅射法是利用平行于靶材表面的磁场控制下的电场或电磁场产生辉光放电；反应溅射是利用惰性气体和活性气体的混合气体在电场或电磁场中产生的辉光放电，常用的活性气体有氧气、氮气等。

本实验是利用直流溅射法制备金属薄膜。

辉光放电的特征：在直流溅射法的辉光放电中，靶材（阴极）和衬底（阳极）之间的电位变化并不是均匀的，而会产生阴极压降（如图 28-2 所示）。由放电形成的惰性气体正离子被朝着阴极（靶材）方向加速，并且这些正离子和由其产生的快速中性粒子以它们在阴极电压降区域获得的几乎一样的能量（速度）到达阴极。阴极电压降的大小取决于气体的种类和阴极材料（靶材）。在这些能量粒子和中性粒子的轰击下，靶材原子被从其表面溅射出来，被溅射出来的靶材原子冷凝在阳极（衬底）上，从而形成了薄膜。

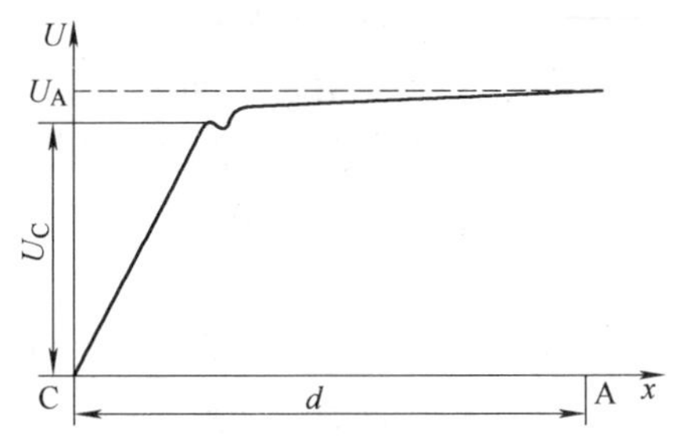

图 28-2　等离子体辉光放电中的电位随空间位置的变化关系

3. 制备用干涉法测量金属薄膜厚度的样品

在干涉法测量膜的光路中，主要的构件是半透膜板同待测膜厚的样品构成的空气劈尖，因此待测样品要制作成台阶状，台阶高度为待测膜厚。另外，为了观察到清晰的干涉条纹，待测膜厚的样品其上表面应该具有很好的反光性。

【实验仪器】

小型直流溅射仪、金靶、铜靶、铁靶、镍靶、机械泵、超声清洗器、氩气、玻璃衬底（载玻片）、玻璃刀等。

【实验内容】

1. 直流溅射制备金薄膜。

（1）准备衬底。切割玻璃——根据工件位的大小切割衬底玻璃；清洗——用超声波清洗器先在丙酮、无水乙醇中清洗玻璃衬底，把玻璃衬底烘干后并保存在干净的容器中。

（2）安装靶材，并把金靶到工作台的距离调到 40 ~ 45mm。

（3）安放衬底。把清洗干净的玻璃衬底后放在镀膜室的工作台上，衬底实行半掩；盖上镀膜室的上盖。

（4）开启“总电源开关”，机械泵开始对镀膜室抽真空，从真空表上观测镀膜室的真空度。

（5）充入氩气。当真空度小于 2Pa 时，开启氩气瓶的减压阀，然后开启镀膜机的氩气控制阀“针阀”（逆时针旋转为开，氩气流量加大；顺时针旋转为关，氩气流量减少），向镀膜室中充入氩气，使镀膜室的真空度达到 3 ~ 4Pa（以溅射电流约在 5 ~ 10mA 为准）。

（6）设定“定时器”的时间（即薄膜沉积时间）。为防止过热，单次连续溅射时间不要超过 60s，制备较厚的膜时，可以采取多次溅射的方法。

（7）核查溅射电流。按下“试验”按钮，核查“溅射电流表”中的电流是否在 5 ~ 10mA 之间，立即松开“试验”。

（8）镀膜。按下“启动”按钮，靶上加上了 1000V 的溅射电压，金膜开始沉积。这时可以看到靶—衬底之间发出了紫色的等离子体辉光放电现象，“溅射电流表”中显示电流稳定在 5 ~ 8mA 之间。随时调整“针阀”，控制氩气的流量，维持溅射电流稳定。

（9）结束镀膜。当“定时器”所设定的时间达到之后，溅射电压降为零，溅射自动停止，溅射电流也为零，完成薄膜的一次沉积。如果需要多次沉积，继续重复（6）~（8）的步骤，直到达到所需沉积时间或膜厚，最终完成薄膜样品的制备。

（10）关闭系统，终止镀膜试验。依次关闭氩气瓶的减压阀、“针阀”，关上“总电源开关”。

（11）去样品。用手拉起“镀膜室上盖”上的“放气阀”，给镀膜室放入空气。镀膜室回到大气压之后，打开镀膜室上盖，取出薄膜样品。

2. 通过上述操作，分别制备出沉积时间为4min、6min、10min、15min、20min的金膜样品（其他条件保持一致）。

3. 改变靶基距沉积薄膜，研究靶基距对薄膜厚度的影响。（选做）

4. 直流溅射制备铁、镍薄膜。采用沉积金膜相同的实验步骤沉积铁膜和镍膜，用于测磁电阻。

5. 利用干涉法测量膜厚。

（1）测量某一沉积时间（15min）下制备的薄膜厚度，然后用这一薄膜厚度除以其对应的沉积时间就获得了单位时间内沉积的薄膜厚度，即薄膜的沉积速率。

（2）用沉积速率乘以沉积时间可以获得不同沉积时间下的薄膜厚度。

6. 数据记录与处理。

需要记录靶基距、沉积时间、氩气压强、溅射电流、膜厚、沉积速率等数据。

数据记录表如表28-1所示。

表28-1 制备金属膜的实验数据

金靶到工作台的距离（靶基距）：　　　　　　沉积速率：

样品标号	1	2	3	4	5
沉积时间/min					
氩气压强/Pa					
溅射电流/mA					
薄膜厚度/nm					

【注意事项】

1. 溅射电流不能超过12mA。
2. 不要接触镀膜室上盖上的金靶的电压输入接头，以免触电。
3. 取样品时，工作台温度较高，避免烫伤。

【思考题】

1. 直流溅射法制备薄膜时，膜厚的均匀性如何保证？
2. 靶基距对膜厚有何影响？
3. 如何在沉积过程中保持稳定的沉积速率？
4. 制备用干涉法测量薄膜厚度的样品时，应该注意哪些问题？

【参考文献】

[1] 王魁香，韩炜，杜晓波．新编近代物理实验［M］．北京：科学出版社，2007.

[2] 黄润生，沙振瞬，唐诗．近代物理实验［M］．南京：南京大学出版社，2008.

实验 29　利用光的干涉测量膜厚

【引　言】

干涉现象是波动的重要特征之一，利用光的干涉现象，我们可以测量许多物理参量，因此它得到了广泛的应用。

根据相干光源的获得方式，可以将干涉分为两大类：分波面干涉和分振幅干涉。分振幅干涉包括等倾干涉和等厚干涉两种。本实验将直接感受光的干涉现象，并通过实验加深对其理解。除此之外，直接接触分振幅干涉的实际应用——劈尖和牛顿环。

薄膜的厚度（膜厚）是薄膜材料的一个最基本、最重要的物理量，它在很大程度上决定着薄膜材料的物理特性（如电学性质、光学性质、磁学性质、力学性质等），因此，膜厚的测量在薄膜材料研究中和生产中占有非常重要的地位。膜厚的测量方法主要有干涉法、台阶仪测量法、扫描电子显微镜观测法、断面透射电子显微镜观测法、椭圆偏振仪法、电阻测量法、Rutherford 背散射法等，其中干涉法在设备的投入上最为经济，在测量上最简便。因此，现在用干涉方法测量薄膜厚度的技术已被广泛地应用在科研开发和生产中。

【实验目的】

1. 观察空气劈尖和牛顿环产生的干涉现象，加深对干涉原理的理解。
2. 掌握用空气劈尖产生的多光束干涉的方法测量薄膜膜厚的原理和方法。
3. 了解提高干涉条纹清晰度（反衬度）的方法。
4. 用双光束分光光度计测膜厚。

【实验原理】

1. 干涉法测膜厚

干涉法测量薄膜厚度的装置如图 29-1 所示。它主要由钠光灯、读数显微镜、半透膜板三部分组成。

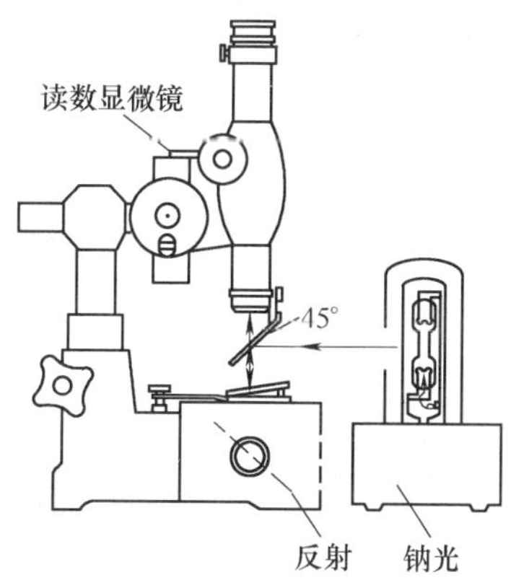

图 29-1　测量薄膜厚度的装置

半透膜板同待测膜厚的薄膜样品之间构成一个空气劈尖，钠光灯发出的光通过读数显微镜的分光镜垂直入射到空气劈尖上，产生等厚干涉现象。通过读数显微镜能够观察并测量到干涉条纹。待测膜厚的薄膜样品做成一个台阶形状，由于薄膜的膜厚 d 产生的台阶，使得空气劈尖产生的等厚干涉条纹发生了移动。如图 29-2 所示，如果等厚干涉条纹的间距为 a，干涉条纹移动的距离为 b，入射光的波长为 λ，则膜厚 d 同 a、b、λ 的关系可由下式给出：

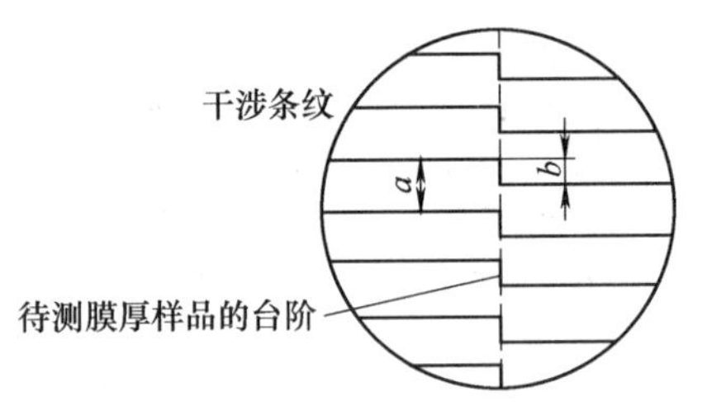

图 29-2 台阶膜等厚干涉条纹示意图

$$d=\frac{b}{a}\times\frac{\lambda}{2} \tag{29-1}$$

通常，从实验中测出 a 和 b 的值，再已知入射光的波长 λ，就可以用式（29-1）计算得出待测薄膜的膜厚 d。

2. 双光束分光光度计测膜厚

对透明度较高的均匀薄膜，在测量薄膜的透射谱和反射谱时，都会在透射谱和反射谱上叠加因干涉形成的峰和谷。利用其干涉峰与谷，可以估算薄膜的厚度。其原理如图 29-3 所示。

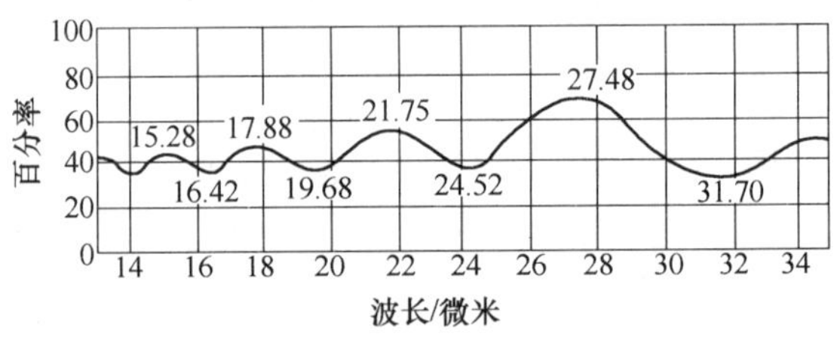

图 29-3 透射光谱

计算薄膜厚度的公式为

$$d=\frac{\lambda_j\cdot\lambda_{j+1}}{2n_{av}(\lambda_j-\lambda_{j+1})} \tag{29-2}$$

其中，d——膜厚；λ_j、λ_{j+1}——相邻的峰（谷）的对应的波长；n_{av}——平均折射率。

【实验仪器】

读数显微镜、半透膜、载玻片、钠光灯、薄膜样品、双光束分光光度计。

【实验内容】

1. 利用读数显微镜测量薄膜厚度

（1）利用台阶膜和半透膜构成劈尖。

（2）利用读数显微镜测量干涉条纹的间距（取 20 个条纹）。

（3）利用式（29-1）计算薄膜的厚度。

2. 利用双光束分光光度计测膜厚（选做）

（1）熟悉双光束分光光度计的原理与操作。

（2）利用双光束分光光度计薄膜样品透射谱。

（3）利用式（29-2）计算薄膜的厚度（平均折射率取体材的折射率）。

3. 数据记录与处理

自制表格计算数据。

【思考题】

为什么需要半透膜？改为玻璃会怎样？

【参考文献】

［1］霍剑青，吴泳华，刘鸿图，等．大学物理实验：第四册［M］．北京：高等教育出版社，2000.

实验 30　薄膜电阻率的测量

【引　言】

薄膜材料的物理性质与其对应的块体材料明显不同，受到薄膜厚度的影响，我们称这种现象为尺寸效应。尺寸效应决定了薄膜材料的某些物理特性和化学特性，因此，薄膜材料具有一些新的功能和特性。尺寸效应是所有低维材料的基本而重要的效应之一。

【实验目的】

1. 让同学们直接接触薄膜材料，对薄膜材料有一个直观的感性认识。
2. 了解和学会使用四探针法测量金属薄膜电阻率的原理和方法。
3. 了解薄膜的膜厚对金属薄膜电阻率的影响。
4. 分析用四探针法测量金属薄膜电阻率时可能产生误差的根源。

【实验原理】

1. 四探针组件

由具有引线的四根探针组成，这四根探针被固定在一个架子上，相邻两探针的间距为 3mm，探针针尖的直径约为 200μm。

2. SB118 精密直流电流源

这是精密恒电流源，它的输出电流在 1μA ~ 200mA 范围可调，其精度为 ±0.03%。PZ158A 直流数字电压表是具有 6 位半长显示，0.1μV 电压分辨率的带单片微机处理技术的高精度电子测量仪器，分别具有 200mV、2V、20V、200V、1000V 的量程，其精度为 ±0.006%。

3. 薄膜的膜厚对连续金属薄膜电阻率的影响

通常，金属块体材料的电阻率的大小是由金属中自由电子的平均自由程的长短来决定的。由碰撞引起的自由电子原定向运动方向的改变是金属块体材料具有电阻的根源。因此金属中自由电子平均自由程越短，金属材料的电阻率越大；反之，金属中自由电子的平均自由程越长，金属材料的电阻率越小。

根据薄膜材料的定义，薄膜材料在厚度上是非常薄的。如果金属薄膜的膜厚小于一定值时，薄膜的厚度将对自由电子的平均自由程产生影响，从而影响薄膜材料的电阻率，这就是所说的薄膜的尺寸效应。

薄膜尺寸效应的解释如图 30-1 所示。

图 30-1 中 d 为薄膜的厚度。电场沿着 x 负方向。假定自由电子从 O 点出发，到达薄膜的表面 H 点，OH 的距离同金属块体材料中自由电子的平均自由程 λ_b 相等，即 $OH=\lambda_b$。

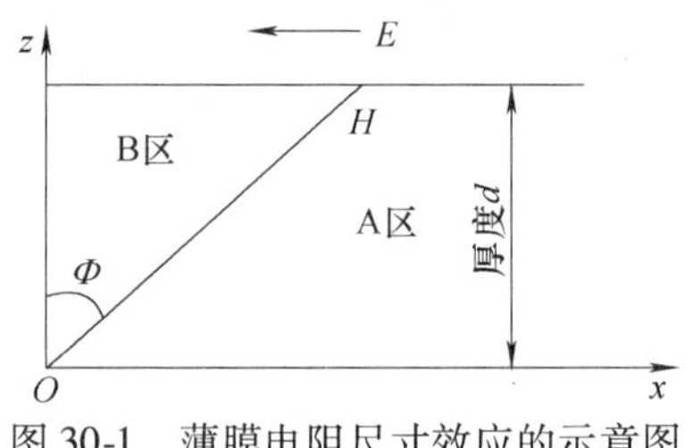

图 30-1 薄膜电阻尺寸效应的示意图

自由电子的运动方向与 z 轴（薄膜厚度方向）的夹角为 Φ，在 Φ 所对应的立体角范围内（图 30-1 中的 B 区），由 O 点出发的自由电子运动到薄膜表面并同其发生碰撞时所走过的距离小于自由电子的平均自由程。这意味着，B 区中的自由电子在同声子和缺陷发生碰撞之前就同薄膜的表面发生碰撞，即 B 区域中自由电子的平均自由程小于块体材料中的自由电子的平均自由程。但是，在大于 Φ 所对应的立体角范围（图 30-1 中的 A 区），由 O 点出发的自由电子运动到薄膜表面并同其发生碰撞时所走过的距离大于自由电子的平均自由程，即自由电子平均自由程没有受到薄膜表面的影响。因此，金属薄膜中有效自由电子平均自由程是由 A 区和 B 区两部分组成，由于 B 区中自由电子的平均自由程小于块体材料中自由电子的平均自由程，所以金属薄膜材料中的有效自由电子的平均自由程小于块体材料中自由电子的平均自由程，从而使得薄膜材料的电阻率高于块体材料的电阻率。

但是，当薄膜厚度远大于块体材料的自由电子的平均自由程时，薄膜表面对在电场作用下自由电子的定向运动将没有影响，这时薄膜的电阻率将表现出块体材料的电阻率，即薄膜变成了块体材料。一般情况，室温下的金属块体材料自由电子的平均自由程为十几 nm ~ 几十 nm（金的自由电子的平均自由程约为 40nm）。

目前，能简单地反映金属薄膜电阻率尺寸效应的公式为 Lovell-Appleyard 公式，即

$$\rho_F=\rho_b\left(1+\frac{3}{8}\cdot\frac{\lambda_b}{d}\right) \tag{30-1}$$

其中，ρ_F 是金属薄膜的电阻率。由此公式可得，当薄膜的膜厚同块体材料的自由电子平均自由程可比时，薄膜的电阻率是大于块体材料的电阻率；当薄膜的膜厚远远大于块体材料的自由电子平均自由程时，薄膜的电阻率趋于块体材料电阻率，即薄膜就变成了块体材料了。

4. 金属薄膜电阻率的测量

由于金属块体材料的电阻很低，它的电阻率的测量需要采用四端接线法。金属薄膜的电阻也是很低的，因此它的电阻也需采用四端接线法。但是，为满足实际的需要，在生产、科研中测量金属薄膜电阻率的四端接线法已经发展成为四探针法，四探针的结构示意图如图 30-2所示。

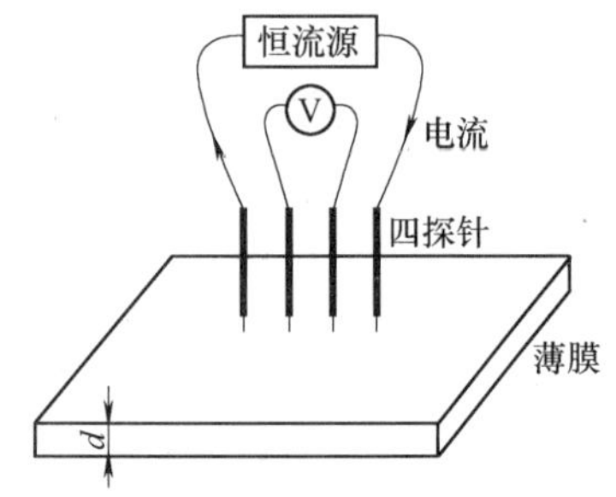

图 30-2 四探针法测量金属薄膜电阻率的原理图

如图 30-2 所示，让四探针的针尖同时接触到薄膜表面上，四探针的外侧两个探针同恒电流源相连接，四探针的内侧两个探针连接在电压表上。当电流从恒流源流

出流经四探针外侧的两个探针时，流经薄膜产生的电压可从电压表读出。在薄膜的面积为无限大或远远大于四探针中相邻探针间距时，金属薄膜的电阻率可以表示为

$$\rho_F = \frac{\pi}{\ln 2} \cdot \frac{V}{I} \cdot d \tag{30-2}$$

其中，d 为膜厚；V 为电压表测得的电压；I 为流经薄膜的电流，即恒电流源提供的电流。而式中 $R_F = \frac{\pi}{\ln 2} \cdot \frac{V}{I}$ 部分的量纲与电阻相同，因此称之为方块电阻。

【实验仪器】

四探针组件、SB118 精密直流电流源、PZ158A 直流数字电压表、具有五种不同膜厚的金属薄膜材料。

【实验内容】

1. 打开 SB118 精密直流电流源和 PZ158A 直流数字电压表的开关，使仪器预热 15min。

2. 认真观察镀有金属薄膜的玻璃衬底（样品），确定具有金属薄膜的一面。

3. 把样品放在样品台上，使具有金属薄膜的一面向上，使四探针的所有针尖同金属薄膜有良好的接触。

4. 把四探针引线的端子分别正确插入相应的 SB118 精密直流电流源的“电流输出”孔和 PZ158A 直流数字电压表的“输入”孔中，注意电流的方向和电位的高低。

注意：

（1）在拧动四探针架上的铜螺柱时，用手扶住四探针架，不要让四探针在样品表面滑动，以免探针的针尖滑伤薄膜。

（2）在拧动四探针支架上的铜螺柱时，不要拧得过紧，以免四探针的针尖严重刺伤样品薄膜，只要四探针的所有针尖同样品薄膜有良好的接触即可。

5. 使用 SB118 精密直流电流源中的电流部分，从“200μA”的按键开始，适当选择“量程选择”的按键以及适当调节“电流调节”的“粗调”和“微调”旋钮，从而测量 9 个直流值对应的电压值。

注意：

（1）在切换“量程选择”的按钮时，先将电流调为 0。

（2）在测量电压时，应分别测量正反电压，取其绝对值大小的平均值（通过按下“正向”、“方向”按钮实现）。

（3）最大的电流值对应的电压值不能超过 5mV，以免导致薄膜样品发热。

6. 做出电压随电流变化的关系图，从图中的斜率求出式（2）中的 V/I。

7. 分别测量不同膜厚的金属膜的 V/I，利用式（2）计算它们的方块电阻或者电阻率，注意在换样品时，一定要把 SB118 精密直流电流源的电流调为 0。

8. 实验完成后，先关上各仪器的电源，然后把测量样品从样品台上取下来，整理好工作台面。

9. 数据记录表格和参考数值

（1）室温下，金的块体材料的电阻率为 $2.05 \times 10^{-8} \Omega \cdot m$。

(2) 金属薄膜电阻率测量数据记录表如表 30-1 所示。

表 30-1 金属薄膜电阻率测量数据

膜厚：

电流 I/mA	正向电压 V_+/mV	正向电压 V_-/mV	$V=(\vert V_+\vert+\vert V_-\vert)/2$ /mV

【思考题】

1. 根据求出的电阻率绘制金属薄膜电阻率和膜厚的实验曲线，通过电阻率和膜厚的实验曲线的分析，能得到什么结论？
2. 本实验中测量电压时，为什么要求测量同一电流状况下的正反向电压，再取其平均值？利用实验数据支持你的观点。
3. 薄膜的形状对测量的电阻率有何影响？
4. 通过实验，你认为电极材料、金属薄膜材料的发展方向是什么？实际科研中应如何实施？

【参考文献】

[1] 霍剑青，吴泳华，刘鸿图，等．大学物理实验：第四册［M］．北京：高等教育出版社，2000.
[2] 王魁香，韩炜，杜晓波．新编近代物理实验［M］．北京：科学出版社，2007.
[3] 黄润生，沙振瞬，唐诗．近代物理实验［M］．南京：南京大学出版社，2008.

实验 31 金属薄膜电阻的动态监测

【引 言】

通过在镀膜过程中对薄膜电阻的动态监测，描述薄膜形成的物理机制。同学们可以查阅相关参考资料，深入了解有关薄膜形成的基本理论、薄膜的微观结构、薄膜材料的物理特性、薄膜器件加工工艺等知识。为了确保元器件的精密度和性能的稳定性，薄膜材料的制备以及薄膜器件制造的主要加工工艺均需要在真空条件下完成，因此通过本实验可以复习真空技术和真空测量技术的基础理论及操作规程。

【实验目的】

1. 学习直流溅射镀膜的方法，初步了解薄膜形成的机理。
2. 复习真空和真空测量技术的基础知识，熟悉真空系统的结构和操作规程。

【实验原理】

薄膜的形成机理简介

在薄膜沉积的过程中，到达基片的原子不仅与飞来的其他原子相互作用，同时也与基片的原子或分子相互作用，形成有序或无序排列的薄膜。薄膜的形成过程和薄膜结构决定于原子的种类、基片的种类及制备工艺条件。从薄膜的生长过程来看，可分为三类：核生长型——生成三维的核；层生长型——单层生长；层核生长型——薄膜生长的最初一、两层按层生长，而后转为核生长模式生长（如图 31-1 所示）。

（1）核生长型　此类成膜的特点是，到达基片的原子首先凝结成核，后来的原子不断聚集在核附近，使核沿着三维方向不断生长成为岛，进而这些岛相互连接成通道网络，最终形成薄膜。大部分薄膜的形成过程都是属于此类型。电子显微镜和理论分析的结果表明，核生长型薄膜的生长过程可分为四个阶段（如图 31-2 所示）。

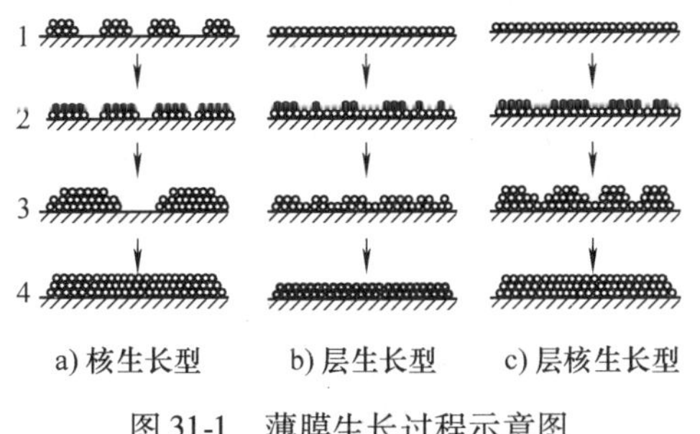

图 31-1　薄膜生长过程示意图

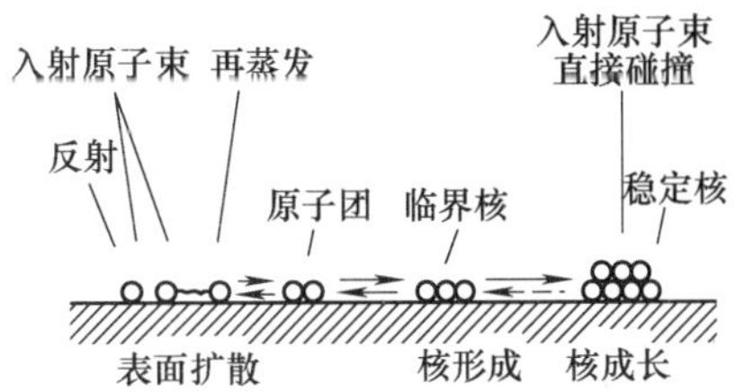

图 31-2　核形成与生长的物理过程

① 成核阶段：到达基片上的原子，一部分仍具有相当大能量的原子返回气体，另一部分则被吸附在基片表面上，此时为物理吸附。由于原子本身还具有一定能量，同时还可以从基片得到能量，因此原子有可能在基片表面进行迁移和扩散。在这一过程中，原子有可能在蒸发，也可能与基片的原子或分子发生化学作用而形成化学吸附，还可能与其他的蒸发原子形成原子或原子团。发生后两种情况时，原子再蒸发或迁移的可能性极小，从而成为稳定的凝聚的晶核。

② 小岛阶段：当凝聚的晶核达到一定密度后，新蒸发来的吸附原子不再形成新的晶核，而是通过表面迁移聚集在已有的晶核上，晶核生长并形成小岛。这些小岛通常是三维结构，且多数已具有该种物质的晶体结构，即已形成微小的晶粒。

③ 网络阶段：随着小岛的生长，相邻的小岛相互接触并彼此结合，形成一些具有沟道的网络状薄膜。

④ 连续薄膜：继续蒸发时，吸附的原子将填充沟道，也有可能在沟道中形成新的小岛，由小岛的生长来填充沟道，最后形成连续薄膜。

不同的物质经历上述四个阶段时，情况会有所不同。

（2）层生长型　这种类型的生长特点是，到达基片表面的原子首先以单原子的形式均匀地覆盖一层，然后再生长第二层、第三层……此生长方式多数发生在基片原子与蒸发原子间的结合能接近于蒸发原子间的结合能的情况下。到达基片表面的原子，经过表面扩散并与其他原子碰撞后形成二维的核，二维核捕捉周围的吸附原子生成二维小岛。由于小岛的半径均小于吸附原子的平均扩散距离，到达小岛的原子扩散后都被小岛边缘捕获，小岛表面的原子密度很低，不容易向三维生长。即只有第 N 层的小岛长到足够大时，第 $N+1$ 层的二维晶核或二维小岛才有可能形成，因此薄膜是以层状的形式生长的。

（3）层核生长型　在基片和薄膜原子相互作用特别强的情况下，容易出现层核生长型。在基片表面先生长 1 ~ 2 层单原子层，这种二维结构强烈地受基片晶格的影响，晶格常数有较大的畸变。吸附原子在连续层上又以核生长的方式生成小岛，最终形成薄膜。在半导体表面上形成的金属薄膜多为该类型。

薄膜的形成过程是由不连续的薄膜到连续薄膜的转变过程，它包含了由气相到固相的急剧转变过程，这一过程中产生的薄膜结构缺陷（如晶体缺陷、晶体畸变、杂质等），对薄膜的物理性质将产生极大的影响，对金属薄膜的电学性质而言，其厚度是影响其电阻率的重要因素之一。当金属膜结构是岛时，称为非连续薄膜，其导电机制多用热发射和场发射理论来解释。随着薄膜继续生长为网络结构时，导电机构是由粒子、粒子构成的桥和粒子间隙组成，逐渐成为连续膜且薄膜的厚度较小时，电阻与薄膜厚度大致成反比的关系，当厚度达到一定时，薄膜的电阻率趋于一个定值。

【实验仪器】

SBC-12 小型直流溅射仪，机械泵，超声波清洗器，氩气，玻璃衬底，数字万用表，直流电源等。

【实验内容】

实验中将采用数字电压表来记录薄膜的电压随镀膜时间的变化关系。通过测量薄膜电极两端的电压变化验证薄膜的形成是由于不连续到连续的过程。在电路中串联数字电流表，可同时记录流过薄膜的电流值，用测得的电压值除以测得的相应的电流值，就可以获得薄膜生长过程中薄膜电阻随镀膜时间的变化规律。

为了测量方便，需要预先镀出如图 31-3 所示的四个引线电极（图中阴影部分 1、2、3、4）。其中，电极 1、2 与直流电源相接，电极 3、4 连接数字电压表。

根据薄膜的生长机理可知，薄膜的厚度随镀膜时间的增加而增加，由直流电源提供恒定电流时，电压表记录的电压也随镀膜时间的增加而发生变化。再根据“电压-时间”曲线和电流的测量值，由欧姆定律可以求出“电阻-时间”关系。

引线电极镀膜如图 31-4 所示。

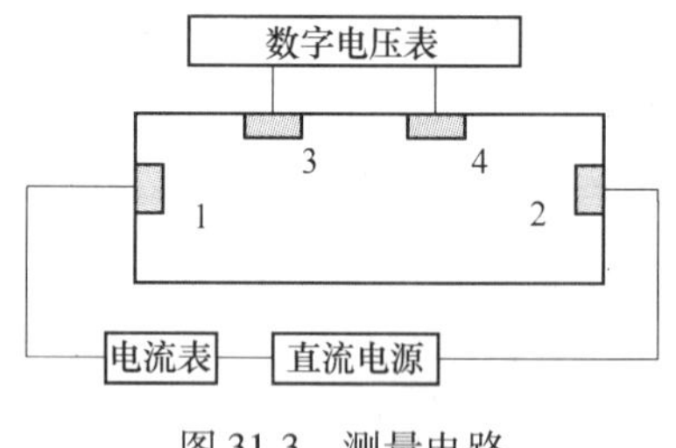

图 31-3 测量电路

图 31-4 引线电极镀膜及测量接线方法示意图

1. 制作电极掩模板。

2. 用超声清洗器先后在丙酮、无水乙醇中清洗玻璃基片，烘干后放在镀膜室的工作台上，并将电极掩模板固定在基片上。

3. 开机械泵，抽真空，真空度符合要求时冲入氩气，开始镀膜。

4. 完成后，先关针阀，再停止抽真空。放气，取出掩模板并按图 31-3 电路接好电极。

5. 重复步骤 3 的操作，参考实验室提供的参数条件，开始镀膜，同时按预定时间间隔

（10s），测量电压值和电流值。到电压接近平缓时结束实验。

6. 用作图法得到“电压-时间”关系曲线和“电阻-时间”关系曲线。

7. 总结金薄膜“电阻-时间”的变化规律，解释如何从“电压-时间”的变化规律反映出薄膜的形成过程。

【思考题】

在小空间中进行直流溅射，有许多因素会直接影响到薄膜的沉积和电学性质的测量，如何减小这些影响？

【参考文献】

[1] 霍剑青，吴泳华，刘鸿图，等．大学物理实验：第四册［M］．北京：高等教育出版社，2000.

[2] 王魁香，韩炜，杜晓波．新编近代物理实验［M］．北京：科学出版社，2007.

[3] 黄润生，沙振瞬，唐诗．近代物理实验［M］．南京：南京大学出版社，2008.

实验 32　磁性薄膜的磁电阻测量

【引　言】

新型磁敏电阻薄膜材料是国民经济中具有十分重要作用的一类基础材料，其产品有着巨大的应用前景。对材料磁敏电阻特性的研究是国内外极其重要的研究领域，让学生在学习期间了解这个领域，学习一些薄膜材料的磁电阻特性和磁电阻测量的一些知识，并能独立进行磁电阻测量是非常有益的，故特为学生开设薄膜磁电阻测量实验。

【实验目的】

1. 了解各种磁电阻的含义，掌握磁性薄膜各向异性磁电阻的测量方法和计算公式。

2. 了解实验中所用的各实验仪器和测量电路，并了解所测物理量的量级及对测量仪器精度的要求。

3. 搞清楚实验过程和测量步骤。

【实验原理】

磁电阻（Magnetoresistance，MR）效应是指物质在磁场作用下电阻发生变化的现象。按磁电阻效应的机理和大小，磁电阻效应一般可以分为正常磁电阻（Ordinary MR，OMR）效应、各向异性磁电阻（Anisotropic MR，AMR）效应、巨磁电阻（Giant Magnetoresistance，GMR）效应。

正常磁电阻效应存在于所有金属中，来源于传导电子受到磁场的洛伦兹力作用作回旋运动，从而使其有效平均自由程减小所致。正常磁电阻 MR 可以用下式来计算：

$$MR=\frac{R(H)-R(0)}{R(0)}\times 100\% =\frac{\rho(H)-\rho(0)}{\rho(0)}\times 100\% \tag{32-1}$$

式中，$R(H)(\rho(H))$ 或 $R(0)(\rho(0))$ 分别表示一定温度下，磁场强度为 H 或无外磁场时金属的电阻（或电阻率）。

正常磁电阻效应的特点：

（1）一般材料的磁阻值很小，大于零，通常小于1%，例如在磁场为10^{-3}T时，Cu的正常磁电阻效应MR只有4×10^{-8}%。

（2）各向异性，$\rho(90°)>\rho(0°)$（$\rho(90°)$和$\rho(0°)$分别表示外加磁场与样品电流方向垂直及平行时的电阻率）。

（3）当磁场不高时，MR正比于H^2。

OMR来源于磁场对电子的洛仑兹力，该力导致载流子运动发生偏转或产生螺旋运动，使电子碰撞几率增加，从而使电阻升高。

各向异性磁电阻效应（AMR效应）指在铁磁性的过渡族金属、合金中，即材料的磁阻和其在磁场中的磁化方向有关，即磁阻值是其磁化方向与电流方向之间夹角的函数。各向异性磁阻的电阻率随取向的变化满足：

$$\rho(\phi)=\rho(90°)+[\rho(0°)-\rho(90°)]\cos^2\phi$$

式中，ϕ、90°、0°为材料的磁化方向与其中电流方向的夹角。正是由于磁阻的各向异性，因而可以被利用作为测定材料方位的一种手段。各向异性磁电阻效应的大小通常用AMR来表示，即

$$AMR \doteq \frac{\Delta\rho}{\rho}=\frac{\rho(0°)-\rho(90°)}{\rho_0}=\frac{R(0°)-R(90°)}{R_0} \tag{32-2}$$

式中，ρ_0为铁磁材料在理想退磁状态下的电阻率。不过由于理想的退磁状态很难实现，通常ρ_0近似等于平均电阻率，即$\rho_0\approx\bar{\rho}=\dfrac{\rho(0°)+\rho(90°)}{3}$；$R_0\approx\bar{R}=\dfrac{R(0°)+R(90°)}{3}$为平均电阻率。

由于铁磁金属薄膜的磁电阻很低，它的电阻率测量需要采用四端接线法。本实验中采用四探针法，图32-1显示了四探针法测量铁磁金属薄膜磁电阻的原理图。磁性薄膜样品上所加的磁场由亥姆霍兹线圈提供，磁场可从从零线性增加到180Oe（奥斯特），磁场灵敏度可达到0.5Oe；样品放在位于线圈中心的样品台上，线圈可在360°范围内绕样品旋转；四探针组件由具有引线且被固定在一个架子上的四根探针组成，相邻两探针的间距为3mm，探针针尖的直径约200μm；SBl18精密直流电压电流源提供一个精密恒流源，它的输出电流在1μA（1μA = 10^{-6}A）~200mA（1mA = 10^{-3}A）范围内可调，其精度为±0.03%；PZ158A直流数字电压表具有6位半字长、0.1μV电压分辨率的带单片机处理技术的高精度电子测量仪器，分别具有200mV、2V、20V、200V、1000V的量程，其精度为±0.006%，为亥姆霍兹线圈提供电流的HYl791－10S直流电源的输出电流在0~10A，其精度为±0.1%。

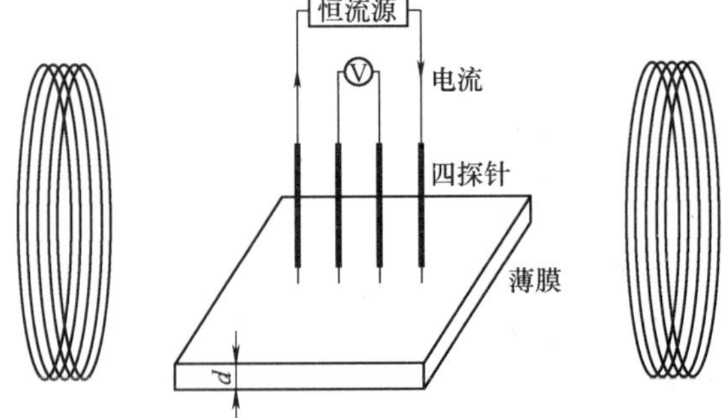

图32-1 四探针法测量铁磁金属薄膜磁电阻原理图

【实验仪器】

亥姆霍兹线圈；四探针组件；HYl791-10S直流电源；SBl18精密直流电压电流源；

PZ158A 直流数字电压表；不同沉积条件制备的 NiFe 薄膜和 NiFe/Cu/NiFe 三层薄膜样品。

【实验内容】

1. 测量 NiFe 薄膜的磁电阻

（1）打开 HY1791-10S 直流电源、SB118 精密直流电压电流源和 PZ158A 直流数字电压表的开关，预热 15min。

（2）把四探针引线的端子分别正确地插入相应的 SB118 精密直流电压电流源的“电流输出”孔和 PZ158A 直流数字电压表的“输入”孔中。注意电流的方向和电位的高低关系。

（3）认真观察薄膜样品，确定具有薄膜的一面。

（4）调整样品台的高低，使样品台表面恰在两个亥姆霍兹线圈的中心，以保证样品处于均匀磁场中。

（5）把样品放在样品台上，使具有薄膜的一面向上。拧动四探针架上的螺丝，让四探针的针尖轻轻接触到薄膜的表面，把四探针架固定在样品台上，使四探针的所有针尖与薄膜有良好的接触。

【注意事项】

① 在拧动四探针架上的铜螺柱时，用手扶住四探针架，不要让四探针在样品表面滑动，以免探针的针尖滑伤薄膜。

② 在拧动四探针支架上的铜螺柱时，不要拧得过紧，以免四探针的针尖严重刺伤样品薄膜，只要四探针的所有针尖同样品薄膜有良好的接触即可。

（6）使用 SB118 精密直流电压电流源中的电流源部分，适当选择“量程选择”的按键，适当调节“电流调节”的“粗调”和“细调”旋钮。

（7）在样品上施加一个与磁场平行的恒定电流，并使磁场从零慢慢增大，测量不同磁场下对应样品电压值，直到磁电阻不再增加（即达到饱和）为止，再将磁场慢慢降为零，测量不同磁场下对应的电压值。然后让磁场反向，重复以上操作。

注意：保证磁场线圈电流调节的单调性。

（8）在样品上施加一个与磁场垂直的恒定电流，重复以上的测量。

注意：在选择电流值时，最大的电流值对应的电压值不能超过 5mV，以免流过薄膜的电流太大导致样品发热，从而影响测量的准确性。

注意：换测量样品时，一定要把恒流源的电流调为零。

2. 选做内容

测量 NiFe/Cu/NiFe 三层薄膜样品磁电阻；改变非磁性层 Cu 厚度不同的 NiFe/Cu/NiFe 三层薄膜样品磁电阻。

3. 数据处理

（1）根据测量时所用的亥姆霍兹线圈电流值换算得出相应的磁场数值。

（2）分别将磁场与电流平行时以及磁场与电流垂直时测得的电压随磁场的变化值进行处理，根据测出的电压值计算出所测 NiFe 薄膜样品在不同磁场下的电阻。

（3）分别将磁场与电流平行时以及磁场与电流垂直时测得的薄膜电阻随磁场的变化进行整理，计算所测薄膜的磁电阻（MR）和各向异性磁电阻（AMR）。

（4）画出铁磁金属 NiFe 薄膜的磁电阻（MR）和各向异性磁电阻（AMR）随磁场变化的曲线。

【思考题】

1. 分析磁电阻随磁场变化的规律，并通过分析给予解释。
2. 分析平行磁电阻与垂直磁电阻随磁场变化的特点，理解它们的关系与差别。
3. 比较不同基片温度的 NiFe 薄膜磁电阻（包括 MR 和 AMR）的测量结果，你得到了哪些结论？并加以分析和解释。
4. 为了获得准确的实验结果，在实验中须注意哪些因素？，它们带来的误差是系统误差还是偶然误差？影响程度如何？如何定量估计？如何避免或尽量减小？
5. 什么是磁饱和？什么是磁滞效应？你在实验中是否观察到了磁滞效应？
6. 为什么测量薄膜磁性时要强调磁场电流的单调性？更不能在同一点反向测量？

【参考文献】

[1] 王魁香，韩炜，杜晓波. 新编近代物理实验 [M]. 北京：科学出版社，2007.
[2] 黄润生，沙振瞬，唐诗. 近代物理实验 [M]. 南京：南京大学出版社，2008.

实验 33　X 射线衍射分析物相

【引　言】

粉末衍射也称为多晶体衍射，是相对于单晶体衍射来命名的。在单晶体衍射中，被分析试样是一粒单晶体，而在多晶体衍射中，被分析试样是一堆细小的单晶体（粉末）。每一种结晶物质都有各自独特的化学组成和晶体结构。当 X 射线被晶体衍射时，每一种结晶物质都有自己独特的衍射花样。利用 X 射线衍射仪实验测定待测结晶物质的衍射谱，并与已知标准物质的衍射谱比对，从而可以判定待测物质的化学组成和晶体结构。这就是 X 射线粉末衍射物相定性分析方法。

【实验目的】

1. 学习和了解 X 射线衍射仪的结构和工作原理。
2. 掌握 X 射线衍射物相定性分析的方法和步骤。
3. 给定实验样品，设计实验方案，做出正确分析，给出鉴定结果。

【实验原理】

根据晶体对 X 射线的衍射特征——衍射线的位置、强度及数量来鉴定结晶物质之物相的方法，就是 X 射线物相分析法。每一种结晶物质都有各自独特的化学组成和晶体结构。没有任何两种物质，它们的晶胞大小、质点种类及其在晶胞中的排列方式是完全一致的。因此，当 X 射线被晶体衍射时，每一种结晶物质都有自己独特的衍射花样，它们的特征可以用各个衍射晶面间距 d 和衍射线的相对强度 I/I_1 来表征（I_1 为最强峰强度）。其中晶面间距 d 与晶胞的形状和大小有关，相对强度则与质点的种类及其在晶胞中的位置有关。所以，任何一种结晶物质的衍射数据 d 和 I/I_1 是其晶体结构的必然反映，因而可以根据它们来鉴别结晶物质的物相。

【实验仪器】

本实验使用的仪器是 BDX2000 X 射线衍射仪（北大青鸟制造）。X 射线衍射仪主要由 X 射线发生器（X 射线管，见图 33-1）、测角仪、X 射线探测器、计算机控制处理系统等组成。衍射仪的结构如图 33-2 所示。

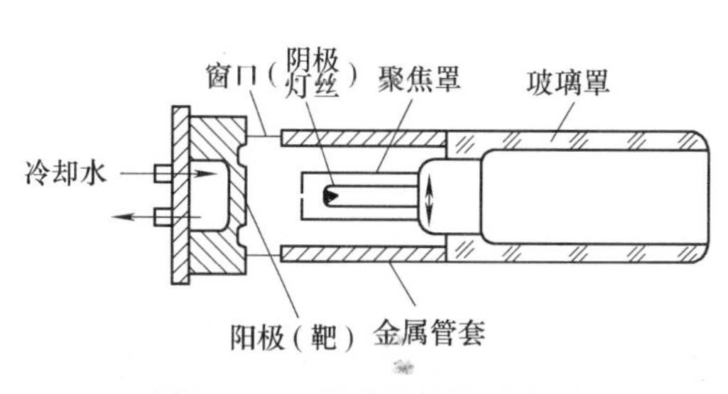

图 33-1　X 射线管结构示意图

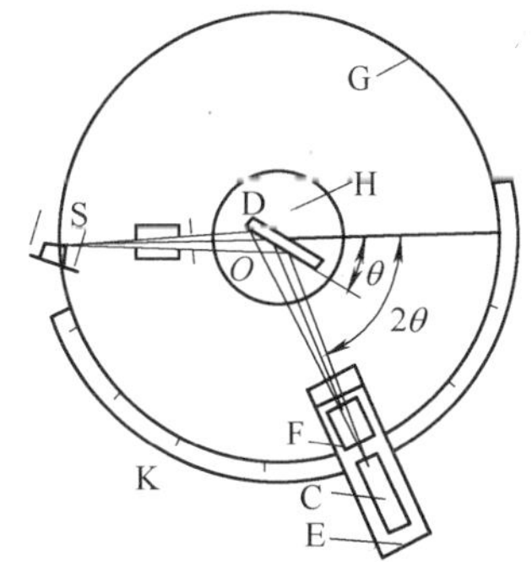

图 33-2　衍射仪结构示意图

G—测角仪　S—X 射线源　D—试样　H—试样台

F—接收狭缝　E—支架　C—计数管　K—刻度尺

1. X 射线管

X 射线管主要分密闭式和可拆卸式两种。广泛使用的是密闭式，如图 33-1 所示，它由阴极灯丝、阳极、聚焦罩等组成，功率大部分在 1～2kW。可拆卸式 X 射线管又称旋转阳极靶，其功率比密闭式大许多倍，一般为 12～60kW。常用的 X 射线靶材有 W、Ag、Mo、Ni、Co、Fe、Cr、Cu 等。X 射线管线焦点为 $1\times10\text{mm}^2$，取出角为 3°～6°。

选择阳极靶的基本要求：尽可能避免靶材产生的特征 X 射线激发样品的荧光辐射，以降低衍射花样的背底，使图样清晰。

2. 测角仪

测角仪是粉末 X 射线衍射仪的核心部件，主要由索拉光阑、发散狭缝、接收狭缝、防散射狭缝、样品座及闪烁探测器等组成。

（1）衍射仪一般利用聚焦线作为 X 射线源 S。如果采用焦斑尺寸为 $1\times10\text{mm}^2$ 的常规 X 射线管，出射角为 6°时，则实际有效焦宽为 0. 1mm，成为 $0.1\times10\text{mm}^2$ 的线状 X 射线源。

（2）从 S 发射的 X 射线，其水平方向的发散角被第一个狭缝限制之后，照射试样。这个狭缝称为发散狭缝（DS），生产厂供给（1/6）°、（1/2）°、1°、2°、4°的发散狭缝，测角仪调整用 0. 05mm 宽的狭缝。

（3）从试样上衍射的 X 射线束，在 F 处聚焦，放在这个位置的第二个狭缝称为接收狭缝（RS）. 生产厂供给 0. 15mm、0. 3mm、0. 6mm 宽的接收狭缝。

（4）第三个狭缝是防止空气散射等非试样散射 X 射线进入计数管，称为防散射狭缝（SS）。SS 和 DS 配对，生产厂供给与发散狭缝的发射角相同的防散射狭缝。

（5）S1、S2 称为索拉狭缝，是由一组等间距相互平行的薄金属片组成，它限制入射 X

射线和衍射线向垂直方向发散。索拉狭缝装在叫做索拉狭缝盒的框架里，这个框架兼作其他狭缝插座用，即插入 DS，RS 和 SS，如图 33-3 所示。

RS

DS　　SS

滤波片

图　33-3

3. X 射线探测记录装置

衍射仪中常用的探测器是闪烁计数器（SC），它是利用 X 射线能在某些固体物质（磷光体）中产生波长在可见光范围内的荧光，这种荧光再转换为能够测量的电流。由于输出的电流和计数器吸收的 X 光子能量成正比，所以可以用来测量衍射线的强度。

闪烁计数管的发光体一般是用微量铊活化的碘化钠（NaI）单晶体。这种晶体经 X 射线激发后发出蓝紫色的光。将这种微弱的光用光电倍增管来放大，发光体的蓝紫色光激发光电倍增管的光电面（光阴极）而发出光电子（一次电子），光电倍增管电极由 10 个左右的联极构成，由于一次电子在联极表面上激发二次电子，经联极放大后电子数目按几何级数剧增（约 106 倍），最后输出几个毫伏的脉冲。

4. 计算机控制、处理装置

BDX2000 X 射线衍射仪的主要操作都由计算机控制自动完成，扫描操作完成后，衍射原始数据自动存入计算机硬盘中供数据分析处理。数据分析处理包括平滑点的选择、背底扣除、自动寻峰、d 值计算、衍射峰强度计算等。

【实验参数选择】

1. 阳极靶的选择

选择阳极靶的基本要求：尽可能避免靶材产生的特征 X 射线激发样品的荧光辐射，以降低衍射花样的背底，使图样清晰。

必须根据试样所含元素的种类来选择最适宜的特征 X 射线波长（靶）。当 X 射线的波长稍短于试样成分元素的吸收限时，试样强烈地吸收 X 射线，并激发产生成分元素的荧光 X 射线，背底增高，其结果是峰背比（信噪比）P/B 低（P 为峰强度，B 为背底强度），衍射图谱难以分清。

X 射线衍射所能测定的 d 值范围取决于所使用的特征 X 射线的波长。X 射线衍射所需测定的 d 值范围大都在 1 ~ 0.1nm 之间。为了使这一范围内的衍射峰易于分离和被检测，需要选择合适波长的特征 X 射线。一般测试使用铜靶，但因 X 射线的波长与试样的吸收有关，可根据试样物质的种类分别选用 Co、Fe 或 Cr 靶。此外还可选用钼靶，这是由于钼靶的特征 X 射线波长较短，穿透能力强，如果希望在低角处得到高指数晶面衍射峰，或为了减少吸收的影响等，均可选用钼靶。

2. 管电压和管电流的选择

工作电压设定为 3 ~5 倍的靶材临界激发电压。选择管电流时功率不能超过 X 射线管额定功率，较低的管电流可以延长 X 射线管的寿命。

X 射线管经常使用的负荷（管压和管流的乘积）选为最大允许负荷的 80% 左右。但是，当管压超过激发电压 5 倍以上时，强度的增加率将下降。所以，在相同负荷下产生 X 射线时，在管压约为激发电压 5 倍以内时要优先考虑管压，在更高的管电压下其负荷可用管电流来调节。靶元素的原子序数越大，激发电压就越高。由于连续 X 射线的强度与管电压的平方呈正比，特征 X 射线与连续 X 射线的强度之比随着管电压的增加接近一个常数，当管电压超过激发电压的 4 ~5 倍时反而变小，所以，管压过高，信噪比 P/B 将降低，这是不可取得的。

3. 发散狭缝的选择（DS）

发散狭缝（DS）决定了 X 射线水平方向的发散角，并限制试样被 X 射线照射的面积。如果使用较宽的发射狭缝，X 射线强度会增加，但在低角处入射 X 射线超出试样范围，照射到边上的试样架，出现试样架物质的衍射峰或漫散峰，这对定量相分析带来不利的影响。因此，有必要按测定目的选择合适的发散狭缝宽度。

生产厂家提供 1/6°、1/2°、1°、2°、4°的发散狭缝，通常定性物相分析选用 1°发散狭缝，当低角度衍射特别重要时，可以选用 1/2°（或 1/6°）发散狭缝。

4. 防散射狭缝的选择（SS）

防散射狭缝用来防止空气等物质引起的散射 X 射线进入探测器，为此，选用 SS 与 DS 角度相同。

5. 接收狭缝的选择（RS）

生产厂家提供 0. 15mm、0. 3mm、0. 6mm 的接收狭缝，接收狭缝的大小影响衍射线的分辨率。接收狭缝越小，分辨率越高，衍射强度越低。通常进行物相定性分析时使用 0. 3mm 的接收狭缝，若精确测定，可使用 0. 15mm 的接收狭缝。

6. 滤波片的选择

Z 滤 <Z 靶　（1 ~2）

Z 靶 <40，Z 滤 =Z 靶 -1

Z 靶 >40，Z 滤 =Z 靶 -2

7. 扫描范围的确定

不同的测定目的，其扫描范围也不同。当选用 Cu 靶进行无机化合物的相分析时，扫描范围一般为 90° ~10°（2θ）；对于高分子有机化合物的相分析，其扫描范围一般为 60° ~10°；在定量分析、点阵参数测定时，一般只对欲测衍射峰扫描几度。

8. 扫描速度的确定

常规物相定性分析常采用每分钟 2°或 4°的扫描速度，在进行点阵参数测定、微量分析或物相定量分析时，常采用每分钟 1/2°或 1/4°的扫描速度。

【样品制备和测试】

X 射线衍射分析的样品主要有粉末样品、块状样品、微量样品、薄膜样品等，如图 33-4 所示。样品不同，分析目的不同（定性分析或定量分析），则样品制备方法也不同。

1. 粉末样品

粉末样品应有一定的粒度要求，因此，通常将试样研细后使用，可用玛瑙研钵研细。定性分析时粒度应小于 44μm（350 目），定量分析时应将试样研细至 10μm 左右。较方便地确定 10μm 粒度的方法是，用拇指和中指捏住少量粉末，并碾动，两手指间没有颗粒感觉的粒度大致为 10μm。根据粉末的数量可压在玻璃制的通框或浅框中。压制时一般不加粘结剂，所加压力以使粉末样品粘牢为限，压力过大可能导致颗粒的择优取向。当粉末数量很少时，可在玻璃片上抹上一层凡士林，再将粉末均匀撒上。

常用的粉末样品架为玻璃试样架，在玻璃板上蚀刻出的试样填充区为 $20 \times 18mm^2$。玻璃样品架主要用于粉末试样较少时（约少于 $500mm^3$）使用。填充时，将试样粉末一点一点地放进试样填充区，重复这种操作，使粉末试样在试样架里均匀分布并用玻璃板压平实，要求试样面与玻璃表面平齐。如果试样的量少到不能充分填满试样填充区，则可在玻璃试样架凹槽里先滴一薄层用醋酸戊酯稀释的火棉胶溶液，然后将粉末试样撒在上面，待干燥后测试。

2. 块状样品

先将块状样品表面研磨抛光，大小不超过 $20 \times 18mm^2$，然后用橡皮泥将样品粘在铝样品支架上，要求样品表面与铝样品支架表面平齐。

3. 微量样品

取微量样品放入玛瑙研钵中将其研细，然后将研细的样品放在单晶硅样品支架上（切割单晶硅样品支架时使其表面不满足衍射条件），滴数滴无水乙醇使微量样品在单晶硅片上分散均匀，待乙醇完全挥发后即可测试。

4. 薄膜样品

将薄膜样品剪成合适大小，用胶带纸粘在玻璃样品支架上即可。

粉末样品

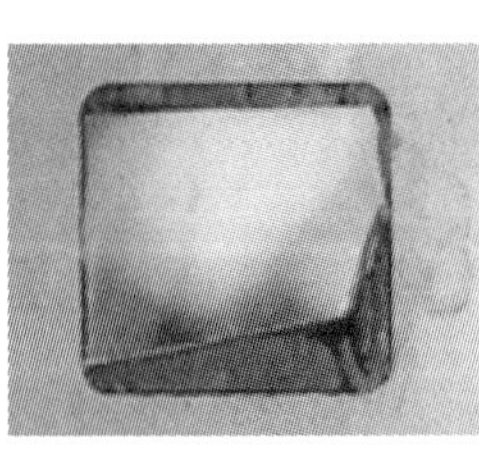
块状样品

微量样品

薄膜样品

图 33-4　X 射线衍射分析的样品

5. 样品测试

（1）开机前的准备和检查　将制备好的试样插入衍射仪样品台，盖上顶盖关闭防护罩；开启水龙头，使冷却水流通；X 光管窗口应关闭，管电流、管电压表应指示在最小位置；接通总电源，接通稳压电源。

（2）开机操作　开启衍射仪总电源，启动循环水泵；待数分钟后，接通 X 光管电源。缓慢升高管电压、管电流至需要值。打开计算机 X 射线衍射仪应用软件，设置合适的衍射条件及参数，开始样品测试。

（3）停机操作　测量完毕，缓慢降低管电流、管电压至最小值，关闭 X 光管电源；取出试样；15min 后关闭循环水泵，关闭水源；关闭衍射仪总电源、稳压电源及线路总电源。

【数据处理】

测试完毕后，可将样品测试数据存入磁盘供随时调出处理。原始数据需经过曲线平滑、$K\alpha_2$ 扣除、谱峰寻找等数据处理步骤，最后打印出待分析试样衍射曲线和 d 值、2θ、强度、衍射峰宽等数据供分析鉴定。

【物相定性分析方法】

X 射线衍射物相定性分析方法有以下几种：

1. 三强线法

（1）从前反射区（$2\theta < 90°$ 中选取强度最大的三根线，并使其 d 值按强度递减的次序排列。

（2）在数字索引中找到对应的 d_1（最强线的面间距）组。

（3）按次强线的面间距 d_2 找到接近的几列。

（4）检查这几列数据中的第三个 d 值是否与待测样的数据对应，再查看第四至第八强线数据并进行对照，最后从中找出最可能的物相及其卡片号。

（5）找出可能的标准卡片，将实验所得 d 及 I/I_1 跟卡片上的数据详细对照，如果完全符合，则物相鉴定即告完成。

如果待测样的数据与标准数据不符，则须重新排列组合并重复（2）～（5）的检索步骤。如为多相物质，当找出第一物相之后，可将其线条剔出，并将留下线条的强度重新归一化，再按过程（1）～（5）进行检索，直到得出正确答案。

2. 特征峰法

对于经常使用的样品，应该充分了解掌握其衍射谱图，可根据其谱图特征进行初步判断。例如在 26.5°左右有一强峰，在 68°左右有五指峰出现，则可初步判定样品含 SiO_2。

【实验报告及要求】

1. 实验课前必须预习实验教材，掌握实验原理等必需知识。
2. 根据教师给定的实验样品，设计实验方案，选择样品制备方法、仪器条件参数等。
3. 要求实验报告用纸写出：实验原理，实验方案步骤（包括样品制备、实验参数选择、测试、数据处理等），选择定性分析方法、物相鉴定结果分析等。
4. 鉴定结果要求写出样品名称（中英文）、卡片号，实验数据和标准数据三强线的 d 值、相对强度及（HKL），并进行简单误差分析。

【思考题】

1. 简述连续 X 射线谱、特征 X 射线谱产生的原理及特点。

2. 简述 X 射线衍射分析的特点和应用。
3. 简述 X 射线衍射仪的结构和工作原理。
4. 粉末样品制备有几种方法？应注意什么问题？
5. 如何选择 X 射线管及管电压和管电流？
6. X 射线谱图分析和鉴定应注意什么问题？

【参考文献】

[1] 王魁香，韩炜，杜晓波．新编近代物理实验［M］. 北京：科学出版社，2007.
[2] 黄润生，沙振瞬，唐诗．近代物理实验［M］. 南京：南京大学出版社，2008.
[3] 杭州大华仪器有限公司仪实验讲义．

实验 34 真空的获得与真空镀膜

【引 言】

真空技术已经广泛应用于微电子技术、IT 技术、食品包装、医学等领域。尤其是为了确保微电子、光电子等元器件的精密度和性能的稳定，在薄膜材料的制备以及薄膜器件的制造的主要加工工艺中，均大量采用真空条件。本实验将简要介绍真空技术的基础知识，通过对低真空的获得和测量，初步了解真空的获得和真空测量技术的基础理论及操作规程。

真空镀膜属于薄膜技术和薄膜物理范畴，广泛应用在电真空，电子学、光学、能源开发、现代仪器、建筑机械、包装、民用制品、表面科学以及原子能工业和空间技术中。它可以用来镀制微膜组件、薄膜集成电路、半导体集成电路等所需的电学薄膜；光学系统中需要的反射膜、透射膜、滤光膜等各种光学薄膜；轻工业产品的烫金薄膜等。由于真空镀膜技术的迅速发展，促进了微电子工业和 IT 技术的发展，促进了人造卫星、火箭和宇航技术的发展。

所谓真空镀膜就是指在真空环境中将各种物质沉积在基体（衬底）表面上。从技术角度可分为 20 世纪 40 年代开始的蒸发镀膜、溅射镀膜和 70 年代才发展起来的离子镀膜、束流沉积等四种。从沉积的机理角度，可以分为物理气相法和化学气相法。

真空镀膜能在现代科技和工业生产中得到广泛应用，主要在于它具有以下的优点：① 它可用一般金属（铝、钛等）代替日益缺乏的贵重金属（金、银），并使产品降低成本，提高质量，节省原材料。② 由于真空分子碰撞少，污染少，可获得表面物理研究中所要求的纯净、结构致密的薄膜。③ 镀膜时间和速度可准确控制，所以可得到任意厚度均匀或非均匀薄膜。④ 被镀件和蒸镀物均可是金属或非金属，镀膜时被镀件表面不受损坏，薄膜与基体具有同等的光洁度

【实验目的】

1. 学习真空和真空测量技术的基础知识。
2. 熟悉真空系统的结构和操作规程。
3. 掌握低真空的获得和测量技术。
4. 掌握真空蒸发镀膜的原理和操作方法。

5. 熟悉金属和玻璃片的一般清洗技术。

【实验原理】

1. 真空的基本知识和真空的获得

(1) 真空　是指低于当地一个大气压的气体状态，存在自然真空和人造真空。在真空技术中，以“真空度”来表示气体的稀薄程度，因而真空度越高，气体越稀薄，气体压强越低。通常气体的真空度直接用气体的压强来表示，真空度的单位也采用压强的单位，常用单位为帕斯卡（Pa）、毫米汞柱、托（Torr）、毫巴等。它们之间的关系如表 34-1 所示。

表 34-1　压强单位换算表

	标准大气压	Torr	Pa	mbar
1 标准大气压	1	760	(1.013×10^{5})	1.013×10^{3}
1Torr = 1	1.315×10^{-3}		1.33×10^{2}	
		1	101325	1.33
$1Pa=1N/m^2$	9.87×10^{-6}	7.5×10^{-5}	1	1×10^{-2}
1mbar	9.87×10^{-4}	0.75	100	1

根据不同真空环境下，气体分子的物理性质和获得设备的不同，人们习惯上将真空度分为低真空、中真空、高真空、超高真空和极高真空。但其分界并不是非常严格的，不同的国家和学科领域略有微小差异，具体情况如表 34-2 所示。

表 34-2　真空区域的划分级及特征

真 空 区 域	物理现象特点	主要真空泵、真空计
低真空 (1 大气压 ~ 10^3 Pa)	$\lambda \ll d$，以分子间碰撞为主，粘滞性流动	机械泵、吸附泵，各种粗真空泵；U 型压力计、薄膜压力计
中真空 (10^3 ~ 10^{-1} Pa)	$\lambda \approx d$（容器特征尺寸），分子间碰撞、分子与器壁碰撞都为过渡性流动，用克努曾系数确定，$\lambda/d>1$ 为分子流，$\lambda/d<0.01$ 为黏滞流	机械泵、增压泵、吸附泵；压强真空计、热真空计、振膜真空计
高真空 (10^{-1} ~ 10^{-6} Pa)	$d \ll \lambda$，分子与器壁的碰撞为主，分子性流动	扩散泵、涡轮分子泵、升华泵、溅射离子泵；热阴极电离真空计、冷阴极电离真空计、压强真空计
超高真空 (10^{-6} ~ 10^{-10} Pa)	表面现象为主，清洁表面上形成分子层的时间至少以 min 计	加阱扩散泵、消气剂离子泵、溅射离子泵、气氦冷凝泵；B-A 电离计、各种改进型热阴极电离计、磁控放电真空计
极高真空 (< 10^{-10} Pa)	分子数目较稀，随压强降低，逐渐出现分子统计涨落现象	低温泵、扩散泵加升华阱；极高真空冷阴极或热阴极磁控计

(2) 获得真空的主要设备　是真空泵。任何真空泵都不可能在整个真空范围内工作，各种真空泵的适应范围如图 34-1 所示。

常用真空泵按工作条件的不同可分为两大类：一类可在大气压下开始工作的泵——前级泵，如机械泵、吸附泵。它们的极限真空度都不高（1 ~ 10^{-2} Pa），可实现低真空的获得或作为高一级真空泵的前级泵。另一类是需在一定的真空条件下（1 ~ 10^{-1} Pa）才能开始工作的泵——次级泵，作为高真空泵用于进一步提高真空度，如扩散泵、分子泵、离子泵等。实际应用中要根据真空泵的有效使用范围，合理地选择真空泵。

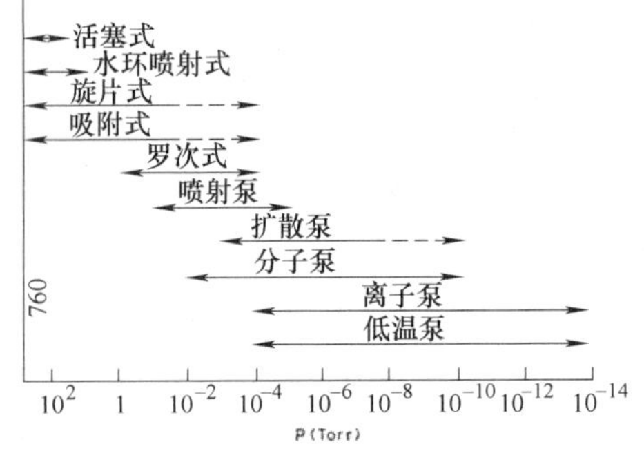

图 34-1 真空泵的工作压力范围

(3) 真空泵的两个重要参数 极限压强和抽气速率。

极限压强 将真空泵与检测容器相连，放入待测的气体后，进行长时间连续地抽气，当容器内的气体压强不再下降而维持某一定值时，此压强即为泵的极限压强，其单位用 Pa 表示。

抽气速率 在真空泵的吸气口处，单位时间内流过的气体的体积称为泵的抽气速率。一般它与气体的种类有关，如无特殊标明，多指抽空气而言。

获得低真空的常用方法是采用机械泵。机械泵种类较多，常用的是旋片式机械泵。获得高真空的方法，最早使用而且目前仍被广泛采用的是扩散泵。

① 旋片式机械泵的工作原理：图 34-2 为的旋片式机械泵结构及工作原理示意图，旋片泵主要由定子、转子、旋片、定盖、弹簧等零件组成。其结构是利用偏心地装在定子腔内的转子（转子的外圆与定子的内表面相切、两者之间的间隙非常小）和转子槽内滑动的借助弹簧张力和离心力紧贴在定子内壁的两块旋片，当转子旋转时，始终沿定子的内壁滑动。

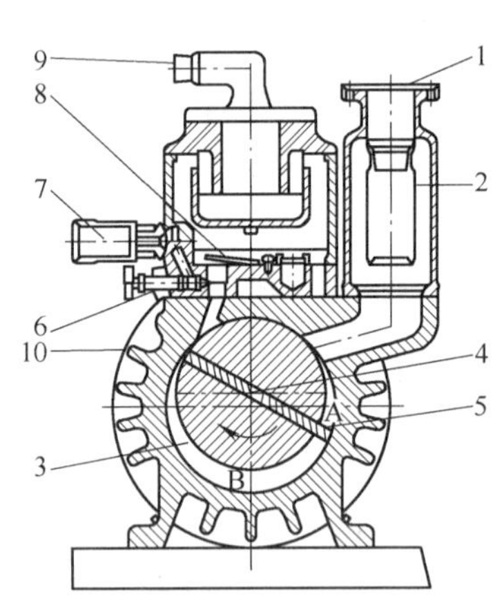

图 34-2 旋片式机械泵结构剖面及原理图

1—进气口 2—滤网 3—转子 4—弹簧 5—旋片 6—气体球阀 7—滤网 8—卸载阀 9—出气口 10—封盖

两个旋片把转子、定子内腔和定盖所围成的月牙形空间分隔成 A、B、C（图中未画出）三个部分，当转子按图示方向旋转时，与吸气口相通的空间 A 的容积不断地增大，A 空间的压强不断地降低，当 A 空间内的压强低于被抽容器内的压强，根据气体压强平衡的原理，被抽的气体不断地被抽进吸气腔 A，此时正处于吸气过程。B 腔的空间的容积正逐渐减小，压力不断地增大，此时正处于压缩过程。而与排气口相通的空间 C 的容积进一步地减小，C 空间的压强进一步升高，当气体的压强大于排气压强时，被压缩的气体推开排气阀，被抽的气体不断地穿过油箱内的油层而排至大气中。在泵的连续运转过程中，不断地进行着吸气、压缩、排气过程，从而达到连续抽气的目的。

排气阀浸在油里以防止大气流入泵中，油通过泵体上的间隙、油孔及排气阀进入泵腔，使泵腔内所有运动的表面被油覆盖，形成吸气腔与排气腔的密封，同时油还充满了一切有害空间，以消除它们对极限真空的影响。

② 扩散泵的工作原理：扩散泵的工作原理与结构如图 34-3 所示，泵的底部是装有真空泵油的蒸发器，真空泵油经电炉加热沸腾后，产生一定的油蒸汽，蒸汽沿着蒸汽导流管传输到上部，经由三级伞形喷口向下喷出。喷口外面的压强较油蒸汽压低，于是便形成一股向出

口方向运动的高速蒸汽流，使之具有很好的运载气体分子的能力。油分子与气体分子碰撞，由于油分子的分子量大，碰撞的结果是油分子把动量交给气体分子自己慢下来，而气体分子获得向下运动的动量后便迅速往下飞去。并且，在射流的界面内，气体分子不可能长期滞留，因而界面内气体分子浓度较小。由于这个浓度差，使被抽气体分子得以源源不断地扩散进入蒸汽流而被逐级带至出口，并被前级泵抽走。慢下来的蒸汽流在向下运动的过程中碰到水冷的泵壁，油分子就被冷凝下来，沿着泵壁流回蒸发器继续循环使用。冷阱的作用是减少油蒸汽分子进入被抽容器。

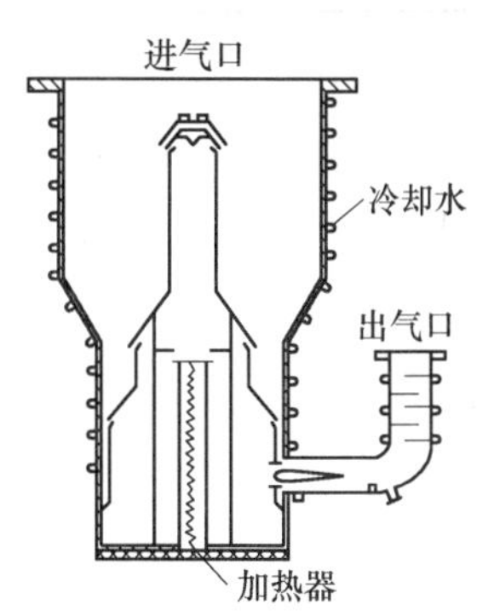

图 34-3　扩散泵的剖面结构及工作原理

③ 分子泵的工作原理：现代的涡轮分子泵不仅有极高的抽气速度，对于氢气更是拥有极佳的压缩比，此外也有很低的终极压强。涡轮分子泵的工作范围可以从大气压强一直到高真空，然而它无法单独操作，必须要有一个旋转机械泵来做前级泵。

涡轮分子泵的工作原理是借着高速运转的叶片将气体分子给予压缩，其转速约在 24000 至 60000 转之间。图 34-4 为涡轮分子泵内部的部分构造，由该图可知其转子是由多组叶片所组成。当叶片旋转时，入射的气体分子便随着叶片的转动，沿着轴向作旋转式运动由一端移动到另一端。图 34-5 为气体分子与叶片作用之关系。单一叶片无法完成抽气的动作，因此涡轮分子泵其内部是由多组叶片组合而成，在设计时原则上靠近气体进气口的叶片应该是属于高抽气量低压缩比的形状，而靠近出气口处的叶片则是低流速高压缩比的叶片，然而这样的设计非常昂贵，因此通常采取三段式的叶片组设计，每一组的叶片形状都不太相同。涡轮分子泵的轴承是转子旋转顺畅的一个重要零件，通常内部有油润滑，其寿命期有一定的时间，不过最近有厂商发展磁浮式的涡轮分子泵，该种涡轮分子泵不需要轴承，避免了更换轴承的苦恼。

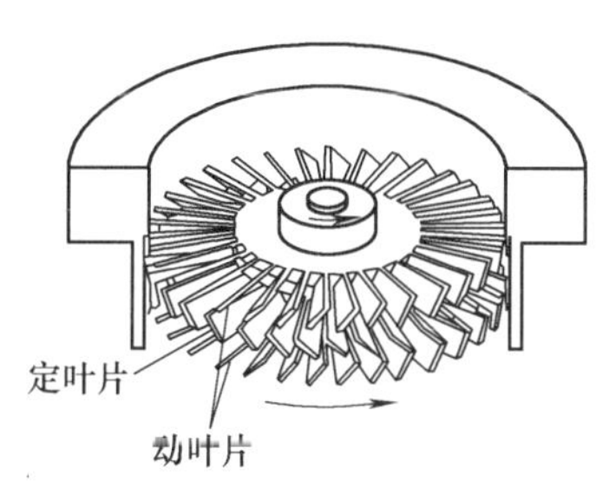

图 34-4　涡轮分子泵内的定子与转子

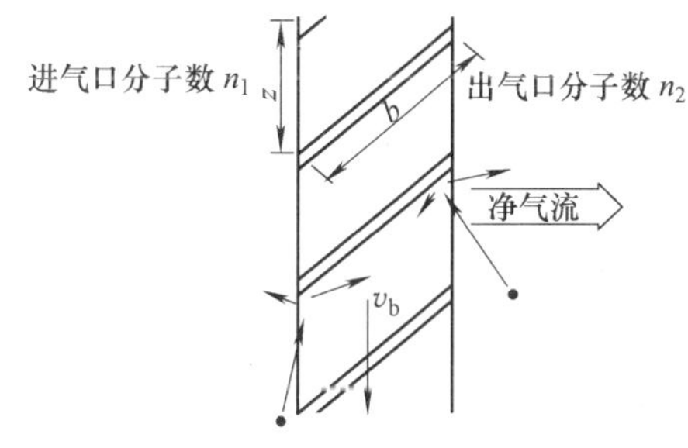

图 34-5　气体分子与叶片之作用相关位置图

2. 真空度的测量

真空测量就是真空度的测量，而真空度是指低于大气压力的气体稀薄程度。以压力表示真空度是由于历史上沿用下来的，并不十分合理。压力高意味着真空度低；反之，压力低与真空度高相对应。

测量真空度的装置称真空计（或真空规）。常用的有热传导真空计（包括电阻真空计、热电偶真空计）和电离真空计。

（1）热传导真空计　它是根据在低压力下（$\lambda >> d$），气体分子热传导与压力有关的原理制成的。其原理图如图 34-6 所示。它是在一玻璃管壳中由两杆支撑一根热丝，热丝通以电流加热，使其温度高于周围气体和管壳的温度，于是在热丝和管壳之间产生热传导。当达到热平衡时，热丝的温度决定于气体热传导，因而也就决定于气体压强。如果预先进行了校准，则可用热丝的温度或其相关量来指示气体的压强。

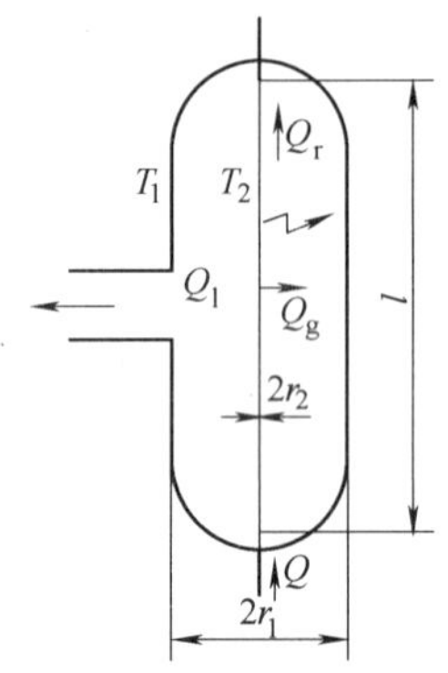

图 34-6　热丝的热量耗散

T_1—管泡温度　T_2—热丝平均温度　Q_g—单位时间气体热传导耗散的热量　Q_r—单位时间辐射耗散的热量

Q_1—单位时间边杆导热耗散的热量　r_1—管泡半径

r_2—热丝半径　l—热丝长度

当细丝通电加热达热平衡状态时，其热平衡方程为

$$Q = Q_g + Q_r + Q_1$$

其中，Q_g——单位时间气体热传导耗散的热量；Q_r——单位时间热辐射耗散的热量；Q_1——单位时间支杆导热耗散的热量。

图 34-6 所示规管中热丝热量散失，在低压强下，只有 Q_g与压力有关，而 Q_1和 Q_r均与压力无关，可简写成

$$Q = K_1 + K_2 p$$

热传导量 Q 与气体压强 p 的关系如图 34-7 所示。它表明，在一定的加热条件下，可将低压强下气体分子热传导，即气体分子对热丝的冷却能力作为压强的指示。这就是热传导真空计的基本工作原理。

热传导真空计规管热丝的温度 T_2是压强 p 的函数，即 $T_2 = f(p)$。如果预先测出这个函数关系，便可根据热丝的温度 T_2来确定压力 p。热丝温度的测量方法，有以下三种：利用热丝随温度变化的线膨胀性质；利用热电偶直接测量热丝的温度变化；利用热丝电阻随温度变化的性质。

根据第一种测温方法制成的真空计称为膨胀式真空计。根据第二种测温方法制成的真空计称为热偶真空计。根据第三种测温方法制成的真空计称为电阻真空计。在电阻真空计中也有用热敏电阻代替金属热丝的，此种真空计称为热敏电阻真空计，其灵敏度较高，但稳定性较差。

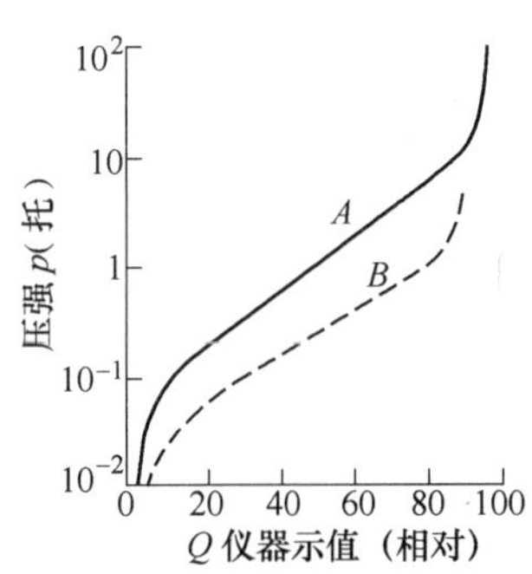

图 34-7　热丝热传导量 Q 与压强 p 的关系

热偶真空计和电阻真空计是目前粗真空和低真空测量中用得最多的两种真空计。热传导真空计是相对真空计，常常在标准环境下，用绝对真空计或用校准系统进行校准。

① 电阻真空计的结构：电阻真空计的结构及工作原理如图 34-8 所示，利用惠斯通电桥的补偿原理，其中一灯丝作为该电路中的一个电阻。倘若灯丝所在的气体分子密度改变时，其导热度会有所不同，因此灯丝所表现的温度会不同，间接影响电阻值的大小。其中补偿的方式有固定电压、固定电流以及固定温度方式。不同气体其导热度不同，因此在刻度上需要校正。

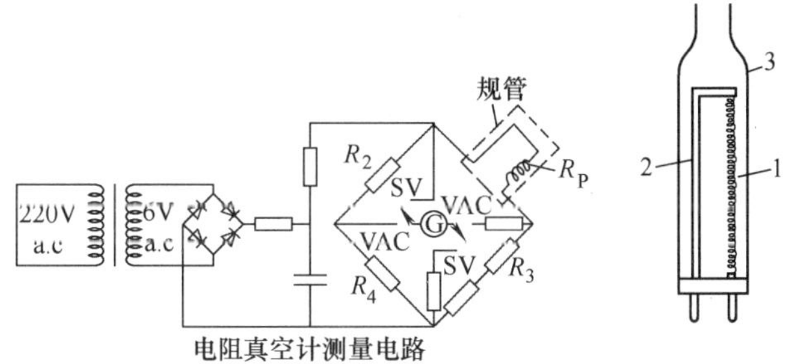

图 34-8　电阻真空计的结构及工作原理
1—灯丝　2—灯丝支持体　3—玻璃外壳

② 热电偶真空计的结构及工作原理：热电偶真空计的结构及工作原理如图 34-9 所示。热偶真空计是用在低气压下气体的热导率与气体压强间有依赖关系制成的。它通常用来测量低真空，可测范围为 13. 33 ~0. 1333Pa。其中有一根细金属丝（铂丝或钨丝）以恒定功率加热，则丝的温度取决于输入功率与散热的平衡关系，而散热取决于气体的热导率。管内压强越低，即气体分子越稀薄，气体碰撞灯丝带走的热量就越少，则丝温越高，从而热偶丝产生的电动势越大。经过校准定标后，就可以通过测量热偶丝的电动势来指示真空度了。

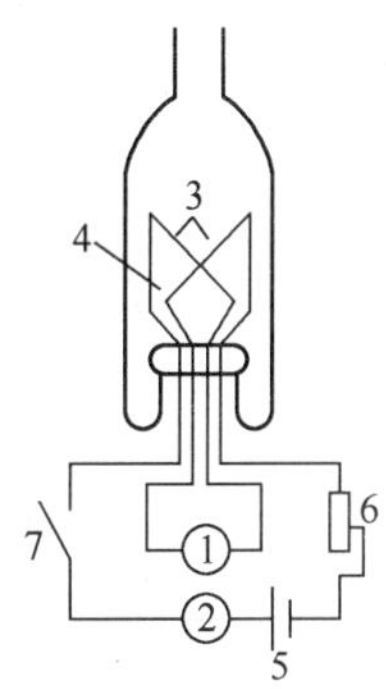

图 34-9　热电偶真空计结构
1—mV 表　2—mA 表　3—加热丝
4—热偶　5—热丝电源
6—电位器　7—开关

（2）电离真空计的结构及工作原理　电离真空计的结构及工作原理如图 34-10 所示。电离真空计是根据气体分子与电子相互碰撞产生电离的原理制成的。它用来测量高真空度，可测范围为 0. 133 ~ 1.33×10^{-6}Pa。实验表明，在压强 $p\leqslant10^{-1}$Pa 时，有下列关系成立：

$$I_+/I_e=Kp$$

其中，I_e为栅极电流；p 为气体压强；I_+为灯丝发出电子与气体分子碰撞后使气体分子电离产生正离子而被板极收集形成的离子电流。K 为比例常数。可见，I_e不变（经过用绝对真空计进行校准），I_+的值就可以指示真空度了。注意，只有在真空度达到 10^{-1}Pa 以上时，才可以打开电离规管灯丝。否则，将造成规管损坏。

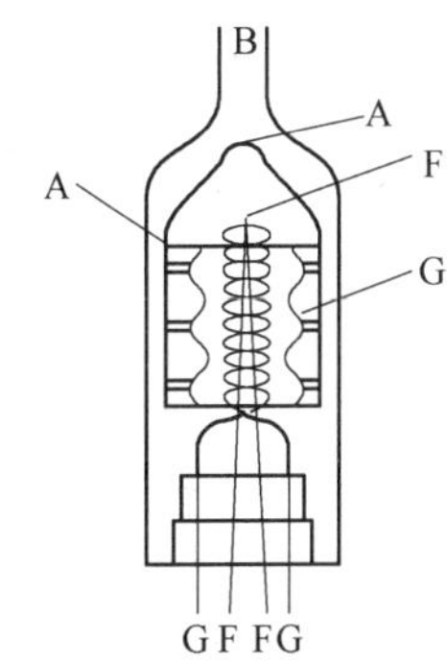

图 34-10　电离真空计结构图
A—筒状阳极　F—阴极　G—栅极

3. 真空蒸发镀膜

（1）真空蒸发镀膜原理　真空蒸发镀膜法（简称真空蒸镀）是在真空室中，加热蒸发容器中待形成薄膜的原材料，使其原子或分子从表面气化逸出，形成蒸气流，入射到固体（称为衬底或基片）表面，凝结形成固态薄膜的方法。

如图34-11所示，真空蒸发镀膜有三个基本过程：① 加热蒸发过程。包括由凝聚相转变为气相（固相或液相到气相）的相交过程。每种蒸发物质在不同温度时有不相同的饱和蒸气压；蒸发化合物时，其组分之间发生反应，其中有些组分以气态或蒸气进入蒸发空间。② 气化原子或分子在蒸发源与基片之间的输运，即这些粒子在环境气氛中的飞行过程。飞行过程中与真空室内残余气体分子发生碰撞的次数，取决于蒸发原于的平均自由程，以及从蒸发源列基片之间的距离，常称源—基距。③ 蒸发原子或分子在基片表面上的淀积过程，即是蒸气凝聚、成核、核生长、形成连续薄膜。由于基板温度远低于蒸发源温度，因此，沉积物分子在基板表面将直接发生从气相到固相的相转变过程。

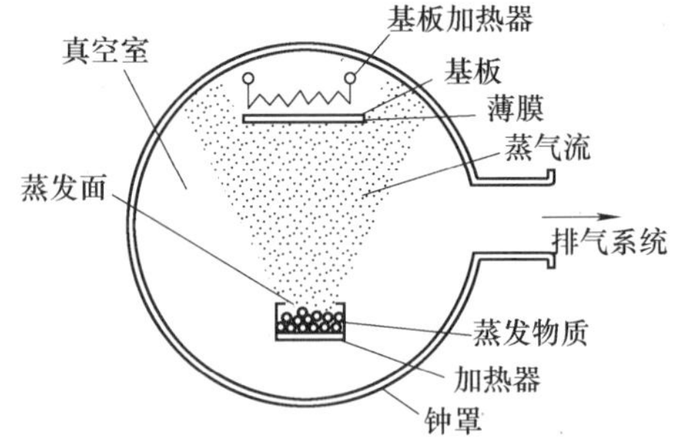

图34-11 真空蒸发镀膜原理示意图

影响真空镀膜质量和厚度的因素很多，主要有真空度、蒸发源的形状、基片的位置、蒸发源的温度和蒸发时间等。

固体物质在常温和常压下，蒸发量极低。真空度越高，蒸发源材料的分子越易于离开材料表面向四周散射。真空室内的分子越少，蒸发分子与气体分子碰撞的概率就越小，从而能无阻挡地直线到达基片的表面。

（2）石英晶体振荡法监控薄膜厚度的方法　石英晶体振荡法是一种利用改变石英晶体电极的微小厚度，来调整晶体振荡器的固有振荡频率的方法。利用这一原理，在石英晶片电极上淀积薄膜，然后测其固有频率的变化就可求出质量膜厚。它本质上也是一种动态称重法。

$$df = -\frac{N}{t^2}dt$$

式中，t为石英晶片的厚度。厚度的变化与振荡频率成正比，即

$$df = -\frac{v^2}{N}\cdot\frac{\rho_m}{\rho}dx$$

式中，v为声速；ρ为石英晶体密度；ρ_m为淀积物质的密度；dx为质量膜厚。质量膜厚的变化与振荡频率成正比。

（3）材料的清洗　清洗一般意味着除去物质表面不需要的不干净物质，如物理污染物（油脂、灰尘等）。

被镀玻璃基片、钨蒸发器、铝条、玻璃钟罩等材料、配件的清洁程度直接影响薄膜的牢固性和均匀性，玻璃片和蒸发器、铝条表面的任何微量的灰尘、油斑杂质及植物纤维等都会大大降低薄膜附着力，并使薄膜出现花斑和过多过大的针空，不久会自然脱落。因此会使铝镜减少反射、增加吸收。所以加强清洗是非常必要的。清洗上述污染物的方法很多，如机械清洗、溶剂浸渍冲洗、电化学清洗、离子轰击清洗、超声波清洗等。不同材料、不同污染物，清洗的方法不同。

① 钨蒸发器和铝条的清洗方法是：先用自来水冲去尘埃，放入浓度为20%的氢氧化钠

溶液中煮 10min（铝条煮半分钟），除去表面氧化物和油迹，达到见钨发亮为止；然后用自来水冲洗，浸在离子水（或蒸馏水）中冲洗，取出用无水乙醇脱水烘干便可。

② 玻璃片的清洗方法是：用去污粉察洗除去一般油污和尘埃；然后用清水冲洗放在重铬酸钾和硫酸混合溶液中浸 10～30min，取出后先后用自来水、蒸馏水冲洗；最后用无水乙醇脱水，烘干后便可使用。清洗的过程中手指不能直接与被镀物表面和酸碱接触。

③ 玻璃钟罩用浓度约为 30% 的氢氧化钠溶液擦洗掉镀上的铝膜，然后用自来水、蒸馏水冲洗，无水乙醇脱水烘干便可。

近年来，化学清洗剂比较多，也可以根据不同材料，选用化学试剂清洗。

【实验仪器】

ZHD-300 高真空电阻蒸发镀膜机 1 台（北京泰科诺科技有限公司）、载玻片、超声清洗机、电吹风、脱脂纱布（丝绸）、锌粒/铝粒/铝丝、钼舟/钨舟；演示用的玻璃扩散泵。

【实验内容】

1. 低真空的获得与测量

（1）利用机械泵获得低真空，熟悉其操作规程。

（2）利用电阻规或热电偶真空计测量真空度，掌握低真空的测量。

（3）测量抽真空时间-真空度的关系，充分反映机械泵性能的两个参数。

2. 高真空的获得与测量

（1）利用机械泵和分子泵构成的抽气系统获得中（高）真空，进一步了解真空系统的操作规程。

（2）利用复合真空计测量真空度，进一步熟悉真空度的测量。

3. 在玻璃衬底上沉积金属膜

（1）了解真空镀膜装置的结构，镀制锌/铝反射镜，从中掌握真空蒸发镀膜的原理和操作。

（2）正确清洗玻璃片、钨蒸发器和蒸发物铝条。

（3）测所镀薄膜厚度，并分析薄膜的质量。

4. 实验步骤

（1）结合实物，观察 ZHD-300 高真空电阻蒸发镀膜机（图 34-12）的真空系统的结构、抽气机组和工作方式，观察演示用的玻璃扩散泵的结构。

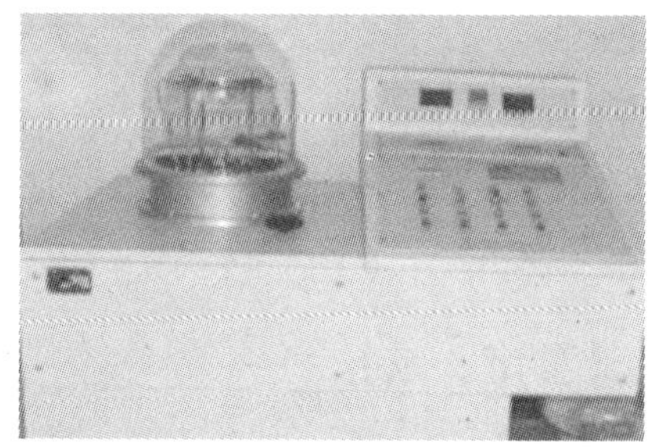

图 34-12　ZHD-300 高真空电阻蒸发镀膜机

（2）结合实物，观察 ZHD-300 高真空电阻蒸发镀膜机的真空的测量方式，观察热偶计和电离计的工作方式。

（3）先关闭所有放气阀，使系统密闭，并检查系统的气密性。

（4）进行抽气实验（即获得真空实验）。先开启循环冷却水（系统如果有）；再开启机械泵抽真空，记录数据，并听声音的变化。前 2min 内每 20s 记录一次数据，之后每 30s 记录一次数据，整个实验时间约 5～6min。

当真空度达到5Pa以上时，开启分子泵，抽到更高的真空度（约 8×10^{-3}Pa）；记录数据，并听声音的变化，每20s记录一次数据。

（5）待真空度达到 8×10^{-3}Pa以上，可以开始镀膜实验。

（6）镀膜实验步骤：

① 转动挡板将源上端盖住。

② 选择源的位置，即面板上的A或者B。

③ 按“蒸发”按钮，接通蒸发源电源。

④ 调整面板上的电位器，调节蒸发功率，调节时注意观看蒸发源的电压和电流的变化，调节时应缓慢地逐步增大，不能迅速增大。同时观察蒸发膜料的变化。

⑤ 当膜料出现蒸发时，打开挡板，转动挡板时注意不要用力过大，以免打到玻璃钟罩。

⑥ 镀膜达到要求后，先旋转电位器将蒸发电流和电压降到最小值，再关蒸发电源，即按“关蒸发”。

（7）关机步骤：

① 将镀膜过程中的残余气体抽走，使真空度达到 10^{-3}Pa量级。

② 关分子泵，即按分子泵的操作面板上的“工作”按钮，使旁边的指示灯熄灭。

③ 待分子泵的转速降到0时，关闭前级阀，即按“关前级阀”按钮；再关机械泵，即按“关机械泵”按钮。

④ 关闭设备的电源，即按“关电源”，再断开空气开关。

（8）取样品的步骤：

如果要取出所镀的薄膜样品，在执行关机步骤到“关机械泵”后，往真空室放气，即按“放气”按钮，放完气后，按“关放气阀”；再打开玻璃钟罩，取出样品。最后要使该设备重新维持真空状态。

【注意事项】

1. ZHD-300高真空电阻蒸发镀膜机是比较昂贵的仪器系统，操作时严禁违规操作，如因操作不当造成设备损坏，需要赔偿。

2. 仪器设备中存在石英玻璃组件，注意轻拿轻放，严禁碰撞。

【思考题】

1. 总结抽真空过程的操作步骤和注意事项。
2. 如何根据真空室的大小和真空度的需要来构建抽气机组？

【参考文献】

[1] 达道安．真空设计手册［M］．北京：国防工业出版社，1991.

[2] 王欲知．真空技术［M］．成都：四川科学技术出版社，1985.

[3] 华中一．真空实验技术［M］．上海：上海科学技术出版社，1985.

[4] 杨邦朝，王文生．薄膜物理与技术［M］．成都：电子科技大学出版社，1994.

【附录】

1. 微波等离子体技术与实验装置

（1）简介及结构　本装置利用频率为2.45GHz的微波激励稀薄气体放电，由微波源产生的频率为2.45GHz的微波，沿BJ22矩形波导管以TE10模式传输，为防止因负载匹配不当引起的反射波烧坏磁控管，在微波传输线上接入环行器和水负载，经过调整短路活塞，最后在水冷谐振腔反应室内激励气体形成轴对称的等离子体球，等离子体球的直径大小取决于真空沉积室中气体压力和微波功率。通常条件下在石英管中产生Φ50mm等离子体。

基片台位于石英管反应腔体的中心，基片的加热通过等离子体的自加热完成，装置可根据使用用途的不同提供两种基片台结构：一种是带冷却水，适用于较低基片温度要求的情况；另一种基片不带水冷，基片温度的调节通过基片与等离子体的接触情况来调节，并通过热电偶测量。基片台可灵活地上下升降调节，双层水冷支架与基片台可方便地拆卸与维护，即使样品以不同的形态（片状、块状、粉末状等）出现，更换或改装基片台也十分方便。

石英管配有水冷保护，以确保在高功率和长时间工作条件下真空室的安全稳定工作。

本设备的真空系统采用2XZ-2型旋片真空泵，极限真空6×10^{-1}Pa，抽速2 l/s，额定转速1400转/分，机械泵与真空室之间设置有电磁阀和高真空隔膜阀，另设置一高真空微调阀控制的旁路管道，以便于真空系统运行安全及工作时反应气体压强的灵活控制。真空密封采用金属和橡胶密封，通常相对不动的接口采用金属铜密封，相对可动的接口采用橡胶密封。

系统的本底真空测量采用指针式电阻真空计，用数字式热阻真空计测量反应腔内的工作气压。

图34-13为DH2004型多功能微波等离子体实验装置结构图。

仪器的部分配置说明：

电阻真空计（2）：用于测量反应腔内的本底真空，工作在真空泵抽本底真空时对反应腔内的本底真空进行测量，系统工作时关闭。测量范围为$1.0\times10^{5}\sim1.0\times10^{-1}$Pa，测量精度≤3%。

热阻真空计（3）：用于测量系统工作时反应腔内的工作气压，输入信号标准热电阻，测量范围为0～100kPa，测量精度为0.2%F.S。

转子流量计（4）（气路Ⅰ、Ⅱ、Ⅲ）：用于控制外接气源的流量大小，控制范围为6～60ml/min 25～250ml/min。

阳极电压表（23）：用于测量、显示磁控管阳极电压的大小。

阳极电流表（24）：用于工作时测量磁控管阳极的电流大小，通过调节阳极电流的大小可改变微波源的功率。

反射测量微安表（25）：用于定性测量微波从谐振腔反射回来的大小。

磁控管：用于产生频率为2.45GHz的微波。

水负载（34）（配接一只BJ22检波器）：用于吸收反射微波。为防止反射波烧坏磁控管在水负载中充入流动的水，使反射的微波被水吸收，水是一种吸收微波的良导体。

环行器（34）：为防止因负载匹配不当引起的反射波烧坏磁控管。

三螺钉阻抗调配器（35）：工作时调节三螺钉阻抗调配器使微安表的指针偏转最小，使微波的反射最小，使得在反应腔内得到最大的微波功率源。使得等离子体的能量最集中。

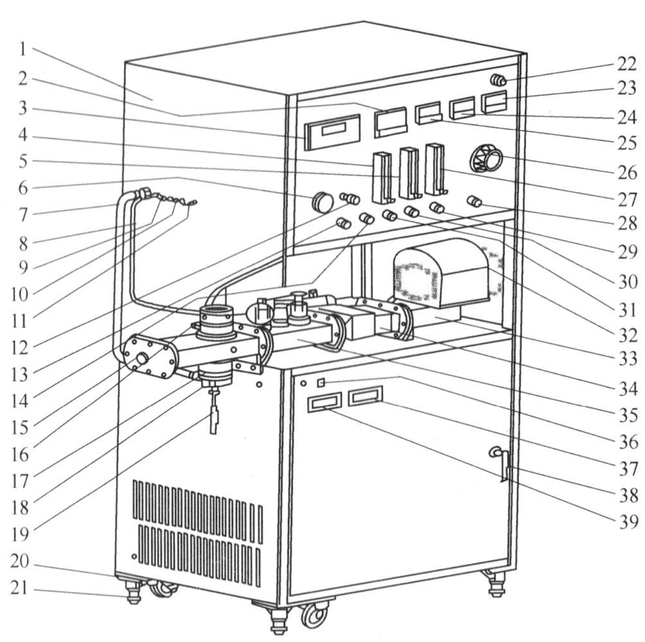

图 34-13 DH2004 型多功能微波等离子体实验装置结构图

1—机箱外壳 2—电阻真空计 3—热阻真空计 4—转子流量计（气路Ⅰ） 5—转子流量计（气路Ⅱ） 6—隔膜阀 7—真空波纹管路 8—进气气源管路 9—进气气源Ⅲ接口 10—进气气源Ⅱ接口 11—进气气源Ⅰ接口 12—高真空微调阀 13—热阻真空计电源开关 14—电阻真空计电源开关 15—短路活塞调节钮 16—反应腔上观察窗 17—真空反应腔 18—充气阀 19—基片温度测量热电偶 20—导向滑轮 21—可调固定机脚 22—总电源指示灯 23—阳极电压表 24—阳极电流表 25—反射测量微安表 26—微波功率调节 27—转子流量计（气路Ⅲ） 28—总电源开关 29—冷却水电源开关 30—真空泵电源开关 31—高压电源开关 32—磁控管外壳 33—波导头（内装磁控管） 34—环行器（配水负载、检波器） 35—三螺钉阻抗调配器 36—基片温度测量电源开关 37—冷却水温度控制器 38—前门把手 39—基片温度显示表

（2）仪器主要配置及组成 DH2004 型多功能微波等离子体实验装置由微波源、真空系统、供气系统、冷却水系统、微波传输及微波谐振腔等部分组成。

① 微波功率源

800W 微波功率源通过磁控管产生频率为 2.45GHz 的微波，微波功率通过调节阳极电压来控制，阳极电压调节范围在 0～4000V。利用简单、可靠、易维护的电路实现微波功率的连续可调输出。采用工业上通用的磁控管，该磁控管具有使用寿命长、可靠性高的特点，维护方便。

② 真空系统和供气系统

图 34-14 为真空系统和供气系统示意图。

真空系统采用 2XZ-2 型旋片真空泵，对密封容器抽除气体而获得真空，真空的测量采用数显式压阻真空计热偶真空计联合作用，用于测量本底真空和工作时的工作气压。真空的密封采用金属和橡胶密封；真空调节采用隔膜阀粗调和微调阀精细调节，调节快速方便、稳定性好。

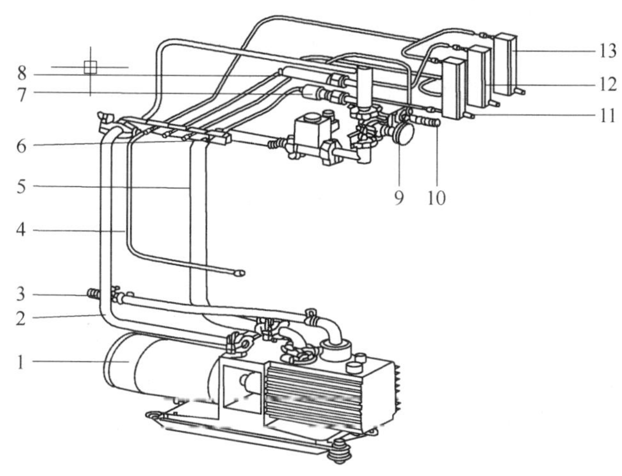

图 34-14　真空系统和供气系统示意图

1—机械泵　2—真空波纹管　3—废气排放软口　4—反应室气源进气管　5—真空抽气软管　6—电磁阀　7—电阻规管　8—热偶规管　9—隔膜阀　10—微调阀　11—流量计Ⅰ　12—流量计Ⅱ　13—流量计Ⅲ

供气系统有两路独立供气气路，通过转子流量计控制流量。

③ 冷却水系统

装置自带循环冷却水，通过自带水箱、水泵对整个系统的冷却水进行循环，采用 MTC-2000 温控仪对冷却水循环系统中的水温控制，制冷采用冰箱压缩泵制冷。可保证系统正常运行对水温的要求。对实验室的水源无特别的要求。

图 34-15 为冷却水系统示意图。

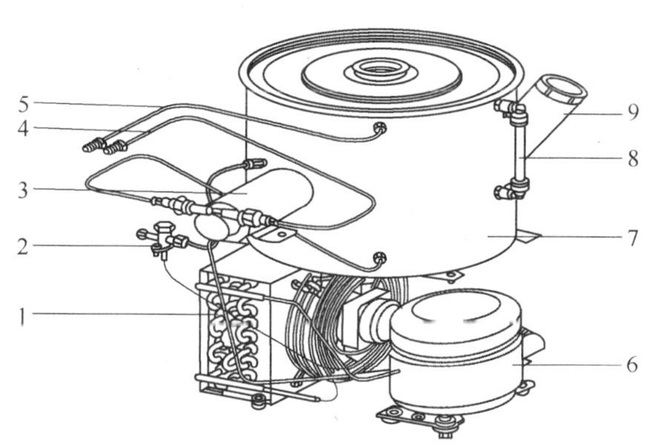

图 34-15　冷却水系统示意图

1—冷凝器　2—截止阀　3—增压泵　4—出水口　5—回水口　6—压缩泵　7—不锈钢水箱　8—水位显示器　9—注水口

注水量可从水位显示器上观测，每次注入量在 20kg 左右。每隔一段时间请对水箱进行清洗，在不锈钢水箱底部有一个放水阀门，在清洗水箱时将此阀门打开，外接出水管可将水箱内的水放掉。

④ 微波传输及微波谐振腔系统

微波功率以 TE10 模式沿矩形波导向前传播，经环行器、三螺钉阻抗调配器后到微波谐振腔，依靠调整短路活塞使微波能量集中到反应腔中，从而激发气体放电产生等离子体。微波传输系统图如图 34-16 所示。

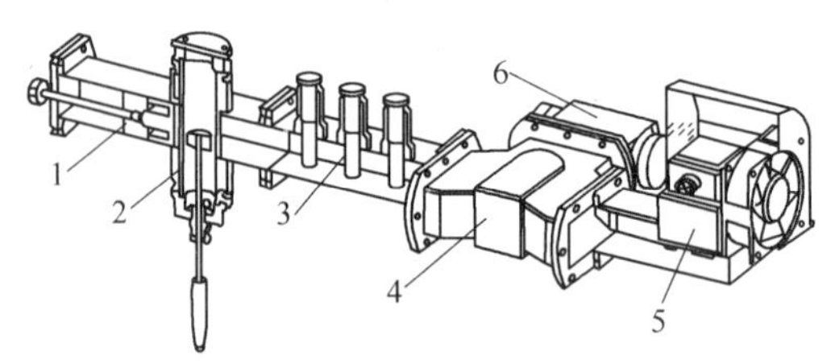

图 34-16　微波传输系统图

1—短路活塞　2—微波谐振腔　3—三螺钉阻抗调配器　4—环行器　5—磁控管　6—水负载

(3) 技术参数及特性

① 工作电压：	AC220V ±5%　　50H$_Z$
② 整机功率：	3000W
③ 微波功率：	0 ~ 800W
④ 整机重量：	125kg
⑤ 外形尺寸（mm）：	长 650 × 宽 550 × 高 1650
⑥ 反应室工作压强：	几百 Pa ~ 十 kPa
⑦ 反应室极限压强：	6×10^{-1}Pa
⑧ 反应室尺寸：	Φ50mm
⑨ 基片温控：	200 ~ 1000℃

(4) 设备安装及调试

① 安装环境要求

a. 电源：AC220V，50Hz，最大功率 3000W。

b. 温度、湿度、气源及冷却水：应保障设备工作稳定正常。

c. 安装室：室内整洁，空气流通，无尘埃。

d. 接地线：室内具有独立接地线 $<3\Omega$。

② 安装顺序

a. 确认安装环境满足设备安装要求。

b. 检查设备良好情况（检查在运输过程中是否造成损坏）。

c. 检查升降双层水冷支架，确认石英管、基片台及传输部件完好无损。

d. 安装微波传输系统机身托架。

e. 按图 34-4 安装微波传输系统，连接好磁控管的高压电源线及灯丝电源线。

注意：接好磁控管的工作地线。安装磁控管的外壳。

f. 确认各电气部件完好无损。

g. 连接真空波纹管路及真空波纹管路，安装反应室样品台。

h. 连接好设备地线。

i. 关闭流量计，连接好两路气源。

（5）设备操作使用及注意事项

① 检查确认设备各部件完好、连接安全（注意接地）。

② 接通总电源，打开总电源开关按钮，确认冷却水箱水容量及 MTC-2000 水冷控制系统（详细请参照 MTC-2000 操作说明书）已设定完成后，打开冷却水开关按钮。

③ 打开隔膜阀，确认气路连接规范完好后打开真空泵开关按钮，抽反应室本底真空。

④ 打开热阻真空计电源开关，测量此时反应室的气压。

⑤ 打开电阻真空计电源开关，抽真空约 30min 使本底真空达到所需要求。测量反应室的本底真空，真空度优于 30Pa。

⑥ 开启流量计开关，给真空室输送工作气源，关闭电阻真空计工作电源。

⑦ 开启高压开关按钮，调节微波功率调节旋钮，将阳极电流加载至约 150mA，频率为 2.45GHz 的微波在水冷谐振腔反应室内激励气体形成等离子体球，关闭隔膜阀，调节微调阀使工作气压达到所需要求。

⑧ 调节短路活塞及工作平台高度使装置稳定工作。

⑨ 实验结束时，将阳极电流调至 0，关闭高压开关按钮，关闭气路，关闭真空泵，关闭冷却水，关闭总电源。

（6）设备维护

① 定期更换冷却水，清洗冷却水箱，保证循环水系统的正常工作。

② 在石英管壁受到污染时及时打开真空反应室，清洁石英管壁（避免用尖锐物体划伤石英管内壁）。

③ 所有电气旋钮及开关状态在使用前一定要确认是否在“原始”状态。

④ 真空系统的维护：

a. 注意真空泵换油；

b. 注意反应室及管道清洁；

c. 注意密封面清洁；

d. 真空系统停机前先关真空计电源，然后再进行其他操作；

e. 实验结束后将真空室报空。

（7）常见故障及解决办法

① 在加上微波功率后，放电没有发生，无等离子体。

可能的原因：隔膜阀未打开，反应腔内的气压太高，等离子体难于激发产生；或反应腔真空度太高；也可能是反射板位置和三螺钉不匹配。

解决办法：完全打开隔膜阀，或调节反射板的位置、三螺钉高度。若是反应腔真空度太高，可通入工作气体。

② 在正常工作气压下，等离子体球不在基片台的上方，而是靠着石英管壁。

可能原因：反射板位置不合适，需进行调节。

③ 真空计指示不正常。

可能原因：规管或传感器上的输出线脱落或松脱，规管或传感器内进油被污染。

处理办法：检查接线，如进油，将规管或传感器撤下用乙醇溶液小心清洗，并风干。

2. 直流辉光等离子体教学实验装置

（1）仪器结构及说明　仪器采用的是一体化设计，顶部是放电管及水冷部分，高压加在放电管两端，外面采用聚四氟乙烯绝缘材料绝缘防止漏电，冷却水通过两端的循环水冷套对放电管进行冷却，放电管内附两组钨丝，可利用等离子体诊断技术测定等离子体的一些基本参量。测量及控制部分均布置在中部的操作面板上，真空系统安装在机箱的内部。

（2）仪器主要配置及组成　DH2005 直流辉光等离子体实验装置包括可拆卸的气体放电管、测量系统、真空系统、进气系统和水冷系统等部分，具有结构合理、调节方便、测量参数多等特点。

① 气体放电管：采用 G17 号料玻璃烧结而成，内附两组钨丝探针。及两边采用不锈钢材料制成的水冷套及放电管固定托架。

② 测量系统：包括辉光电压表、辉光电流表、探针电压表、探针电流表、击穿电压测量、暗电流测量。

辉光电压表：三位半数显，测量范围是 0 ~ 2000V，测量精度 2%。

辉光电流测量：三位半数显，测量范围是 0 ~ 2A，共分 5 档，测量精度 0.5%。

探针电压表：三位半数显，测量范围：0 ~ 200V，测量精度 0.5%。

探针电流表：三位半数显，测量范围：0 ~ 200mA，测量精度 0.5%。

击穿电压测量：三位半数显，测量范围：0 ~ 2V，测量精度 0.5%。

暗电流测量：三位半数显，测量范围：0 ~ 2V，测量精度 0.5%。

测量系统包括两组直流稳压电源，一组放电管工作电压，调节范围是 0 ~ 1000V，采用变电器隔离整流滤波。另一组为探针测量电源，调节范围是 0 ~ 200V，稳定度 0.1%。

③ 真空系统：采用 2XZ-2 型旋片真空泵，对密封容器抽除气体而获得真空。真空的测量采用热偶真空计，用于测量本底真空和工作时的工作气压。真空的密封采用金属和橡胶密封；真空调节采用隔膜阀粗调和微调阀精细调节，调节快速方便、稳定性好。

2XZ-2 型旋片真空泵的主要技术指标：

工作电压：AC220V/50 Hz

抽气速率：2L/s

极限压力：6×10^{-1} Pa

电机功率：0.37kW

进气口内径：25mm

用油量：0.65L

噪声：72LwdB(A)

④ 进气系统：进气通过金属管路联接，可通入不同的工作气体，通过转子流量计控制气体的流量，同时通过高真空微调阀调节，达到控制放电管中的工作压强。

⑤ 水冷系统：装置自带循环冷却水，通过自带水箱、水泵对整个系统的冷却水进行循环，可保证系统正常运行对水温的要求。对实验室的水源无特别的要求。

（3）操作面板配置说明　图 34-17 为 DH2005 辉光等离子体实验装置及操作面板图。

主要操作部件功能说明：

工作选择开关（10）：此功能开关共分“断”、“辉光电流测量”、“暗电流测量”、“击穿电压测量”共四档。

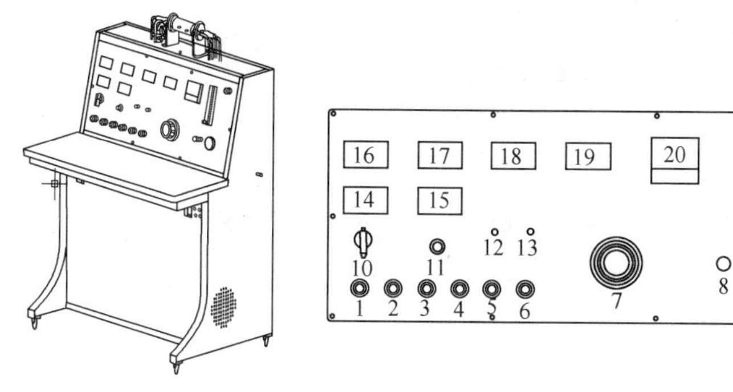

图 34-17　DH2005 辉光等离子体实验装置及操作面板图

1—总电源开关　2—冷却水电源开关　3—真空泵电源开关　4—电阻真空计开关　5—高压电源开关　6—探针电源　7—高压调节旋钮　8—高真空微调阀　9—隔膜阀调节旋钮　10—工作选择开关　11—电流量程选择开关　12—探针电压调节电位器（粗调）　13—探针电压调节电位器（细调）　14—放电管电压测量表　15—辉光电流测量表　16—击穿电压测量表　17—暗电流测量表　18—探针电压表　19—探针电流表　20—电阻真空计　21—转子流量计　22—总电源指示灯

断：开关在此位置时，放电管电压表能显示电压输出值，在放电管电极两端没有电压。

辉光电流测量：即产生辉光放电后的电流测量。

击穿电压测量：其原理是当放电管中的电流增大导致气体击穿时，在内部取样电阻上的电压增大，导致二极管导通，此时电压表显示的是二极管的导通电位值。

暗电流测量：通常暗放电电流在 $10^{-12}\sim10^{-7}$A，采用的是通过电压求电流。取样电阻是 1MΩ。

量程选择开关（11）：分为 0.2mA、2mA、20mA、200mA、2A 共 5 档。

（4）技术参数及特性

① 工作电压：　AC（220 ±5%）V　50H_Z

② 整机功率：　最大功率 1.5kW

③ 整机重量：　约 100kg

④ 外形尺寸（mm）：　长 1000 × 宽 660 × 高 1230

⑤ 放电管内径：45mm

⑥ 放电管长度：100 ~ 180mm

⑦ 电极距离：70 ~ 120mm 可调

⑧ 工作气压：10 ~ 200Pa

⑨ 工作电压：0 ~ 1000V 连续可调，电压稳定度 1%

⑩ 放电电流：$10^{-6}\sim0.5$A 可测

⑪ 探针工作电压：0 ~ 200V，稳定度 0.1%

⑫ 探针电流测量范围：0 ~ 200mA

（5）设备安装及调试

① 安装环境要求

a. 电源：AC220V，50Hz，最大功率 1.5kW。

b. 温度、湿度、气源及冷却水：应保障设备工作稳定正常。

c. 安装室：室内整洁，空气流通，无尘埃。

d. 接地线：室内具有独立接地线 <3Ω。

② 安装顺序

a. 确认安装环境满足设备安装要求。

b. 检查设备良好情况（检查在运输过程中是否造成损坏）。

c. 检查放电管及放电管部件是否完好无损。

d. 安装放电管部件托架。

e. 确认各电气部件完好无损。

f. 连接真空波纹管路及真空波纹管路。

g. 连接好设备地线。

h. 关闭流量计，连接好外接气源。

（6）设备操作使用及注意事项

① 检查确认设备各部件完好、连接安全（注意接地）。

② 接通总电源，打开总电源开关旋钮，确认冷却水箱水容量打开冷却水开关按钮。

③ 打开隔膜阀，确认气路连接规范完好后打开真空泵开关按钮，抽放电管内真空。

④ 打开电阻真空计电源开关，测量此时反应室的压强，抽真空约 15min 使放电管内真空达到所需要求。测量放电管内的本底真空，真空度优于 10Pa。

⑤ 将高压输出线加在放电管两端。注意：在实验过程中禁止用手去触摸高压电源线以及放电极板，防止触电。

⑥ 将功能选择开关打在“放电电流测量”档，开启高压开关按钮，缓慢调节高压调节旋钮，调节到一定的电压时，放电管内将将产生辉光放电现象。

⑦ 关闭隔膜阀，开启流量计开关，调节一定的流量，给真空室输送工作气源，同时调节微调阀使工作气压达到所需要求。

⑧ 试验结束时，将高压电源调至 0，关闭高压开关按钮，关闭气路，关闭真空泵，关闭冷却水，关闭总电源，拔掉总电源线。

（7）设备维护

① 定期更换冷却水，清洗冷却水箱，保证循环水系统的正常工作。

② 在放电管壁受到污染时及时打开真空反应室，清洁放电管管壁（避免用尖锐物体划伤放电管内壁）。

③ 所有电气旋钮及开关状态在使用前一定要确认是否在“原始”状态。

④ 真空系统维护：

a. 注意真空泵换油；

b. 注意反应室及管道清洁；

c. 注意密封面清洁；

d. 真空系统停机前先关真空计电源，然后再进行其他操作；

e. 实验结束后将真空室报空。

（8）常见故障及解决办法

真空计指示不正常。

可能原因：规管或传感器上的输出线脱落或松脱，规管或传感器内进油被污染。

处理办法：检查接线，如进油，将规管或传感器拆下用乙醇溶液小心清洗，并风干。

实验 35 高温超导体转变温度的测量

【引 言】

超导电性发现于 1911 年，荷兰科学家翁纳斯（K. Onnes）在实现了氦气液化之后不久，利用液氦所能达到的极低温条件，指导其学生（GillesHolst）进行金属在低温下电阻率的研究，发现在温度稍低于 4.2K 时水银的电阻率突然下降到一个很小值。后来有人估计，电阻率的下限为 $3.6\times10^{-23}\Omega\cdot cm$，而迄今正常金属的最低电阻率大约为 $10^{-13}\Omega\cdot cm$。与此相比，可以认为汞进入了电阻完全消失的新状态——超导态。我们定义超导体开始失去电阻时的温度为超导转变温度或超导临界温度，通常用 T_C表示。

发现超导现象以后，实验和理论研究以及应用都有很大发展，但是临界温度的提高一直很缓慢。1986 年以前，经过 75 年的努力，临界温度只达到 23.2K，这一记录保持了差不多 12 年。此外，在 1986 年以前，超导现象的研究和应用主要依赖于液氦作为制冷剂。由于氦气昂贵、液化氦的设备复杂，条件苛刻，加上 4.2K 的液氦温度是接近于零开的极低温区等因素都大大制约了超导的应用。因此，探索高临界温度超导材料成为人们多年来梦寐以求的目标。

1987 年初，液氮温区超导体的发现震动了整个世界，人们称之为 20 世纪最重大的科学技术突破之一，它预示着一场新的技术革命，同时也为凝聚态物理学提出了新的课题。

【实验目的】

1. 学习液氮低温技术。
2. 测量氧化物超导体 YBaCuO 的临界温度，掌握用测量超导体电阻-温度关系测定转变温度的方法。
3. 了解超导体的最基本特性以及判定超导态的基本方法。

【实验原理】

超导特性

超导体有许多特性，其中最主要的电磁性质是：

（1）零电阻现象 当把金属或合金冷却到某一确定温度 T_C以下，其直流电阻突然降到零，把这种在低温下发生的零电阻现象称为物质的超导电性，具有超导电性的材料称为超导体。电阻突然消失的某一确定温度 T_C叫做超导体的临界温度。在 T_C以上，超导体和正常金属都具有有限的电阻值，这种超导体处于正常态。由正常态向超导态的过渡是在一个有限的温度间隔里完成的，即有一个转变宽度 ΔT_C，它取决于材料的纯度和晶格的完整性。理想样品的 $\Delta T\leqslant10^{-3}$K。基于这种电阻变化，可以通过电测量来确定 T_C，通常是把样品的电阻降到转变前正常态电阻值一半时的温度定义为超导体的临界温度 T_C。

（2）完全抗磁性 当把超导体置于外加磁场时，磁通不能穿透超导体，而使体内的磁感应强度始终保持为零（$B\equiv0$），超导体的这个特性又称为迈斯纳（Meissner）效应。

超导体的这两个特性既相互独立又有紧密的联系，完全抗磁性不能由零电阻特性派生出来，但是零电阻特性却是迈斯纳效应的必要条件。

本实验的目的是测量超导材料的转变温度（也就是在常气压环境下超导体从非超导态变为超导态时的温度）。由于超导材料在超导状态时电阻为零，因此我们可用检测其电阻随温度变化的方法来判定其转变温度。实验中要测电阻及温度两个量。样品的电阻用四引线法测量，通以恒定电流，测量两端的电压信号，由于电流恒定，电压信号的变化即是电阻的变化。

温度用铂电阻温度计测量，它的电阻会随温度变化而变化，比较稳定，线性也较好，实验时通以恒定的 1.00mA，测量温度计两端电压随温度变化情况，从表 35-1 中可查到其对应的温度。

表 35-1 铂电阻温度计 电阻—温度关系

温度/K	电阻值（Ω）（JJG 229-87）R0 = 100.00Ω									
	0	1	2	3	4	5	6	7	8	9
-200	18.49	—	—	—	—	—	—	—	—	—
-190	22.80	22.37	21.94	21.51	21.08	20.65	20.22	19.79	19.36	18.93
-180	27.08	26.65	26.23	25.80	25.37	24.94	24.52	24.09	23.66	23.23
-170	31.32	30.90	30.47	30.05	29.63	29.20	28.78	28.35	27.93	27.50
-160	35.53	35.11	34.69	34.27	33.85	33.43	33.01	32.59	32.16	31.74
-150	39.71	39.30	38.88	38.46	38.04	37.63	37.21	36.79	36.37	35.95
-140	43.87	43.45	43.04	42.63	42.21	41.79	41.38	40.96	40.55	40.13
-130	48.00	47.59	47.18	46.76	46.35	45.94	45.52	45.11	44.70	44.28
-120	52.11	51.70	51.20	50.88	50.47	50.06	49.64	49.23	48.82	48.41
-110	56.19	55.78	55.38	54.97	54.56	54.15	53.74	53.33	52.92	52.52
-100	60.25	59.85	59.44	59.04	58.63	58.22	57.82	57.41	57.00	56.60
-90	64.30	63.90	63.49	63.09	62.68	62.28	61.87	61.47	61.06	60.66
-80	68.33	67.92	67.52	67.12	66.72	66.31	65.91	65.51	65.11	64.70
-70	72.33	71.93	71.53	71.13	70.73	70.33	69.93	69.53	69.13	68.73
-60	76.33	75.93	75.53	75.13	74.73	74.33	73.93	73.53	73.13	72.73
-50	80.31	79.91	79.51	79.11	78.72	78.32	77.92	77.52	77.13	76.73
-40	84.27	83.88	83.48	83.08	82.69	82.29	81.89	81.50	81.10	80.70
-30	88.22	87.83	87.43	87.04	86.64	86.25	85.85	85.46	85.06	84.67
-20	92.16	91.77	91.37	90.98	90.59	90.19	89.80	89.40	89.01	88.62
-10	96.09	95.69	95.30	94.91	94.52	94.12	93.75	93.34	92.95	92.55
-0	100.00	99.61	99.22	98.83	98.44	98.04	97.65	97.26	96.87	96.48
0	100.00	100.39	100.78	101.17	101.56	101.95	102.34	102.73	103.12	103.51
10	103.90	104.29	104.68	105.07	105.46	105.85	106.24	106.63	107.02	107.40
20	107.79	108.18	108.57	108.96	109.35	109.73	110.12	110.51	110.90	111.28
30	111.67	112.06	112.45	112.83	113.22	113.61	113.99	114.38	114.77	115.15
40	115.54	115.93	116.31	116.70	117.08	117.47	117.85	118.24	118.62	119.01
50	119.40	119.78	120.16	120.55	120.93	121.32	121.70	122.09	122.47	122.86

温度的变化是利用液氮杜瓦瓶空间的温度梯度来获得。样品及温度计的电压信号，可从数字显示表中读得，也可用 $x-y$ 记录仪记录

【实验仪器】

高温超导转变温度测量装置如图 35-1 所示。

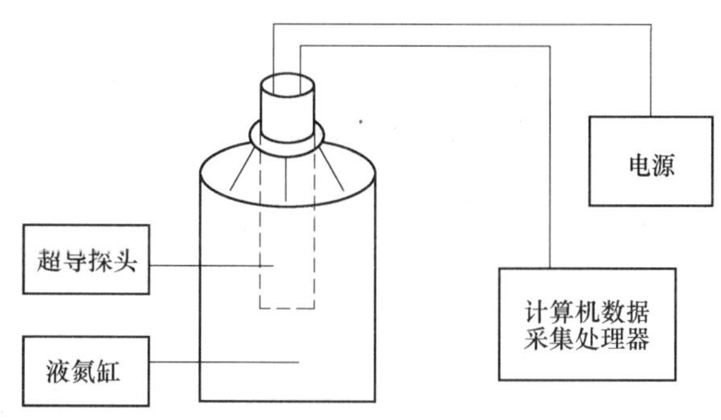

图 35-1　高温超导转变温度测量装置

【实验内容】

1. 将样品、探棒与测量仪器用连接线连接起来。

2. 样品连线连接好以后，开启电源，小心地把探测头浸入杜瓦瓶内，待样品温度达到液氮温度后（一般等待 10 ~ 15min），观察此时样品出现的信号是否处于零附近（因此时温度最低，电阻应为 0，但因放大器噪声也被放大，会存在本底信号）。注意此时不能再改变放大倍数，放大倍数档位置应与高温时一致。如果此时电压信号仍很大，与高温时一样，则属不正常，需检查原因。如电阻信号小，与高温时的电阻信号相差大，则可进行数据测量了。

3. 样品温度稳定到液氮温度时，记下此时的样品电压及温度电压值，然后把探测头小心地从液氮瓶内提拉到液面上方，温度会慢慢升高，在这变化过程中，温度计的电压信号及样品的电阻信号会同时变化，同时记录这二值，记下 50 ~ 60 个数据。作图即可求得转变温度。在过程中要耐心观察，特别在转变温度附近，最好多测些数据。

4. 如时间允许可从高温到低温再测量一次，观察两条曲线是否重合，解析原因。

5. 将本仪器与计算机连接，使用本机提供的专用软件可实时记录样品的超导转变曲线。计算机的连接和所用软件的使用说明详见本实验附录。

6. 实验结束工作：

（1）实验结束后关掉仪器电源，用热吹风把探测头吹干。

（2）旋开探测头的外罩，把样品吹干，使其表面干燥无水汽。

（3）用烙铁把样品与样品架连接的四个焊点焊开，取出样品，用滤纸包好，放回干燥箱内，以备下组实验者使用。

【注意事项】

1. 实验操作过程中不要用手直接接触样品表面，要带好手套，以免沾污样品表面。

2. 样品探测头放进液氮杜瓦瓶时应小心地慢慢进行，以免碰坏容器；皮肤不要接触液氮，以免冻伤。万一容器瓶损坏，液氮溢出瓶外室内充满雾气，这时也不要紧张，这是液氮在汽化蒸发，只要不接触到皮肤，就不会冻伤，过了一会儿挥发完就好了。

3. 灌倒液氮时要小心，不要泼在手上、脚上，其严重灼伤皮肤程度比开水更甚！

4. 超导样品若长期接触水汽会使其结构破坏、成分分解，导致超导性能丧失。故做完实验后宜从低温处取出，用热吹风烘干表面潮气，置于有干燥剂的密封容器中保存，待实验时再取出。

5. 超导电阻转变过程的快慢与杜瓦瓶中的液氮多少有关，一般控制在液氮液面的高度（离底）为6～8cm，其高度可用所附的塑料杆探测估计。

【思考题】

1. 什么叫超导现象？超导材料有什么主要特性？从你的电阻测量实验中如何判断样品进入超导态了？
2. 如何能测准超导样品的温度？
3. 测定超导样品的电阻为什么要用四引线法？
4. 样品电流应调节多大，为什么？
5. 为什么样品必须保持干燥？如何保存样品？
6. 从超导材料进入超导态时 $R=0$，你能想象出它有什么应用价值？

【参考文献】

[1] 韩汝珊．高温超导物理［M］．北京：北京大学出版社，1997.
[2] 吴思诚，王祖铨．近代物理实验［M］．2版．北京：北京大学出版社，1995.

【附录】高温超导转变温度测量软件使用说明

本软件设置为串行口输入，可选择不同的串行口（Com1或Com2），采样的记录格式形同于记录纸，X 坐标为温度值（以温度的形式来显示），每格大小在界面的右边显示。Y 坐标所对应的是样品电压，每格所对应的电压值可供选择，这里设置了三个级别的电压值供选择。对于记录下的曲线，可以进行存盘、打印等操作，也可删除及重新开始记录，在计算机采样的时候，我们可以通过选择不同的颜色来区分降温和升温的曲线；在计算机记录完毕后，可以通过鼠标的点击来显示曲线上每一点的坐标值，横坐标的温度值可直接显示对应的温度，不需要查表。

本软件显示的窗口界面如图35-2所示。

1. 软件界面介绍

（1）标题栏：本软件的名称

（2）菜单栏：此栏由文件、编辑、操作、帮助、关于五个部分组成，具体说明如下。

① 文件：可以对文件进行存盘、打开、打印等操作。

② 编辑：可以对采样到的图形进行处理。

③ 操作：能对本软件运行进行控制，如选择串行口、改变Y轴分度值等。

④ 帮助：可以得到本软件使用的一切说明。

⑤ 关于：此为本公司的介绍。

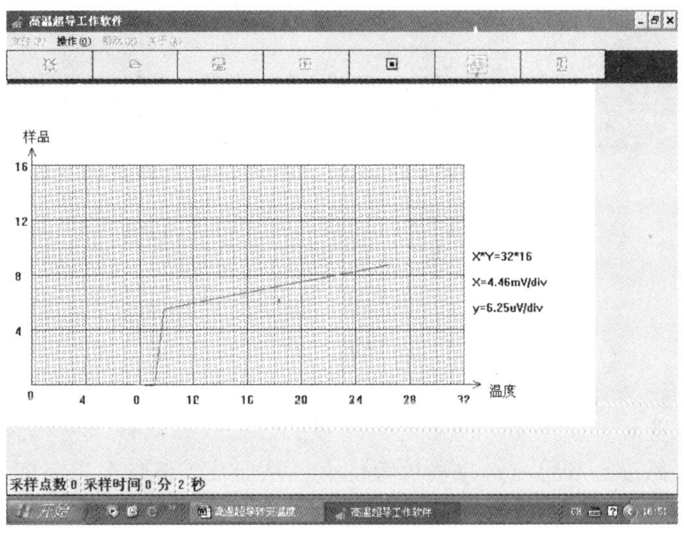

图 35-2　高温超导转变

（3）工具栏：由新建、打开、存盘、运行、暂停、打印、退出七个部分组成，其具体功能和菜单栏上各项说明一致。

（4）实验监视栏：此栏设在屏幕下方，能了解实验是否正在进行，能记录实验所花费的时间和采样到的数据点的个数。

2. 软件使用操作步骤

（1）先将样品用导热胶粘放在样品架中，焊接四引线。

（2）将放大器上的航空头分别接到主机上对应的航空插座上。

（3）通过连接电缆将仪器与计算机串行口相连。

（4）打开本软件，选择合适的串行口（com1 或 com2）和显示的 Y 轴分度值，如果选择不对，软件会进行提示。

（5）将探棒放入液氮杜瓦中。

（6）按下计算机窗口的运行键，就可以进行对样品的实时采样。

第5章 无损检测

实验36 磁粉无损检测

【引 言】

磁粉检测是人类较早应用的一种无损检测方法，它具有设备简单、操作方便、速度快、观察缺陷直观、灵敏度高和检测结果可靠等优点，从而在铁磁性材料表面缺陷检测中获得极其广泛的应用。

【实验目的】

1. 掌握磁粉检测的基本原理及磁化方法。
2. 学会磁粉检测的基本方法，熟悉磁粉检测的基本过程。
3. 了解磁粉检测在工业生产中的应用。

【实验原理】

1. 磁粉检测的特点与应用范围

磁粉检测是利用铁磁性材料在磁场中被磁化或将其通电以产生磁场并通过显示物质来检测缺陷的存在和分布的一种无损检测方法。因此，磁粉检测仅适用于检测铁磁性材料（铁、钴、镍以及铁碳合金等）的表面或近表面的缺陷。

磁粉检测的优点和特点是：检测铁磁性材料的表面缺陷时灵敏度最高，对表面以下的缺陷随着埋藏深度的增加灵敏度迅速降低。在检测铁磁工件的表面缺陷时，磁粉检测方法比射线检测和超声波检测的灵敏度高，操作简便，结果可靠。另外，缺陷处漏磁通的大小与检测灵敏度有极大关系，当缺陷方向与磁力线方向垂直时，灵敏度最高，最容易显示缺陷图样，但当二者方向平行或接近平行则不易显示，以致漏检，因此磁粉检测中选择磁化方式和磁化方向显得尤其重要。

磁粉检测也有局限性。首先，此法仅适用于铁磁性材料，对非金属、有色金属、复合材料等无能为力；第二，其检测灵敏度与被检工件的表面状况（表面粗糙度、清洁度等）有极大关系，表面状况差则灵敏度低；第三，对埋藏较深的缺陷其检测灵敏度很低甚至不能检测。

2. 磁粉检测的基本原理

铁磁材料在外磁场的作用下，它的磁感应强度 B 与外加磁场的磁化强度 H 有如下关系：

$$B=\mu H \tag{36-1}$$

式中，H 的单位为安/米（A/m）；B 的单位为特斯拉（T）；μ 是磁导率。

磁粉检测首先要对被检工件加外磁场进行磁化。工件被磁化后，在其表面均匀地喷洒一层磁粉（粒度 5 ~ 10μm）。如果工件不存在缺陷，磁化后可视为磁导率无变化的均匀体，磁粉在其表面均匀分布。当工件表面有缺陷，缺陷（气孔、裂纹、非金属夹渣等）内含有空气或非金属，其磁导率$\mu_{缺}$接近于 1，远远小于工件（铁磁材料）的磁导率μ_{I}。由于磁阻的变化导致磁力线的弯曲现象发生。当缺陷位于工件的表面或近表面时，磁力线不但会在工件内部弯曲，还会有一部分磁力线绕过缺陷进入空气中，产生漏磁现象，形成一个很强的小 NS 磁极（如图 36-1）所示。小磁极就会吸附喷洒在工件表面上的磁粉，从而使缺陷处堆积了较多的磁粉而形成肉眼可见的缺陷图像。

综上所述，使用磁粉检测时能否发现缺陷，关键在于缺陷处漏磁场的磁场强度是否足够大。提高磁粉检测灵敏度（即提高磁粉检测发现更细小缺陷的能力）就必须提高漏磁场的强度。缺陷漏磁场的强度与什么有关呢？首先它与被检工件中的磁感应强度 B 有关。设缺陷内为空气，可以导出

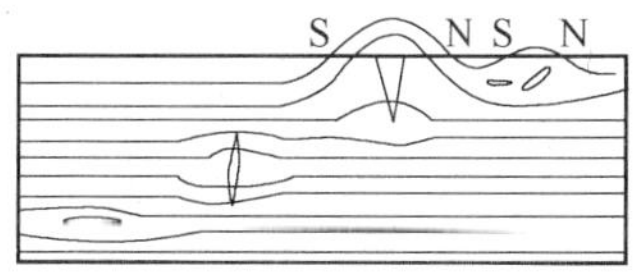

图 36-1　有缺陷的工件会产生漏磁现象

$$H_{缺}=\frac{B_{I}}{\mu_{0}} \tag{36-2}$$

式中，$H_{缺}$为缺陷处漏磁场的磁场强度；B_{I}为工件内部磁感应强度；μ_{0} 为真空磁导率。上式表明，缺陷处漏磁场的磁场强度与工件内磁感应强度成正比，要提高检测灵敏度，就应当提高工件内的磁感应强度；再则，缺陷漏磁场的磁场强度与工件材料有关，不同的铁磁材料磁导率不同，要达到足够大的 B 值，不同的铁磁材料需采用大小不同的磁化电流进行磁化；另外，缺陷处漏磁场的大小还取决于缺陷本身（如缺陷的宽窄、深度与宽度比以及倾角等因素），亦即对于具有相同的磁感应强度 B_{I}的被检工件，缺陷不同，则缺陷漏磁场的强弱不同，磁粉显示效果不同，检测灵敏度也显著不同。

3. 被检工件的磁化方法

对被检工件的磁化方法主要有两种：一是采用通电线圈或电磁铁对工件进行磁化，如图 36-2所示；二是给工件通以大电流进行磁化，如图 36-3 所示。

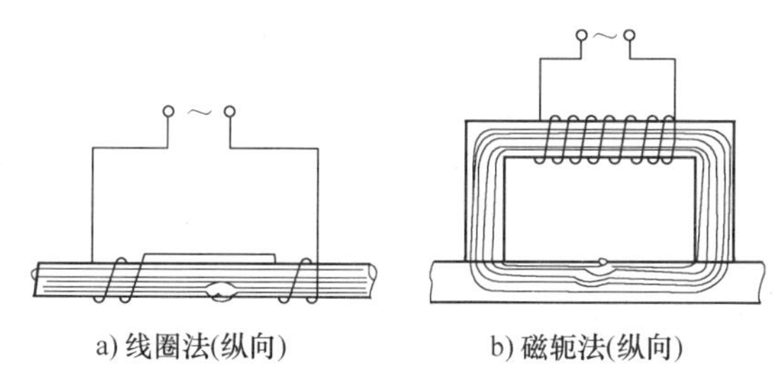

图 36-2　线圈法和磁轭法

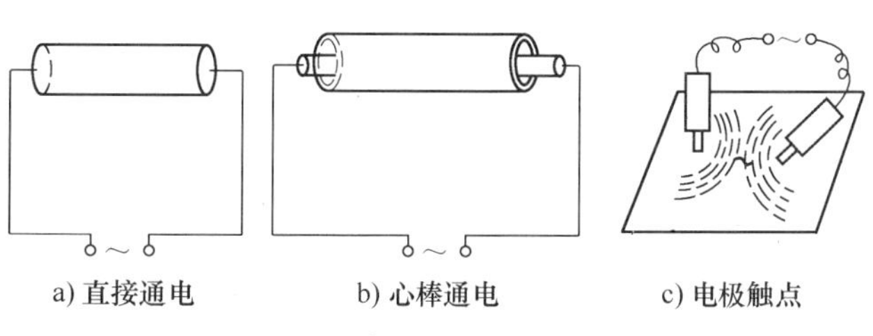

图 36-3　周向磁化方法

检测中，人们根据外磁场的方向把磁化方式归纳成周向磁化、纵向磁化、复合磁化和旋转磁场磁化。

周向磁化 如图 36-3 所示的均是周向磁化，是给工件（或心棒）直接通电流来产生周向磁场。当工件半径比长度小得多时可以采用大家熟知的公式

$$B = \frac{\mu_0 I}{2\pi r} \tag{36-3}$$

计算工件表面的磁感应强度。式（36-3）中，I 为直接通电电流，r 为工件半径。若要检测工件有无纵向缺陷（即沿工件轴线方向分布的缺陷）应采用周向磁化的方式磁化工件。

纵向磁化 如图 36-2 所示的均为纵向磁化。纵向磁化一般是给线圈通电来产生纵向磁场。如图 36-2a 所示，当线圈的半径远小于长度时，其内磁感应强度可视为均匀的，并且

$$B = \mu_0 nI \tag{36-4}$$

式中，μ_0 为真空磁导率，n 为单位长度内的匝数，I 为通电电流。若要检测工件有无横向缺陷（即与工件轴线方向相垂直的缺陷）应采用纵向磁化的方式来磁化工件。

复合磁化 即对工件同时进行周向和纵向磁化的方式。这种方式既给工件通电流形成周向磁化，又采用通电线圈产生纵向磁场磁化工件，从而可一次同时检查工件中的不同方向分布的缺陷，如图 36-4 所示。

旋转磁场磁化 采用两个 π 型电磁铁，以十字交叉形式组装起来，通过适当措施使两个 π 型磁铁上的激磁电流产生一定的相位差，以产生两个具有一定相位差的交变磁场，二者的合成磁场 H 即为随时间变化的旋转磁场。检测时，工件被旋转磁场磁化，由于磁化方向随时间变化而旋转，所以工件表面各个方向的缺陷均能一次磁化就检测出来。

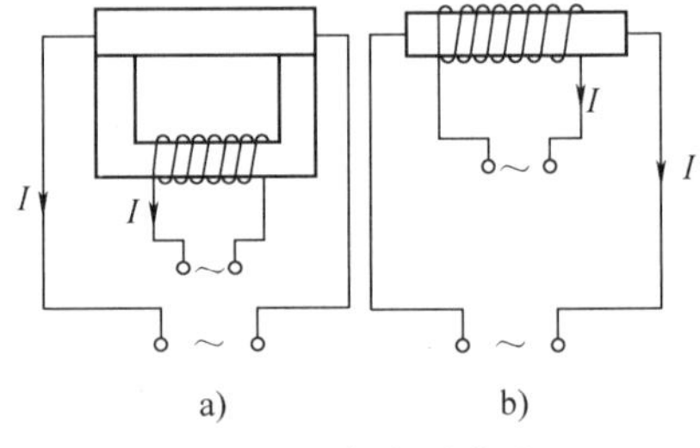

图 36-4 复合磁化法

由磁学知识可知，外磁场大小主要取决于通电电流的大小和磁化线圈的尺寸，欲获得较大的外磁场强度，一般应通过提高电流来实现。

4. *磁粉检测灵敏度与影响因素*

磁粉检测灵敏度是指检测中发现的缺陷的最小尺寸，即绝对灵敏度。由于磁粉检测是一种表面缺陷检测，其灵敏度是用绝对灵敏度来度量的。为了提高检测的可靠性、提高发现微小缺陷的能力，应尽量提高灵敏度。

通常为了验证被检测工件是否达到检测灵敏度，可采用灵敏度试片来检验。灵敏度试片是刻有一定深度（如 7μm）的人工缺陷的铁磁材料金属片。使用它能方便、直观地显示一定的磁痕，从而反映检测灵敏度。它还能提醒检测人员选择合理的检测规范，同时还能为磁粉性能、操作方法是否正确等因素作综合考查。

影响磁粉检测灵敏度的因素很多。例如，工件被磁化时的磁场强度、磁化方法、磁场的方向、磁化电流的种类（交、直流）、磁化时间、磁粉的质量、载液的黏度、磁悬液浓度、材料的磁性强弱、缺陷的性质（如气孔、裂纹、夹渣等）、位置、方向、尺寸大小、工件的表面状况（如表面粗糙度、清洁度）以及操作方法等。在上述诸多因素中，磁化规范是否合理是首要因素。如果磁化不充分，工件表面的细小缺陷将不能充分显示；若磁化过强可能出现伪磁痕显示，给检测结果评定带来困难。为使磁粉检测保持较高灵敏度和保证检测结果

可靠，无损检测人员必须在弄清楚铁磁材料磁性的物理机理时，还需要在日常工作中积累丰富的实际经验。

【实验仪器】

CDX-V 型多用磁粉探伤仪，CEX-2000 携带式直交两用磁粉探伤仪，YX-125A 型荧光探伤仪，普通磁粉，荧光磁粉，烘箱，灵敏度试片，煤油，盛液桶，各种有缺陷的待测工件。

【实验内容】

1. 认真阅读 CDX-V 型多用磁粉探伤仪和 CEX-2000 携带式直交两用磁粉探伤仪的使用说明书。

2. 对小型轴套工件内壁上的缺陷进行检测。采用心棒通电法，磁化电流 I 采用直流电，大小由公式计算或实验室的参考值决定，磁化时间 1 ~ 2s，其后在荧光磁悬液内液浸 30s（荧光剩磁磁悬液法），在暗室内用 YX-125A 型荧光探伤仪观察缺陷。

3. 对平板对接焊件表面缺陷的检测。仪器选用 CEX-2000 携带式直交两用磁粉探伤仪，采用刺入法（电极触点法），两电极间距 150mm，磁化电流 I 采用直流电，电流大小由工件厚度确定，一般 500 ~ 1000A，磁化时间 1 ~ 2s，工件大采用连续喷撒磁粉，工件小可采用剩磁法喷撒磁粉（也可浇淋磁悬液）。刺入法检测对工件同一部位的检测需进行两次，两次产生的磁力线应大致正交，以避免漏检。

4. 在教师的指导下分析磁粉检测产生伪缺陷磁痕显示的原因。

【思考题】

1. 对一个外形不规则的工件（如齿轮）进行磁粉检测采用什么磁粉（液）才能达到良好的检测效果？
2. 为什么荧光磁粉检测的灵敏度高于普通磁粉检测的灵敏度？
3. 为什么经磁粉检测后的工件若还需精加工在精加工前必须对工件进行退磁处理？

（韩忠稿，陶纯匡校）

【参考文献】

[1] 刘福顺，汤明．无损检测基础［M］．北京：北京航空航天大学出版社，2002.
[2] 李喜孟．无损检测［M］．北京：机械工业出版社，2009.

实验 37　X 射线照相无损检测

【引　言】

由于 X 射线能穿透物质，且在穿透物质的过程中其强度因吸收和散射而衰减的程度遵从一定的规律以及能使感光材料感光等特点，因此可以用来检测材料或工件内部的缺陷。人们称这种检测方法为 X 射线照相无损检测。

在无损检测领域里，X 射线无损检测具有显示缺陷形象直观，对缺陷的性质和尺寸比较容易判断等优点，因此，X 射线无损检测已成为工业生产中的一种不可缺少的检测方法。

【实验目的】

1. 掌握 X 射线的性质及衰减规律。
2. 学习 X 射线照相检测的方法，熟悉检测的主要过程。
3. 了解 X 射线照相检测的应用。

【实验原理】

1. X 射线的性质

由原子物理学知道，X 射线就其本质而言，与微波、红外光、可见光、γ 射线相同，同属电磁波，但是它们的波长有显著的区别。例如，在真空中无线电波的波长介于 $3\times10^{-16}\sim10^{-16}$m 之间，可见光波长介于 $7.7\times10^{-7}\sim16\times10^{-7}$m 之间，连续 X 射线介于 $10^{-8}\sim10^{-12}$m 之间，而 γ 射线波长则小于 10^{-11}m。随着波长变化，它们的性质也迥然不同。例如，无线电波主要以干涉、衍射、偏振等现象而表现出波动性。但 X 射线、γ 射线除了能表现波动性外，它们和物质相互作用时还能产生光电效应、康普顿效应和电子对生成效应，因此，X 射线能显著地表现出粒子性。

在 X 射线与物质相互作用时人们称它为 X 光子，X 光子的能量可表示为

$$\varepsilon=\frac{hc}{\lambda} \tag{37-1}$$

式中，λ 为 X 射线波长；c 为真空中光速；h 为普朗克常量。

X 射线由于波长短，所以它具有许多独特的性质，这些性质归结起来主要有：

① 波长短，能量大，不可见，按直线传播，能穿透可见光不能透过的物质，如金属、骨骼、塑料、陶瓷等。

② 不带电荷，不受电场和磁场的影响。

③ 能产生反射（准确地说是漫反射）、折射现象，也存在干涉、衍射等波动现象。

④ 与物质相互作用时能产生光电效应、康普顿效应、电子对效应，并表现出粒子性。

⑤ 能被物质吸收产生热量。

⑥ 能使气体电离。

⑦ 能使某些物质产生光化学作用（如使胶片感光、使某些物质产生荧光现象）。

⑧ 能引起生物效应，伤害或杀死有生命的生物细胞。

2. X 射线的产生

X 射线是由 X 射线管产生的。X 射线管（见图 37-1）由玻璃外壳、阴极和阳极组成。

X 射线产生的原理是：阴极灯丝电源对阴极灯丝通电加热后放出热电子。直流电源在阴极和阳极之间加上几万至几十万伏的直流高压。热电子在高压电场的作用下被加速并以很大的速度向阳极靶撞去。当撞击到阳极靶后，金属靶的原子核外电场制动了高速冲击来的电子，高速电子所具有的动能大部分转变为热能并被阳极吸收，一小部分转变成 X 射线（约百分之几）并向外辐射。

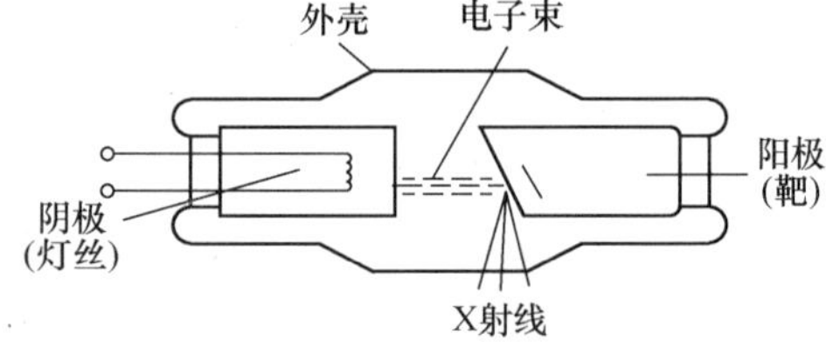

图 37-1 X 射线管

由 X 射线管产生的 X 射线的波长在一定范围内连续变化。工业无损检测中使用的就是这种非单色

的连续 X 射线。

X 光子的最高能量子能量 ε_{max} 与 X 射线管管电压 V 的关系为

$$\varepsilon_{max} = hc/\lambda_{min} = eV \tag{37-2}$$

式中，λ_{min} 为最短波长；h 为普朗克常量；c 为真空中的光速；e 为电子电量。

3. 射线的衰减规律

X 射线（包括 γ 射线）束穿过物质时其强度将逐渐减弱。设 X 射线是单色光（λ 为常数），若通过厚度为 dx 的物质所引起的强度减弱为 dI，则

$$\frac{\mathrm{d}I}{I} = -\mu \mathrm{d}x \tag{37-3}$$

式中，I 为射线束强度；μ 为衰减系数（如果射线不是单色的，则 μ 为波长的函数）。于是，可以获得射线的衰减规律为

$$I = I_0 \mathrm{e}^{-\mu x} \tag{37-4}$$

射线穿过物质时，其强度衰减的原因有二：吸收和散射。吸收是一种能量的转换，亦即射线穿透物质被吸收后变成其他形式的能量（如热能、光能）。散射则是射线的传播方向改变而射线本质不变。在 X 射线（含高能 X 射线）能量范围内粒子对物质的作用主要表现为三种效应：光电效应、电子对的生成和康普顿效应。前两种效应表现为射线光子被吸收，而第三种效应表现为光子被散射。必须指出，光电效应、康普顿效应只有在光子的能量较小时才是重要的，电子对生成效应只有在光子的能量大于 1.02MeV 后才能产生。

若用 τ 表示射线穿透 1cm 厚的物质时因光电效应产生光电子的概率，即光电吸收系数；ξ 表示射线通过 1cm 物质时因电子对生成而导致强度衰减的吸收系数；σ 表示射线通过 1cm 物质时因康普顿散射和弹性散射带来的强度减弱的散射系数，那么衰减系数 μ 就是以上三者之和，即

$$\mu = \tau + \sigma + \xi \tag{37-5}$$

式中，μ 代表射线在穿透 1cm 厚的某物质后强度被衰减的情况，因此 μ 被称为线衰减系数。另外，τ、σ、ξ 还与吸收物质的原子序数以及射线光子的能量（或波长）有关，于是，μ 也与它们有关。一般地，射线能量一定，物质的原子序数越大，μ 也越大，射线强度的衰减越厉害；物质一定，射线光子能量越低（波长越长），μ 越大，射线强度越容易被衰减。

若射线粒子能量 $\varepsilon = \dfrac{hc}{\lambda} < 1.02\text{MeV}$，则不会产生电子对生成现象，这时 $\xi = 0$，于是

$$\mu = \tau + \sigma \tag{37-6}$$

在普通 X 射线检测中，一般采用这个式子来表示线衰减系数的具体内容。

4. X 射线检测原理

X 射线无损检测方法目前主要有 X 射线照相法、透视法（用荧光屏直接观察）、工业 X 射线电视法和工业 X 射线 CT 法。当前 X 射线照相法在国内外应用最广泛，是射线检测的主流，因为它的检测灵敏度高、安全（与透视法相比较）、费用较低（与电视法比较）。限于篇幅，以下仅介绍 X 射线照相法。

X 射线照相法原理如图 37-2 所示。X 射线穿透被检工件时，有缺陷部位与基本金属对射线的吸收能力不同，缺陷部位内含的空气或非金属夹杂物对 X 射线的吸收能力大大低于金属对射线的吸收能力，透过有缺陷部位的射线强度远高于无缺陷部位的射线强度，在 X

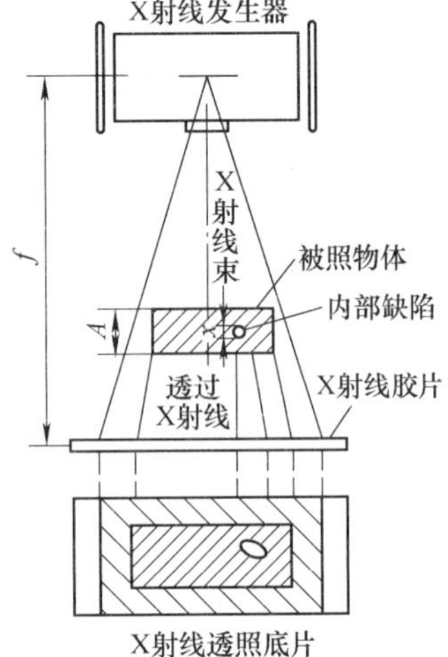

图 37-2 X 射线照相检测光路

射线感光胶片上对应有缺陷部位的部分将接受较多的 X 射线粒子，从而形成黑度较大的缺陷影像，它将被确定为检测件的缺陷。

由式（37-4）射线在工件中的衰减规律可表示为

$$I = I_0 e^{-\mu A} \tag{37-7}$$

其中，I 为 X 射线穿过厚度为 A（cm）的材料后的强度；I_0 为 X 射线在工件前表面的强度；μ 为材料的 X 射线衰减系数。

设 I_1 为射线透过工件无缺陷部位的强度，则

$$I_1 = I_0 e^{-\mu A} \tag{37-8}$$

I_2 为射线透过有缺陷部位的强度，则

$$I_2 = I_0 e^{-\mu(A-x)} \tag{37-9}$$

式中，x 为工件内缺陷在沿射线方向的尺寸，于是透过有缺陷部位和无缺陷部位后射线的强度比为

$$I_2/I_1 = e^{\mu x} \tag{37-10}$$

式（37-10）告诉我们，沿射线透照方向缺陷的尺寸 x 越大，或工件衰减系数 μ 越大，则透过有缺陷部位与无缺陷部位的射线强度比 $e^{\mu x}$ 越大，从而反映在底片上的黑度差异也越大，缺陷就越容易被检测到。

以上照相原理和照相光路也适合于 γ 射线照相检测方法，所不同的是照相光路中放置 X 射线发生器的位置应改放 γ 射线源（如 ^{60}Co 源）。γ 射线照相检测由于采用的 γ 源的尺寸比 X 射线管焦点尺寸大，因此底片的成像质量一般比 X 射线照片的稍差。但是 γ 射线源装置比 X 射线发生器及其电源装置简单得多，检测中也要灵活、方便得多，加之 γ 射线粒子能量比 X 射线粒子能量更大，能检测的工件厚度也要厚大得多，因此，它的优点也是显著的。

5. X 射线照相方法和灵敏度

按图 37-2 的检测光路，将装有胶片的暗袋紧贴在工件下表面，开机曝光后再在暗室里对曝光后的胶片进行显影、定影、水洗和晾干（或吹干）处理，就可以得到一张该工件的 X 射线照相底片。但是这样的一张底片是否符合透照质量要求？可否参与评片，从而确定工件内部是否有缺陷呢？回答是否定的。因为射线检测作为一种工业产品的有效检测手段其技术指标是科学而严格的，对 X 射线照相底片本身的成像质量的要求是很高的，因此还得注意以下三个方面。

（1）射线能量的选择　X 射线的能量大，穿透能力强，而光子能量的高低是通过调节 X 射线管电压来实现的。在射线照相时是采用较高的 X 射线管电压或是采用较低的管电压呢？关于这个问题有必要利用强度比进行深入分析研究。

我们知道，底片上有缺陷部位与无缺陷部位的黑度对比越大，缺陷越容易被观察到，而这种黑度对比取决于照射在胶片上的射线强度比

$$I_2/I_1 = e^{\mu x} \tag{37-11}$$

对于同一工件，在缺陷沿射线方向的长度尺寸 x 一定的情况下，有缺陷与无缺陷部位的射线强度比 $e^{\mu x}$ 取决于衰减系数 μ，μ 值大则射线强度比也大。我们还知道，同一种材料的衰减系数 μ 是随射线能量不同而不同的。当 X 射线管电压高时产生的射线能量大，穿透力强，衰减系数小。因此，采用 X 射线检测照相时首先要考虑 X 射线管电压，而选择管电压的原则

是：在 X 射线能穿透工件的情况下，应当采用较低的管电压。

（2）X 射线源尺寸与焦距尺寸　实际 X 射线源都有一定的大小而不是一个几何点。当射线源不是一个理想点源时，缺陷在底片上的影像的边缘部位就会出现黑度过渡区，即半影区。所谓半影区在底片上表现为黑度逐渐变化，即缺陷黑度与基本金属黑度之间形成一个过渡区，于是缺陷和基本金属在底片上的影像的反差减小，界限不明显，从而影响对缺陷的检测。半影区的大小用 U_g 表示，它又被称为射线检测的几何不清晰度。其值可由下式求出：

$$U_g = \frac{dA}{f - A} \tag{37-12}$$

其中，d 为射线源的线尺寸；A 为工件厚度（设胶片紧贴工件下表面放置）；f 为射线源到胶片的距离，这个距离也称焦距。U_g 的大小与射线源焦点的大小 d 成正比，与工件上表面到胶片的距离 A 成正比，而与射线源距工件上表面的距离 $f-A$（设胶片紧贴工件下表面）成反比。为了减小几何不清晰度提高像质，要求 X 射线机的焦点尺寸越小越好，但这种要求是不实际的，因为 X 射线机购置后，射线源焦点就固定了。对于一定的工件，尺寸 A 也是固定的，因此实用中为了改善几何不清晰度，常采用增大射线源到胶片的距离来实现。由于 X 射线强度与焦距 f 的平方成反比，f 增大，射线强度将显著减小，这就要求拉长曝光时间。因此，在几何不清晰度、焦距和曝光时间之间必须综合权衡考虑，以求最佳效果。

（3）X 射线照相灵敏度　X 射线照相灵敏度是射线检测中极为重要的指标。照相灵敏度高就能发现细小的缺陷，否则可能漏检，因此搞清楚射线照相灵敏度十分必要。

X 射线照相的绝对灵敏度是指在射线透照底片上所能发现的工件中沿射线穿透方向上的最小缺陷的尺寸，但是绝对灵敏度往往不能反映不同厚度工件的透照质量，于是人们又用能够发现的最小缺陷的尺寸占被透照工件厚度的百分比来定义相对灵敏度，即

$$K = \frac{x}{A} \times 100\% \tag{37-13}$$

式中，A 为工件在透照方向上的尺寸；x 为缺陷的相应尺寸。但是被透照工件中能被发现的最小缺陷的尺寸是未知的，于是，人们又采用一种叫像质计（或透度计）的工具来确定透照灵敏度。

目前国内外采用的像质计主要有三种，即线型像质计、阶梯孔型像质计和平板孔型像质计。我国采用线型像质计（亦称金属丝像质计）。这是一种由一系列不同直径的金属丝构成的器件。金属丝压嵌在塑料膜或橡胶膜内，使一组 7 根金属丝成为整体，如图 37-3 所示。

使用线型像质计时，透照灵敏度按下式计算

$$\eta = \frac{d_{min}}{A_{max}} \times 100\% \tag{37-14}$$

式中，d_{min} 为底片上能观察到的最细金属丝直径（mm）；A_{max} 为工件透照部位的最大厚度（mm）。目前各国对灵敏度的要求比较接近，一般要求 $\eta < 2\%$。

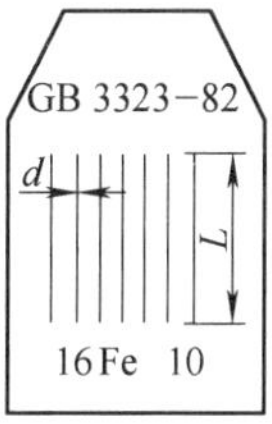

图 37-3　金属丝像质计

总之，像质计是检测、衡量 X 射线照相灵敏度的工具。检测人员必须了解像质计的作用、种类、规格和使用方法，否则将无法知道透照质量是否满足了要求，甚至导致对缺陷的漏判和错判，后果将是严重的。关于像质计的使用方法，我国 GB 3323 标准有详细的说明，限于篇幅这里就不再详述。

【实验仪器】

QX2505 型携带式 X 射线探伤机，QD-2A 冷光源观片灯，吹风机，X 射线胶片及暗袋，铅金属增感屏，金属丝像质计，显、定影液，待检工件，盆具。

【实验内容】

1. 根据待检工件待检部位的厚度由曝光曲线确定管电压、曝光量，也确定铅金属增感屏前、后屏的厚度。

2. 根据待检工件待检部位的大小确定 X 射线胶片尺寸，在暗室装胶片暗袋。注：铅金属增感屏前、后屏将胶片夹在中间再将它们装入暗袋。

3. 根据 X 射线源尺寸（1.8mm×1.8mm）、待检工件待检部位的厚度由式（37-12）中 U_g 不大于 0.4mm 确定焦距 f，进而确定照相光路并布置之。暗袋置于待检工件下表面，金属丝像质计垂直于焊缝放置，细丝朝外。

4. 熟悉 X 射线探伤机及控制柜的各部分的功能，由实验内容 1 已确定的管电压、曝光量最终选定控制柜上的管电压、曝光时间。注：① 应避免高管电压和短焦距（小于 500mm）；② 本 X 射线探伤机管电流固定为 5mA，曝光时间单位为 min。

5. 人员远离射线柜，开机曝光。

6. 曝光结束后在暗室里将胶片进行暗室处理、水洗及吹干。

7. 在冷光源下观片灯下观看底片。先看像质计细丝影像。由式（37-14），当 $\eta<2\%$ 表明底片照相检测质量达到 GB 3323 要求，可以进行评片。

8. 在教师的指导下对待检工件缺陷的有无、尺寸大小、性质进行评定，并对工件是否合格下结论。

【思考题】

1. 为什么本实验 X 射线胶片暗室处理的显影液采用 D-19 显影液而不是平时常用的 D-72 或 D-76 显影液？

2. 为什么 X 射线照相检测对体积状缺陷（如气孔缺陷）敏感而对面状缺陷（如裂纹缺陷）不敏感？

（韩忠稿，陶纯匡校）

【参考文献】

[1] 刘贵民. 无损检测技术［M］. 北京：国防工业出版社，2006.
[2] 李喜孟. 无损检测［M］. 北京：机械工业出版社，2009.

实验 38　超声波无损检测

【引　言】

人类很早以来就利用声波进行检测。例如，人们购买西瓜时就用手拍拍西瓜，通过听西瓜振动的声音来判断西瓜的生熟。利用超声波进行工业检测是在第二次世界大战期间才面世的。经过几十年的不断探索，人类已将超声波广泛地应用于工业加工、清洗、无损检测、测量厚度、流速、流量、密度及液位（或物位）等领域。近年来超声波在信息领域里也获得了广泛应用。

【实验目的】

1. 掌握超声波遵从的基本理论和检测原理。
2. 学会用 A 型脉冲反射式超声波探伤仪检测工件的基本缺陷。
3. 了解超声波在工业中的各种应用。

【实验原理】

1. *超声波的种类和传播波形*

（1）超声波的种类　超声波的本质是一种机械压力波，由于声源在介质中施加力的方式不同，从而使得质点振动的轨迹不同，根据质点振动方向和波动传播方向的关系，可将超声波分成声纵波、声横波、声表面波和声板波等。

声纵波　当弹性介质受到交替变化的拉应力和压应力的作用时，相应地产生交替变化的伸长和压缩形变，质点产生疏密相间的纵向振动，振动又作用于相邻的质点，于是在介质中传播开来形成波。由于质点振动方向和波的传播方向相同，因此这种波称为纵波，简称“L”波。任何弹性介质在体积变化时都能产生弹性力，于是纵波可以在固、液、气体介质中传播。

声横波　固体介质受到交变剪切应力作用会相应地发生交变的剪切形变，介质质点产生具有波峰和波谷的横向振动。振动又作用于相邻的质点，于是在介质中传播开来。由于质点的振动方向和波的传播方向相垂直，因此这种声波称为声横波，简称“S”波。应当指出，气体及液体介质的切变弹性模量为零，没有剪切弹性力，因此，它们不能传播声横波和具有横向振动分量的其他声波。

声表面波　当固体介质表面受到交变表面张弛力的作用，使材料表面的质点发生相应的纵向振动和横向振动，结果使质点作这两种振动的合振动，亦即在其平衡位置作椭圆振动，这种振动在介质表面传播开来，形成了声表面波，简称“R”波。声表面波亦称瑞利波，字母 R 就是为了纪念瑞利对声学研究的贡献。

声板波　在板状介质中传播的声波称为声板波。声板波较复杂，最主要的一种声板波是兰姆波。声板波的进一步介绍读者可查阅有关超声波的专门书籍。

（2）超声波的传播波形　超声波的传播波形是根据超声波传播过程中波阵面的形状来区分的。超声波波阵面的形状可分为平面波、球面波、柱面波和活塞波等。

平面波　即声波的波阵面为平面。由各向同性的弹性介质构成的一个无限大的刚性板，介质质点作简谐振动，这时产生的波动可视为平面波，其数学描述为

$$y = A\cos(\omega t - kx) \tag{38-1}$$

式中，A 为振幅；x 为波阵面距声源的距离。

应该指出，理想的平面波是不存在的，但如果声源截面尺寸相对于它产生的声波波长来说很大，则此声波可近似看成是指向一个方向的平面波。

球面波　当一个点状声源在各向同性的均匀介质中产生振动，其振动将从中心向各个方

向传播，在任意时刻其传播的波阵面都为球面，这种波称为球面波。在不吸收波能量的介质中，球面波的振幅也会衰减，但通过各波阵面的平均能流却是相等。球面波的数学描述为

$$y=\frac{A}{r}\cos\omega(t-r/c)=\frac{A}{r}\cos(\omega t-kr) \tag{38-2}$$

式中，r 为观测点离声源的距离；A 为距声源单位距离处的振幅；c 为声速；$k=\frac{2\pi}{\lambda}$为波数。

柱面波 如果声源具有类似无限细长柱体的形状，则在各向同性无限大介质中产生同轴圆柱状波阵面的波动称为柱面波。柱面波的数学描述为

$$y=\frac{A}{\sqrt{r}}\cos(\omega t-kr) \tag{38-3}$$

活塞波 当片状声源在一个大的刚性壁上沿轴向作简谐振动，且声源表面质点具有相同的位相和振幅，则在无限大各向同性的弹性介质中所激发的波动称为活塞波。活塞波在接近声源的区域，由于干涉现象显著，声场情况比较复杂，在远离声源的区域，干涉现象已不明显，这时波阵面接近球面波。

2. *超声波的特征参量*

描述超声波在介质中传播的主要物理量除人们熟知的声速 c、频率 f、周期 T、波长 λ 等之外，还有声压 p、声强 I 及特性阻抗（声阻抗）z。

（1）声压 超声场中某一点在某瞬时所具有的压强与没有超声波存在时同一点的静态压强之差称为声压，并用 p 表示。声压的单位为“帕（Pa）”。

由于声压是随波动的频率而变化的压力波，因此介质每一点的声压是随时间和距离而变化的。

对于球面波，距声源半径 r 处的声压为

$$p=\frac{A}{r}\sin(\omega t-kr) \tag{38-4}$$

式中，A、k 的物理意义与式（38-2）同。对于在密度为 ρ、声速为 c 的介质中传播的声平面波的声压为

$$p=pcv=\rho cv_0\sin\omega t \tag{38-5}$$

其中，v 为质点的振动速度，v_0为速度振幅值。

在超声波检测检测领域里，声压是一个很重要的物理量，因为在一般无损检测中所能观察到的回波高度以及作为主要判别依据的探伤仪荧光屏上回波高度的变化，都正比于由缺陷界面反射回来的声压。此外，换能器的声电和电声转换也都与声压有着密切的关系。

（2）声强

在垂直于超声波传播方向上单位面积、单位时间内通过的声能量称为声强度，简称声强，用符号 I 表示。在超声波的传播过程中，若单位时间内传播的能量越多，则声强越大。

在密度为 ρ、声速为 c 的介质中，对于声平面波其声强

$$I=\frac{1}{2}\cdot\frac{p^2}{\rho c} \tag{38-6}$$

$$I=\frac{1}{2}\rho cv_0^2=\frac{1}{2}\rho c\omega^2A^2 \tag{38-7}$$

声强的单位为“瓦每平方米（W/m^2）”。

对于通过截面为 S 的平面超声波的声功率为声强与面积的乘积，即

$$N = IS \tag{38-8}$$

声功率的单位为“瓦（W）”。

（3）特性阻抗（声阻抗率）　声场中弹性介质的特性阻抗规定为在自由平面行波中某一点的有效声压与该点有效声速度之比，它也等于介质声速 c 和它的密度 ρ 的乘积，以 z 表示，即

$$Z = pc \tag{38-9}$$

或

$$Z = \frac{p_f}{v_f} \tag{38-10}$$

其中，p_f为声压有效值；v_f为质点有效速度。特性阻抗的单位是牛·秒每立方米（$N \cdot s/m^3$）。

当超声波由一种介质传入另一介质以及从介质界面反射时，其传播特性主要取决于这两种介质阻抗之比。在所有传声介质中气体密度最低，通常认为气体密度约为液体密度的千分之一、固体密度的万分之一，因此气体、液体与金属之间声阻抗之比接近于 1∶3000∶80000。不同介质的声阻抗有如此大的差异，所以超声波在异质界面有很好的反射特性，这一特性成了脉冲反射法检测的基础。

另外，超声波在固体介质中传播时，温度的变化对介质密度以及对介质的声速都有影响，因此温度变化对声阻抗的影响也是很显著的，这一点在超声波实验中必须引起重视。

常见介质的声阻抗如表 38-1 所示。

表 38-1　常见介质的声阻抗

介质名称	$\rho/(g/cm^3)$	$c_1/(m/s)$	$\rho c_1/[\times 10^6 g/(cm^2 \cdot s)]$
钢	7.8	5880~5950	4.53
黄铜	8.9	4700	4.18
铝	2.7	6260	1.69
酚醛塑料	0.92	1900	0.174
有机玻璃	1.18	2720	0.32
甘油（100%）	1.270	1880	0.238
水	0.997	1480	0.148
酒精	0.790	1440	0.114
变压器油	0.859	1390	0.13
空气	0.0013	344	0.00004

（4）声速　声波在介质中传播的速度称为声速，超声波有着不同的波型，即纵波、横波、表面波等。对于不同波形的超声波，其传播速度显著不同。另外，声速还取决于介质的物性及力学性质（密度和弹性模量等），因此它是表征介质声学特性的一个重要参数。

① 无限大固体介质中的声速：纵波声速 c_L

$$c_L = \sqrt{\frac{E(1-\sigma)}{\rho(1+\sigma)(1-2\sigma)}} \tag{38-11}$$

式中，E 为弹性模量；σ 为泊松比；ρ 为介质密度。

横波声速 c_S

$$c_S = \sqrt{\frac{G}{\rho}} = \sqrt{\frac{E}{2\rho(1+\sigma)}} \tag{38-12}$$

其中，G 为切变模量。

表面波声速 c_R

$$\begin{aligned} c_R &\cong \frac{0.87+1.12\sigma}{1+\sigma} \cdot \sqrt{\frac{G}{\rho}} \\ &= \frac{0.87+1.12\sigma}{1+\sigma} c_S \end{aligned} \tag{38-13}$$

上述公式中出现了三个力学参数 σ、G、E，其中，E 的物理意义已为大家熟知，现解释一下 σ、G 的物理意义。如图 38-1a 所示的一个柱体，其纵向尺寸为 l，横向尺寸为 d。当受到力 $\boldsymbol{F}$ 的作用时，柱体的纵向伸长为 ΔL，横向缩短为 Δd。

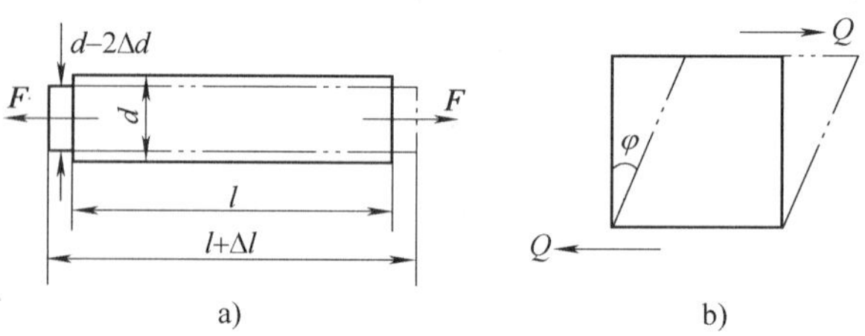

图 38-1　σ、G 的物理意义

泊松比 σ 定义为介质横向相对缩短与纵向相对伸长比，即

$$\sigma = \frac{\Delta d/d}{\Delta L/L} \tag{38-14}$$

若一柱体上下两端面受到切向力 Q 的作用（见图 38-1b），产生切应变 φ，若柱体端面积为 S，则切应力为 Q/S。

切变模量 G 是介质产生单位弹性切应变所需要的切应力，即

$$G = \frac{Q/S}{\varphi} \tag{38-15}$$

通过以上对超声波在固体介质中传播速度的讨论，可以看到：

a. 介质的弹性性能愈强（即 G 或 E 愈大），密度 ρ 愈小，则超声波在该介质中传播的速度就愈快。

b. 比较式（38-11）和式（38-12），得

$$c_L/c_S = \sqrt{\frac{2(1-\sigma)}{1-2\sigma}} \tag{38-16}$$

对于固体介质，泊松比 σ 大约在 0.33 左右，故 $c_L/c_S \approx 2$。例如介质为钢，则 $\sigma = 0.28$，故 $c_L/c_S \approx 1.8$。因此，钢中纵波速度为横波速度的 1.8 倍，表面波传播速度为横波的 0.9 倍。超声波的这一性质在检测中有着实际意义。

c. 由于气体和液体没刚性，不能承受切应力（即 $G=0$），因此横波、表面波只能在固体介质中传播。

② 液体、气体介质中的声速：对于液体和气体介质，纵波的传播速度可用下式描述

$$c=\sqrt{\frac{k}{\rho}} \tag{38-17}$$

其中，k 为介质的体积弹性模量，ρ 为密度。

如果把气体看做理想气体，则可以把声波的传播看做绝热过程，这时可把式（38-17）写做

$$c=\sqrt{\frac{\gamma RT}{\mu}} \tag{38-18}$$

式中，R 为摩尔气体常数；T 为热力学温度；μ 为气体的摩尔质量；γ 为体积不变时的定容比热比，$\gamma=C_{p,\mathrm{m}}/C_{V,\mathrm{m}}$。

3. 超声波换能器

在超声波实验中使用的换能器常称为超声探头。超声探头在电脉冲激励下能发射超声脉冲。反之，当一个超声脉冲作用在探头上，超声探头也能产生一个相应的电脉冲信号。显示电脉冲信号的方法可根据不同的要求采取不同的形式，如采用示波管显示或电表显示，也可用喇叭或信号灯报警等。超声波探头加上电脉冲发生器和接收显示器就构成了一个完整的装置。探头虽小，但它却集中了大量声学的基本知识与技术，如超声波的吸收和衰减问题、多层介质里声波的传播问题、电声能量转换之间的有关问题等。因此，探头的形式、性能、制作工艺以及合理使用对检测结果的正确性都会产生直接影响，也成为发展超声波技术的重要环节。

（1）压电效应及压电材料　压电效应是居里兄弟发现的。有些单晶材料和多晶陶瓷材料在应力（压力或张力）作用下产生应变时，晶体中就产生极化电场，这种效应称为正压电效应。相反，当晶体处于电场之中时，由于极化作用，在晶体中就产生应变或应力，这种效应称为逆压电效应。正、逆压电效应统称为压电效应。

很多材料都能产生压电效应，它们通常被分为两大类。一类是压电晶体，如石英、硫酸锂、铌酸锂等；另一类是压电陶瓷，典型的压电陶瓷有钛酸钡（$BaTiO_3$）。利用压电材料具备的压电效应，人们就能够把交变电信号变成超声波，反过来超声波作用在压电材料上也能产生电信号。应当指出，压电晶体和压电陶瓷各有其特点，分别被用来制作不同的超声波换能器（探头）。

（2）探头的种类　超声波技术涉及的探头类型是多种多样的。例如，在超声波无损检测中由于被检工件的形状、性质、探伤的目的、探伤的条件各不相同，因而需使用各种形式的探头。超声波探头按不同的归纳方式可以进行不同的分类，如根据产生超声波型的不同可分为纵波探头（也叫直探头或平探头）、横波探头（也叫斜探头或斜角探头）和表面波探头等；按与被检材料的耦合方式不同可以分为直接接触式探头和液（水）浸探头；根据超声波束的集聚与否可以分为聚焦探头和非聚焦探头；根据工作的频谱可分为宽频谱的脉冲探头和窄频谱的连续波探头。此外，自动检测中还有机械扫描的切换探头和电子扫描的列阵探头，以及一些特殊条件下使用的专用探头等。下面介绍两种常用的基本探头。

① 纵波探头（直探头）：纵波探头用于发射和接收声纵波。如图38-2所示，纵波探头由保护膜、压电晶体、阻尼块、外壳、电器接插件组成。

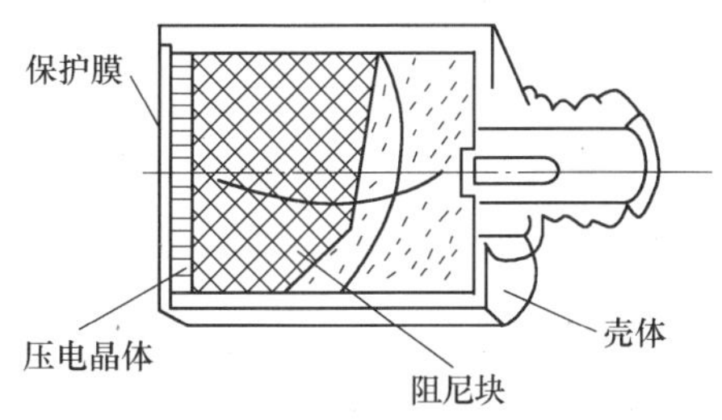

图38-2　纵波探头结构示意

② 斜探头：斜探头一般由探头芯、斜楔块和壳体等组成（图38-3）。探头芯与直探头相似，也是由压电元件和阻尼块构成。斜探头与直探头的不同点在于斜探头在压电元件和被探测材料之间加上一斜楔块，从而构成一固定的入射角。这样，斜探头就可以使压电元件发射的纵波在被检材料中产生波形转换，形成纵波与横波并存、单纯的折射横波及表面波等。不同波形的产生取决于被检材料和斜楔块的声速和纵波入射角。当斜楔块的入射角选择在第一临界角与第二临界角之间，在被检材料内部可获得单纯的折射横波，这种斜探头也称为横波探头。如果斜楔块入射角大于第二临界角，于是，沿被检材料表面传播的是超声表面波，这种斜探头也称为表面波探头。

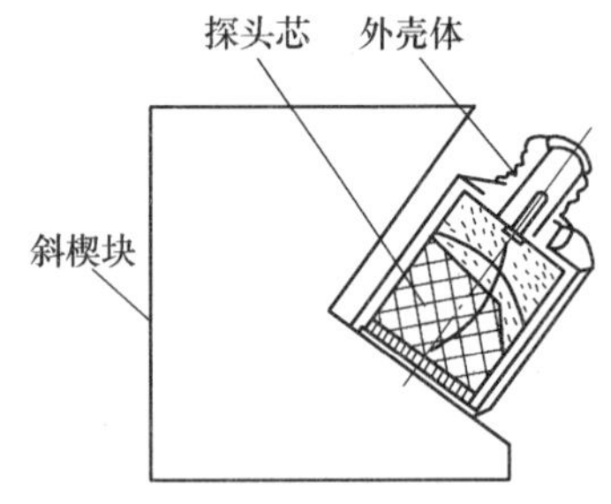

图 38-3 斜探头结构示意

4. *超声波无损检测*

（1）超声波探伤仪简介 在超声波无损检测中使用的装置称为超声波探伤仪。使用超声波进行探伤，首先要解决如何发射和接收超声波的问题，使用超声波换能器可以解决这个问题，而超声波换能器就是我们所说的探头。当一个电脉冲作用到探头上，探头就发射超声脉冲。反之，当一个超声脉冲作用到探头上时，探头就产生一个电脉冲。有了探头再配上电信号的产生和接收等装置，就构成了整套探伤仪器。

在目前的超声波探伤仪家族中，大量使用的是脉冲反射式超声波探伤仪，其中应用最广的是单通道探伤仪，A 型脉冲反射式超声波探伤仪就属此类。这种仪器又属于被动性声源探伤仪，即仪器在发射超声脉冲波后，超声波就在工件中传播，当它在工件中遇到缺陷后产生反射回波，超声回波作用于探头生成电脉冲并在荧光屏上显示脉冲波形，在荧光屏上以幅度估计缺陷大小——A 型显示。另外，这种仪器是由一个（或一对）探头单独工作，属于单通道探伤仪。

（2）A 型脉冲反射式超声波探伤仪的工作原理 A 型脉冲反射式超声波探伤仪的电路方框图如图 38-4 所示。它主要由同步电路、时基电路（即扫描电路）、发射电路、接收电路、探头和示波管电路、时标电路等几部分组成，其工作原理简述如下。

同步电路产生周期性的同步脉冲信号，同步脉冲的作用是控制发射电路、时基电路等步调一致地工作。当稍加延迟后的同步信号反馈至发射电路时，发射电路立刻产生一个上升时间很短、脉冲很窄、幅度很大的电脉冲——发射脉冲。发射脉冲加到探头上，激励探头产生脉冲超声波，超声波透过耦合剂进入工件。在工件内传播的超声波遇到工件界面或缺陷时，即产生反射。反射波经探头接收后转变成电脉冲，电脉冲经放大器放大（检波）后送至示波管 Y 轴进行显示。另一方面，当同步脉冲反馈至示波管 X 轴偏转板上，则产生一个从左至右的水平扫描线，即时基线。扫描光点的位移与时间成正比，因此从示波管荧光屏上反射波信号的位置，即可确定超声波传播至工件底面或缺陷处的距离。荧光屏上显示的波高与探头接收到的超声波声压成正比，因此可根据反

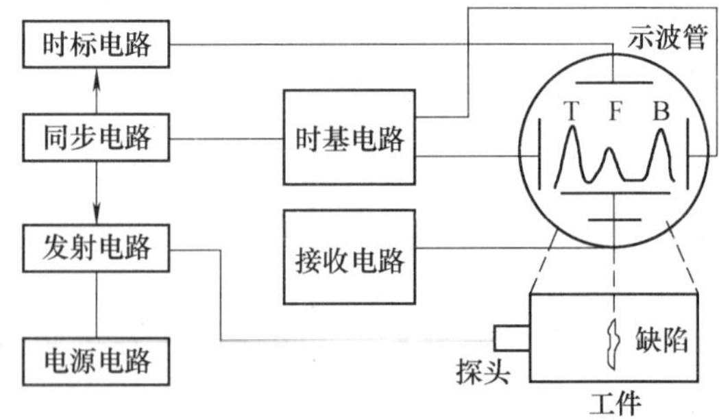

图 38-4 A 型脉冲反射式超声波探伤仪电路框图

射波高对缺陷定量。

（3）A 型脉冲反射法检测的特点与局限　探头发射的超声波以持续时间为 0.5 ~ 5μs 这样短的脉冲在被检工件中传播，当遇到缺陷和底面就会产生反射，并被接收，用这种方法可以知道缺陷的有无以及缺陷的大小和位置。在超声波检测探伤中一般常采用这种方法。此法采用垂直探伤时，发射的是声纵波；使用斜探头时主要是声横波等。图 38-5 所示的是垂直探伤荧光屏显示图。

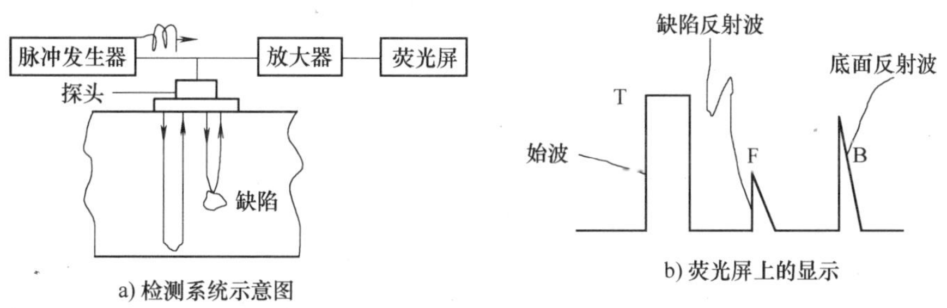

图 38-5　A 型脉冲反射法示意图

A 型脉冲反射法检测具有灵敏度高、检测速度快、设备简单及检测费用低的特点，但是其局限与缺点也是明显的，显示缺陷不直观、对缺陷定性定量困难、对检测人员技术要求高等，这些因素都限制了它的检测范围，也正是如此 B、C、D 型超声检测技术得到了飞速发展。

【实验仪器】

CTS-23A 型超声探伤仪（含换能器）、SA-6 型超声探伤仪（含换能器）、标准试块、待检工件、耦和剂（变压器油）。

【实验内容】

认真阅读 CTS-23A 型超声探伤仪和 SA-6 型超声探伤仪的使用说明书。了解结构、各旋（按）钮的功能及使用方法。特别应关注声换能器（声探头）的选择与使用方法及超声波工作频率、脉冲重复频率、探测灵敏度、探测深度等问题涉及的旋（按）钮使用方法。

由于超声波检测涉及的因素多而且涉及很专业的知识（如 AVG 图等），因此我们在下面仅介绍最常用的三个实验。

实验 38.1　超声波探伤仪水平线性的测定

水平线性也称时基线性或扫描线性，是指超声探伤仪水平扫面线扫面速度的均匀程度，也就是扫描线上显示的反射波距离与反射体距离线成正比的程度。水平线性好，扫描线单位长度所代表的时间（或距离）相等，因而扫面线上显示的多次底反射波之间的距离相等。探伤仪水平线性好坏关系到缺陷的定位是否准确。影响水平线性的主要因素是扫描电路和显示系统。

水平线性好坏以水平线性误差表示，它等于扫描线上显示的最大距离偏差与扫描线代表的探测距离的百分比。

【实验仪器】

超声波探伤仪 CS-6、1.25MHZ 探头试块。

【实验内容】

1. 将探伤仪“深度粗调”钮置于60cm深度档级，试块上涂上耦合液（油），将探头置于试块上。

2. 不使用“延迟”功能，调“增益”、“深度细调”和“水平”钮使示波屏上出现五次底波 $B_1 \sim B_5$，并使 B_1、B_5前沿分别对准水平刻度线2.0和10.0。

3. 依次将 B_2、B_3、B_4调至80%高，并记录它们的前沿与水平刻度4.0、6.0、8.0的偏差 ΔL_2、ΔL_3、ΔL_4，如图38-6所示。

4. 设最大偏差为 ΔL_{max}，水平全刻度长为 B，则仪器水平线性误差 ΔL 为

$$\Delta L = \frac{|\Delta L_{max}|}{0.8B} \times 100\%$$

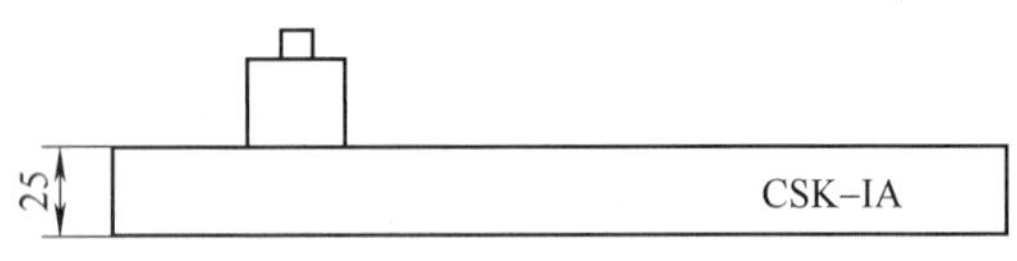

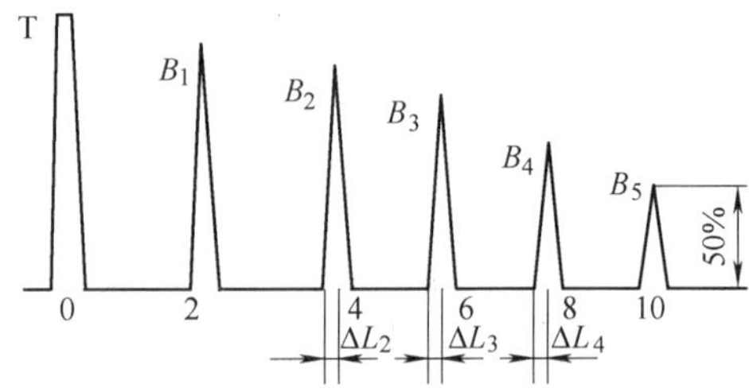

图38-6　水平线性偏差的测试

当然，仪器水平线性误差 ΔL 越小仪器的水平线性就好。

实验38.2　材料衰减系数的测定

【实验原理】

超声波在介质中传播时，其声压按

$$p_x = p_0 e^{-\alpha x} \tag{38-19}$$

衰减。式中，p_0为波源的起始声压；x 为探测点至波源的距离（mm）；α 为介质的衰减系数。

若对式（38-19）取自然对数，则有

$$\alpha = -\frac{1}{x}\ln\frac{p_x}{p_0} \tag{38-20}$$

如 x 的单位为毫米（mm），则衰减系数 α 的单位为奈培/毫米（NP/mm）。式（38-19）取常用对数，则

$$\alpha = -\frac{1}{x}20\lg\frac{p_x}{p_0} \tag{38-21}$$

此时，α 的单位为分贝/毫米（dB/mm）。式（38-20）、式（38-21）就是探伤中常用的表示衰减系数的单位。衰减系数越大，超声波在材料中的衰减愈利害。

测定衰减系数的方法有多种，以下介绍两种常用的方法。

1. 厚工件衰减系数的测定

如图 38-7 所示，当工作厚度 $x \geqslant 3N(N=\dfrac{D^2}{4\lambda})$ 并且有平行底面时，可利用下式计算材料的衰减系数：

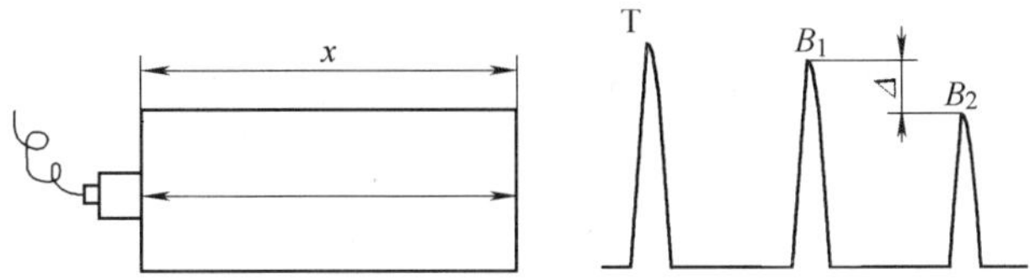

图 38-7　厚工件衰减系数的测定

$$\alpha=\frac{20\lg\dfrac{B_1}{B_2}-\sigma}{2x}(\mathrm{dB/mm}) \tag{38-22}$$

$$\alpha=\frac{20\lg\dfrac{B_1}{B_2}-\sigma-\delta}{2x}=\frac{\Delta-\sigma-\delta}{2x}(\mathrm{dB/mm}) \tag{38-23}$$

式中，B_1 为示波屏上第一次底波高度；B_2 为第二次底波高度；$\Delta=20\lg\dfrac{B_1}{B_2}$，即第一、二次底波高度分贝差；$\sigma$ 为声束扩散引起的第一、二次底波高度分贝差；δ 为底面反射损失；x 为工件厚度。

2. 薄工件衰减系数的测定

对于薄工件，由于波束不扩散，只存在介质衰减，因此，可采用比较多次反射回波高度的方法测定衰减系数，如图 38-8 所示。这时衰减系数可写成

$$\alpha=\frac{\Delta_{m-n}-\delta}{2(n-m)x}=\frac{20\lg\dfrac{B_m}{B_n}-\delta}{2(n-m)x} \tag{38-24}$$

式中，m、n 为底波反射次数；Δ_{m-n} 为示波屏上第 m、n 次底波波高 B_m、B_n 的分贝差；x 为工件厚度；δ 为表面反射损失。

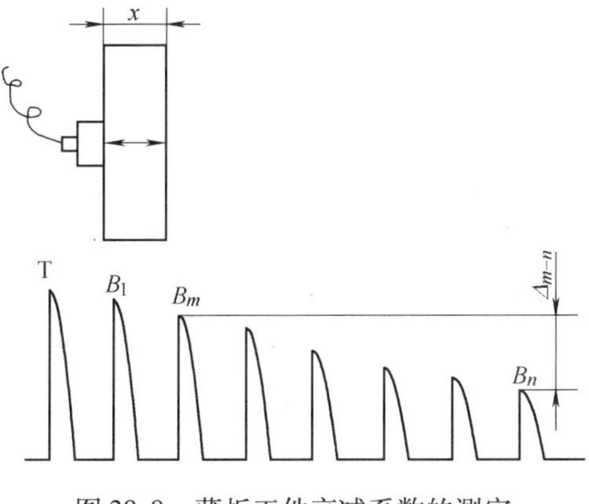

图 38-8　薄板工件衰减系数的测定

【实验内容】

1. 熟悉 CS-6 超声波仪的各旋钮对应的功能。

2. 材料取钢件，涂上耦合剂（油），探头放置在涂耦合剂处，此时可看到图 38-7 所示的反射波图样，测 B_1、B_2，用式（38-22）计算钢件的衰减系数 $\alpha_{钢}$。

3. 材料取铝件，涂上耦合剂，探头放置在耦合剂处，此时可见图 38-8 所示的反射波图样，测 B_2、B_6，用式（38-24）（δ 取 0），计算铝件的衰减系数 $\alpha_{铝}$。

实验 38.3　人工缺陷位置的测定

【实验原理】

超声波探伤中缺陷位置的测定就是确定缺陷在工件中的位置，简称定位。一般可根据示波屏上缺陷波的水平刻度值与扫描速度来对缺陷定位。

设仪器按 1：n 调节纵波扫描速度，缺陷波前沿所对的水平刻度值为 L_f，则缺陷至探头的距离 X 为

$$X = nL_f \tag{38-25}$$

若探头波束曲线不偏离，则缺陷正位于探头中心曲线上。

【实验内容】

1. 在底面带有人工缺陷的工件上涂耦合液，观察示波屏上的波形图。
2. 测定缺陷波的水平刻度值 L_f，记下扫描速度 n。
3. 计算缺陷至探头的距离 X，并与实际尺寸进行比较。

【思考题】

1. 为什么说超声波的应用在 21 世纪将有较大的发展？
2. 为什么实验中超声波探头与工件之间必须使用耦合液？最廉价的耦合液是什么？
3. 为什么超声波检测忌讳细小工件？

（韩忠稿，陶纯匡校）

【参考文献】

［1］刘福顺，汤明．无损检测基础［M］．北京：北京航空航天大学出版社，2002.
［2］李国华．现代无损检测与评价［M］．北京：化学工业出版社，2009.

实验 39　光学全息无损检测

【引　言】

全息技术最初是由英国科学家丹尼斯·伽柏（Dennis Gabor）于 1948 年提出的，伽柏因

此在 1971 年获得了诺贝尔物理学奖。1960 年梅曼（Maiman）研制成功了红宝石激光器，第二年（1961 年）贾范（Javan）等制成了氦氖激光器。从此，一种前所未有的优质相干光源诞生了。1962 年美国科学家 E. N. 利思（E. N. Leith）和 J. 乌帕特尼克斯（J. Upatnieks）用激光器对伽柏的技术作了划时代的改进，全息技术的研究从此获得了突飞猛进的发展。近 50 年来，全息技术的研究日趋广泛深入，逐渐开辟了全息应用的新领域，成为近代光学的一个重要分支。其中之一就是光学全息干涉计量，而光学全息无损检测正是光学全息干涉计量在无损检测领域中的直接应用。光学全息无损检测是利用全息图能再现同一物体在两种状态下的三维像，这两个像相互干涉并产生干涉条纹，通过干涉条纹的形状、变化来判断缺陷的有无、缺陷的位置和大小，因此，光学全息无损检测是一种崭新的检测方法。

【实验目的】

1. 掌握光学全息摄影的基本原理，了解其应用。
2. 熟悉光学全息无损检测的方法和内容。
3. 用实时法或二次曝光法对一给定样品进行检测并观察和分析缺陷分布情况。

【实验原理】

由光学全息技术的基本理论知道，全息图记录着来自物体的物光波的振幅和位相信息。若用参考光照明全息图，则在适当的位置可以观察到原物体的三维虚像。如果被摄物是一个工件，通过外力、热或振动的作用使其产生变形，并影响其表面形状（有缺陷和没缺陷时的表面形状仅有很小的差异，凭人的肉眼是无法辨别的），于是，将变形前和变形后的物体对同一张全息干版进行两次曝光，再进行暗室处理即得一张全息图。用原参考光照明全息图，再现光场将呈现两个物光波面，这两个波束是相干的，可以观察到它们之间的干涉条纹。若工件没有缺陷，则干涉条纹呈现出有规则的变化。这种干涉条纹反映了加载后物体（工件）的变形是整体的均匀变形，因此人们称它为无用变形条纹。但是，当工件内部或表面存在缺陷时，则在对应的工件表面上出现干涉条纹的反常现象。例如，条纹的走向不再是均匀的，条纹呈封闭环，条纹发生拆断（不连续）等。它们均表现了工件存在的缺陷，这些条纹则称为特征条纹。一般来说，封闭环纹反映了工件内部存在的缺陷，而突变条纹反映了表面存在的缺陷。实践证明，这些特征条纹所在的位置及覆盖的面积，反映了工件内部缺陷或表面缺陷的位置和大小。

图 39-1 为不透明物体的全息无损检测光路图。图中，K 为光开关；M_1、M_2、M_3 是反射镜；C_1、C_2 是扩束镜；BS 为分光镜（透反比 95∶5）；H 为全息干版；O 为待测物（机械零件）。

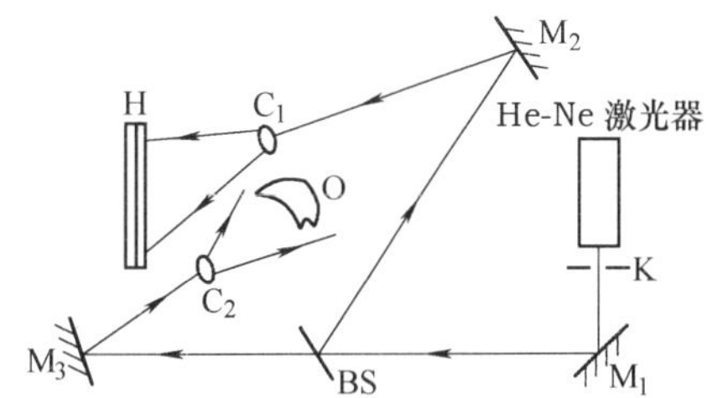

图 39-1　不透明物体的全息无损检测光路图

全息无损检测近年发展很快，使得无损检测领域里原来不能实现的实验成为现实。其间人们也总结出很多好的经验和方法，使全息无损检测向实用和高效率方向发展。

1. 对于全息图进行记录和再现的方法

（1）实时法（单次曝光法）　在没有变形的正常状态下，首先把从工件反射（或透射）

来的波面的全息图拍摄下来并进行实时显影，把全息图精确地放回到原来拍摄的位置上，并用与拍摄全息图时同样的参考光照射，则全息图就会再现出物体三维立体像（物体的虚像），再现的虚像完全重合在物体上。然后对物体加载，使工件变形，则从受载后的工件反射（或透射）来的波面与参考光之间就形成了微量的光程差，由于两个光波是相干光波（来自同一个激光源），并几乎存在于空间的同一位置，因此，这两个光波叠加就会产生干涉条纹。用此方法可观测到随着工件被加载后的不断变形而不断变化的干涉条纹。由于物体的初始状态（再现的虚像）和物体加载状态之间的干涉度量比较是在观察时完成的，因此称这种方法为实时法。

这种方法的优点是：只需要用两张全息图就能观察到各种不同加载情况下的物体表面状态，从而判断出物体内部是否含有缺陷。因此，这种方法既经济，又能迅速而确切地确定出物体所需加载量的大小，其缺点是：

① 为将全息图精确地放回到原来的位置，就需要有一套附加机构，以便使全息图位置的移动不超过几个光波的波长。

② 由于全息干版在冲洗过程中乳胶层不可避免地要产生一些收缩，当全息图放回原位时，虽然物体没有变形，但仍有少量的位移干涉条纹出现。

③ 显示的干涉条纹图样不能长久保留。

（2）二次曝光法　首先拍摄从没有变形的工件反射回来的波面的全息图，但不显影；然后再对变形后工件反射回来的波面拍摄一次，经两次曝光后才进行显影处理。再现时同时对工件变形前后的反射波面的干涉花样进行观察。这时所看到的再现图像，除了显示出原来物体的全息像外，还产生较为粗大的干涉条纹图样。这种条纹表现在观察方向上的等位移线，两条相邻条纹之间的位移差相当于再现光波的半个波长，若用氦—氖激光器作光源，则每条条纹代表大约 0.316 μm 的表面位移。可以从这种干涉条纹图样的形状和分布来判断物体内部是否有缺陷。

（3）时间平均法　这种方法是对周期振动着的工件作单次全息记录。假定记录全息图时曝光时间比一个振动周期长，全息图有效地存储了许多像的总效果，它们与物体振动过程中的所有位置的时间平均相对应。因此，全息图的再现是所有像总效果之间的干涉，所产生的干涉花样着重反映了工件变形的极限位置。

2. *加载方法*

全息无损检测中一般常用的加载方法有直接机械加力法、热加载法、压差加载法和压电晶片激振法，可根据被测物体的形状来决定选择何种方法。

（1）直接机械加力法是由简单的拉伸、压缩、弯曲或施加点载荷的方式使被检测物加载，适用于各种复合材料的检测。

（2）热加载法一般是用电吹风、红外灯、电加热器、微波烘烤等对被测物体加热，使之产生热变形，这种方法简便易行。

（3）压差加载法是使被检测的物体内外产生一定的压力差，从而使之承受载荷，产生压力差的方法有表面真空室吸附法、真空室法和内部充气法。表面真空室吸附法是将被测物体作为表面真空室的一壁，适用于材料本身抗弯强度较高、表面平直的物体；真空室法是将物体周围密封，置于一真空室中，利用材料内部存留的空气与真空室间的压力差，灵敏地显露内部缺陷；内部充气法是利用加压系统对物体内部充以几个到上百个大气压，使物体产生弹性形变。

(4) 压电晶片激振加载法是将压电陶瓷晶片粘接在待测物体表面，在信号发生器供给的交变电压的作用下，压电陶瓷作弯曲振动，同时推动待测物体强迫振动。当缺陷区的固有共振频率与激振源的激振频率相同时，则能将激振源的大部分能量吸收而发生共振。利用时间平均法照相，即可在再现像上观察到表征其内部缺陷的干涉条纹。

3. 实时法中的光强匹配问题

在实时法照相中，为了获得最大的反差，使干涉条纹最清晰，通常要求再现像亮度与物体亮度之比为1∶1。因此，实时观察法存在光强匹配问题。光强匹配的方法一般有两种：一种是照相时在参考光路中加入一块减光板，再现时移出以加强参考光，从而改变再现像的亮度来实现光强匹配；另一种方法是在实时观察时在物光路中加入一块减光板，使物体的亮度减弱来达到光强匹配。

【实验仪器】

OHT-Ⅱ或OHT-Ⅲ型激光全息实验仪1台（生产单位：重庆大学物理实验中心），He－Ne激光器1台，待测试样，热吹风器，显定影等暗室处理器材。

【实验内容】

1. 按图39-1安排好光路。物光、参考光取等光程，二者夹角为30°～40°，二者光强比为1∶3左右。

2. 对未加载的机械零件拍一张全息图 H_1，曝光后利用实时原位暗室处理装置对干版进行原位暗室处理（显影、定影、水洗），再用电吹风的冷风吹干。

3. 用原光路照明处理好的全息图，可观察到物体上重叠着它的再现像，通过仪器配备的加载装置慢慢地给机械零件加力，一边加力一边观察再现像上条纹的变化情况，当条纹最清楚时，记下这个最佳力的位置。

4. 关闭光开关，取下拍好的全息图，换上一块未曝过光的干版 H_2，去掉加在零件上的力，调整好光路对零件进行第一次曝光，缓慢给零件加力到实时法中找出的最佳力为止，对零件第二次曝光，将两次曝光的干版进行常规的显影、定影、水洗、吹干等处理得一全息图 H_2。

5. 将 H_2 放入原光路中用原参考光照明，再现像上出现干涉条纹，用相机拍摄条纹，以便进行分析（有条件则输入计算机计算分析）。

6. 在教师的指导下分析机械零件的缺陷性质和分布情况。

【思考题】

1. 比较和分析实时法与二次曝光法的优点和缺点。
2. 用热加载形式重复做以上实验。
3. 逐渐增加加载量，特征条纹会发生什么变化？加载过量，图像会发生什么现象？

（陶纯匡　稿）

【参考文献】

[1] 刘贵民. 无损检测技术［M］. 北京：国防工业出版社，2006.

[2] 李国华. 现代无损检测与评价 [M]. 北京：化学工业出版社，2009.

实验 40 液体渗透检测

【引 言】

液体渗透检测是以毛细管作用原理为基础的检查表面开口缺陷的一种常规的无损检测方法。零件表面被施加含有荧光染料或着色染料的渗透液后，在毛细管作用下，经过一定时间的渗透，渗透液可以渗进表面开口缺陷中。经去除零件表面多余的渗透液和干燥后，再在零件表面施加显像剂，同样，在毛细管作用下，显像剂将吸引缺陷中的渗透液，即渗透液回渗到显像剂中，在一定的光源下（黑光或白光），缺陷处的渗透液痕迹被显示（黄绿色荧光或红色），从而探测出缺陷的形貌及分布状态。

【实验目的】

1. 掌握液体渗透检测的基本原理。
2. 学会液体渗透检测的基本方法和操作要领。

【实验原理】

1. 固、液、气三界面的相互作用

(1) 液体与固体交界处有两种现象

第一种现象 液体各个分子之间的相互作用力大于液体分子与固体分子之间的作用力，称为固体不被液体润湿，如水银在玻璃板上收缩成水银珠那样。

第二种现象 液体各个分子之间的相互作用力小于液体分子与固体分子之间的相互作用力，被称为固体被液体润湿，如水滴在洁净的玻璃板上，水滴会慢慢散开那样。

(2) 接触角 将一滴液体滴在固体平面上，可有三种界面：液—气、固—气及固—液界面。与该三种界面一一对应，存在三种界面张力。液—气界面张力实际上是液体的表面张力，它力图使液体表面收缩，用 γ_L 表示；固—气界面存在固体与气体的界面张力，力图使液滴表面铺开，用 γ_S 表示；固—液界面存在固体与液体界面张力，它力图使液滴表面收缩，用 γ_{SL} 表示。

液—固界面经过液体内部到液—气表面之间的夹角称为接触角，用 θ 表示（图 40-1）。

当液滴停留在固体平面上时，三种界面张力相平衡，它们之间的关系为

$$\gamma_S - \gamma_{SL} = \gamma_L \cos\theta \tag{40-1}$$

此式是润湿的基本公式，常称为润湿方程。

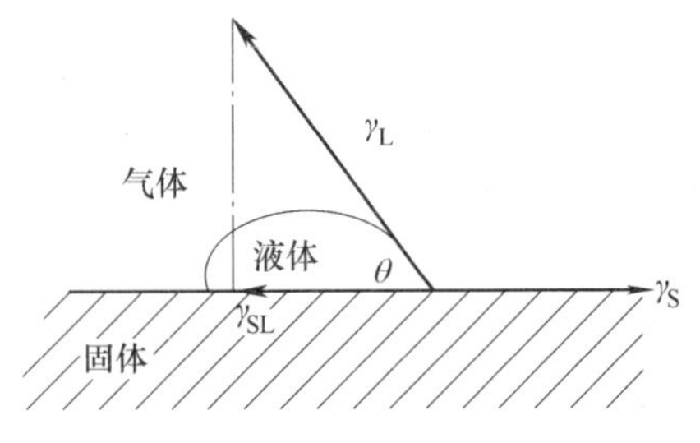

图 40-1 三种界面与接触角

(3) 润湿的三种方式 沾湿润湿、浸湿润湿、铺展润湿：当 $\theta \leqslant 180°$ 时，发生沾湿润湿；当 $\theta \leqslant 90°$ 时，发生浸湿润湿；当 $\theta \leqslant 0°$ 时，发生铺展润湿。

(4) 润湿的四个等级 当接触角 θ 为 0°，即 $\cos\theta = 1$ 时，液滴在固体表面接近于薄膜的形态，此情况称为完全润湿。当接触角 θ 在 0° 和 90° 之间，即 $0 < \cos\theta < 1$

时，液滴在固体表面成为小于半球形的球冠，这种情况称为润湿。当接触角 θ 在 90°和 180°之间，即 $-1<\cos\theta<0$ 时，液滴在固体表面上成为大于半球形的球冠，这种情况称为不润湿。当接触角 θ 为 180°，$\cos\theta=-1$ 时，液滴在固体表面上成为球形，它与固体之间仅有一个接触点，这种情况称为完全不润湿。

同种液体，对不同的固体，它可能是润湿的，也可能是不润湿的。在液体中加入表面活性剂，则液体的表面张力变小，接触角变小，润湿性能提高。

润湿现象所反映的润湿性能综合反映了液体的表面张力和接触角两种物理性能指标。

2. 渗透检测的基本原理

（1）毛细现象　例如，将一根很细的管子插入盛有液体的容器中，如果液体能润湿管子，那么液体会在管子内上升，使管内的液面高于容器的液面。如果液体不能润湿管子，管内的液面就会低于容器的液面。将这种润湿管壁的液体在细管中上升、而不润湿管壁的液体在细管中下降的现象称为毛细现象。

毛细现象并不局限于一般意义上的毛细管，例如两平行板间的夹缝，各种棒、纤维、颗粒堆积物的空隙都是特殊形式的毛细管。

（2）毛细现象与缺陷

以长 a、宽 c、深 b 的狭长细槽作零件上的裂纹模型来分析讨论渗透探伤时渗透液渗入裂纹的毛细现象。裂纹模型如图 40-2 所示，为开口于零件表面的裂纹，但不穿透。当渗透液施加于有表面开口裂纹的零件表面时，具有足够润湿性能的渗透液将润湿裂纹内表面，裂纹内将形成弯曲的液面，并在弯曲凹面上产生指向液体外部（裂纹）的附加压强 p。裂纹宽度越小，附加压强越大。这个附加压强在迫使渗透液向裂纹内渗透的同时，压缩裂纹内已被渗透液封闭的气体。随着渗透液的不断渗透，裂纹内气体体积将越来越小，而气体的反压强 $p_{气}$ 将越来越大，直到气体的反压强与液面上的附加压强完全平衡为止。如果考虑零件外部大气压强 p_0，平衡时有

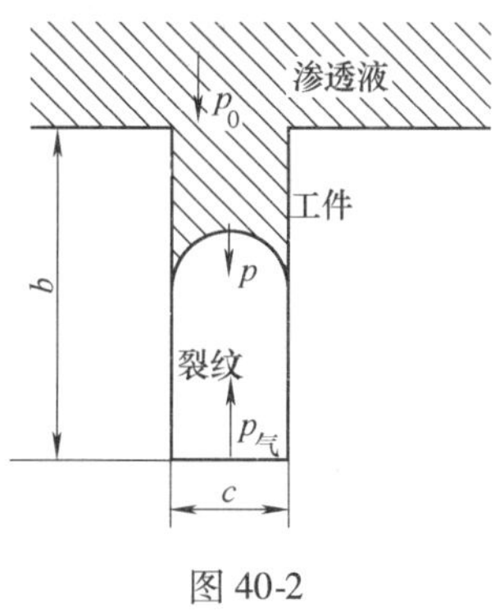

图 40-2

$$p+p_0=p_{气} \tag{40-2}$$

要使渗透液完全占有裂纹空间，就必须采取一定的措施将裂纹内气体完全排除。

可将零件表面的开口缺陷看做毛细管或毛细缝隙。由于所采用的渗透液都是能润湿零件的，因此渗透液在毛细作用下能渗入表面缺陷中去，使缺陷附近的表面有所不同。此时可以直接进行观察，而如果使用显像剂进行显像，灵敏度会大大提高。

（3）显像过程　也是利用渗透的作用原理。显像剂是一种细微粉末，显像剂微粉之间可形成很多半径很小的毛细管，这种粉末又能被渗透液所润湿，所以当清洗完零件表面多余的渗透液后，给零件的表面敷撒一层显像剂，根据上述的毛细现象，缺陷中的渗透液就容易被吸出，形成一个放大的缺陷显示。

3. 液体渗透探伤剂

渗透探伤剂是指渗透剂、乳化剂、清洗剂和显像剂的总称。

渗透探伤剂系统是由渗透液、乳化剂、去除剂和显像剂所构成的特定组合系统。既要满足各自的要求，又要互容，达到检测缺陷的目的。

渗透探伤剂系统的选择要符合同族组要求、灵敏度要求，根据被检工件状态进行选择，并考虑到价格、毒性、清洗性、特殊性等因素。

渗透探伤剂系统同族组是指完成一个特定的渗透探伤全部检验过程所必需的一系列材料，含渗透液、乳化剂、去除剂和显像剂。渗透探伤时，必须采用同一厂家提供的同族组的产品，不同族组的产品不能混用。

【实验方法】

1. 渗透检测的常用方法

（1）着色渗透检测法　这种探伤方法使用的渗透液主要是颜色深的着色物质，通常由红色染料及溶解着色剂的溶剂所组成。

（2）荧光渗透探伤法　这种探伤方法是使用含有荧光物质的渗透剂，经清洗后保留在缺陷中的渗透液被显像剂吸附出来。用紫外光源照射，使荧光物质产生波长较长的可见光，在暗室中对照射后的工件表面进行观察，通过显现的荧光图像来判断缺陷的大小、位置及形态。

（3）水洗型渗透探伤法　这种探伤方法以水为清洗剂，渗透剂以水为溶剂，或者在渗透剂中加有乳化剂，使非水溶性的渗透剂发生乳化作用而具有水溶性。

（4）溶剂去除渗透探伤法　由于清洗使用的溶剂主要是各种有机物，它们具有较小的表面张力系数，对固体表面有很好的润湿作用，因此有很强的渗透能力。

（5）干式显像渗透探伤法　这种探伤法主要用于荧光渗透剂，用经干燥后的细颗粒干粉可获得很薄的粉膜，对荧光显像有利，可提高探伤灵敏度。

（6）湿式显像渗透探伤法　湿式显像剂是在具有高挥发性的有机溶剂中加入起吸附作用的白色粉末配制而成，这些白色粉末并不溶解于有机溶剂中，而是呈悬浮状态，使用时必须摇晃均匀。为改善显像剂的性能，还要加入一些增加粘度的成分。常常采用吹风机进行热风烘吹以加快干燥。

2. 渗透检测方法的选用

选择渗透探伤方法，首先考虑检测缺陷类型和灵敏度的要求，其次考虑零件批量大小、表面状况及几何形状，还应考虑检验场所的水源、电源、气源及检验费用等。细小裂纹、宽而浅的裂纹、表面光洁度高的零件，选用后乳化型荧光或着色法。疲劳裂纹、磨削裂纹及其他微小裂纹的检验，选用后乳化型荧光或溶剂去除型荧光法。小零件批量生产时，选用水洗型荧光法。大零件的局部检验，选用溶剂去除型荧光或着色法。粗糙表面的零件，选用水洗型荧光或着色。检验场所无电源及暗室时，选用着色法。

【实验仪器】

渗透探伤剂组（包括渗透液、去除剂和显像剂）；预清洗装置、渗透装置、乳化装置、水洗装置、干燥装置、显像装置、后清洗装置等；检测光源有白光灯、黑光灯，还有黑光强度检测仪、白光照度计、荧光亮度计等。

【实验内容】

1. 按照液体渗透检测的要求检测实验室提供的工件

（1）表面准备和预清洗　根据污物类别，选择合适的清除污物的方法。

（2）施加渗透剂　应根据零件大小、形状、数量和检查部位来选择。所选方法应保证被检部位完全被渗透液覆盖，并在整个渗透时间内保持润湿。主要方法有喷涂、刷涂、浇涂、浸涂。

渗透时间：一般不少于10min，温度在15～50℃。

（3）去除多余的渗透液　要求从零件表面去除所有的渗透液，又不将渗入缺陷中的渗透液清洗出来。水洗型渗透液用水去除，水喷法的水压不超过0.35MPa，水温不超过40℃，在得到合格背景的前提下，水洗时间越短越好。可以用黑光灯控制荧光液的去除程度。

后乳化型渗透液去除时，先用水预清洗，然后乳化，最后再用水清洗。施加乳化剂时，只能用浸涂、浇涂或喷涂的方法，不能用刷涂。要防止过乳化，控制好乳化时间。

溶剂去除型渗透液的去除方法是先用干布（纸）擦，然后再用沾有有机溶剂的布擦，不允许直接用有机溶剂冲洗。

（4）干燥　溶剂去除法渗透探伤时，不必进行专门干燥处理，应自然干燥，不得加热干燥。用水清洗的零件，采用干式或非水基湿式显像时，零件在显像前必须进行干燥处理；若采用水基湿式显像，水洗后直接显像，然后进行干燥处理。干燥一般使用热空气循环烘干装置，干燥温度不能太高，时间不能太长。

（5）显像　显像的过程是用显像剂将缺陷处的渗透液吸附到零件表面，产生清晰可见的缺陷图像。干式显像主要用于荧光法，干燥后立即进行显像，最好用喷粉柜进行喷粉显像。非水基湿式显像主要采用压力喷罐喷涂。喷涂前应摇动喷罐中的弹子，使显像剂均匀。边喷边形成显像剂薄膜。水基湿式显像多采用浸涂。涂复后进行滴落，然后再干燥。干燥过程就是显像过程，显像时要不断搅拌，以防显像剂沉淀。显像时间不能太长，显像剂不能太厚。一般规定，显像时间一般不少于7min，显像剂厚度为0.05～0.07mm。

显像时间的规定：干式显像是指从施加显像剂起到开始观察的时间；湿式显像是指从干燥起到开始观察的时间，即干燥时间；速干式显像是指施加显像剂后，到观察完成的时间。

（6）观察和评定　观察的光线要求：着色观察时，被检零件上白光的照度要不小于500lx。荧光观察时，在距离黑光灯380mm处，黑光灯的强度不低于1000uW/cm^2。

关于重复检查的规定：①一般不进行重复检查，渗透探伤的重复性不好；②着色法不允许复查；③荧光法检查的不允许用着色法复查。

2. 渗透检测记录和报告

缺陷记录方式可采用草图法、可剥性塑料薄膜显像剂、照相法。

检验的原始记录应包括检验的见证、执行工艺卡的见证、报告的来源。

渗透检测报告应按照相关标准9JB/T 4730.5—2005的要求完成。报告格式和原始记录格式都是受控文件，不能随便更改。

【思考题】

1. 液体渗透检测适用于哪些缺陷？
2. 各种渗透检测方法有什么优缺点？

【参考文献】

[1] 李国华. 现代无损检测与评价 [M]. 北京：化学工业出版社，2009.
[2] 李喜孟. 无损检测 [M]. 北京：机械工业出版社，2009.

（韩忠 稿）

实验41 工业CT实验

【引 言】

CT即计算机断层成像技术（Computed Tomography），它是与一般辐射成像完全不同的成像方法。一般辐射成像是将三维物体投影到二维平面成像，各层面影像重叠，造成相互干扰，不仅图像模糊，且损失了深度信息，不能满足分析评价要求。CT是把被测体所检测断层孤立出来成像，避免了其余部分的干扰和影响，图像质量高，能清晰、准确展示所测部位内部的结构关系、物质组成及缺陷状况，检测效果是其他传统的无损检测方法所不及的。

CT技术首先应用于医学领域，形成了医学CT（MCT）技术，其重要作用被评价为医学诊断上的革命。CT技术成功应用于医学领域后，美国率先将其引入到航天及其他工业部门，另一些发达国家相继跟上，经过一段不长的时间，形成了CT技术又一个分支——工业CT（Industrial Computed Tomograph，ICT），其重要作用被评价是无损检测领域的重大技术突破。CT技术（MCT和ICT）应用十分广泛，工业CT的应用几乎遍及所有产业领域，对航天、航空、兵工等显得更为迫切。

【实验目的】

1. 了解ICT的基本原理。
2. 掌握ICT的使用方法。
3. 能够应用ICT实验装置进行工件扫描和图像处理。

【实验原理】

1. CT的基本原理

CT是一种绝妙的成像技术，具有支撑它的数学、物理和技术基础。早在1917年，丹麦数学家雷当（J. Radon）的研究工作已为CT技术建立了数学理论基础。他从数学上证明，某种物理参量的二维分布函数，由该函数在其定义域内的所有线积分完全确定。该结论指出，需要有无穷多个且积分路径互不完全重叠的线积分，才能精确无误地确定该二维分布，否则只能是实际分布的一个估计。该研究结果的意义在于：只要能知道一个未知二维分布函数的所有线积分，则能求得该二维分布函数。获得CT断层图像，就是求取能反映断层内部结构和组成的某种物理参量的二维分布。当二维分布函数已知，要将其转换为图像，则是一个简单的显示问题。因此，首要的问题是如何求取能反映被检测断层内部结构组成的物理参量二维分布函数的线积分。

物理研究指出，一束射线穿过物质并与物质相互作用后，射线强度将受到射线路径上物

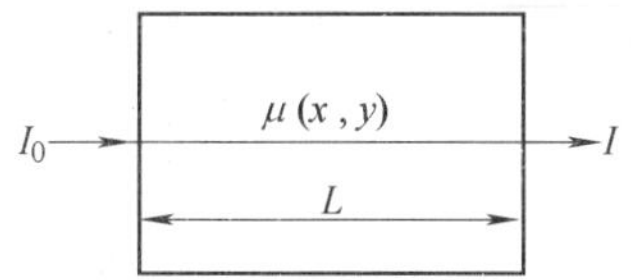

图 41-1　射线穿过衰减系数为$\mu(x, y)$ 的物质面

质的吸收或散射而衰减，衰减规律由比尔定律确定。可用衰减系数度量衰减程度。考虑一般性，设物质是非均匀的，一个面上的衰减系数分布为μ（x、y）。当射线穿过该物质面，入射强度为 I_0 的射线经衰减后以强度 I 穿出，射线在面内的路径长度为 L（见图 41-1），由比尔定律确定的 I_0、I 及μ（x、y）的关系如下：

$$I = I_0 \exp[-\int_L \mu(x,y)\mathrm{d}x\mathrm{d}y] \tag{41-1}$$

由式（41-1）可得

$$\int_L \mu(x,y)\mathrm{d}x\mathrm{d}y = \ln\frac{I_0}{I} \tag{41-2}$$

式（41-2）表明，射线路径 L 上衰减系数μ（x、y）的线积分等于射线入射强度 I_0 与出射强度 I 之比的自然对数。I_0 和 I 可用探测器测得，则路径 L 上衰减系数的线积分即可算出。推而广之，当射线以不同方向和位置穿过该物质面，对应的所有路径上的衰减系数线积分值，均可照此求出，从而得到一个线积分集合。该集合若是无穷大，则可精确无误地确定该物质面的衰减系数二维分布，反之，则是具有一定误差的估计。因为物质的衰减系数与物质的质量密度直接相关（当然还与原子序数有关），故衰减系数的二维分布也可体现为密度的二维分布，由此转换成的断面图像能够展现其结构关系和物质组成。实际的射线束总有一定的截面，只能与具有一定厚度的切片或断层物质相互作用，故所确定的衰减系数或密度的二维分布以及它们的图像表示应是一定体积的积分效应，绝不是理想的点、线、面的结果。

有上述数学、物理基础后，为在工程技术上实现，避开硬件的技术要求，在方法上还需解决两个主要问题。首先是如何提取检测断层衰减系数线积分的数据集，其次是如何利用该数据集确定出衰减系数的二维分布。解决第一个问题可采用扫描检测方法，即用射线束有规律地（含方向、位置、数量等）穿过被测体所检测断层并相应进行射线强度测量，围绕提高扫描检测效率，可采用各具特色的扫描检测模式。解决第二个问题则是应用图像重建算法，即利用衰减系数线积分的数据集，按照一定的重建算法进行数学运算，解出衰减系数的二维分布并予以显示。

由此看出，CT 成像与一般辐射成像最大的不同之处在于：它用射线束扫描检测一个断层的方法，将该断层从被测体孤立出来，使扫描检测数据免受其他部分结构及组成信息干扰，对所扫描检测断层，并非直接应用穿过断层的射线在成像介质上成像，而仅仅是将不同方向穿过被测断层的射线强度作为重建算法作数学运算所需之数据，或者说，断层图像是通过数学运算才得到的。

2. 扫描检测模式

扫描检测是获得被测断层内衰减系数线积分数据集的过程。其基本结构是，被测体置于射线源和探测器之间，让射线束穿过所需检测断层，由探测器测量穿出的射线强度。其基本要求是：射线束需从不同方向穿过被测体所测断层；在每个检测方位上，射线束两个边缘路径应遍及或包容整个断层；应使射线穿过断层的路径互不完全重叠，避免产生不必要的冗余数据；整个扫描检测过程遵守一定的规律。扫描检测也是“射线源—探测器”组合与被测体间作相对运动的过程，该过程由精确控制的扫描机械实现。（将射线源和探测器称为组合，表示在每次扫描检测过程中，它们间的几何关系不变。）

扫描检测模式有多种，以下选择介绍其中的三种。

（1）平行束扫描检测模式　这是CT技术最早使用从而被称为第一代的扫描检测模式。其基本结构特点是：射线源产生一束截面很小的射线；每个单位检测时间内检测空间只存在这束截面很小的射线，仅有一个探测器检测该射线强度。

重建 $N\times N$ 像素阵列断层图像，一般应有由 $N\times N$ 个衰减系数线积分组成的数据集。为此，常采用从 N 个方向且每个方向均有 N 束射线共探测器检测的数据结构。

本模式的扫描检测特点是：在每个检测方位上，“射线源—探测器”组合与被测体间，按等距步进量及等单位检测时间，相对平行移动（$N-1$）次，逐步形成由 N 束射线构成的平行射线束，相应地也逐步遍及并穿过所测断层，取得 N 个检测数据。按设定角步进量，“射线源—探测器”组合与被测体间，以被测体的某一固定回转轴线为中心，在检测断层平面内相对转动一个步进量角度，在恢复到起始位置条件下，重复同步等距平移的过程，完成第二个方位上对断层的检测，又获得 N 个检测数据，按此重复进行；为免去数据冗余，只需在180°圆周角度上，等分为 N 个检测方位并在每个方位上完成检测，最终获得一个由 $N\times N$ 个检测数据构成的数据集。此扫描检测模式的示意如图41-2所示。

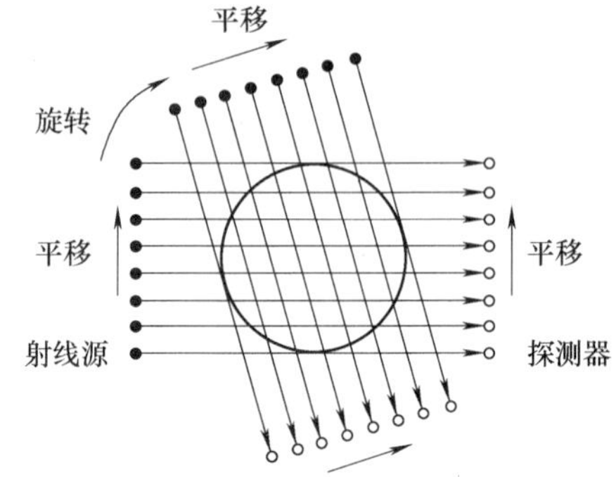

图41-2　平行束扫描检测模式射线源

平行束扫描检测的运动方式为“平移+旋转”。为完成扫描检测，可以有三种具体形式，即：被测体固定，“射线源—探测器”组合既平移又旋转；“射线源—探测器”组合固定，被测体平移和旋转；“射线源—探测器”组合平移，被测体旋转。

此扫描检测模式虽有许多优点，但由于只用一个探测器完成 $N\times N$ 个数据检测，存在检测效率过低的致命弱点，实用上已被淘汰。不过，它仍不失原理上说明和了解的作用。

（2）窄角扇形束扫描检测模式　这是为改善平行束扫描检测效率太低而发展的并被称为第二代的扫描检测模式。其基本结构特点为：射线源产生角度小、厚度薄的扇形射线束；使用数量不多的 n 个（$n<N$）检测器同时检测；断层内最多有 n 条射线路径上衰减系数线积分值可同时测量；在每个检测方位的多个检测点上射线束未能包容所测断层。

其扫描检测特点与平行束的相似，即：每个检测方位，“射线源—探测器”组合与被测体间，按等距步进量及等单位检测时间，相对平移（$\frac{N}{n}-1$）次，穿过并遍及所测断层，取得 N 个检测数据；按设定角频进量，“射线源—探测器”组合与被测体间，以某一固定转轴线为中心相对转动一角步进量，在恢复起始位置条件下，重复前一过程，完成第二个方位对断层的检测，又获得 N 个检测数据，按此重复进行；可在180°的圆周角上，等分 N 个检测方位，并在每个方位上完成相同检测，最终获得由 $N\times N$ 个数据所组成的数据集。此扫描检测模式的示意如图41-3所示。

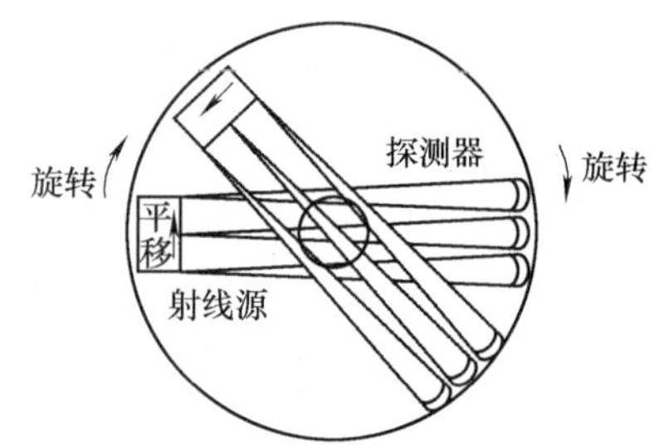

图41-3　窄角扇形束扫描检测模式

（3）广角扇形束扫描检测模式　这是在窄角度扇形束

扫描检测模式基础上进一步提高扫描检测效率，被称为第三代的扫描检测模式。其基本结构特点为：射线源产生角度大、厚度薄的扇形射线束；一般使用 N 个探测器同时检测；断层内最多有 N 条射线路径上衰减系数线积分值可同时测量；射线束的边缘全包容所测断层。

其扫描检测特点为：对每个检测断层，“射线源—探测器”组合与被测体间仅有相对旋转运动；在360°的圆周角上等分为 N 个扫描检测方位，每个检测方位射线束全包容并穿过所测断层，均可取得 N 个检测数据；相对旋转一周，完成一个断层扫描检测，获得由 $N \times N$ 个数据组成的数据集。此扫描检测模式的示意如图41-4所示。

3. 图像重建

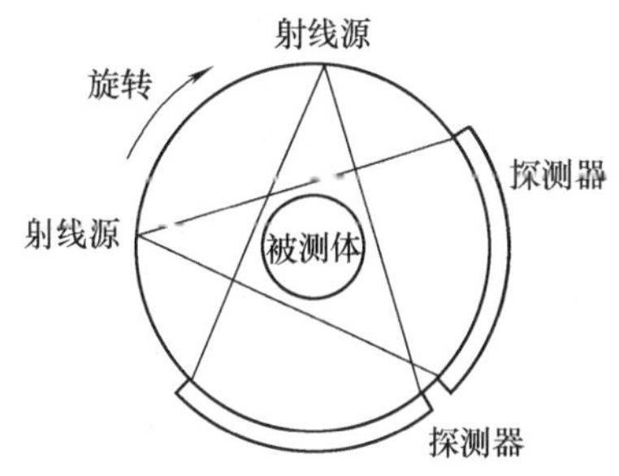

图41-4 广角扇形束扫描检测模式

断层图像重建是一个对检测的数据进行数学运算和对图像数据进行显示的过程。该过程以扫描检测所得的衰减系数线积分数据集为基础，经必要的数据校正，按一定的图像重建算法，通过计算机运算，得到衰减系数具体的二维分布，再将其以灰度形式显示，从而生成断层图像，于是完成图像重建。图像重建的关键是重建算法，既要考虑图像质量，又要注意运算速度。重建算法多种多样，各有特色，归纳起来可以是反投影法、迭代法和解析法三类。图像重建涉及较多的数学知识，在此只作概念性介绍。

(1) 重建的初步概念 这里举出解联立方程组的方法以建立图像重建的初步概念。为简单计，设有由3×3单元组成的断层，各单元衰减系数分别为 μ_1 至 μ_9，它们是未知待求的。显然，只要能建立包含这些变量并相互独立的9个方程，即可求出 μ_1 至 μ_9 的变量，得到该断层衰减系数的具体分布并显示为图像，从而完成图像重建。为建立这样的方程，用9条射线按路径互不完全重叠穿过该断层，检测它们的衰减系数线积分，基本结构如图41-5所示。

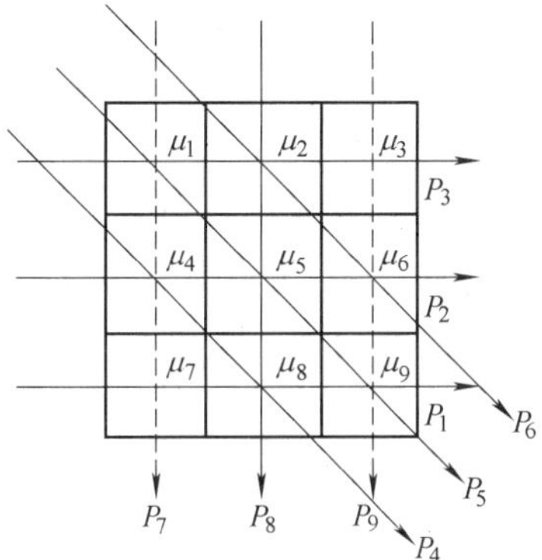

图41-5 9条路径互不完全重叠的射线穿过断层

由图41-5建立方程组如下：

$$\left.\begin{aligned}\mu_7+\mu_8+\mu_9&=P_1\\\mu_4+\mu_5+\mu_6&=P_2\\\mu_1+\mu_2+\mu_3&=P_3\\\mu_4+\mu_8&=P_4\\\mu_1+\mu_5+\mu_9&=P_5\\\mu_2+\mu_6&=P_6\\\mu_1+\mu_4+\mu_7&=P_7\\\mu_2+\mu_5+\mu_8&=P_8\\\mu_3+\mu_6+\mu_9&=P_9\end{aligned}\right\} \tag{41-3}$$

式中的 P_1 至 P_9 为不同射线路径上衰减系数的线积分值（用取和近似），通过探测器检测得到，视为已知数。解此方程组，μ_1 至 μ_9 即可求出，以图像形式表示其分布，则断层图像生成，图像重建完成。

上述简单结构的例子可推广为 $N\times N$ 的一般性结构，对 N 取值很大的实际情况，原理上虽可实现，但实际完成却很困难，故此方法无实用价值。

(2) 反投影法 这是一种古老的图像重建算法，虽图像质量不好，但却是实用的卷积反投影法的基础。

将射线穿过断层所检测到的数据称为投影，而把射线路径对应于图像上的所有像素点赋以相同的投影值称反投影，反投影以灰度表示将形成一个图形或图案。对断层各个方向上的投影完成反投影并形成相应的图形或图案，将所有的反投影图形或图案叠加，则得到由反投影法重建的断层图像。

为简单计，设断层是 3×3 单元结构，仅中心单元的衰减系数为 1，其余均匀为 0。当射线经中心单元穿出后，检测到的投影值（即射线路径上衰减系数线积分值）为 1，将此值反投影，即是将此射线路径上所有单元所对应的图像区全部赋以相同的投影值 1，如图 41-6 所示。

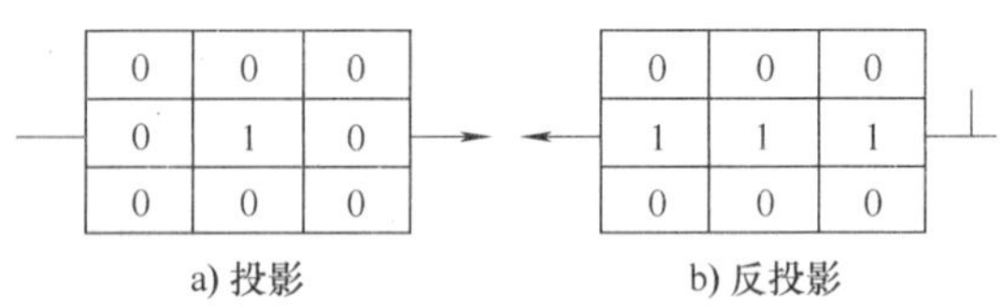

图 41-6 a) 射线穿过断层的投影值为 1，b) 将投影值 1 赋给对应的图像区

又设一含有高密度轴线的圆柱体，射线束对一个断层扫描检测，用反投影法进行图像重建，如图 41-7 所示。图 41-7a 为该圆柱体的横截面，图 41-7b 为一个方向上的反投影图形，图 41-7c 为所有反投影图形叠加而成的断层图像。

(3) 卷积反投影法 这是至今为止最实用的重建算法，为 CT 设备普遍采用，因为它兼顾了图像质量和重建速度。卷积反投影法是在反投影法基础上发展起来的一种图像重建算法，由于这种算法较复杂，故仅从其实现思想来加以说明。

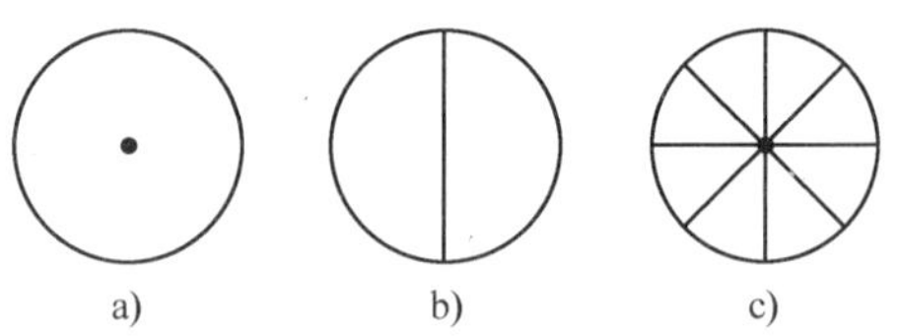

图 41-7 反投影法图像重建

一幅图像是由像素点构成的面阵，可用二维函数描述，常称为图像函数。若断层物理结构对应的图像称为真实图像，其图像函数用 F 表示；反投影法重建所得图像是一幅模糊图像，其图像函数用 F_B 表示，它是真实图像函数与点扩散函数 R 卷积运算的结果，即

$$F_B = R * F \tag{41-4}$$

式 (41-4) 中的符号“$*$”表示卷积。很自然地想到，若以点扩散函数的反函数 R^{-1} 对反投影图像函数 F_B 进行卷积，则可消除点扩散函数的模糊效应。遗憾的是，此扩散函数 R 我们并不知道，从而也无法准确地确定其反函数。虽然如此，我们还是可以根据造成模糊的基本机理，建立一定形式的函数对反投影图像函数进行卷积运算校正，以减弱星状模糊或点扩散函数效应的影响。该校正函数常称卷积核，其具体形式将明显影响图像质量。

在实际工作中，既可以对反投影图像整体卷积修正，也可先对投影数据卷积修正后再反投影和叠加，一般以后者为主。

【实验仪器】

本实验采用重庆大学 ICT 中心生产的教学 ICT 实验机。

ICT实验系统的组成、各部分的基本作用及主要技术指标

（1）CT系统的基本组成　无论是医学CT还是工业CT，均有射线源系统、探测器系统、数据采集系统、机械扫描运动系统、控制系统、计算机系统及图像硬拷贝输出设备等基本组成部分，由它们组成的CT系统的框图如图41-8所示。

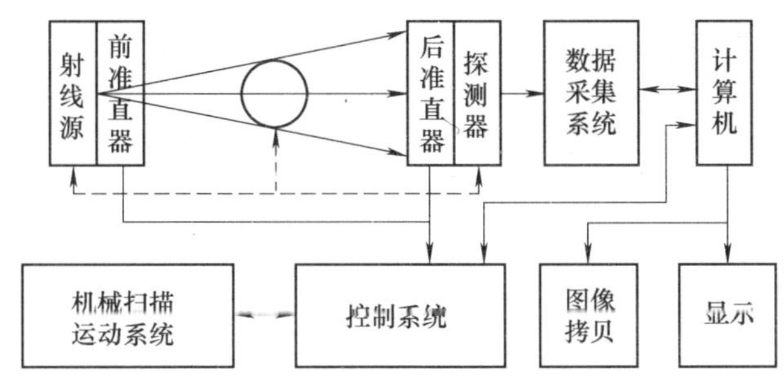

图41-8　CT实验系统组成图

（2）各部分的基本作用

① 射线源系统：射线源系统由射线源和前准直器组成，用以产生扫描检测用的射线束。

射线源用来产生射线。按射线能量分，射线源有产生高能x射线的加速器源、产生中能γ射线的放射性同位素源及产生低能x射线的x射线管源三类。射线能量决定了射线的穿透能力，也就决定了被测体物质密度及尺寸范围。医学CT使用产生较低能谱段的x射线管源，而工业CT根据用途不同，以上三类射线源均在使用。

前准直器的作用是将射线源发出的射线处理成所需形状的射束（如扇形束等），其扇形束开口张角应约大于所需有效张角，开口高度根据断层厚度确定。

② 探测器系统：探测器系统由探测器和后准直器组成。

探测器是一种换能器，它将包含被测体检测断层物理信息的辐射转换为电信号，提供给后面的数据采集系统再作处理，常用的有“闪烁体+光电器件”和气体电离室两种类型，一般是由多个探测器组成探测器阵列，探测器数越多其阵列就越大，扫描检测断层的速度就越快。探测器按信号转换方式有电流积分和光子计数两类。

后准直器用高密度材料构成，紧位于探测器之前，开有一条窄缝或一排小孔，小孔常称准直孔。探测低能量射线，具有窄缝的金属薄片就可完成准直，要探测中能及高能射线，则需具有一定孔径的后准直器完成准直。其作用有二，一是限制进入探测器的射束截面尺寸，二是与前准直器配合进一步屏蔽散射射线。其有效孔径可确定断层的层厚，并直接影响断层图像的空间分辨率。

③ 机械扫描运动系统：机械扫描运动系统提供CT的基础结构，提供射线源、探测系统及被测体的安装载体及空间位置，并为CT机提供所需扫描检测的多自由度高精度的运动功能。CT多采用第二代扫描检测或第三代扫描检测的运动方式，前者的运动方式为旋转加平移，而后者仅有旋转。

④ 数据采集系统：数据采集系统用以获取和收集信号，它将探测器获得的信号进行转换、收集、处理和存贮，供图像重建用，是CT设备关键部分之一。其主要性能包括信噪比、稳定性、动态范围、采集速度及一致性等。

⑤ 控制系统：控制系统决定了CT系统的控制功能，它实现对扫描检测过程中机械运动

的精确定位控制、系统的逻辑控制、时序控制及检测工作流程的顺序控制和系统各部分协调，并担负系统的安全联锁控制。

⑥ 计算机系统：计算机系统是CT设备的核心，必须具有优质和丰富的系统资源，以满足以下几个方面的需要：高速有效的数学运算能力，以满足系统管理、数据校正、图像重建等的大量运算操作；大容量的图像存贮和归档要求，包括随机存储器，在线存储器和离线归档存储器；专用的高质量、高分辨率、高灰度等级的图像显示系统；丰富的图像处理、分析及测量软件，为操作人员提供强大的分析、评估的辅助支撑技术；友好的用户界面，操作灵活，使用方便。CT的计算机系统，可以是单机系统或多机系统，采用的机型可以是小型机、工作站或微机，这些均视用途及要求确定。

⑦ 图像的硬拷贝输出设备：CT的图像一般可选用高质量的胶片输出设备、视频拷贝输出设备或高质量的激光打印输出设备。

（3）主要性能指标　它们确定了CT设备的主要技术性能、适用范围及检测能力。

① 检测对象：检测对象是指CT机的被测体。医学CT机检测对象是人体，相对确定，而工业CT机检测对象是各种工业产品，故每台设备对被测物都有一定的适用范围及相应的限定参数。包括：a. 最大回转直径：指被测体作扫描检测时回转的最大尺寸，由CT机的安装空间及有效扫描视场确定。b. 最大检测长度：指一次性置放被测体，能够检测的断层的最大距离变化范围。c. 最大载荷：指对被测体的最大承载能力。d. 最大等效钢的穿透厚度：指在断层图像满足信噪比要求条件下，所能检测的钢厚度，主要由射线源的射线能量确定。

② 辐射源：是指CT机辐射源的类型及主要参数。对X射线源，主要参数有高压数值、束流大小、焦斑尺寸及稳定性等；对γ射线源，主要参数有同位素类型、活度及活性区尺寸等。

③ 扫描检测数据量及重建图像矩阵：扫描检测数据量反映了CT设备所获取信息的多少，它直接影响CT系统的分辨率及扫描检测时间。重建图像矩阵反映了CT图像的尺寸大小及图像像素的多少，它也直接影响空间分辨率和重建时间。一般情况下，重建图像矩阵与扫描检测数据量是相互对应的。扫描检测数据量越大，重建图像矩阵就越大，图像像素代表的实际尺寸就越小，空间分辨率越高，但扫描检测和图像重建时间就增长。

④ 采样时间：采样时间指扫描检测时单次采样的时间，由射线源射线的能量及强度、被测体等效钢厚度、探测器与射线源的距离、准直器窗口尺寸及系统的信噪比要求等确定。

⑤ 扫描重建时间：

扫描时间　指断层扫描检测获得一个断层完整数据量所需的时间，它与单次采样时间、扫描检测数据量及探测器数量等有关。

重建时间　指获得扫描检测数据后，对此原始数据进行处理、校正，并按一定的重建方法重建出被测体断层图像所需的时间。它与重建图像矩阵、重建方法及计算机硬件资源等因素有关。

⑥ 空间分辨率：空间分辨率表明CT系统的重建图像反映被测体几何结构细节的能力。测定的方法较多，实际使用方法由所用模拟被测体（或测试卡）的类型确定。

【实验内容】

1. 参数设置

（1）进入 CT 扫描参数设置

（2）样品信息设置　这里主要是输入实验样品的基本信息，以便今后的实验信息统计与管理。

（3）图像模式设置　本仪器有两种图像矩阵可选择：64×64 和 128×128，代表不同的 CT 成像分辨率，分别用代号 1 和代号 2 表示。图像矩阵越大，CT 成像的图像就越清晰，相应地也要花费较多的扫描时间（在相同条件下，128×128 所需的时间大约是 64×64 的 4 倍）。用户可用鼠标选择其中的一种进行实验，一次实验也只能选择一种图像矩阵。

（4）采样时间设置　采样时间就是 CT 扫描过程中单次测量时间，采样时间越长，成像的质量就越高，相应 CT 扫描的时间加长。

本仪器针对不同的像素矩阵设置了不同系列的采样时间，用户在选择扫描像素矩阵后，再选择对应的采样时间。不同采样时间所对应的大致 CT 扫描时间如表 41-1 所示。

表 41-1　采样时间与扫描时间

采样时间（s）	模式一时间需要（min）	模式二需时间（min）
0.1	2	8
0.2	4	16
0.3	—	24
0.4	7	28
0.6	11	44
0.7	14	56
1.0	18	78
1.5	30	—
2.0	36	—

（5）后准直孔宽度设置　后准直孔尺寸与 CT 图像的分辨率有关。本仪器设计的后准直孔宽度有两种，代号为 1 和 2，分别代表 1mm 和 2mm 的后准直孔宽度。

注意：后准直孔宽度的设置必须与实际采用的后准直孔的尺寸一致，否则会引起图像的模糊。

（6）设置参数确定　当所有参数设置好后，用鼠标左键单击参数设置画面上的“确认”键，就可将所设置的参数输入计算机并回到工作主画面。若想放弃参数设置，则鼠标左键单击参数设置画面上的“取消”键，计算机会自动放弃所设置的参数，保留以前的参数回到工作主画面。

2. 开始 CT 扫描

在开始 CT 扫描前，请检查下列条件是否满足：

动力电源已打开并自检通过；

辐射源已打开并处于工作位；

扫描参数已设置好。

(1) 开始 CT 扫描 若所有条件都满足，则用鼠标左键单击计算机扫描工作主画面下的“断层扫描”按钮，系统就开始 CT 扫描，这时候计算机屏幕上会出现 CT 扫描进程画面。

在 CT 扫描进程画面中，有两个进程指示器和一个数字指示，操作人员能清楚地了解扫描的进度。

(2) 中断 CT 扫描 在扫描过程中若要中途退出扫描，只需要用鼠标左键单击进程画面上的“关闭”键，即可中断扫描回到工作主画面。

(3) 查看扫描图像 当 CT 扫描完成后，系统会自动进行图像重建，并给出相应提示。图像重建结束后，系统会根据设置的样品信息和文件名自动保存图像数据，并将重建的图像显示在计算机屏幕上。

当扫描图像观察完毕后，用鼠标左键单击图像显示画面中的“退出”按钮，即可退出图像显示回到 CT 工作主画面。

(4) 退出 CT 扫描系统 在 CT 扫描工作主画面下，用鼠标键左键单击“退出系统”按钮或按 Alt + F4 键都可以退出 CT 扫描回到计算机桌面。

在扫描过程中要退出，则必须按提示先终止扫描过程，再退出系统。

退出 CT 扫描时，若动力电源未关闭，系统将自动关闭动力电源。

注意：退出 CT 扫描并不自动关辐射源!

CT 扫描出的图像除了可以在扫描结束时观察外，还可以用本仪器提供的专用图像处理软件对得到的图像进行各种分析处理，从各个角度仔细观察实验结果。

3. 图像处理

(1) 图像处理的进入 在 CT 扫描工作主画面下，用鼠标左键单击“图像处理”按钮就可进入图像重建处理系统，这时计算机屏幕上显示画面。在图像重建处理系统中，各种功能的选择是通过相应的菜单来完成的。

(2) 图像管理 该功能通过选择“图像管理”菜单实现，在它下面又包含“图像重建”、“打开图像文件”、“保存图像”和“退出系统”等子菜单，菜单最下方列出了最近使用的图像文件。

通过“图像重建”子菜单可以对采集生成的扫描文件（*.ict）进行图像重建。

(3) 视图处理 在图像重建处理主画面下选择“视图”菜单就进入视图处理，在它下面又包含“恢复原图”、“灰度直方图”、“轮廓”、“反向”、“伪彩色”、“亮度/对比度”、“二值化”、“柔化/锐化”、“灰度线性伸缩”等子功能菜单。通过本系统的视图处理功能，用户可以从多个角度来观察 CT 扫描的结果。

若你对已进行的图像处理效果感到不满意，可以使用恢复原图将其恢复到初始视图。

用“灰度直方图”可显示鼠标所在位置的灰度平均值、标准差、总像素和图像伪彩色的色阶、数量以及百分比。

轮廓处理用来显示工作的截面形状。

反相处理将工件图像的实体和外部空间使用相反的颜色进行着色。

伪彩色处理给工件扫描图像加以人为的颜色使之图像更加清晰、对比鲜明，本系统共提供了 6 种伪彩色（铜色、粉红色、暖色、骨色、黑玉色和灰色），点击伪彩色可给当前图像着上相应的颜色。

亮度/对比度可以调整所选图像区域的亮度（0～128）和对比度（0～128），使局部图像更加清晰，容易辨别，默认图像区域为整个图像。

二值化设置工件实体和其外部空间的对比阈值（0～255），默认值128。

柔化对工件的裂缝、孔和外部形状进行圆整，使工件的整体形状更加接近实际工件形状，锐化是对工件的裂缝、孔进行局部修饰，使工件的裂缝、瑕疵更加明显。

灰度线性伸缩用于设置图像显示的灰度上、下限值（0～225），通过拖动滑标可以调整灰度上下限值。

【注意事项】

后准直孔宽度的设置必须与实际采用的后准直孔的尺寸一致，否则会引起图像的模糊。

【思考题】

工业CT与医用CT的主要区别是什么？为什么总有这些区别？

【参考文献】

［1］马洪良，裴宁，王叶，等．近代物理实验［M］．上海：上海出版社，2005.

［2］张朝宗，郭志平，张朋，等．工业CT技术和原理［M］．北京：科学出版社，2007.